湖南大学中华文明传播研究中心成果

风雅录

宋代士民的生活美学

孙寒波 著

WUHAN UNIVERSITY PRESS

武汉大学出版社

图书在版编目（CIP）数据

风雅录：宋代士民的生活美学/孙寒波著.—武汉：武汉大学出版社，2023.4（2025.2 重印）

ISBN 978-7-307-23622-6

Ⅰ.风… Ⅱ.孙… Ⅲ.知识分子—生活—美学—研究—中国—宋代 Ⅳ.①B834.3 ②D691.71

中国国家版本馆 CIP 数据核字（2023）第 045883 号

责任编辑:徐胡乡   责任校对:汪欣怡   版式设计:韩闻锦

出版发行:**武汉大学出版社** （430072 武昌 珞珈山）
（电子邮箱：cbs22@ whu.edu.cn 网址：www.wdp.com.cn）
印刷:武汉邮科印务有限公司
开本:720×1000 1/16 印张:26 字数:466 千字 插页:1
版次:2023 年 4 月第 1 版 2025 年 2 月第 2 次印刷
ISBN 978-7-307-23622-6 定价:120.00 元

跟宋朝人学仪式感

孙寒波

古代社会生产力进步非常缓慢，几千年前人们用锄头耕地，几千年后人们还是用锄头耕地。人的"性情"因而成为社会的主线，人们的才情和精力都放到人性的挖掘上了，一切都是由情感而生，"性情"是社会运转的最核心。而现代社会的生产力迅猛发展，社会变化日新月异，人要不断地去适应这种变化，不断上进，于是"效率"成了社会运转的最核心。可以说，"现代人"跟"古代人"完全是两个品种。

在一个以效率为主导的现代社会，其实很难使某一天与其他日子不同，使某一时刻与其他时刻不同，要为这重复枯燥的生活增添一抹色彩需要极大的心力。电子设备或许满足了人们的感官享受，但却让身心越来越空虚；发达的交通也只是让更多的人走马观花，难以领悟大自然的本真魅力。现代人沉浸于自以为丰富多彩的生活中，但很多时候却越过越无趣。无聊，成为这个时代最大的"沉疴"。千年之前的宋人，虽然他们没有先进耀眼的装备，但他们用发自本心的方式诠释了何为生活的仪式感。宋朝人当然也要面对生活的一地鸡毛，但是他们对未来充满期待，通过各种仪式感而感觉到自己是真真切切地活着。

对于宋朝人来说，仪式感是一件很重要的事情，但它并不神圣，而是渗透在生活的每个小细节里。它也许是"每晨起将亲事，必焚香两炉，以公服窣之，撮其袖以出，坐定撒开两袖，郁然满室浓香"，也许是"熨斗煎茶不同铫"，也许是"彩燕迎春入鬓飞"，也许是"临水斫脍，以荐芳樽"，也许是"冰果侑传杯"，也许是"自折琼枝置枕旁"，也许是"置茉莉、素馨、建兰、麝香藤、朱槿、玉桂、红蕉、阇婆、蕃葡等南花数百盆于广庭，鼓以风轮，清芬满殿"，也许是"暑月会客，取荷花千朵，插画盆中，围绕坐席，又命坐客传花，人摘一叶，尽处饮以酒"，也许是"有飞花堕酒中者嚼一大白"，也许是"新摘柚花熏熟水"，也许是"芰荷香里劝金觥。小词流入管弦声"，也许是"脱蕊收将熬粥吃，落英仍好当香烧"，也许是"纸帐熏炉结胜缘，故伴仙郎宿"，也许是"穿花蹴踏千秋索，挑菜嬉游二月晴"，也许是"青梅煮酒斗时新"，也许是"对花焚香，酴醾宜配沉香"，也许是……

它似乎很简单，简单到，宋朝人只要稍稍留点心，轻轻踮起脚尖，就能够创造出"古中国"任意一种美好。而它的重要性，在于宋朝人对生活、对自己，以及所爱之人的一种用心的态度，这种用心就是情不自禁的，想要通过仪式感表达出来。《唐顿庄园》里有这么一句话："你厌倦了格调，也就厌倦了生活。"为什么要有仪式感？这是我听过的最好的答案！

序　言

　　彩虹非常美，它呈42度的圆弧状，而且红色在外，紫色在里。但这个世界上非常复杂、非常美丽的现象的背后是麦克斯韦方程式。宇宙结构的终极就是一组方程式，包括牛顿的运动方程式、麦克斯韦方程式，以及爱因斯坦的相对论方程式、狄拉克方程式和海森伯方程式。这几个方程式就"住在"我们所看见的一切里，所谓"大道至简"，宇宙结构都受它们的主宰。它们是造物者的诗篇，所谓"天地有大美而不言"。

　　造物者用最浓缩的语言，掌握了世界万物包括人的结构、人的情感，世界上的一切都可以浓缩成"诗"。商瓠之所以漂亮，是因为有"双曲线"。商朝人当然不知道什么曲线轮廓，可是直觉告诉他这是抽象的美，是从心里了解到了自然界的美。"观古今于须臾，抚四海于一瞬"，西晋陆机用诗性的语言阐述对于宇宙结构的了解，传达出一种大美。

　　中国古代美学，到宋代达到最高，要求绝对单纯，就是圆、方、素色、质感的单纯。宋朝人用墨画画，烧单色釉瓷器。现在讲极简，宋朝就是最早的极简。越简单，越难。北宋范宽《溪山行旅图》里一座大山，人只是走在大山大水里一个小小的存在，这是很了不起的天人合一观点，也是后来欧洲人谈的环保观念。宋朝人知道，人不能自大到认为可以征服宇宙，我们只是宇宙的过客，所以，用"行旅"，不是"旅行"。人要尊敬自然，要留下谦卑。正如麦克斯韦方程式，看起来很简单，可是真正了解它的威力之后，会心生敬畏。

　　一千多年前的文化为现代人追捧，背后实则是文化自信——宋朝是中国历史上经济最繁荣、文化最昌盛、艺术最高深、科技最发达的朝代，"文物之盛跨绝百代"。而宋代生活美学的独特之处在于它既是以雅文化为背景的中国文人士大夫生活美学的高峰，又是市井烟火味浓厚的民间俗文化的兴盛；它既体现在器物、家居、园林等物质方面的极致精美，又表现出中国传统文化中清静淡泊的思想。小友孙寒波的这本书里，不仅有焚香、点茶、插花、挂画"四般闲事"这种大雅文化，也有《清明上河图》里充满了人间烟火气的勾栏瓦舍、茶坊酒肆、车马络绎、商贾往来这样的大俗文化。也许，这正是开启宋代美学的正确打开方式。

王耀南

中国工程院院士

目　录

一、衣

熏衣，把香气"穿"在身上

衣袂飘香，是从古至今追求的一道"嗅觉风景"，比如现代人，喜欢营造"氛围感"，每个女孩的梳妆台上都少不了一瓶香水。中国的古人，让香气随身的方法有很多。在这方面花费的心思、对细节和精致感的追求，与现代人相比，"有过之而无不及"。宋代的刘过有一次和友人一起去探访有阵子没见的女孩，结果扑了空，只能隔窗窥看一下闺房。或许那个女孩闺房内的日常小景让刘过印象深刻，他用一首词把这次探访记录了下来，即《竹香子·同郭季端访旧不遇，有作》：

> 一琐窗儿明快。料想那人不在。熏笼脱下旧衣裳，件件香难赛。
> 匆匆去得忒煞。这镜儿、也不曾盖。千朝百日不曾来，没这些儿个采。

透过阳光照亮的花窗，刘过看到熏笼内暗香幽微，笼面上则摊满了伊人的衣服，虽然并不是新衣，但每一件都熏得香气扑鼻。一旁的梳妆桌上，圆月一样的明镜倚在镜架上，没有来得及放入镜奁，女孩想必是匆忙化好妆后就出了门，以致没归置妆台。这首词十分准确地揭示了宋代女子对于衣香的注重，以及她们对于举手投足间要随时"香出衣"的孜孜追求。在宋代，在熏笼上摊开衣服加以熏香，是贵族女性的一种日常行为。当时，香气不仅是贵族女性服饰的一部分，还是她们彰显自己身份的一种方式。

人人都爱熏衣

宋代女性对芳香之物有本能的偏爱，"苏合熏衣透体馨"，无论家居还是外出，她们都喜欢穿在熏笼上熏过的衣服。"莺锦蝉縠馥麝脐"，和凝在《山花子》中描绘的这个女子身着彩锦、薄纱的衣裙，经过浓熏，就散发着贵重的香气。周彦邦曾在元宵的热闹时节里，遇到满路飘香的逛街女性，"箫鼓喧，人影参差，满路飘香麝"。在宋代，熏衣用的熏笼常称"香篝""熏篝""衣篝"等，黄升《木兰花慢》云："欹枕困寻药裹，熏衣慵讯香篝。"彭元逊《汉宫春》云："熏篝未断，梦旧寒、浅醉同衾。"吴文英《天香·熏衣香》云："珠络玲珑，罗囊闲斗，酥怀暖麝相倚。百和花须，十分风韵，半袭凤箱重绮。茜垂西角，慵未揭、流苏春睡。熏度红薇院落，烟锁画屏沉水。"吴文英从情人身上衣香联想到熏衣香的情景，春日和煦，人倦欲卧。伊人珠饰绣衣，半掩酥胸，与他斜倚床上。她的手中拿着绣囊，两人互评香囊的优劣处，从她的身上还不时散发出一阵阵浓馥的香气。"沉水"，系沉香的别称。室内用沉香熏衣，香气不但弥漫在画屏上下，还透过门帘，顺风飘过紫薇院向外扩散着。

《金瓶梅》"妆丫鬟金莲市爱"一回中，潘金莲来到西厢房，"瞧了瞧旁边桌上，放着烘砚瓦的铜丝火笼儿，随手取过来，叫：'李大姐，那边香儿儿上牙盒里盛的，甜香饼儿，你取些来与我。一面揭开了，拿几个在火炉内。一面夹在裆里，拿裙子裹得严严的，且熏蒸身上。'"这天是正月初九，天气寒冷。这个火笼儿放在桌上，可见不是放在地上的烤火盆。甜香饼儿也不是吃的，而是用于熏的香饼。火上烘烤着一块砚台状的瓦片，香饼投到瓦上，加热融化，香气氤氲开来，金莲罩在裙子底下，连肌肤带衣裙，全身香透。这熏香的火笼子，铜丝是固定支架，又是提手，放在桌上支撑火笼隔热，不会烫坏桌面；烤火时又保护衣裙，不会落入火中。在"郑月儿卖俏透密意"一回中，妓女郑爱月儿躺在西门庆怀里，"他便一手拿着铜丝火笼儿，内烧着沉速香饼儿，将袖口笼着熏蒸身上"。爱月儿手扶铜丝火笼儿，把一缕香烟顺着袖筒牵入体内。她用的是沉速香饼儿。

当然，熏衣并非女性的专享，很多文人士大夫都有熏衣癖好，在生活中经常熏衣，不少人有专门熏衣房，专人负责日常熏衣。陆游《雨中作》云："积润画图昏素壁，渍香衣帻覆熏笼。新晴不用占钟鼓，卧听林梢淅淅风。"宋祁《送张元安肃知军》云："星闱几罢日熏衣。"张镃《礵栌》云："三熏衣润乘沉麝，一沃汤柔和芷辛。"黄庭坚《次韵几复答予所赠三物三首石博山》云："熏衣作家想，伏枕梦闺姝。绝城蔷薇露，他山菌苕炉。"《醒世恒言》卷七"钱秀才错占凤凰俦"中："次日，颜俊早起，便到书房中，唤家童取出一皮箱衣服，都是绫罗绸绢时新花样的翠颜色，时常用龙涎庆真饼熏得扑鼻之香，交付钱青行时更换。"龙涎庆真饼，就是用抹香鲸肠内分泌出的一种香料制成的香饼。"行走时香风细细，坐下时淹然百媚。"兰陵笑笑生曾这样描写孟玉楼身上的香气。

"荀令君至人家，坐处三日香"①的传说脍炙人口，但宋代优雅男士的相关轶事，相比荀令乃是有过之而无不及。北宋名臣赵抃天生面黑，并且为人刚正，在朝堂上弹劾权贵时毫不避忌，如此刚正的清官，一定生活简朴吧？事实却是，这位钢铁直男喜欢熏衣到了痴迷的程度！叶梦得《避暑录话》载："赵清献公好焚香，尤喜熏衣。所居既去，辄数月香不灭。衣未尝置于笼，为一大焙，方五六尺，设熏炉其下，常不绝烟，每解衣投其间。"在赵抃的住处，设有一只特制的超大号熏笼，直径达五六尺，笼下放置一只熏炉，终日香烟不灭。他常穿的衣服从不收入衣箱，每次脱下衣服，就直接平铺在熏笼上，接受熏濡。由于熏炉长年蒸香，所以一旦他搬家，原住处会长达几个月余香不绝。

北宋官场最香的男人当属梅询。欧阳修《归田录》载："梅学士询在真宗时已为名臣，至庆历中，为翰林侍读以卒。性喜焚香，其在官舍，每晨起将亲事，必焚香两炉，以公服窒之，撮其袖以出，坐定撒开两袖，郁然满室浓香。"梅询在其官邸，每日晨起办公事之前，都会焚香两炉，将公服罩在香炉上。过一会儿，捏住公服的两个袖子取出。坐下后，撒开两袖，浓郁的馨香便充盈室内。梅询喜香惜香至此，时人将其与不修边幅的窦元宾合称为"梅香窦臭"。而且，梅询的熏香经常变化，宋真宗和宋仁宗非常喜欢，两位皇帝有时候还专门为了闻闻梅询新配的熏香传唤梅询。于是，他就更热爱熏衣了。

文人士大夫热衷熏衣，本不奇怪，不过赵抃和梅询大概是最夸张的两位，其他人虽不至于这么狂热，但也把穿熏香的衣服当日常。在宋代，夏天熏衣的实用功能，怕也不是专门为雅而雅。周邦彦《满庭芳·夏日溧水无想山作》就记载了他的一段经历："风老莺雏，雨肥梅子，午阴嘉树清圆。地卑山近，衣润费炉烟。人静乌鸢自乐，小桥外、新绿溅溅。凭阑久，黄芦苦竹，拟泛九江船。"周邦彦中年去溧水县当县官。适逢初夏，他来到温暖湿润的溧水县，此时正是梅雨时节，小桥流水，江南风光。但是从生活上来讲，他也有不适应的地方。因为这里地势低，又有山峦阻隔云气，所以非常潮湿。衣服因为潮湿，往往要不断进行熏晾。那么"衣润费炉烟"，当然不可能是夏天生个大火盆，只可能是用熏笼熏香的方式去潮。同样的情况在陆游身上也发生过，他有一首诗《初夏幽居偶题》专门记录他50岁之后的乡村生活："书几得晴宜试墨，衣篝因润称熏香。"一场新雨后，空气潮湿，笔墨生润，那么衣服也要进行熏香。可见在宋代，夏日熏香，可能不

---

① 荀彧为尚书令，故称荀令。据说他嗜爱香气，身带之。所坐之处，香气三日不散。

止是贵族和文士的一种闲情和风雅，还是家常对付夏天梅雨季节的一种生活方式。

熏衣用具和流程

熏衣，就是在香炉内点上香，扣个熏笼，铺上衣服。然而，宋人事事都无比细致，怎么可能单在衣香的问题上简单粗暴呢。对于宋人来说，"熏衣"是十分讲究的事情。宋代熏衣常用的工具是熏笼，一般是由竹片编成，形状大致为敞口的竹笼。其下置炉，便可熏衣。与熏笼配合使用的炉多为一侧有柄可以手持的行炉。它根据人们需求的不同有各式各样的造型，仿禽类最为多见，非常符合女性熏衣的美感需求，比如雁形香炉、鸭形香炉。在陈洪绶的《斜倚熏笼图》中，一名女子梳着牡丹头，昂头目视笼中雀，坐在铺着青色地毯的矮榻上。她身披白鹤团花纹锦被，斜着身子倚靠在熏笼上，熏笼下放着一尊香炉。画中的熏笼呈半圆形，炭盆中似有红红的暗火，还有袅袅的香气。旁边有一名仕女带着一个孩童在玩耍，孩童用扇子扑着一只巨大的蝴蝶。

宋人对于熏衣这件事很上心，也发展出了一套细致的方法。洪刍的《洪氏香谱》中记有"熏香法"，其实就是"给衣熏香法"，把相关程序介绍得很清楚："凡熏衣，以沸汤一大瓯置熏笼下，以所熏衣服覆之，令润气通彻，贵香入衣也。然后于汤炉中烧香饼子一枚……置香在上熏之，常令烟得所。熏讫叠衣，隔宿衣之，数日不散。"赵九成《续考古录》著录"香毬"，曰："荣询之所收。槃径黍尺六寸，高五寸，炉径四寸。凡熏香先着汤于槃中，使衣有润气，即烧香煙着殿而不散，故博山之类皆然。"说的

明 陈洪绶《斜倚熏笼图》

都是让衣服在沸水蒸汽下变得微潮，这样更易吸附香气。

洪刍将熏衣的方式记录得非常明白，主要可以分成以下几个步骤。首先，要在熏笼下面放置热水，然后将要熏香的衣物展开，放置在上面，让水蒸气冒出，使衣物可以有效地吸附香气。许及之《贺新郎》即云："独柱炉香熏衣润。"然后，以焚香的方式将炭火燃烧后放入香炉，用香灰覆盖，然后将隔火片置于炭火之上，香料隔火放置于上方熏香。再者，将香炉安放置水盆的中间，使香气随着水蒸气往上散发，进而附着在衣物上。最后，将熏好的衣物放置相较密闭的空间中，使香气更持久，隔天穿出，可维持香气数日不散。毛滂《最高楼》即云："新睡起，熏过绣罗衣。"

需要注意的是，要保持衣裳从始至终的滋润度。不仅在开始熏香之前就要用热水散发出来的水汽湿润，在正式熏香的时候，也要保持衣裳有水汽的滋润，如若不然，熏出来的衣裳就会是烤焦味而不是芳香味。一如孙思邈《备急千金要方》中"熏衣香方"条所强调："以微火烧之，以盆水内笼下，以杀火气，不尔，必有焦气也。"必须在熏笼下放一盆水，增加湿润度，这样才能避免衣服染上烟火的焦味。实际上，由于熏衣的独特需要，出现了与熏笼配套使用的专用盛水盆，叫做"香盘"。《陈氏香谱》具体解释了"香盘"的形制与意义："用深中者，以沸汤泻中，令其气蓊郁，然后置炉其上，使香易着物。"在山西朔州市西汉墓出土的鸭形香炉下面，有一个很大的承盘，可以直接将热水倒入盘中，水汽和香气一同蒸熏，大大减少了时间和工作量。

熏衣香料和熏衣香方

古代的香料主要有天然的植物香料、动物香料。植物香料是用从植物各部位采集的植物精油、香树脂和树胶等制成，主要有沉香、檀香、苏合香、龙脑香等。动物香料是动物的分泌物或排泄物，香料种类不多，但名贵异常，一般只有少数的王公贵族才能用得起。较为熟知的有麝香、龙涎香等。各个时期的好恶不同，造成了各个朝代流行不同的香料。但大体来看，主要还是以龙涎香、乳香、笃耨、沉香、龙脑、檀香等最为受欢迎。

沉香，又叫"沉木香""水沉香"，主要产于天竺国。叶廷珪《海录碎事·饮食器用》中有："沉木香，林邑国土人破断之，檀以岁年朽烂而心节独在，置水中则沉，故名沉香，不沉名栈香。"沉香在唐朝已传入广东，宋朝普遍种植，因为主要集中在东莞地区，所以又名莞香。关于莞香，当地人流传着这样一个故事：莞香的洗晒由姑娘们负责，她们常将最好的香块偷藏胸中，以换取脂粉，香中极品"女儿香"由此得名。沉香因为具有行气止痛、温中止呕、纳气平喘的独特功效，所以在古代就落入了文人雅士的"法眼"。晏殊《浣溪沙》云："宿酒才醒厌玉卮，水沉香冷懒熏衣，早梅先绽日边枝。"晏几道《诉衷情》云："御纱新制石榴裙，沉香慢火熏。越罗双带宫样，飞鹭碧波纹。"周邦彦《浣溪沙》云："衣篝尽日水沉微。"秦观《如梦令》云："春色着人如酒，睡起熨沉香。"吴礼之《蝶恋花》云："笑垂罗绣熏沉水。"沉香如此美好，在宋代文人的衣服上，微微地熏上了一丝丝香味。

此外，还有专门用来熏衣的合香。熏衣香丸的选择和制作也非常重要，在《备急千金要方》中就记载着五种熏衣香方，《陈氏香谱》中也记有九种，如熏衣梅香和熏衣笑兰香，也就是我们熟知的梅花和兰花的香味。众所周知，不同的熏衣香丸熏出来的衣裳有着不同的香味，在多选择的情况下，古时候的人们都会按照身份和地位来选择相对应的衣裳香味。从中我们可以看出，古人对于美的追求都是精益求精，并且在制作东西时也十分用心和有耐性，因此，古代的香料香味都十分沁人心脾。

最早有文字记录的熏衣香方，是东晋葛洪《肘后备急方》中的卷六方"六味熏衣香方"："沉香一钱，麝香、白胶香、丁香、藿香各一两，苏合香（蜜涂微火炙）。捣沉香，令破如大豆粒，丁香亦别捣令作 2~3 块，捣余香，蜜和为炷。燃烧或着衣。"其中丁香在《海药本草》中被认为有杀虫之功效，藿香可祛暑行气、抗真菌，白胶香活血解毒、生肌止痛，苏合香可缓解湿疹，有抗菌作用。看来古人熏衣最早还是出于防暑、防蛀、防蚊虫等使用目的。这六味香药也成为熏衣香方的基本配方参照。孙思邈《千金翼方》的"熏衣浥衣香第六"中详细地记载了制作熏衣香需要注意的几个关键点：

> 熏衣香方：熏陆香（八两）、藿香、览探（各三两，一方无）、甲香（二两）、詹糖（五两）、青桂皮（五两）。上六味研末，前件干香中，先取硬者粘湿难碎者，各别捣，或细切，使如黍粟，然后一一薄布于盘上，自余别捣，亦别布于其上，有须筛下者，以纱，不得木，细别煎蜜，就盘上以手搜搦令匀，然后捣之，燥湿必须调适，不得过度，太燥则难丸，太湿则难烧，湿则香气不发，燥则烟多，烟多则惟有焦臭，无复芬芳，是故香，须复粗细燥湿合度，蜜与香相称，火又须微，使香与绿烟而共尽。

清 佚名《仕女图》

　　从熏衣香中对发烟、燥湿的考量，可知唐代合香技术已经相当成熟。在《陈氏香谱》卷一"窨香"条说道："新合香必须窨，贵其燥湿得宜也。每约香多少，贮以不津瓷器"，也就是干的瓷器，"蜡纸封于静室屋中，掘地窨深三五寸，月余逐旋取出，其尤犒靓也"。

　　在诸多合香中，宋人独偏爱花香，调制花香味的熏衣香，是宋人合香的特色。《陈氏香谱》载"熏衣梅花香"："甘松、舶上茴香、木香、龙脑各一两，丁香半两、麝香一钱，右件捣合粗末如常法烧熏。"此外，牡丹花、杏花、荼蘼、瑞香、茉莉、栀子花、柚花和桂花等，亦是各领风骚。周嘉胄《香乘》记载了一款兰花香味的"熏衣笑兰香"："藿零甘芷木茴丁，茅赖芎黄和桂心，檀麝牡皮加减

清　沙馥《梨花仕女图》

用，酒喷日晒绛囊盛。以苏合香油和匀，松茅酒洗，三赖米泔浸，大黄蜜蒸，麝香逐旋添入。熏衣加檀、僵蚕，常带加白梅肉。"熏衣笑兰香属于典型的宋代熏衣香，宋时比较流行，作熏衣香使用时，香方要加檀香、僵蚕。杨万里的《甲子初春即》一诗中这样写道："老子烧香罢，蜂儿作队来。徘徊绕襟袖，将谓是花开。"他描述了一个美好浪漫的事情，那就是在焚香过程中，蜜蜂以为是花开渗香，便成群结队而来，为何会把蜜蜂都吸引过来呢？原因很简单，那是因为他点燃了花香型的熏香。

在宋代，爱美的闺阁女子，除了用时下流行的香方熏衣外，更会亲自动手制作调配喜欢的熏衣香丸。苏洵《香》云："捣麝筛檀入范模，润分薇露合鸡苏。"其中薇露即指玫瑰花露或蔷薇露。这种来自东南亚、西亚海上诸国的舶来品，因香气幽雅、留香持久，受到宋人喜爱。《铁围山丛谈》载："旧说蔷薇水，乃外国采蔷薇花上露水，殆不然。实用白金为甑，采蔷薇花蒸气成水，则屡采屡蒸，积而为香，此所以不败。但异域蔷薇花气，馨烈非常。故大食国蔷薇水虽贮琉璃缶中，蜡密封其外，然香犹透彻，闻数十步，洒著人衣袂，经十数日不歇也。"刘克庄尤为浪漫，将之比作永恒的爱情，留下"旧恩恰似蔷薇水，滴在罗衣到死香"。由于传统用熏笼熏香比较麻烦，有不少女子用蔷薇水直接洒衣，郭祥正《颍叔招饮吴圃》即云："番禺二月尾，落花已无春。唯有蔷薇水，衣襟四时熏。"

与焚烧熏衣的湿香方不同的是，浥衣香方则是把香料捣好，不加蜜，制成干香，用绵或绡盛好，放在衣箱中，让香味自然地沾上衣服。如《陈氏香谱》"芙蕖香"方云："用新帕子裹，出入着肉，其香如新开莲花，不可火焙，汗浥愈香。"即用新手帕包裹，放在贴近肌肤的地方，为的是身体出汗后，汗水浸湿香品，香味更香。以及"内苑蕊心衣香"："藿香、益智仁、白芷、蜘蛛香各半两，檀香、丁香、木香各一钱。右同捣粗末，裹置衣笥中。"《陈氏香谱》中还记载了洗衣香，香方很简单，"牡丹一两、甘松一钱。右为末，每洗衣，最后泽水入一钱、香著衣上，经月不歇"。更直接的是把各种新下树的、香气鲜明的果实放到衣柜里，因为朴素、清新而又方便，所以成了广为流行的熏衣之道。香橙、木瓜都是宋代常用的熏衣香果。可见宋人为了使衣物带香做了许多尝试。

"从风衣起发芬香，为君起舞幸不忘。"罗衣红袖随风起舞的片刻间，散发出阵阵清香，令君难以忘怀。飘逸的服饰和曼妙的身姿，再加上"香"，或许能更立体地阐述古人气质的柔美。古法熏香虽然繁琐，但具备现代快节奏社会所缺乏的仪式感。从制香、焚香再到熏衣，倒也是能让人从浮躁之中沉淀下来的妙法。比起今天举起玻璃瓶浑身喷洒香水，宋人显然要优雅得多，他们真正做到了把香气"穿"在身上。

参考资料：

孟晖：《花间十六声》，北京：生活·读书·新知三联书店 2014 年版，第 140-153 页。

扬之水：《宋代花瓶》，北京：人民美术出版社 2014 年版，第 169-182 页。

清　禹之鼎《闲敲棋子图》

奔放的宋人，竟然喜欢内衣外穿？

夏天很多女生喜欢穿个小吊带+防晒服出门，时尚又清凉，十分惹人喜欢。其实这种穿搭早在一千多年前的宋朝就流行过了。说起这个事实，还有许多人不信。荷兰汉学家高罗佩也不信，他认为在宋代，女性的胸部和颈部都是先用衣衫的上缘，后用内衣高而紧的领子遮盖起来。高罗佩也许未能接触到更多的宋画，因而才得出如此结论。如果多看几张宋画，多在宋词里听歌伎弹唱琵琶曲，他就不会这么想了。有毛滂《蝶恋花》为证：

> 闻说君家传窈窕。秀色天真，更夺丹青妙。细意端相都总好，春愁春媚生颦笑。
>
> 琼玉胸前金凤小。那得殷勤，细托琵琶道。十二峰云遮醉倒，华灯翠帐花相照。

"琼玉胸前金凤小"，是说歌伎穿的抹胸绣着小小的金凤图案。抹胸，就是宋朝女性的贴身内衣，较短小，也有较长大，着于外。这首词反映了宋朝女子的内衣是可以露出来的，配以不同的图案与花色，映衬着脖颈下凝脂一般的肌肤，在整个服饰搭配中能起到画龙点睛的装饰效果。可以说，宋代女性服装并不保守，不会把胸部和颈部完全遮盖起来。相反，她们追求的是一种朴素雅致、含而不露，而又风情万种的小家碧玉之美。

宋代女性自由展露性感

在宋朝，抹胸形成了一种别具特色的上装形式，时称"不制衿式"，即在内穿一件长抹胸，然后外罩一件褙子，衣襟敞开，不施衿纽，顶多在当腹的地方用衣带松松地系一下。褙子，有时候也写成"背子"，为宋朝最时兴的上衣款式，直领对襟，两腋开衩，下长过膝。李清照《点绛唇》云："蹴罢秋千，起来慵整纤纤手。露浓花瘦，薄汗轻衣透。见客入来，袜刬金钗溜。和羞走，倚门回首，却把青梅嗅。"一名见客害羞的小姐姐，身上穿的轻衫很薄，出一点微汗，便湿透了，露出雪白的肌肤来。宋朝丝织业发达，女性的衣衫多用丝罗制成，薄如蝉翼，半透明，双肩、双臂隐约可见。又《一剪梅》云："轻解罗裳，独上兰舟。"罗裳，即是薄薄的罗衫。宋朝女子可以穿着薄薄的罗衫出游，如果觉得热了，还可以解下来。如此一来，原为内衣的抹胸就成为外装的一部分，苏轼在《自兴国往筠宿石田驿南二十五里野人舍》一诗中形容为"溪上青山三百叠，快马轻衫来一抹"。在引领女性审美潮流的宋朝上流社会，女子"内衣外穿"成为一种时尚。

南宋 佚名《歌乐图》

宋朝女性的抹胸，通常都绣有花卉、鸳鸯等装饰图案，黄庭坚的《好女儿》里，描写了一位女性"粉泪一行行。啼破晓妆"。一大早因为思念心上人泪流不止，把刚画好的晨妆都破坏了。然后又形容她"懒系酥胸罗带，羞见绣鸳鸯"。很明显，这里指的就是用衣带在胸前系束抹胸的动作，而这也几乎是每个宋代女性每天都要重复的日常动作。可是，她穿着的抹胸上正好绣了鸳鸯，她怕见了它更伤感，所以对这一穿衣程序中的必要步骤也没兴趣了。

对于女性"内衣外穿"，因而前胸微露的情况，也不乏描写，苏轼在《鹧鸪天·佳人》中描写一位弹琵琶的女性时，形容那情景是："酥胸斜抱天边月。"说这位歌伎把琵琶斜抱在身前，犹如天边的圆月，衬映着她微露的酥胸。抹胸穿着还可以于夹层中暗藏沉檀香粉或者排草、干玫瑰花瓣，甚至就在浅表处，伸手可及，有时还能够方便地把帖子、纸笺等小物件放进去或拿出来，并不需要掀起衣衫，王平子《谒金门》就有这样的描写："书一纸，小研吴笺香细。读到别来心下事，蹙残眉上翠。怕落傍人眼底，握向抹胸儿里。针线不忺收拾起，和衣和闷睡。"

无论歌舞伎还是平民百姓，皆可穿着抹胸。出自南宋佚名画家之手的《歌乐图》，描绘了一群宋朝宫廷乐伎正在彩排乐器演奏的情景，图中乐伎皆穿着淡雅的抹胸，外穿大红色褙子，风姿绰约的她们透出一种别样的性感。而这正是宋代女性推崇的流行风尚。刘松年《茗园赌市图》画了一个正在旁观斗茶的市井妇女，穿抹胸，露出半个酥胸，外罩一件褙子，也没有裹脚，看起来健康、性感、开放。换言之，宋朝女性穿着抹胸，套上一件微微敞开的褙子，是可以出来见客人，不用躲在深闺里的。而且，在宋朝，人们并不觉得女子酥胸微露是一件很羞耻的事。

从宋代传世绘画来看，抹胸的颜色多以鲜艳的红色、粉色与淡雅的白色为主。例如《纺车图》中的老妪就着红色抹胸。宋代崇尚红色，《南宋杂事诗》中记载："垂衣暇日沐恩波，四角金龙押帕罗，红粉抹胸绯裹肚。"《建炎以来朝野杂

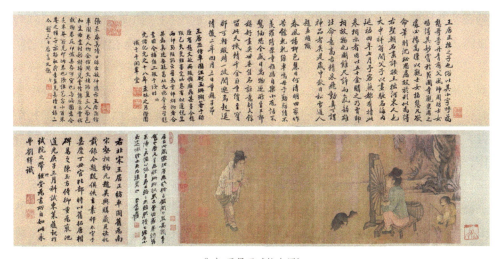

北宋 王居正《纺车图》

记》道："中宫常服，初疑与士大夫之家异，后见干道邸报临安府浙漕司所进成恭后御衣衣目，乃知与家人等耳。其目：熟白纱裆裤、白绢衬衣、明黄纱裙子、粉红纱抹胸、正红罗裹肚、粉红纱短衫子。"《金瓶梅词话》描绘患了重疾的李瓶儿"面容不改，体尚微温，脱然而逝，身上只着一件红绫抹胸儿"。宋代女子选取红色作为抹胸的色调，能够巧妙而又成功地夺取人们的目光，她们深谙性感并非暴露和开放，而是由内而外散发出的自信和风韵。

抹胸颜色多与外衣的颜色搭配穿着。[①] 在使用较为鲜艳的色彩时，外衣色彩往往较为素雅。从宋代绘画作品中我们可以看到，一则主要色彩强调本色，以淡雅为尚，淡蓝、浅黄、青、藕丝色、淡粉红、墨绿、白色等，服饰色彩均偏中高明度，纯度偏低，对比色应用较少，《荷亭婴戏图》和刘宗古《瑶台步月图》中，抹胸色彩偏素雅，通体的一色调，更显得体态修长婀娜、简洁优雅。二则外衣或领抹鲜艳而抹胸色淡的反差。宫廷女性常服通常以红生色花罗为领子，红罗长裙和褙子，黄、粉红纱衫，白纱裤，黄色裙等，内着浅色抹胸，如《瑶台步月图》和《歌乐图》等中的女性。三则外衣质朴素雅，衬以鲜艳的抹胸，利用这种大幅度色相对比，可以将整体形象衬托得更具有层次感，让人物形象更加立体，其内里的一点点艳丽，更如点睛之笔透露出女儿家内心的仪态万方、千娇百媚。四则艳色系内外衣搭配，在绘画中也不胜枚举，颜色搭配得十分协调，更显温润端庄和线条流畅感。

当然，也并不是所有人都能理直气壮地"内衣外穿"，在半敞不饰襟纽的衣衫和贴身抹胸相结合时，就出现了"遮"与"露"的学问。如何遮蔽？如何显露？显露多少方才恰到好处？也因此，许多女子经常拿一柄小扇掩在胸前，举动之间若隐若露，增加了许多迷离情态，惹人沉醉。周邦彦在《浣溪沙》中写道："强整罗衣抬皓腕，更将纨扇掩酥胸。羞郎何事面微红。"吕渭老的一首《浣溪沙》中也有："微绽樱桃一颗红。断肠声里唱玲珑。轻罗小扇掩酥胸。"将扇子同服饰相结合，相得益彰，宋朝女性在美的创造上不可不谓聪慧过人，她们了解自己的身体，并善于假借外物，使女性与生俱来的性感能够更巧妙地展示出来。

南宋初，有一个叫曹中甫的"服装设计师"缝制了一件抹胸，抹胸的图案是一幅刺绣的山水画："丹青缀锦树，金碧罗烟鬟。丹青缀锦树，金碧罗烟鬟。"曹中甫将这件抹胸送给友人陈克。陈克收下抹胸后，还写了一首诗回赠曹中甫，诗

---

① 秦小宁：《性别视角下的中国女性内衣文化现象分析》，陕西师范大学 2010 年硕士学位论文。

的题目大大方方叫《谢曹中甫惠着色山水抹胸》。陈克先赞美了曹中甫的手艺："曹郎富天巧，发思绮纨间。"接着就替妻子感谢他赠送礼物："我家老孟光，刻画非妖娴。绣凤褐颠倒，锦鲸弃榛菅。"

抹胸之形制、纹样①

宋代有两种形制的抹胸，一类为长方形的布帛样式，布帛两端有束带，贴身围裹于胸腹。在《瑶台步月图》中可见宫廷赏月仕女身穿抹胸便为此类样式。这类抹胸在形式上有宽松的一面，有如裙子一般，下摆是无拘束的。另一类为前有后无的样式，所谓"只施于胸不施于背"。此类样式多以束带分别系于颈脖处和腰间，王居正《纺车图》中的老妪形象就是此种抹胸。它以素绢为之，共两层，内衬少量丝棉，长 55 厘米，宽 40 厘米，上端及腰间各缀绢带两条，以便系带，带长 30 多厘米。这件抹胸由腹部长方形、胸部三角形和束带构成，束带分别在颈后和后腰系扎。因为在颈部也有带子，就解决了往下掉的问题。此外，宋代抹胸的织造图案一般会采用刺绣、印花等手法，一花一草一木都是宋人寻求人与自然和谐相生的追求，因而也影响了服饰审美的风尚。

植物纹样

宋人装饰纹样中喜欢以写实花卉为主，谓之"生色花"。在临安市场上，"四时有扑带朵花，亦有卖成窠时花，插把花、柏桂、罗汉叶。春扑带朵桃花、四香、瑞香、木香等花，夏扑金灯花、茉莉、葵花、榴花、栀子花，秋则扑茉莉、兰花、木樨、秋茶花，冬则扑木春花、梅花、兰花、水仙花、腊梅花"②。可见宋人对花卉的热衷。宋代画院也十分重视花卉作品，宋徽宗赵佶就是个花鸟画高手，所画各种花木杂卉如桃、牡丹、梅花、山茶、石竹、木瓜之类。实际上，抹胸织物上所用的花卉图案题材与绘画是相似的。

宋代文人爱梅、颂梅者极多，不但吟之诗作其画，连纺织业也将梅花作为流行的图案印染或绘制于衣物上。南京高淳花山宋墓出土一件"芙蓉山茶梅花纹罗

---

① 李燕：《论宋代女性服饰的艺术表现形式研究》，《艺术品鉴》，2014 年第 12 期。
② 吴自牧：《梦粱录》，杭州：浙江人民出版社 1984 年版。

抹胸"①，图案是一排芙蓉、一排山茶、一排梅花交替排列，花为折枝。山茶花又名曼陀罗花，道家传说中，北方曼陀罗星君手持山茶花，仪态万千，妙不可言，故世人又将山茶花称为曼陀罗花。陆游《山茶花》也道："东园三月雨兼风，桃李飘零扫地空。唯有山茶偏耐久，绿丛又放数枝红。"

《太平御览》载："芙蓉一名荷花，生池则中，实曰莲。"早在春秋之时，莲花纹就已成为中国最早成系列发展的植物纹样之一。自佛教传入中原之后，由于佛教对莲花的崇尚，中国原有的图纹扩大了表现范围，被赋予更多的含义，有了更多的样式。除单独使用外，芙蓉纹亦常和牡丹、桂花组合成纹，借蓉寓"融"，借桂寓"贵"，取名为"荣华富贵"。

柿蒂纹，顾名思义如同柿子下部之蒂子一样，四瓣或五瓣，因其中一些花纹的形状像柿子分作四瓣的蒂而得名，作为织绣纹样，其以圆点为中心，四周分列鸡心图案，整个造型如同柿蒂。柿蒂一生与果相生相伴，预示着家族、国家等的坚实牢固、人丁兴旺、传承祥瑞。"柿"与"事"同音同声，故除单独使用外，还常常和"如意"纹一起，构成"事事如意"等吉祥图案。南京高淳花山宋墓出土了一件"菱形朵花纹印花绢抹胸"，② 即在黑色的印花菱纹内填以柿蒂小花，相错排列，花纹循环，且以朵花纹印花绢贴边。

南京高淳花山宋墓"菱形朵花纹印花绢抹胸"

---

① 许丽莎：《高淳花山宋墓的服饰文化探讨——论丝绸服饰的美感及文化价值》，《参花（下）》，2013 年第 12 期。

② 许丽莎：《高淳花山宋墓的服饰文化探讨——论丝绸服饰的美感及文化价值》，《参花（下）》，2013 年第 12 期。

几何纹样

几何纹样是用各种直线、曲线以及圆形、三角形、方形、菱形等构成规则或者不规则的几何图形作装饰的纹样。受织法的影响，纹样主要为规则的几何式，大致可以分为菱形、条纹和综合构成三种基本类型。在此基础上加以传统的吉祥寓意，出现了"卍"字纹、双胜、龟背、锁子、盘绦、瑞花、棋格、联机、回纹、枣花、如意等程序化的几何纹样，这些几何纹也常作为花鸟纹样的衬地应用。花山宋墓中，出土几何纹抹胸 3 件，分别为菱格纹与卍字纹。① 其中卍字菱格纹罗抹胸，呈长方形，长 50cm，宽 120cm。图案主体是菱形，在菱格内为一个卍字，菱格外为联珠形成的菱形，四方连续排列，有着宋代典型的矜持与素雅。

动物纹样

"琼玉胸前金凤小"，说明歌伎所穿的抹胸绣有小小的金凤图案。《说文解字》："凤之象也，麟前鹿后，蛇头鱼尾，龙文龟背，燕颔鸡喙，五色备举。出于东方君子之国，翱翔四海之外，过昆仑、饮砥柱、濯羽弱水，暮宿风穴，见则天下大安宁。"至宋代，凤凰的造型趋于写实和清新秀丽的形象，为鹦鹉的嘴，锦鸡的头，鸳鸯的身，仙鹤的足，大鹏的翅膀和孔雀的羽毛等，显得绚丽多彩。《礼记·礼运》："麟、凤、龟、龙，谓之四灵。"由于凤的高贵，凤纹也就被赋予美好吉祥的寓意，深得宋代女性的喜爱，凤纹也逐渐世俗化，并受到花鸟画影响，多与花卉纹饰相得益彰，且凤凰性情高洁，"非梧桐不止，非练实不食，非醴泉不饮"，更是女子贞洁端重的象征。

有人说，中国古代的服饰，外衣是政治，内衣是情感。《西厢记》里的女子，"抹胸裹肚，一根幼带围颈，一块菱中遮胸，掩起千般风情"。宋朝是中国历史上文人气质最盛的朝代，虽然这个时代以素雅简朴、修长苗条、纤弱文静为女性审美典范，但精致的抹胸，为宋代女性平添了一份神秘与性感的气息，无疑具有撩拨人心的美感。可以想象，宋代女性在艳丽抹胸之外，罩上一件件薄如蝉翼的素色纱衣衫，是一种多么雅致的婉约之美。

---

① 许丽莎：《高淳花山宋墓的服饰文化探讨——论丝绸服饰的美感及文化价值》，《参花（下）》，2013 年第 12 期。

元 钱选《招凉仕女图》

竹好堪延客，　溪清欲浣衣

现代人服装款式的风格多变，激发着人们的购物欲，因此就带来了一个很直接的问题：洗衣量大大增加。除了一些名贵的衣服会拿到干洗店洗之外，日常的衣服一般都是直接扔到洗衣机里。洗衣方式确实便捷，洗衣机轰隆隆转着，日子波澜不惊。但宋代的葛天明则不然，一千年前的一个晚上，他的一颗心彻夜悬着，惴惴不安，又辗转不眠。有《绝句》为证：

> 夜雨涨波高一尺，失却捣衣平飞石。天明水落石依然，老夫一夜空相忆。

一个夜黑风高的晚上，一场倾盆大雨，赶走了暑热，带来了凉爽。由于雨势很急，河水的水面也快速上涨，可是他又有什么可以牵挂的？当然有！然而既不是家人的安危，也不是邻居们的财产，他担心的竟然是河边的一块捣衣石。宋代没有洗衣机，也没有自来水，洗衣服都靠井水或者河水。葛天明应该离河岸较近，所以就在河边安放了一块大石块，方便自己洗衣服。大雨会不会冲走大石头，他非常担心，后半夜翻来覆去，一直睡不踏实。第二天一大早，他就赶紧来到河边查看。水落石出，河边的捣衣石依然平静地躺在那里，葛天明心中的大石块也终于落地，于是他长吁一口气。

宋代洗衣风俗：捣衣

在宋代，人们为了更好地清洁衣物，除了借助水的冲刷力以及双手以外，还常常借助工具。"捣衣杵+捣衣石"就是她们的洗衣机。捣衣杵是个木质的东西，形状和棒球棒相似，长约 30 厘米。"捣衣"这种清洁衣物的方式是宋时人们最为主要的洗衣方式。宋人的饮食与现代人的饮食不同，没有那么多的油，所以宋人的衣服也不会沾上太多的油渍。一般把脏衣服先"浆水"，然后下水洗涤一两遍，再在湿漉漉的衣服里裹进皂荚或者其他药粉，继而将衣服铺在池塘边或河溪旁平

清 顾洛《沅溪艳迹图》

坦的石板上，用棒槌捶打，"去污脱水"，最后把衣服放进清水"淘"一次，拧干水。

戴复古《山中即目二首》云："竹好堪延客，溪清欲浣衣。"释绍嵩《偶兴》云："暖日熏杨柳，溪风为肃然。浣衣逢野水，拥锡上泷船。"苏轼《巫山》云："浣衣挂树梢，磨斧就石鼻。"无一不是描绘了捣衣图卷。古代有个活计叫做"浣纱女"，就是专门给人洗衣服的。王炎《自南斋晚归二绝》云："溪凉鱼发发，山静鸟飞飞。草笠儿驱犊，荆钗女浣衣。"潺潺的溪流边，身着素服的女子半蹲在岸边，将双手浸泡在水中，时而有规矩地晃动几下，水面波波的涟漪往外荡开。仔细一瞧，原是女子在全神贯注地洗衣。王昌龄《浣纱女》曰"钱塘江畔是谁家，江上女儿全胜花"，说明洗衣服的女孩特别多又特别美，这场景今天是很难看到了。宋代这些拿着盆在溪岸边浣衣的清丽女子的身影，无疑让我们留下了无限的遐想。

韩元吉《水龙吟》云："乱山深处逢春，断魂更入桃源路。双双翠羽，溅溅流水，濛濛香雾。花里莺啼，水边人去，落红无数。恨刘郎鬓点，星星华发，空回首、伤春暮。寂寞云间洞户。问当年、佳期何处。虹桥望断，琼楼深锁，如今谁住。绿满千岩，浣衣石上，倚风凝伫。料多情好在，也应笑我，却匆匆去。"一个四面环水的村落，一个女子清流濯衣，码头作台。斯时，撩水声、揉搓声、拖曳声、捶拍声，间以盈盈笑语、喧喧嬉闹。这是怎样一种遥茫而又临近、缥缈而又切实的天籁之音。

更讲究的是把衣服送去浆洗，即将衣服洗干净并进行浆挺。宋代也有洗衣店，不过那时候不叫洗衣店，而是叫做浆洗房。在当时，只有有钱的大户人家才会把衣服拿到浆洗房去浆洗。大户人家换洗的衣物是非常多的，有时候府里洗衣服的丫鬟根本忙不过来，所以人手不够的时候就会把洗不完的衣物拿到浆洗房去洗。

宋人在浆洗衣物的时候，一般会先将洗干净的衣物放在一旁等待浆挺，然后将米汤或者淘米水放在一口大锅中用小火慢慢地煮，直至沸腾。如果是有钱人，就会选择用淀粉加水稀释后再煮至沸腾，而不是淘米水。等煮开的浆水冷到一定温度之后，再将洗好的衣服放在温热的浆水中，不断地搅拌衣服，让衣服完全被浆水浸透，再浸泡个 3 到 5 分钟，然后直接捞出来用清水漂洗一遍，最后再晾干。浆洗过的衣服会显得更加整洁、颜色看起来也更加鲜亮，穿在身上熨帖笔挺，看起来非常舒服。

唐 张萱《捣练图》

宋代护理妙招：烫衣

宋人穿衣很讲究，注重衣饰仪表，一举手，一投足，无不考虑是否合乎礼节，穿衣戴帽自不例外。洗完的衣服晒干后皱巴巴的怎么都弄不平，怎么办？这时，就需要熨斗烫一烫，将褶皱熨烫平整。宋人为了衣香鬓影、浓妆艳裹、冠袍带履、翩若惊鸿，十分注重熨烫衣物。最早的熨斗实物可以追溯到西汉时期，从汉墓中出土的熨斗，大多用青铜铸成，外形呈圆腹、宽口沿。长柄，有的长柄末端还饰有龙纹。这些熨斗制作精美，用料贵重，雕刻繁复，可见古人对于精致生活的追求丝毫不亚于现代人。

古人将衣物洗涤后晾至七成干，再均匀地喷洒清水，然后再烫。熨衣前，先把烧红的木炭放在熨斗里，利用高温且平滑的斗底将置于其下的衣服熨平。两汉时期，一般是在熨斗里盛上热水来熨烫丝织品。隋唐时期国力强盛，人民生活富足，丝织业非常发达，人们有了更多的闲暇时间来讲究穿衣打扮，用熨斗熨衣已经非常常见。

王建在《宫词》中描写了唐代宫女彻夜不眠，为皇帝熨烫御衣的情形，"每夜停灯熨御衣，银熏笼里火霏霏。遥听帐里君王觉，上直钟声始得归"。御衣是君王之服，每天晚上宫女都要将其熨烫平整，保证第二天皇帝上朝议政时，衣着挺贴。他的《捣衣曲》则描写了一位贫苦人家的女子使用熨斗的场景："冲少熨斗贴两头，与郎裁作迎寒裘。"张萱将唐代贵族妇女在捣练、理线、熨平、缝制劳动时的情景绘制成了一幅《捣练图》，从中我们可以看到古代熨斗的具体使用情况：画卷中有两位女子双手各执帛的一端，另有一女子，左手摁着帛的中端，右手执熨斗，正在布帛上来回熨烫。

宋代熨斗的使用比隋唐时期更加广泛，且形状有所改变：一般是空心短柄，插入木把，以便在熨烫时不至于烫手。放炭火的托盆也更高、更深一些，形状不完全是圆形的，也有呈斗状堤形的，且斗盆周多印制有精美花纹。材质除了金属的还有瓷器的，比如钧窑就烧造过瓷器熨斗。古代的熨斗，主要功能是用来熨烫丝、麻、棉等织物，需要一个平整的底面。早期瓷器熨斗底部都是无釉的，采用正烧工艺，虽然底足无釉，但是底面十分平整。因为陶瓷材料的特殊性，要烧成像平板似的底足是非常困难的。

周密《武林旧事》载："提茶瓶、鼓炉钉铰、钉看窗、札熨斗。"在宋代，铜铁

金代钧窑瓷器熨斗

制熨斗是百姓普遍使用的日用品，而且还有札熨斗这个行业。可见熨斗已经非常普遍地进入老百姓的日常生活。在《警世通言·白娘子永镇雷峰塔》中，记载了一则关于熨斗的趣闻："只见一家楼上推开窗，将熨斗播灰下来，都倾在许宣头上。"

在宋代，熨斗不仅用于熨烫衣服和丝绸，还用于熏香、烫纸、保护书籍和饮酒。陆游《晓枕》云："熨斗生晨火，熏笼覆缊袍。"宋人把熨斗和香炉结合在一起，用点燃的沉香来加热熨斗，不仅能够熨平衣物，还可以熏染出芳香的味道，一举两得。尹济翁曾在《风入松》中写道："朝衣熨贴天香在"，记录了熨斗的另一种功能。秦观《沁园春》咏"玉笼金斗，时熨沉香"，苏籀《节妇吟》咏"藕丝帖体沉香熨"，王齐愈《虞美人》咏"水沉香熨窄衫轻"，吕渭老《思佳客》咏"夜凉窗外闻裁剪，应熨沉香制舞衣"等都是赞美沉香熨斗的诗句。当时每年从海外进贡而来的大量香料，有不少都消耗在了熨斗上。

用熨斗理纸、护书是晏殊的一大发明。《避暑录话》载："晏元宪平居书简及公家文牒，未尝弃一纸，皆积以传书。虽封皮亦十百为沓，暇时手自持熨斗，贮火于旁，炙香匙亲熨之，以铁界尺镇案上。每读得一故事，则书以一封皮，后批门类，按书吏传录，盖今类要也。王莘乐道尚有数十纸，余及见之。"曾觌《减字木兰花》(席上赏宴赐牡丹之作)云："更阑后，满斟金斗，且醉厌厌酒。"郭祥正《金熨斗》云："金熨斗，酌醇酒。熨开万斛之愁肠，赠尔千年之眉寿。醺醺笑脸坐生春，安用逢人嗟白首。"看来宋代有些小熨斗还可用来饮酒。释了朴写诗道："熨斗煎茶不同铫。"宋人在生活的讲究上，有时让今人也自叹弗如。

　　不管是浣衣还是熨衣，宋人所使用的方法都充满着智慧。千百年过去了，曾经相伴人们日常的捣衣棒和熨斗变得遥远而陌生，只存在于泛黄的古籍中，这是技术革命的果实，却也产生了难以弥补的遗憾：生活环境相差太远，如果没有足够的背景知识，哪怕吟诵古人诗词，我们也很难完全复原他们所处的社会风貌。所幸人的情感流转千年，仍是百变不离其中，简单勾勒几笔也能直击人心——不信你读梅尧臣的《泛舟和持国》："浣衣思越妇，折笋拟江童。薄暮回船处，潭鱼动镜中。"

五代 周文矩《西子浣纱图》

逢年过节，万饰从"头"起

在当今这个社会，很多人都感觉不到以往节日的氛围，心中对于节日的好奇和期盼越来越少。就像中秋节，在很多人看来，不过是吃块月饼，放几天假，刷刷手机而已。其实，在匆忙的生活中，我们仿佛遗漏了一样东西，那就是"仪式感"。过节是需要仪式感的，当急躁的生活节奏将缓慢的节日仪式感冲淡时，我们对于节日的态度也就变得无所谓了。对于晁冲之来说，如果知道现代人把节日过成这样，肯定会觉得特别遗憾。有《上林春慢》为证：

> 帽落宫花，衣惹御香，凤辇晚来初过。鹤降诏飞，龙擎烛戏，端门万枝灯火。满城车马，对明月、有谁闲坐。任狂游，更许傍禁街，不扃金锁。
>
> 玉楼人、暗中掷果。珍帘下、笑著春衫袅娜。素蛾绕钗，轻蝉扑鬓，垂垂柳丝梅朵。夜阑饮散，但赢得、翠翘双鬕。醉归来，又重向、晓窗梳裹。

宋 李嵩《观灯图》

这是一首表现北宋汴京元宵节日盛况及风习的词作。元宵佳节，街上有"龙擎烛戏""万枝灯火"，更有"满城车马"，如云游人。而最惹人注目的还是女儿家，她们身着轻盈的"春衫"，显得那样袅娜；头戴素白的"蛾儿"、轻巧的"蝉儿"、柔细的"柳丝"、精致的"梅朵"，颤颤袅袅，婀娜多姿，她们才是这月夜最靓丽的风景。无名氏《大宋宣和遗事》载："是时底王孙公子，才子佳人，男子汉都是子顶背，戴头巾，窣地长背子，宽口裤，侧面丝鞋、吴绫袜，销金裹肚，妆着神仙；佳人确实戴犎肩冠儿，插禁苑瑶花，星眸与秋水争光，素脸共春桃争艳，对伴的似临溪双洛浦，自行的月殿独嫦娥。那游赏之际，手儿厮把，少也是有五千来对儿。"宋人非常重视节日，并且节日的氛围也以娱乐、赏玩为主，即"时节相次，各有观赏"，而为了营造节日气氛，突出各个节日的传统意义，宋人会选择不同主题的着装与配饰来与之匹配，可谓万饰从"头"起。

"彩燕表年春"①

五代浮雕武士石刻

宋代，立春之日头簪"彩燕"与"春鸡"的风俗很盛，"加珠翠之饰，合城妇女竞戴之"。"彩燕"，亦称为"春燕"或"缕燕"。"春鸡"亦有"彩鸡"之称。

在热闹喜庆的正月立春与十五元夕之日，宋人以这种独特的方式表达对新春的欢迎，对春耕之始的喜悦，以及以"燕"与"鸡"之饰祈愿来年驱凶驱邪，吉利亨通，丰收顺利。

彩燕头饰柔软轻薄，行动时双翼婆娑，似将飞未飞，很受年轻女子的喜爱，它既有"彩燕迎春入鬓飞"的活泼，亦有"彩燕丝鸡，珠幡玉胜，并归钗鬓"的清雅，更有"瑶带彩燕光星瑞，金缕晨鸡未学鸣"的繁盛。正如李远在《立春日》中的描述一般，"暖日傍帘晓，浓春开箧红。钗斜穿彩燕，罗薄剪春虫。巧著金刀力，寒侵玉指风。娉

---

① 贾玺增：《四季花与节令物》，北京：清华大学出版社 2016 年版。

婷何处戴，山鬓绿成丛"。将春燕簪戴于女子发髻间，稍有走动，春燕便会不停地抖动，好似穿梭于花卉丛中，生气勃勃。

宋代制作的"彩燕""春鸡"，其材料多是富有色泽美感且易加工、易获得的彩帛与乌金纸。彩帛，即是绣有图案的帛带，与乌金纸一般，裁剪成形后，因其质地轻薄，簪于发间便随风轻颤，宛若飞燕入鬓，娇妍动人。更为讲究的制作则是直接以"彩燕""春鸡"之形制作簪钗，成为簪钗的主要部分，其材料多是金、银、铜、玉等，且制作工艺非常精细。有时，在制作迎春簪饰时，还将它们与植物花卉、珠宝玉石等相结合。而"春鸡"多是"以羽毛条绘彩"，常见于武士头冠的两侧，为"凤翅盔"，呈翅羽之形。普通男子亦常将鸟羽编缀成帽形扣戴于头部。

"彩燕""春鸡"的动物造型选择与宋人对"飞燕""鸣鸡"赋予的独特蕴意紧密相关。在宋代，燕子表示美好、晴朗、安乐。《春秋运斗枢》中记述"瑶光星散为燕"。"瑶光"是北斗七星的第七星，古人视其为祥瑞的象征。古代人们不知燕子从何而来、去往何处，便将其与星宿、天女等玄妙的想法联系在一起。燕子每逢春季便悄然飞至，预示着春暖花开，万物复苏，犹如天神携蓬勃生机降临人间。正是对"生"的原始崇拜，形成了燕子吉祥的意蕴。

"鸡"亦是古人心目中的灵禽。《祖庭事苑》提道："人间本无金鸡之名，以应天上金鸡星，故也，天上金鸡鸣，则人间亦鸣。"在古人的观念之中，黑夜正是阴间鬼魅横行的时候，鸡鸣之时则是光明来到之时。在古人看来，鸡是能使太阳复出，驱邪逐鬼的神鸟。此外，鸡又与"吉"谐音，亦增加了其祈福纳吉的价值。宋人在迎春之际簪"春鸡"，便是借鸡的文化内涵寄托驱逐邪恶、在腊月岁终迎春神的节俗蕴意。

春幡

立春日，阳气初生，刚从寒冬中苏醒过来的花草树木还没来得及成长，春意并不明显。为了助长春天的氛围，男女老少不仅自己簪花胜、戴春幡，还将鲜艳招展的彩花挂上枝头，催促花儿早日盛开。苏轼《减字花木兰·己卯儋耳春词》咏"春幡春胜，一阵春风吹酒醒"。陆游《木兰花·立春日作》咏"春盘春酒年年好，试戴银幡判醉倒"。

宋代非常流行春日系缀幡胜簪戴于首，并且纳入礼制，朝廷颁赐贵胄百官的

江苏宜兴北宋法藏寺塔基出土镂花银春幡

春幡通常出自文思院的制作，并以质地不同区别尊卑。高承《事物纪原》载：立春之日，"今世或剪彩错缋为幡胜，虽朝廷之制，亦缕金银或缯绢为之，戴于首，亦因此相承设之。或于岁旦刻青缯为小幡样，重累凡十余，相连缀以簪之"。孟元老《东京梦华录》记正月里的风俗故事，曰"春日，宰执、亲王、百官，皆赐金银幡胜"。宋庠《闰十二月望日立春禁中作》云："闰历先春破腊寒，彩花金胜宠千官。"官员们领到赏赐后，需簪于发上，再依次在殿门外行礼谢赐。

立春这个节气，给人的感觉就是清新蓬勃。春日里由鲜花或象生花制成的"春幡"，承载了人们在万物生发的季节里播种的希望，同时也成为追忆时光流逝的符号。辛弃疾曾赋诗"春已归来，看美人头上，袅袅春幡"。意思是说春天的到来，不需要走更远，那美人头上飘动的春幡，无风都婀娜，到处是这样的女子，到处是这样的胜景。朱淑真有几首诗提到自己在立春那天着意打扮一番，插上春幡，参与立春庆典活动，兴高采烈庆贺节日的情景。《立春日妆成宜春花》云："青幡碧胜缕金文，柳色梅花逐指新。却笑尚为儿女态，宝刀剪彩强为春。"在立春日这天，朱淑真看到树上"花"枝招展，人们身上喜气洋洋，忍不住像小儿女那样，也开始剪彩。在《立春古律》中又云："罗幡旋剪称联钗"，写自己将丝织品剪成小幡，插在金钗上作妆饰，用以增添春天的热闹。其《绝句二首》其二又记载她参与立春庆典活动的情形："嘉胜春幡袅凤钗，新春不换旧情怀"，写漂亮的春幡插在发夹上轻柔地飘动，用以衬托新春换新颜的喜悦。

杨万里《秀州嘉兴馆拜赐春幡胜》则云："彩幡耐夏宜春字，宝胜连环曲水纹"，李邴《小冲山·立春》云："玉冷晓妆台，宜春金缕字，拂香腮"，却又是流光闪烁的佳人插戴。"宜春""耐夏宜春"云云，均指幡胜所著吉语。朝廷颁赐百官，民间也自行制作。幡胜每著吉语，适与礼拜佛陀祈福消灾的愿心相同。江苏宜兴北宋法藏寺塔基出土镂花银春幡一枚，① 春幡中间一方用于装饰吉语的牌记，上覆倒垂的莲叶，下承仰莲座，吉语牌上打制"宜春耐夏"四个字。

戴荠花

上巳节，农历三月三日，俗称"踏春"。宋代民间有戴荠菜花的风俗。周密《武林旧事》载："二日，宫中排办挑菜御宴。先是，内苑预备朱绿花斛，下以罗帛作小卷，书品目于上，系以红丝，上植生菜、荠花诸品。俟宴酬乐作，自中殿以次，各以金篦挑之。"

簪柳叶

宋人喜欢在清明节簪柳。有的将柳枝编成圆圈戴在头上，也有将嫩柳枝刮结成花朵插于发髻，还有直接将柳枝插于头髻中。

簪柏叶

刘克庄《发脱》云："稚子笑翁簪柏叶，侍人讳老匣菱花。"柏叶是柏树的叶子。宋人用小钢丝缀饰柏叶，簪于巾帽上。

发簪榴花

范成大《如梦令》云："明日榴花端午。"张孝祥《点绛唇》云："萱草榴花。"刘克庄《贺新郎》云："深院榴花吐。"石榴花是端午节的重要节物，与菖蒲、艾草、蒜头、山丹合称"天中五瑞"以祛除"五毒"之害。《武林旧事》记载有南宋杭州时赐予后妃诸臣的节物，其中就包括"五色葵榴"。石榴花颜色红艳，外形漂亮，戴于鬓发有装饰美化的作用，更取其驱邪防毒之意。

楝叶插头

夏至，古时又称夏节、夏至节，是二十四节气中较早被确定的一个节气。楝叶为楝树之叶。《淮南子·时则训》载："七月官库，其树楝。"高诱注："楝实秋熟，故其树楝也。"宋代男女常于夏至日摘之插于两鬓，《荆楚岁时记》载："夏至节日，食粽。……民斩新竹笋为筒粽，楝叶插头"。又"士女或取楝叶插头"。有时，人们会制作楝叶形状的发簪插戴。

---

① 扬之水：《新编终朝采蓝》，北京：人民美术出版社 2017 年版。

"折枝楸叶起园瓜"

在宋代，立秋这天宫内要把栽在盆里的梧桐移入殿内，等到时辰一到，太史官高声奏道："秋来了。"随着奏报的声音，梧桐应声落下一两片叶子，即谓报秋。《东京梦华录》载，"立秋日，满街卖楸叶，妇女儿童辈，皆剪成花样戴之。"立秋这一天，大街小巷都有人卖楸树叶子，妇女、儿童们争相购买，然后回去剪成各式的花样戴在头上。有的地方不仅戴楸叶，而且还把楸叶或树枝编成帽子戴。到了南宋，这种风俗更为盛行。《梦粱录》也有"都城内外，侵晨满街叫卖楸叶，妇人女子及儿童辈争买之，剪如花样，插于鬓边，以应时序"的记载。范成大《立秋》咏"折枝楸叶起园瓜，赤豆如珠咽井花。洗濯烦襟酬节物，安排笑口问生涯"。这里的"折枝楸叶"指的就是戴楸叶、应时序的立秋节俗。

《月令七十二候集解》曰："秋，揪也，物于此而揪敛也。"此时万物开始"揪敛"，即收敛的意思。立秋之后，炎热的夏天即将过去，秋天即将来临，梧桐树开始落叶，成语"落叶知秋"即谓此。人们为何立秋要戴楸叶呢？因为楸树之"楸"与秋天之"秋"同音，人们戴楸叶，表示迎接秋天。据说，立秋日戴楸叶，可保一秋平安。

簪菊

周密在《乾淳岁时记》中记载："都人九月九日，饮新酒，泛萸簪菊。"晏几道的《阮郎归》也写到重九簪菊的习俗："绿杯红袖趁重阳，人情似故乡。兰佩紫，菊簪黄，殷勤理旧狂。"宋朝人可以说是最爱重阳簪菊的人，无论男女都会在重阳节时头插鲜花，不仅如此，妇女们还会用彩缯剪成茱萸、菊花赠予他人佩戴。《水浒传》中第七十一回，梁山重阳"菊花会"上，宋江乘着酒兴，作《满江红》一词："头上尽教添白发，鬓边不可无黄菊。"

"蛾儿雪柳黄金缕"

元宵节既是宋朝最盛大的节日，也是最美的情人节，根据《武林旧事》的记载，"邸第好事者，如清河张府、蒋御药家，间设雅戏烟火，花边水际，灯烛灿然，游人士女纵观，则迎门酌酒而去。又有幽坊静巷好事之家，多设五色琉璃泡灯，更自雅洁，靓妆笑语，望之如神仙"。元宵时节，春天刚刚来临，玉梅、雪柳、蜂儿、蝶儿之类表示迎春的饰物被借用过来，共同渲染出浓浓的春意，盎然的生机。《岁时广记》曰："都城仕女有插戴灯球、灯笼，大如枣栗，加珠茸之类。又卖玉梅、雪梅、雪柳、菩提叶及蛾蜂儿等，皆缯楮为之。"《东京梦华录》亦载："市人卖玉梅、夜蛾、蜂儿、雪柳、菩提叶……"宋代女子的头顶就像一座春天的花园，杨柳、杂花、蜂蝶竞相逐艳，其实为后世罕见的图景。南宋临安风俗依旧，《武林旧事》曰："元夕节物，妇人皆戴珠翠、闹蛾、玉梅、雪柳、菩提叶、灯球、销金合、蝉貂袖、项帕，而衣多尚白，盖月下所宜也。游手浮浪辈，则以白纸为大蝉，谓之'夜蛾'。又以枣肉炭屑为丸，系以铁丝燃之，名'火杨梅'。"宋代的能工巧匠将灯笼打造得像枣子和栗子一般大小，再用珍珠和翡翠做装饰，晶莹剔透，往头发上一戴，成了最耀眼的饰品，这样看灯的人本身也成了风景。

宋代元宵饰品以形状大致可分为三类：植物类、动物类、器具类。[①] 植物类如用白色纸或绢制作而成梅花、柳条，美称"玉梅""雪柳"。柳条也有以捻金线制作者，称"金柳"。李清照《永遇乐》云："捻金雪柳。"周密《探春慢》云："玉梅金柳。"辛弃疾《青玉案·元夕》云："蛾儿雪柳黄金缕。"晁冲之《传言玉女》云："娇波向人，手捻玉梅低说，相逢常是，上元时节。"周必大《立春帖子·皇后阁》云："新年佳节喜相重，屈指元宵五日中。雪柳巧装金胜绿，灯球斜映玉钗红。"

动物类主要是昆虫。蜂，即蜜蜂。蜜蜂在春天开始活动，嗡嗡喧闹，逐花而行，兼取春意、闹意。蝉有两种，一种是宜男蝉，较蛾儿为大，多文饰。《岁时杂记》载："又作宜男蝉，状如纸蛾，而稍加文饰。"另一种叫"孟家蝉"，其式样为"两大蝉相对缭以结带"，一时颇为流行，"民间竞服之"。蝶即蝴蝶，也取迎春、热闹之意。刘将孙《六州歌头·元夕和宜可》的"数金蛾彩蝶，簇带那人娇"一句中就有彩蝶。清代康涛绘的《华清出浴图》，刚刚出浴的杨贵妃云鬓松绾，身披红罗袍，两位男装宫女端着香露，跟随其后。杨贵妃的发鬓上插着一支蝴蝶簪，簪头上的蝴蝶好似随带簪者起舞一般。蜻蜓是春虫中最常见的。陶谷《清异录》载："后唐宫人或网获蜻蜓，爱其翠薄，遂以描金笔涂翅，作小折枝花子，金线笼贮养之。尔后上元卖花，取象为之，售于游女。"这是用蜻蜓翅膀做花钿簪于首的例子。洪瑹《阮郎归》云："花艳艳，玉英英。罗衣金缕明。闹蛾儿簇小蜻蜓。相呼看试灯。"

---

① 张晓红：《梅柳蛾蝉斗济楚——宋代元宵首饰》，《文史知识》，2013 年第 2 期。

隋代李静墓黄金闹蛾扑花

作为应景饰品，簪戴闹蛾在宋代已成为元夕节里不可或缺的风气。闹蛾，即灯蛾儿，多称"闹蛾"，取其喧闹之意。因元宵燃灯，蛾儿喜光，取蛾儿戏火之意。元宵处处是灯，自当有喜欢灯火的众多蛾儿们来参与。蛾儿乱飞，到处凑热闹，恰与元宵的狂欢性质相契合，故而成为最具元宵节日精神的符号之一。范成大《上元纪吴中节物俳谐体三十二韵》云："桑蚕春茧劝，花蝶夜蛾迎。"自注："大白蛾花，无贵贱悉戴之，亦以迎春物也。"因色白故美称"玉蛾"。史浩在《粉蝶儿·元宵》中写道"闹蛾儿、满城都是。向深闺，争翦碎、吴绫蜀绮。点妆成，分明是、粉须香翅"。宋代女子先用丝绸剪出闹蛾的形，再用笔画勾画出须、翅等细节。因为描画得精彩热闹，所以人们也称闹蛾为花蛾，胡仲弓《己酉上元诗同日立春》有"花蛾巧剪禁风扑，彩燕新裁带月看"的诗句。看来，闹蛾不仅是元夕夜的节令物，也是元旦、立春之日的应景物。《金瓶梅词话》第七十八回："（正月元旦）放炮仗，又嗑瓜子儿，袖香桶儿，戴闹蛾儿。"为了增强动感，有时闹蛾是用鬓或竹篾将彩燕或闹蛾斜插吊缀在头冠半空上面。如此，只要在人走动行步时震动花朵，牵动钢丝或竹篾，花朵周围的小生物便会颤动飞舞，极富动感，即张镃《一枝春·闹蛾》词云"闹春风簌定，冠儿争转"。

　　上元以灯为主，器具类首饰有灯球等灯具类。赵师侠《柳梢青》"星球雪柳"、周必大《立春帖子·皇后阁》"雪柳巧装金胜绿，灯球斜映玉钗红"中的"星球""灯球"都是可簪戴的小灯球。《金瓶梅》里就描写，正月十五之夜，潘金莲的打扮是"头上珠翠堆盈，凤钗半卸，鬓后挑着许多各色灯笼儿"。翁元龙《恋绣衾》"且莫把、冰丝剪，有灯球、红绣未描"就是对灯球的剪裁描画。侯寘《清平乐·咏橄榄灯球儿》专咏灯球，夸赞其美："缕金剪彩。茸绾同心带。整整云鬟宜簇戴。雪柳闹蛾难赛。"辛弃疾在《青玉案·元夕》中写"蛾儿雪柳黄金缕，笑语盈盈暗香去"，那笑盈盈的佳人在离去时，可能头上就戴着这种闪亮的花灯，在一闪一闪地撩人心弦。

敦煌莫高窟第九十八窟东壁壁画

在宋代，元宵饰品不仅用于簪戴，还能到处悬挂以渲染气氛。《武林旧事》就记载元宵卖食品的人"皆用镂锴装花盆架车儿，簇插飞蛾红灯彩漉，歌叫喧阗"，好不热闹。由于满城人倾巢而出，其间少不了私期密约自由恋爱的，只等"月上柳梢头，人约黄昏后"。赵师侠《洞仙歌·丁巳元夕大雨》咏"元宵三五。正好嬉游去。梅柳蛾蝉斗济楚。换鞋儿、添头面，只等黄昏，恰恨有、些子无情风雨"。元宵节当天，一位女孩着意打扮，换上新鞋，精心插戴多种首饰。就等着黄昏一到，如此形象光鲜地出去游玩。却没想到忽然下起了大雨，没法出门，心里懊恼至极。

将时令花卉鸟虫按时节插饰在发髻间，不仅能够反映自然景观的轮回，还能浓缩出"天人合一"的气象。于宋人而言，他们根本无需复杂或是先进的现代装备，只需一些别样风情、意义非凡的头饰就完美地诠释了生活的仪式感。宋人所簪的是心中的信仰和美好祝愿。世间万物皆有灵，一花一草俱有情。宋人髻鬟间簪插的每一样头饰，皆流露出对生活的无限热爱，这份拥抱生命的热情，是不是透纸而来？

参考资料：

陈晶：《南宋岁时节日器物研究》，中国美术学院 2019 年博士学位论文。

毛现华：《宋代节日生活研究》，四川师范大学 2010 年硕士学位论文。

李懿：《宋代节令诗研究》，北京：中国社会科学出版社 2020 年版，第 6-16 页。

二、食

临水斫脍， 以荐芳樽！

苏轼喜欢吃鱼，他常常"携酒与鱼，复游于赤壁之下"。《水浒传》里，宋江在家里吃的那尾大金鲤，是浪里白条张顺跳入浔阳江中捉的，免费赠送。在当时，不是谁都有现场活捉、宰杀、烹食江鱼的福气。张顺这类游泳健将，毕竟稀罕。而且距离大江大河很远，坐轿骑马几百里，搞几条鱼解馋，除非有闲有钱，顺带旅游。陆游和苏轼一样，也是吃货界的扛把子，他也喜欢吃鱼，而且吃得讲究，比如《斫脍》：

> 玉盘行脍箸青红，输与山家淡煮菘。要识坐堂哀馘諫，试来临水看唵喁。

斫脍，就是把宰杀后的鲜鱼切成生鱼片。不仅陆游爱食"脍"，汴梁的老百姓也爱吃。《东京梦华录》载："其池之西岸，亦无屋宇，但垂杨蘸水，烟草铺堤，游人稀少，多垂钓之士，必于池苑所买牌子，方许捕鱼，游人得鱼，倍其价买之，临水斫脍，以荐芳樽，乃一时佳味也。"丁谓也很爱吃鱼生，他甚至专门在家里挖了一口池塘，池塘里养着几百条鱼，平时用木板盖着，等客人一来，就掀开木板，钓上几条鱼，当场做成鱼生。现捞、现杀、现切，可谓绝顶新鲜，让人读后有身临其境之感，不禁也想品尝这迷人的美食。

宋 佚名《赤壁图》

"打鱼斫脍"

很多人都不知道，生鱼片曾经是宋人餐桌上的一道美味佳肴，只是那时不叫生鱼片，而是叫"脍"。在鱼脍流行的宋代，"斫脍"一度成为殷实家庭、社会酒楼招待宾客的表演项目。听起来很简单，但要在规定的时间内把整条鱼剔肉脱骨，并把生鱼片切得薄如蝉翼，难度系数可不低。进食前，请专业斫脍师傅在宾

客面前表演刀艺，"左右挥双刀"，有时，表演者还使用挂有小铃铛的刀具——鸾刀，倍添音响效果。去鳞、破膛、去腥腺，然后剔骨、片刀，谈笑风生间，那切得极薄的生鱼片便如蝉翼、蝴蝶般纷纷飘落于盘中。苏轼曾经这么描述斫脍场景："运肘风生看斫鲙，随刀雪落惊飞缕。"黄庭坚也赋诗赞美说："偶思暖老庵元鲫，公遣霜鳞贯柳来。薤白方看金作屑，脍盘已见雪成堆。"

宋代画像砖《妇女斫脍图》中，[①] 砖面浮雕的斫脍女子头梳高髻，身穿交领右衽窄袖长衫，腰系斜格花纹围裙，袖口卷到肘部的左手正在挽起右手的袖子。女子面前的方桌上，有一块放着一尾鱼的圆形砧墩；砧墩左侧，有脍刀一把及柳条串起的鱼三条。方桌右边地面上，有一只装满水的圆形瓦盆，可能是用来养鱼的。方桌前面设置一座可移动的大型低矮炉灶，炉灶顶部火舌乱窜，正煮着一锅沸水。

宋代画像砖 妇女斫脍图

宋代不少文人都是鱼脍爱好者。《避暑录话》载："往时南馔未通，京师无有能斫鲙者，以为珍味。梅圣俞家有老婢，独能为之。欧阳文忠公、刘原甫诸人每思食鲙，必提鱼往过圣俞，圣俞得鲙材，必储以速诸人，故集中有《买鲫鱼八九

---

① 刘国信：《古代盛行生鱼片》，《烹调知识》，2020 年第 6 期。

尾，尚鲜活，永叔许相过，留以给膳》、又《蔡仲谋遗鲫鱼十六尾，余忆在襄城时获此鱼，留以迟永叔》等数篇。一日，蔡州会客，食鸡头，因论古今嗜好不同，及屈到嗜芰、曾皙嗜羊枣等事。忽有言欧阳文忠嗜鲫鱼者，问其故，举前数题曰：'见《梅圣俞集》'。坐客皆绝倒。"梅尧臣家一老婢能"斫脍"，欧阳修等人每想吃这个菜，就带着鱼到他家。梅尧臣每得可为脍的鲜鱼，必用池水喂养起来，准备随时接待同僚。因为他在文中多次提及吃鱼事，后人从中得知欧阳修爱吃鲫鱼。梅尧臣本人也为此写过诗："汴河西引黄河枝，黄流未冻鲤鱼肥。随钩出水卖都市，不惜百金持与归。我家少妇磨宝刀，破鳞奋鬐如欲飞。萧萧云叶落盘面，粟粟霜卜为缕衣。楚橙作齑香出屋，宾朋竞至排入扉。呼儿便索沃腥酒，倒肠饫腹无相讥。逡巡鲙竭上马去，意气不说西山薇。"看来，梅尧臣靠着一位好厨娘，结交了不少北宋文坛的才子。

苏轼是宋代官员中难得的老饕，《有以官法酒见饷者，因用前韵，求述古为移厨饮湖上》云："喜逢门外白衣人，欲脍湖中赤玉鳞。游舫已妆吴榜稳，舞衫初试越罗新。欲将渔钓追黄帽，未要靴刀抹绛巾。芳意十分强半在，为君先踏水边春。"他的《初到黄州》则云："长江绕郭知鱼美，好竹连山觉笋香"，这便是典型的吃货本质，见江不是感叹其广阔，见山不是感慨其巍峨？吃货的第一想法是水中鱼肥美否，山间笋尖长高否？所以有理由怀疑，苏轼在《后赤壁赋》中所记述的实际上是要在船上食"脍"。宋神宗熙宁五年（1072年），苏轼在杭州任职，要到湖州出差，还未动身，先给湖州太守孙觉寄诗《将之湖州戏赠莘老》打招呼，诗中列举了湖州的美味。紫笋茶（即茶芽）与木瓜是湖州的名产，而湖州的金齑玉脍更是远近闻名。苏轼此诗的用意是提醒好友：招待苏某的时候，可别忘了金齑玉脍。这首诗仿佛就是老饕对美食最高的赞扬，一笔一画都是他对美食的喜爱，"余杭自是山水窟，仄闻吴兴更清绝。湖中橘林新著霜，溪上苕花正浮雪。顾渚茶牙白于齿，梅溪木瓜红胜颊。吴儿鲙缕薄欲飞，未去先说馋涎垂。亦知谢公到郡久，应怪杜牧寻春迟。鬓丝只好封禅榻，湖亭不用张水嬉"。吴地人将那鱼肉切得极薄，若有风来，就能被吹走，所以苏轼还未入口，就已经感其鲜美，馋嘴流涎。

宋孝宗乾道五年（1169年），陆游乘船从长江水道入川，途经江西北境的小孤山时，写了《舟过小孤有感》，诗中有："未尝满箸蒲芽白，先看堆盘鲙缕红。"船到今湖北黄石市西塞山下，恰逢中秋，停靠在长江中的散花洲边过夜。许多年后，陆游写了《醉中怀江湖旧游偶作短歌》，追述了那天晚上赏月的情景："散花

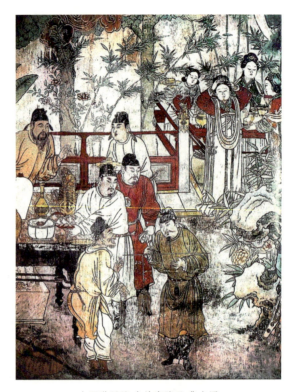

山西洪洞县 水神庙壁画 售鱼图

洲上青山横，野鱼可脍菰可烹。脱冠散发风露冷，卧看江月金盆倾。"看来过小孤山和散花洲时，陆游船上的菜肴是随地取材的。蒲芽是香蒲的嫩芽，菰是茭白笋，宋代长江岸边与江中沙洲上想必长满了香蒲和菰一类的水生植物，可以顺手采集来当蔬菜食用。在这样的绿色生态环境中，捞捕"野鱼"做"脍"也不会是件很困难的事。

《夷坚志》里记载了这样一则故事：徐州人朱彪在宿迁县的崔镇当镇官，接待了一位客人鲁晋卿，见他风姿洒脱可爱，就安排他住招待所，给予超常规的款待。每逢人来，老鲁都会表演一些小把戏，引人欢笑，又没有一点要求，因此见到他的人无不喜欢。有一天，朱彪召族友在后花园里聚餐，刚要喝酒，老鲁不请自来，"彪曰：'今日无以为乐，先生能效古人化鲜鲤作脍与众享之，可乎？'笑曰：'此甚易事，但须得鱼鳞一片为媒，则可'。彪命仆取数片授之。乃索巨瓮，满贮水，投鳞于中，幕以青巾，时时一揭视。良久举巾，数鳞腾出，一坐大惊。庖人受鱼治脍，鲜腴非买于市者可比"。鲁晋卿用几片鱼鳞作导具，投入巨缸，放满清水，将鱼鳞投入水中，盖上一块青布，不一会儿举起青布，几条鱼跳腾而出，满座大惊。厨师用鱼烹制，鲜肥非市场上买的可比。

当然，宋人对"鱼脍"的取料部位也有严格要求。黄庭坚《涪翁杂说》曰："燕人脍鲤方寸，切其腴以留，所贵腴鱼腹下肥处也。"脍料要求既肥又嫩，洁白透亮，这样才能"丝丝鱼脍明如玉"，既好吃，又美观。珍贵名脍的另一个重要特点是，与时鲜副料配合，使脍品色形俱佳，具有独特风味。《清异录》载："广陵法曹造缕子脍，其法用鲫鱼肉、鲤鱼子，以碧筒或菊苗为胎骨。"这是色香俱佳的名脍。

脍的佐料

除了缕子脍，中国古代"鱼脍"名品中还有一道著名的"金齑玉脍"。苏轼的《和蒋夔寄茶》中提到了这道有着美丽名字的菜肴，"金齑玉脍饭炊雪，海螯江柱初脱泉"，又《过子忽出新意，以山芋作玉糁羹，色香味皆奇绝。天上酥陀则不可知，人间决无此味也》云："莫将南海金齑脍，轻比东坡玉糁羹。"宋祁《宋文景公笔记》载："捣辛物作齑，南方喜之，所谓金齑玉脍者。"陆游还亲自下厨做过这道美食，他在《夏日》一诗中说："未说盘堆玉脍，且看臼捣金齑。"在切鱼片的同时，把橙肉放到臼中捣成泥，就成了"橙齑"。橙齑如金，鱼脍如玉，二者拌在一起，黄澄白润，非常养眼，写的就是"金齑玉脍"。

"齑"原意是细碎的菜末，在这里作调料解，"金齑"就是金黄色的调料。跟现在生鱼片的调料有什么不同呢？北魏贾思勰在《齐民要术》一书中介绍，"金齑"的制作要用八种配料：蒜、姜、盐、白梅、橘皮、熟栗子肉、粳米饭、腌制的鱼。把这八种配料捣成碎末，用好醋调成糊状，就是"金齑"。他还描述了两种芥子酱的做法：把芥末的种子，研成粉末焙干后，或加水，或加鱼蟹酱调之。跟今天的芥末相比，很显然，中国传统的芥末酱传到今天，已经被现代人极度简化了。从贾思勰的描述中可以推测，古人是这样吃"脍"的：上"鱼脍"这道菜时，要有金齑、芥末酱等好几种蘸料与生鱼片分别装碟搭配上桌，食者可以按自己的喜好自由选用。

"不得其酱不食。"生鱼片食之无味，必须蘸酱而食。无论是金齑酱，还是芥末酱，生鱼片调料最重要的两个味觉主要是酸和辛。在醋还没有发明之前，中国人的主要酸味调料就是梅。"金齑"的配料中有一味白梅，白梅就是盐梅，是把没有熟透的青梅果实放在盐水里浸泡过夜，次日在阳光下曝晒，如此重复多遍才得。还可以取梅的汁水而为浆，这就是"醷"，是液体，更易于调味。梅富含果酸，食生鱼片，用梅调味，不仅可以清除鱼肉中的腥臊之气，还可以软化生鱼的肉质，帮助人体的吸收、消化，因而产生了"望梅止渴"的故事。

辛味的原料主要是生姜、芥末、花椒、桂、葵等。姜，在先秦被称为"和之美者"，不仅能去除异味，还能激发出鱼肉的鲜美，所以，在烹制鱼肉时，一般离不开姜。芥末也是土生土长的中国原料，在周代以前的烹调中，是最重要的一味调料，吃生鱼片时，是必不可少的蘸酱原料。芥末辛辣芳香，走窜开窍，在外能让人涕泪交流，在内能温暖肠胃，发动气机，以便消化生冷。李时珍《本草纲目》中记载："南土大芥，味辛辣。结荚，子大如苏子，而色紫味辛，研末泡过为芥酱，以侑肉食味香美。"

唐代杜宝《大业拾遗记》载："作鲈鱼脍须八九月霜降之时，收鲈鱼三尺以下者作乾脍，浸渍讫，布裹沥水令尽，散置盘内，取香柔花叶，相间细切，和脍拨令调匀，霜后鲈鱼，肉白如雪，不腥，所谓金齑玉脍，东南之佳味也。"吴郡献给隋炀帝的贡品中，有一种鲈鱼的干脍，在清水里泡发后，用布包裹沥尽水分，松散地装在盘子里，无论外观和口味都类似新鲜鲈脍。将切过的香柔花叶，拌和在生鱼片里，再装饰上香柔花穗，就是号称"东南佳味"的"金齑玉脍"。香柔花是什么？李时珍在《本草纲目》中考证它就是中药香薷。香薷俗名蜜蜂草，新鲜植株具有强烈的芳香气味，古代长期当蔬菜食用。

除了香柔花叶，古人用来佐"脍"的还有紫苏叶、白萝卜丝等。为什么要在生鱼片的下面垫上一层绿色的叶子，或者把绿色叶子掺在生鱼片里？只是为了起到点缀作用吗？按照宋人对吃的敬畏原则，显然不是这个意思。既想让"脍"好吃，又想要自己的胃好消化的方法，除了细切鱼片以外，就是用辛温芳香的中药佐餐，芥末、生姜如此，用香柔叶、紫苏叶也是如此。紫苏是辛温芳香的，善于解鱼蟹的毒，吃生鱼片就苏叶，可以说是防患于未然。白萝卜清脆辛辣，也能消食化积。一顿生鱼片有这几味中药相佐，才算是中正平和、美味健康。这就是中国人的生活智慧。

哪些鱼做生鱼片

吴自牧《梦粱录》所记临安酒肆经营的下酒食品中，有细抹生羊脍、香螺脍、二色脍、海鲜脍、鲈鱼脍、鲤鱼脍、鲫鱼脍、群鲜脍、蹄脍、白蚶子脍、淡菜脍、五辣醋羊生脍等。看来脍的原料非常广泛，花色品种丰富多样。据说，宋朝时有名可吃的鱼脍达 38 种，如"鱼鳔二色脍""红丝水晶脍""鲜虾蹄子脍""沙鱼脍""三珍脍"等。

赵令畤《侯鲭录》认为最美味的各地食品中，"吴人鲙松江之鲈"是其一，"吴兴溪鱼之美，冠于他乡，而郡人会集，必以斫鲙为勤，其操刀者名之鲙匠。"顾玠《海槎余录》载："江鱼状如松江之鲈，身赤色，亦间有白色者，产于咸淡水交会之中，士人家以其肉细腻，切为脍。"范成大《鲈鱼》云："细捣橙姜有脍鱼，西风吹上四鳃鲈。雪松酥腻千丝缕，除却松江到处无。"苏轼在《乌夜啼》中对江南有所怀念，想西湖的故人，念那里的湖山，但是在美食方面却只写了鲈鱼脍，词句字短，唯有异常怀念埋藏心中，才能将感情融入纸笔，一笔挥下："莫怪归心甚速，西湖自有蛾眉。若见故人须细说，白发倍当时。小郑非常强记，二南依旧能诗。更有鲈鱼堪切脍，儿辈莫教知。"

北宋 刘寀《落花游鱼图》

梅尧臣《蔡仲谋遗鲫鱼十六尾，余忆在襄城时获此鱼，留以迟欧阳永叔》云："昔尝得圆鲫，留待故人食。今君远赠之，故人大河北。欲脍无庖人，欲寄无鸟翼。放之已不活，烹煮费薪棘。"庆历四年（1044 年）八月，保州（今河北保定）发生兵变，朝廷任命欧阳修为河北都转运按察使，协助已任河北宣抚使的富弼，参与平叛。兵变平定后又留任至庆历五年八月。这期间，有朋友给梅尧臣送来 16 尾鲫鱼，他想起当年知襄城时获此鱼，留下来和欧阳修等同食鱼脍的场景，黯然神伤，遂作诗以记。可以看出，梅尧臣和他的朋友们品尝的是鲫鱼脍。陆游也喜欢鲫鱼脍，有《秋郊有怀》为证："作劳归薄暮，浊酒倾老瓦。缕飞绿鲫脍，花簇赪鲤鲊。"夜幕归来，浊酒相倾，且摆一盘鲫鱼脍，又簇一碟腌鲤鱼。

刘攽在《戏题西湖中鱼》中称道"鲂鱼如玉鲙第一"。鲂鱼又名鳊鱼，产区很广，和鲤鱼是当时主要捕食的鱼种。陆游有一首诗《幽居》，极具生活气息："短篱围藕荡，细路入桑村。鱼脍槎头美，醅倾粥面浑。""槎头"指的是"槎头鳊"，一种鳊鱼，味鲜肥美。陆游笔下的乡村都有种温暖的感觉，来到荷叶莲莲的桑村，吃的是味鲜的鳊鱼脍，喝着农村里的浊酒，耳闻咕噜咕噜的煮粥声，真的是一派温馨的场景。苏轼《鳊鱼》咏"晓日照江水，游鱼似玉瓶"，《上堵吟》咏"我悲亦何苦，江水冬更深，鲂鱼冷难捕"。"鲂鱼脍"，想必也给他留下了难忘的印象。

陆游离开成都后，常常思念成都安逸的生活，尤其是成都美食让他每每想起就口齿生津。其《思蜀》云："玉食峨嵋栭，金齑丙穴鱼。"原诗注："余昔在键为，师伯浑、王志夫、张功父、王季夷、莹上人辈，以秋晚来访，乐饮旬日即去。"陆游回到山阴后，令他念念不忘的饮食是峨眉山出产的木耳和眉州丙穴所产之鱼。食脍，怎么可能少了鲥鱼。贺铸《梦江南》有"苦笋鲥鱼乡味美"，王安石《后元丰行》有"鲥鱼出网蔽洲渚，荻笋肥甘胜牛乳"，苏轼在镇江焦山品尝鲥鱼时，题"芽姜紫醋灸银鱼，雪碗擎来二尺余。尚有桃花春气在，此中风味胜莼鲈"，赞美镇江香醋和江南鲥鱼。政见可以不同，美食上英雄所见略同。

除了鲜脍，还有什么？《提要录法》载："鲫鱼脍，须得鲫之大者，腹间微开小窍，以椒同马芹实其中，每一斤用盐二两、油半两擦窨三日，外以法酒渍之，入瓶，用石灰绵盖封之，一月红色可脍。"鲫鱼洗净，腹部开小口去内脏，洗洁后把花椒和芜荽塞入鱼腹。鱼外表用盐和油擦透，再腌渍三天。还要用酒涂抹鱼的表面。再把鱼放入瓷瓶，用包石灰的绵纸封盖瓶口。一个月后鱼身变成红色就可以切做鱼脍了。这种方法进一步提高了脍的质量，同时也为保存食物开辟了新的蹊径。

《太平广记》也记载了一种干脍，"作干鲙之法：当五六月盛热之日，于海取得鮸鱼。大者长四五尺，鳞细而紫色，无细骨不腥者。捕得之，即于海船之上作鲙。去其皮骨，取其精肉缕切。随成随晒，三四日，须极干，以新白瓷瓶，未经水者盛之。密封泥，勿令风入，经五六十日，不异新者。取啖之时，并出干鲙，以布裹，大瓮盛水渍之，三刻久出，带布沥却水，则曝然。散置盘上，如新鲙无别。细切香柔叶铺上，筋拨令调匀进之。海鱼体性不腥，然鳍鳅鱼肉软而白色，经干又和以青叶，皆然极可噉。"制作干鲊的方法：正当五六月盛暑的时候，从海中捕获鳅鱼。大的身长四五尺，鳞细而紫色，没有细骨，不带腥味。当时捕获，当时就在海船上做成鲊。去掉皮骨，取它身上的精肉切成细丝。随切随晒，三四天后，需要把它晒到极干，用没有盛过水的新白瓷瓶装好，用泥密封，不能透风。经过五六十天，吃时跟新鲜的鳅鱼一样。取出来吃的时候，干鲊都取出来，用布裹上，放在盛水的大瓮里浸泡，约三刻工夫，带着布沥去水，精白光亮。散放在盘子上面，和新出网的海鳅没有差别。将切细的香柔叶铺上，用筷子调拌均匀就可以吃。海鱼体性不腥，特别是鳍鳅鱼肉细软而色白，晒干后配上青菜叶，白绿分明，极为好吃。干鲊的问世，给久贮和远地馈赠提供了条件。

"斫脍捣齑香满屋，雨窗唤起醉中眠。"给食物赋予美感与诗意，本身就是生活中的一抹愉悦色彩。吃，兹事体大；吃，事关百姓社稷；吃，在古代中国，从来都不是一件小事。宋朝好吃的东西多，而且追求吃得精致。宋朝富贵人家，有钱有闲，"凡饮食珍味，时新下饭，奇细蔬菜，品件不缺"，甚至"不较其值，惟得享时新耳"。他们为了吃得好，从来不在乎时间和金钱。宋代从上到下都是吃货，还都不怕麻烦，也难怪鱼脍这么难做，还能在宋朝流行了。

参考资料：

张竞：《餐桌上的中国史》，北京：中信出版社 2022 年版，第 100-111 页。

王利华：《中古华北饮食文化的变迁》，北京：中国社会科学出版社 2000 年版，第 208-220 页。

宋人消夏有点"冰"

炎炎夏日总会刷到吃冰视频,主播包一大口绵绵冰或者碎碎冰咔嚓咔嚓嚼,光看就得到了清凉加牙疼双重刺激。这种情况,现代人还可以马上下楼去奶茶店买个草莓刨冰解暑,那么古代人该怎么办呢?在古代,"冰"可是一种非常珍贵的东西,"长安冰雪,至夏日则价等金璧"①。到了宋代,冰虽然还是很珍贵,但城市里的居民已经部分实现唐朝人渴望的冰块自由了。司马光就喜欢吃冰镇水果,有《和潞公伏日晏府园示坐客》为证:

> 盛阳金气伏,华宇玉樽开。真率除烦礼,耆英集上才。
> 炎蒸疑远避,流景忘西颓。幸添俊游并,仍惭右席陪。
> 蒲葵参执扇,冰果侑传杯。相国方留客,如何务早回。

所谓"冰果侑传杯",现代人三伏天吃冰糕,宋代人三伏天吃"冰果",且用冰果来侑酒。六月的汴梁,"都人最重三伏,盖六月中别无时节,往往风亭水榭,峻宇高楼,雪槛冰盘,浮瓜沉李,流杯曲沼,苞鲊新荷,远迩笙歌,通夕而罢"。②坐在有冰降温的厅内,享受冰盘冷饮,享用盆子里用雪水浸泡的甜瓜、鲜李等瓜果。这个时节的南宋临安,"湖中画舫,俱舣堤边,纳凉避暑,恣眠柳影,饱挹荷香,散发披襟,浮瓜沉李,或酌酒以狂歌,或围棋而垂钓,游情寓意,不一而足"。③ 所谓"浮瓜沉李",就是用冰水浸泡瓜果,使其冰凉后再吃。宋朝人真会享受。"风蒲猎猎小池塘。过雨荷花满院香。沉李浮瓜冰雪凉。竹方床。针线慵拈午梦长。"会享受这种惬意生活的除了司马光,还有李重元。苏轼也对此大加赞扬:"手红冰碗藕,藕碗冰红手。"说的正是夏季吃冰镇水果的惬意事,它是宋人在炎炎夏日最喜欢、最享受的生活方式。

另一种冰镇的吃法,就是把水果和冰块,都放到果盘上,一边冰凉着一边

---

① 冯贽:《云仙杂记》,北京:中华书局1985年版。
② 孟元老:《东京梦华录》,北京:中华书局2020年版。
③ 吴自牧:《梦粱录》,杭州:浙江人民出版社1984年版。

吃。所谓"房青子碧甘剥鲜，藕白条翠冰堆盆"。刘松年《十八学士图》"棋弈图"左下角的石桌上就放置有一个果盘，果盘内装有几个桃子，还有大冰块，正是当时人们所食用的冰镇水果。元初画家刘贯道在描绘南宋士大夫生活的《消夏图》中，亦画有一个果盘，搁在一张木几上，果盘里装有水果和冰块。闭着眼睛试想一下，在炎热的夏天，高卧在特制的"夏房"中，吹着"风扇"，把新摘的时鲜水果，浸泡入储藏了一整年的寒冰中，想吃时随手即捞，那是何等超然的享受。冰盆浸果，一吃起来，就凉透了整个大宋的夏天。

总有一种盛夏，可以与溽热无关

冰块是宋朝人夏季的日常消费品，地位可以和粮食有得一拼，宋人表示三天不吃饭还能撑一撑，夏季三天不吃冰就会被热死。在宋代，许多夏季食物使用上了冰块，聪明的水果商人会在盛夏六月，用冰块来给水果降温保鲜。《东京梦华录》记载，是月巷陌路口，桥门市井，皆卖"芥辣瓜儿、义塘甜瓜、卫州白桃、南京金桃、水鹅梨……药木瓜、水木瓜、冰雪凉水、荔枝膏"等水果或水果制品，"皆用青布伞，冰雪惟旧宋门外两家最胜"。由此可见，宋朝冰镇水果已经渠道下沉，寻常百姓也能享受到这种夏日美味！

冷饮的制作和冰镇水果都需要用冰，这千年前可没有电冰箱，冰块是从哪来、又是如何保存的呢？难道每次想吃的时候，都要从很远的珠穆朗玛峰上运下来？想也不可能。其实说宋人吃的冰是从很远的地方运来的也对，只是这个"很远"不是指空间，而是指时间。那时候没有水污染，每年寒冬腊月，河里结了厚厚的冰，宋人可以把冰块凿下来，放到专门用于存放冰块的大号保温瓶——地下冰窖里，密封严实，等到来年夏天再搬出来。

在宋代，一到夏季冰就变得异常重要，上自皇室，下到黎民百姓都无限宠爱这小小一块冰。甚至因为这块冰还催生出了一个行业。从皇室层面来看，冰有着祭祀司寒、荐献太庙、赏赐大臣、宫廷御用等广泛作用。仅为了支持皇室的这些用途，用冰量就不是一个小数目。据宋诸司库记载，每年"苑中二井除四分以备消释，实收三万八千段"，[①] 每段冰的重量为 100 市斤左右，总计 3008300 斤的冰，让人不禁怀疑皇室修了座地下宫殿专门来存冰。如此巨大的数量，于是就需

---

① 李焘：《续资治通鉴长编》，北京：中华书局 1980 年版。

要专门的机构，进行专职的管理。所以，宋朝从宋太祖赵匡胤开始，就设置冰井务来管理冰政。冰井务设监官一人，下属职员80多人，管理的"百姓"是三万八千段冰，主要的KPI就是采冰、藏冰、颁冰、刷洗冰室等一系列工作。

在宋代以前，朝廷采冰都要到极远极寒的"深山穷谷"采伐，费时费力不说，高昂的运输成本使采到的冰块很少，采个冰像召集勇者打龙，关键是质量还不高。而在宋代，采冰地点规格那是相当的高，多是在汴梁的金明池、宜春苑、玉津园、瑞圣园等皇家园林内的人工池内进行，而且每次采冰都要经过皇帝亲手"御批"。宋室南渡后，临安成为南宋实际意义上的都城。虽然临安位于较为温暖的南方，冬季河湖所结的冰仍然是可供采凿的。杨万里有"甘霜甜雪如压蔗，年年窨子南山下。去年藏冰减工夫，山鬼失守嬉西湖"之句。可见西湖为南宋朝廷采冰之处。

宋代对冰的质量要求也非常高，贯彻落实了科学测冰、科学采冰、科学运冰、科学存冰的四项基本方案。他们会定时采集冰块样本，待朝廷认为冰块的厚薄和尺寸符合要求，才批准进行全面凿伐。采到的冰，要砍凿成一尺五寸的冰块，立即用排车送到宫内的冰窖中，再由技术熟练的差役从里向外、整整齐齐地把冰块码放在冰窖里，一直码放到窖顶。一座冰窖能码5000多块。可见宋人不生产冰，他们只是优质冰的搬运工。

元 山西洪洞广胜寺水神庙 明应王殿北壁西侧壁画

宋代的叶时有言"盖冰之有无，有以验天令之恣；调冰之出入，有以关民生之安否"。冰既然重要到关乎民生的安定，那宋朝藏冰、盛冰的器皿想必也无比豪华，事实也确实如此。京城里光是用来储藏冰块的大冰窖就有数十个，这些冰窖都是南北走向、半地下的拱形窑洞式建筑。东西宽约 6 米，南北长 10 多米，全部用石条铺砌。每个冰窖可放冰块 5000 多块。

一块冰在宋朝的无限风光

在宋代，为了感恩上天赐予冰块的恩情，每年开冰窖的时候，皇帝都要举行以冰为主题的祭祀仪式。时间一般是每年十二月到一月。祭祀的对象分为两类，一是水神司寒，二是先祖。"春分阴冰，祭司寒于冰井务，卜日荐冰于太庙。季冬藏冰，设祭亦如之。"荐新，为古制，即以时鲜的食品祭献。宋代皇帝遵从"未尝不食新"的古礼，认为"新物之出，未荐寝庙，则人子不忍食新，孝恭之道也"。[①] 每种时鲜物品总要先荐献祖庙而后方食。"伏请自今荐庙……仲春荐冰。"[②]冰作为较为难得之物，为彰显皇帝的孝恭，开冰后须先向祖庙荐献，谓之"荐冰"。为了举行这种荐冰仪式，朝廷每次会支出 1500 余斤的冰块。

冰块出窖后，就要用到盛冰的器皿——冰鉴和冰盘。冰鉴类似于现在的冰箱，共有两层，底层放冰块，上层放水果、果汁等食物。材质有铜和木两种，造型式样繁多，但大多是方的。因为古人认为方器比圆器尊贵。和冰鉴相比，冰盘就小巧精致得多，材料有水晶、玻璃、瓷、金、银等多种。每到三伏天，皇室会在举行朝臣宴会时用盛放冰块的冰盘降温。毕竟是皇室，光是普通的冰块还远远不够，还得让工匠把大冰块雕成群峰并峙的冰山，上有各种冰镇水果，供参宴的朝臣享用，可谓是视觉味觉双重享受。黄庭坚《好事近》就曾写道："潇洒荐冰盘，满坐暗惊香集。"

冰块在宋代除了用于吃之外，它在政治领域也相当重要。《宋会要辑稿》记载，每当金朝、辽国的使者在夏季出使大宋的时候，负责宫廷饮食的膳部便会向朝廷申请"冰段"，用来制作各种冰饮美食，好招待他们。对于宋王朝而言，夏天的外交场合中出现各式冰冻美食，既是将冰作为消暑佳品，也是在彰显宋

---

①　马端临：《文献通考》，杭州：浙江古籍出版社 2000 年版。

②　马端临：《文献通考》，杭州：浙江古籍出版社 2000 年版。

朝的国力强盛。炎炎夏日，古代的大臣们在没有空调的情况下工作，经常热得汗流浃背，为了表现出自己体贴大臣的心意，皇帝经常会向大臣们提供冰，用来消暑。

宋朝对王族、三品以上高官、近臣和各国使节有赐冰的定制，可以说是高官的福利。他们不仅仅得到赐冰，有时还会得到加工过的冰制品，如《宋史》中记载的一次赏赐："时节馈赆。大中祥符五年十一月……伏日，蜜沙冰、重阳糕、并有酒；三伏日，又五日一赐冰。"下级官员没有赐冰也不用着急，因为官员之间已经催生出了赠冰的友好风俗，将所赐之冰转赠给真正需要的人。梅尧臣职位较低，在年老体衰重病缠身之时，欧阳修就曾将所得赐冰相赠，让梅尧臣很感动，作诗《中伏日永叔遗冰》，表达两人之间的深厚情感："日色若炎火，正当三伏时。盘冰赐近臣，络绎中使驰。莹澈消冰玉，凛气侵人肌。巨块置我前，凝结造化移……"由此可见，在宋代给朋友赠冰是重视朋友的体现。

宋代的冰，不仅关系到国家祭祀、臣僚颁赐，还与百姓的生活密切相关。朝廷的藏冰都有剩余，这些剩余的怎么办呢？难道等它融掉？只怕明年冰窖就成水窖了。皇帝一般大手一挥：发给民间，放到"连锁超市"里卖了吧。当时北方人往往会借助地理优势，在冬天人为储存冰块，好在夏天大赚一笔。杨万里的《荔枝歌》便记载："北人冰雪作生涯，冰雪一窖活一家。帝城六月日卓午，市人如炊汗如雨。卖冰一声隔水来，行人未吃心眼开。"在宋代，正是有了大量北方人从事储冰卖冰的业务，南方人才能在炎炎夏日吃上凉爽的冰冻美食。同时，过多的冰块流入市场后，也极大冲击了冰块的市价，原本这种唐朝时期价比黄金的冰块，到了宋朝才能成为市民们都消费得起的大众食材，从而催生了一个行业——冷饮业。

宋人在酷暑的时候，已有直接吃冰的习惯。程颖在《食冰诗》中云："车倦人烦渴思长，岩中冰片玉成方，老仙笑我尘劳久，乞与云膏洗俗肠。"陈景沂有一首诗，说在特殊方法下做出的笋，吃起来会出现"寒牙嚼作冰片声"的效果。相比较而言，宋人更喜欢利用冰块来调配各种冷饮。把冰和酒放在一起就是一个不错的选择。袁文在《瓮牖闲评》中写道："自古藏冰……至本朝始藏雪……藏雪之处，其中亦可藏酒及柤梨橘柚诸果。久为寒气所浸，夏取出，光彩粲然如新，而酒尤香洌。"市面上有丁匠善酿冰酒。郑毅夫《不出》亦云："酿酒期佳客，开书见古人"，他经常在夏天用冰酒招待朋友。酒喝多了就容易醉。咋办？郑毅夫经常适时地"奉出'君子登筵汤'一瓢，与客分饮，不觉酒，客为之洒然。客问其法。

毅夫公故戏之曰：'得于禁苑，藏诸金匮。'"①将冰块斩碎，用透明的琉璃碗盛好，浇入甘蔗汁，就可以调出一碗甜腻冰凉的饮料，这也是宋代上层社会钟爱的消暑圣品。看着冰块越来越小，蔗汁也越来越凉，喝上几大口，绝对通身舒畅。

每到夏天，汴梁的夜市便热闹非凡，通宵达旦。生活富裕的人们追求精致小资的生活，没事爱逛夜市，也爱喝饮料，给冷饮业带来了不少生意。在《清明上河图》中，描绘有一些专门售卖"香饮子"的摊位。冷饮摊上供人选择的冷饮种类很多，而且常要营业到半夜三更才结束。进入南宋以后，临安城的凉水种类琳琅满目，如卤梅水、金橘团、木瓜汁、鹿梨浆、椰子酒等。盛夏时节，临安城内的茶肆也会顺势推出一系列的冰镇特饮，以招徕四方宾客。值得一提的是，不少冰水还冠以"药冰水"的名义，如富家散暑药冰水，成为商铺主打的独家秘方冰镇饮料。尽管价格昂贵，但深受人们的追捧。

明代佚名画家仿照宋画风格创作的《夏日冷饮货郎图》中的"上林佳菓玉壶冰水"

为了吸引顾客，售卖冰饮的商贩给这些饮品冠以十分雅致的名称，《梦粱录》中有关于杭州茶肆中各种夏日解暑制品，"暑天添卖雪泡梅花酒，或缩脾饮暑药之属"。"冰雪冷元子"原料为炒熟的黄豆粉和砂糖，加水后团成小团子，然后浸到冰水里。"生淹水木瓜"则是将经削皮、去瓤、只留果肉的木瓜切成小块后泡到冰水里。"冰雪甘草汤"是用甘草、砂糖和清水熬成汤，自然冷却后加磨碎的冰屑。"雪泡豆儿水"和"雪泡梅花酒"亦要用冰水将温度降低。宋代编纂的《太平惠民和剂局方》中存有"雪泡缩脾饮"的配方：缩砂仁、乌梅肉（净）、草果

---

① 佚名：《渔隐丛话》，北京：人民文学出版社 1984 年版。

（煨、去皮）、甘草（炙），各四两。干葛、白扁豆（去皮、炒），各二两。其主要功效是解伏热、除烦渴、消暑毒。

宋朝当然有冰茶。据传，一位名叫何德休的文人别出心裁地创制了一种冰茶，并邀请好友来府邸品尝。茶童将准备好的冰块取出，缓慢放入细嫩的茶叶之中。随着冰块渐渐消融，屋内之人顿觉暑气渐消，何德休所制的冰茶得到了大家的一致肯定，并称之为"妙饮"。作为众多被邀请的宾客之一，李若水以一首诗《何德休设冰茶》的形式将这一茶会全程记录下来："火云扑不灭，余炽欲烧天。江山散白日，草木含苍烟。琉璃八尺净，邀我北窗眠。但问风雌雄，姑谢酒圣贤。明冰沃新茗，妙饮夸四筵。休论水第一，凛然香味全。凉飚生两腋，坐上径欲仙。尘襟快洗涤，诗情拍天渊。凭君杯勺许，置我崑阆前。搜搅玉雪肠，酝酿云锦篇。"

宋代时，人们还掌握了冰激凌的简易制作方法。《武林旧事》记载有"冰雪爽口之物"，说的就是那一时期人们所制作的冰激凌。当然，宋代的冰激凌与现今人们所食用的不尽相同。更确切地说，它更像是"冰酪"，即一种在碎冰或刨冰中加入砂糖、乳酪等食材后研制出的冷饮。杨万里在品尝"冰酪"后，留诗《咏酪》："似腻还成爽，才凝又欲飘。玉米盘底碎，雪到口边消。"可见，宋代的冰酪十分美味。苏轼因"乌台诗案"被贬官黄州，他跟个没事人一样，在《四时词》中写下"垂柳阴阴日初永，蔗浆酪粉金盆冷"，意思是垂柳阴阴夏日灼灼，他将甘蔗汁与奶酪浸到冰盆中作为消暑饮品，可能这就是甜品的治愈力吧。

冷饮外卖是宋人的一大发明。据《东京梦华录》记载，北宋都城汴京的饭店可提供各式菜品，"或热或冷，或温或整，或绝冷、精浇、膘浇之类，人人索唤不同"。这里的"绝冷"之菜，指的就是冰镇的凉菜。不仅是凉菜，还有各式冰镇甜点，都可以提供相应的外卖服务。从《清明上河图》中亦可窥见，汴京城的"市井经纪之家，往往只于市店旋买饮食，不置家蔬"。① 于是，饮食店在提供堂食服务的基础上，还提供"逐时施行索唤""咄嗟可办"的送餐服务，这其中就包含各式冰镇甜点和冷饮的外卖服务。有了冷饮怎么能没有凉食？"夏月，麻腐鸡皮、麻饮细粉、素签纱糖、冰雪冷元子、水晶皂儿……生淹水木瓜、药木瓜、鸡头穰沙糖……"②棣州防御使何继筠有一次在盛夏时向宋太祖报捷还得到了"麻浆粉"

---

① 孟元老：《东京梦华录》，北京：中华书局2020年版。
② 孟元老：《东京梦华录》，北京：中华书局2020年版。

的奖赏。

面对琳琅满目的冷饮、冷食，宋人经常和我们一样难以抵挡，忍不住大快朵颐。可是，冷食吃多了毕竟对身体不好。《宋史》记载，宋孝宗和礼部侍郎施师点聊天时，曾提到自己因为饮冰水过多，导致闹肚子，"朕前饮冰水过多，忽暴下，幸即平复"。施师点劝言道："自古人君当无事时，快意所为，忽其所当戒，其后未有不悔者。"夏季食冰虽然很舒服，但凡事都该有个量，冰吃多了也会伤肠胃。南宋著名医史专家张杲在其《医说》中多次提醒时人："当盛暑时，饮食加意调节。……生冷相值，克化尤难。微伤即飧泄，重伤则霍乱吐利。是以暑月食物尤要节减，使脾胃易于磨化。……虽盛夏冒暑，难为全断冷饮，但克意少饮，勿与生硬果菜、油腻甜食相犯，亦不至生病也。"

冰雪之外，在你的主场

宋话本《崔衙内白鹞招妖》："夏，夏！雨余，亭厦。纨扇轻，熏风乍。散以披襟，弹棋打马。古鼎焚龙涎，照壁名人画。当头竹径风生，两行青松暗瓦。最好沉李与浮瓜，对青樽旋开新鲊。"除"冰物"之外，宋人消暑的方式还有很多，最为传统的就是"熬"，熬过去。梅尧臣选择钻进深山寺庙里喝茶，以达到"煮茗自忘归"的目的。简单来说就是哪里凉快就去哪里。陆游《逃暑小饮熟睡至暮》云："槐影桐阴欲满廊，纶巾羽扇自生凉。新簟玉瀶陈双楄，平展风漪可一床。驰骑远分丹荔到，大盆寒浸碧瓜香。湖边谁谓幽居陋？也爱迢迢夏日长。"茉莉花色白如冰雪，香气清远，在视觉上也给人以一种寒凉的幻觉。刘克庄就曾把茉莉与解暑消夏联系起来，并作诗一首："一卉能熏一室香，炎天犹觉玉肌凉。野人不敢烦天女，自折琼枝置枕旁。"

《水浒传》提到了另一种解暑的方法，杨志和众多军汉押运生辰纲到黄泥冈，众人在树林下休息，在看到白胜挑的白酒后，军汉们就动了心思："我们又热又渴，何不买些吃，也解暑气。"靠喝酒来解暑气，当然这里的酒肯定不会是我们现在所说的白酒，因为当时的技术还不足以生产高度白酒。他们喝的酒应该是低度的米酒，这种酒精度数只有3~5度的饮品可以用来解暑解渴。

相比于杨志，欧阳修明显会玩得多。他为了避暑，特建木楼"平山堂"，周围松竹千数围绕。在水边或者水上建一座凉亭，利用水分蒸发带走热量来消解炎热的暑气，在里面摆几道小菜，喝上几杯小酒，听着歌伎唱几段小曲，这样的生

五代 周文矩《荷亭奕钓仕女图》

活别提有多美了。兴致起来了，还可以与几个人撑一只小船，或垂钓于水中，或采莲于池上，既避开了暑气，又娱乐了身心，真是一举两得。

除了水上凉亭外，水上的大舫船也能满足人们的避暑需求。《武林旧事》记载了当时都城临安人避暑的场景，"是日都人士女，骈集炷香，已而登舟泛湖，为避暑之游。……盖入夏则游船不复入里湖，多占蒲深柳密宽凉之地，披襟钓水，月上始还。或好事者则敞大舫，设蕲簟高枕取凉，栉发快浴，惟取适意。或留宿湖心，竟夕而归"。炎炎夏日，泛舟水上，在阴凉的地方度过炎热的白天，披着满天的星斗回家。这便是宋人典型的消夏活动，风雅且美好。

但是，若比起皇家避暑的方式，水上凉亭和水上大舫船就显得寒酸许多。《武林旧事》载："纱厨先后皆悬挂伽兰木，真腊龙涎等香珠数百斛。"用香自然散发的清致气味避暑纳凉。还是《武林旧事》中的记载："禁中避暑，多御复古、选德等殿，及翠寒堂纳凉。……又置茉莉、素馨、建兰、麝香藤、朱槿、玉桂、红蕉、阇婆、蒼葡等南花数百盆于广庭，鼓以风轮，清芬满殿。御笫两旁，各设金盆数十架，积雪如山……蔗浆金碗，珍果玉壶，初不知人间有尘暑也。"皇家风范就是不一样，利用水流带动风轮鼓风，在殿内放置各种鲜花，在吹来凉风的同时，还能带来香风。这样的含凉殿比我们现在的空调房要高端大气上档次得多！

乘舟、攀岭、听泉……宋人既有纳凉的雅致，更有着冰饮子的妙趣。无论是作为食物的冰，还是作为商品的冰，他们都融入宋朝历史的记忆深处，成为大宋社会与文化的组成部分。在炎热的夏天，还有什么比来一份"冰盆浸果"更让人

宋 李嵩《水殿招凉图》

神清气爽的呢?!"碧碗敲冰倾玉处,朝与暮,故人风快凉轻度",一块普通的冰,在宋人的手中,既可以用来做消暑解渴的美食,也可完成高格调的"敲冰消夏",还可以承载宋人对先辈的感激之情,成为表达后人孝恭之意的祭祀之物。正是在饮冰消暑这不起眼的风俗中,蕴含着宋人对美好生活的无限期盼。

参考资料:

刘向培:《宋代冰政述论》,《广东技术师范学院学报》2014 年第 12 期,第 21-26 页。

朱晨鹭:《唐宋时期藏冰与用冰问题研究》,西北大学 2020 年硕士学位论文。

郭丹英:《古人消夏饮料兼谈宋代冰茶》,《茶博览》2020 年第 8 期,第 63-66 页。

宋徽宗的"荔枝自由"

中国历史上黄金时代的典范是唐朝和宋朝，一个是诗的王朝，一个是词的盛世，哪个朝代能比得过？纵观两代，文人士大夫过得都不错，有闲情逸致赋诗填词。老百姓的生活呢？除了都能吃饱穿暖之外，这两个朝代普通人的社会生活滋润度的差距就大了。苏轼大概率不愿意跑到唐朝去上班，因为宋朝的他可以在岭南吃荔枝上头，好不恣意。有《惠州一绝》为证：

罗浮山下四时春，卢橘杨梅次第新，日啖荔枝三百颗，不辞长作岭南人。

苏轼仕途不顺，被贬岭南，由于他被贬的地方正好是荔枝的种植产地，占据地理上的天然优势，苏轼可以天天大快朵颐。不过，还有一个更重要的原因：宋代的荔枝不像前代那样"珍稀"。司马相如在《上林赋》中把荔枝称作"离枝"，这

宋徽宗《荔枝山雀图》

个名称充分体现了荔枝的特点：离开枝叶之后极易腐烂。到了唐代，"一骑红尘妃子笑，无人知是荔枝来"。北方寻常人家要吃上一颗荔枝，是很奢侈的事。要是能有幸得到一颗新鲜荔枝，都可以摆在祭坛上烧高香当成传家宝了。可以说，荔枝既见证了唐玄宗对杨贵妃的用情至深，也见证了苏轼在岭南的乐观和吃货本性。

寻常百姓吃荔枝

在唐朝，除了杨贵妃，白居易也甚爱荔枝，不仅为它写了好几首诗，还画了一幅《荔枝图序》，可惜画卷已不得见，只留下文字令人遐想，"瓤肉莹白如冰雪，浆液甘酸如醴酪"。他还调侃，"红颗珍珠诚可爱，白须太守亦何痴。十年结子知谁在，自向庭中种荔枝"。荔枝何其可爱，令我疯魔，发痴发狂，想在这里种下荔枝树，哪怕十年过后结了荔枝，没人知道曾是我种下的。白居易为了吃上荔枝，宁愿从种树苗开始，如此痴心真的让人叹服。

没有冷链的时代，荔枝的运输是个大难题。天宝末年，有个叫鲍防的进士说"五月荔枝初破颜，朝离象郡夕函关"。一天就从岭南运到长安这肯定是吹牛。《后汉书》载："旧南海献龙眼荔枝，十里一置，五里一堠，奔腾险阻，死者继路。"几乎是将献荔枝作为一个专项工程来对待，需要付出极大的人力物力代价。当时能使用的最便捷交通，莫过于官方驿道系统。这个系统的速度有多快呢？安史之乱时，边防使者十万火急向长安送消息，一天极限速度为250公里左右。如果真的是从粤西高州快递荔枝，没有十天半个月是搞不定的，还需要配备相应的保鲜装备，运量也不可能大。所以，当年能消费得起荔枝的，只有皇帝及宠妃数人而已，贵如王公达臣，也难有机会享用。

唐代之后的古人对唐代运送荔枝的方式有过猜测，清代吴应奎在《岭南荔枝谱》中说道："以廉根之荔栽于器中，由楚南至楚北襄阳丹河，运至商州秦岭不通舟楫之处，而果正熟，乃摘取过岭，飞骑至华清宫，则一日可达耳。"他认为进贡的荔枝是用船运盆栽荔枝，"一骑红尘妃子笑"是表示飞骑跑过秦岭驿道。但吴应奎所说只是一种推测，带土运送荔枝，这种运输方法最早使用于北宋末年，不过那只是一种尝试，此后并未形成连年进贡的规矩，到了清代这种运输方式才成为一种定例。

宋徽宗赵佶不仅是个擅长书法绘画的文艺工作者，对荔枝也情有独钟，甚至画了《荔枝山雀图》和《写生翎毛图》来留住记忆，后者卷首题签：御画写生翎毛图。画卷描绘荔枝树及栀子树丛中，七只活灵活现的禽鸟穿插其间，笔致生动，活灵活现。洁白高贵的栀子花与成熟的荔枝相互映衬，芳香四溢，一只翩翩起舞的蝴蝶翩然而至。画面的另一焦点便是荔枝。画卷中，鲜艳饱满的荔枝鲜嫩欲滴，挂满枝头，大概是宋代最好吃最好看的荔枝。由于宋徽宗几乎没有离开过汴京，画中的荔枝树却又如此真实，他应当是在汴京亲眼见到了结果的荔枝树。看来宋徽宗曾下令种植荔枝树，要在汴京留住这种美味。《墨庄漫录》载："政和初，闽中贡连株者，移植禁中，次年结实，不减土出。"又《画继》载："宣和殿前植荔枝，既结实，喜动天颜。"宋徽宗曾作诗一首，如此描述荔枝："密移造化出闽山，禁御新栽荔子丹。山液乍凝仙掌露，绛苞初绽水精丸。酒酣国艳非朱粉，风泛天香转蕙兰。何必红尘飞无骑，芬芳数本座中看。"看样子，他在汴京皇宫里新栽的荔枝已经成熟变红能摘着吃了。

宋徽宗《写生翎毛图》

有了皇帝带头，其他文人和画家也不甘落后。张舜民《荔枝》咏："柳江六月水如汤，江边荔枝红且黄。摘时须是带枝叶，满盘璀璨堆琳琅。"杨万里作《荔枝歌》："飞来岭外荔枝梢，绛衣朱裳红锦包。"陈宓《谢东庵方处士惠荔枝并诗》咏："肺热仍当六月间，文园多病正求安。何人乞与黄金掌，玉屑清秋露作团。"荔枝直接剥掉外壳，便可以露出晶莹的果肉。红外衣，白玉肌，显得十分可人。只需轻轻一咬，荔枝丰盈的汁水便在口中爆开。李师中曾写道："两岸荔枝红，万家烟雨中。"李师中即将在岭南卸任，与佳人离别。鲜红欲滴的荔枝此时成了两人离别的见证者，期望在他们今后的回忆中增添一抹亮色。张元千也写道："八年不见荔枝红，肠断故园东。"荔枝给了他鲜明而深刻的味觉记忆，同时也表达了对故乡深深的眷恋之情。

当时最为珍贵的就是福建兴化军的陈紫，被时人视为极品。蔡襄在《荔枝谱》中记述了这个著名的荔枝品种："香气清远，色泽鲜紫，壳薄而平，瓤厚而莹膜如桃花红，核如丁香，毋剥之凝如水，精食之消如绛雪。"那究竟这极品味道如何呢？蔡襄留了一手，"其味之至不可得而状也"。书中还记载了一些荔枝品种和它们名称的由来，如十八娘出于传说闽王第十八女喜欢食用该种荔枝，绿核是因其核是绿颜色的，龙牙也是因为外形"弯曲而无瓤核"，水荔枝是因为"浆多而淡"，双髻小荔枝，则是因为"皆并蒂双头"，中元红则是农历七月中荔枝快没有的时候才成熟的品种。此外，蔡襄还注意到荔枝是一种喜温植物，对它的分布界限也有细致的观察，"福州之西三舍，曰水口（在今南平境内），地少加寒，已不可殖"。

在宋代，荔枝以商品的身份，大量涌入了北方市场。曾巩在《福州拟贡荔枝状》就写到"闽粤荔枝食天下"。对于生活在东京汴梁的人来说，荔枝也只是稍微贵一些的水果而已，普通老百姓都还是能享用的。《清明上河图》里出现了多处汴京市民喝香饮子的生活场景，其中荔枝膏最受欢迎。曾丰在《五羊中秋热未艾》中写道："椰子簟凉肤起粟，荔枝膏冷齿生冰。"它以乌梅、去皮桂、熟蜜、生姜等材料熬煮而成，其中主料并无荔枝，只因味道如荔枝，酸甜适中，通透爽口，称为荔枝膏。可见，当时的百姓已经对荔枝非常熟悉了。这反映出荔枝在宋代十分受人追捧。等到了南宋时期，则更是随意了，《西湖老人繁胜录》载："福州新荔枝到进，上御前，送朝贵，遍卖街市。生红为上，或是铁色。或海船来，或步担到，直卖至八月，与新木弹相接。"宋朝人无须担心荔枝卖完吃完，人家荔枝可是一船接着一船，有通过海上船只的，有陆路运送的，但荔枝保鲜并不逊色。

为了能够更长久地品尝荔枝的美味，宋人想出一种如何让美食延续的做法。由于荔枝本身皮薄肉厚，因此宋人喜欢用荔枝做成果脯来保存。当时主要有两种方法：第一，红盐法，即"以盐梅卤浸佛桑花为红浆，投荔枝渍之，曝干色红而甘酸"，这样加工的荔枝"三四年不虫。修贡与商人皆便之"。① 第二，出汗法。

---

① 蔡襄：《荔枝谱》，福州：福建人民出版社 2004 年版。

以"烈日干之，以核坚为止，畜入瓮中，密封百日"。① 荔枝也可以做成类似今日水果罐头的食品，用蜂蜜煮制荔枝肉，可直接食用，"晒及半干者为煎，色黄白而味美可爱"。② 正因如此，荔枝不仅宋人可以享用，甚至还远销海外。"荔枝粉"中最会吃的就是黄庭坚，《岭南荔枝谱》中记载了他创制的荔枝汤："榨荔枝汁，然后与蜜糖水混合，即加入鲜剥荔枝肉，火煮滚，然后注入热盏中饮用。"黄庭坚喝荔枝汤很讲究，要"用纱囊盛龙脑先扑热盏"。

远期交易保普惠③

商人与市场的力量让宋朝的平民百姓都能享受到杨贵妃当年的口福。宋朝的荔枝，早已不再是"千军万马来相见"。这实际上都源于宋人为荔枝打造了一个当时可谓先进的商业模式。蔡襄在《荔枝谱》中提道："（荔枝）初着花时，商人计林断之以立券。若后丰寡，商人知之，不计美恶，悉为红盐者，水浮陆转以入京师，外至北戎、西夏；其东南舟行新浮、日本、琉球、大食之属，莫不完好。重利以酬之，故商人贩益广，而乡人种益多，一岁之出，不知几万个亿，而今人得饫食者盖鲜矣，以计断林鬻之也。"就是说北宋时期，福建的荔枝一度供不应求，刚开花时就有商人来订购，他们预判荔枝的长势和未来的销路，跟种植户谈好价格，签好合同，等荔枝成熟了，再按合同成批购买。这样即便是后来荔枝长得个小肉少味道酸，卖不出去，商人也不能压价，只能自认倒霉烂手里；同样的，即使后来荔枝个大肉厚味道甜人人抢着要，种植户也不能再眼红抬价。

商人签合同付定金承包预购种植户的荔枝，然后把这些荔枝卖到国内外的各个地区，让国内外不产荔枝的地区都能有机会吃到荔枝。这种与种植户签订的预先购买合约，相当接近于今日所谓的"远期合同"。这种包买行为最先发生在荔枝这种地域性和季节性强、盈利高的商品。蔡襄在描述商人对荔枝的包买行为时，就提及"荔枝之于天下，唯闽粤南粤巴蜀有之"。福州的荔枝种植规模很大，"延迤原野，洪塘、水西尤其盛处，一家之有至于万株"，"数里之间，煌如星火"，"一岁之出，不知几千万亿"，包买商"计林断之"，可见包买的数量很大，从而垄断了大量货源。

---

① 蔡襄：《荔枝谱》，福州：福建人民出版社2004年版。
② 蔡襄：《荔枝谱》，福州：福建人民出版社2004年版。
③ 李华瑞：《宋代的财经政策与社会经济》，《中国社会科学》2022年第7期，第113-129页。

其实，民间包买行为在宋代早就不是什么稀奇事，荆湖北路复州"富商岁首以醝茗贷民，秋取民米，大艑捆载而去"，[1] 就是包买商在年初把盐和茶给农民，到了秋天收割的时候来收走农民的稻米，也就是提前支付给农民生活用品，把他们手中的米包买下来，虽然是以物易物，却带有包买的性质。

川蜀地区自古交通不便，给物流造成了严重的障碍，商人为了保障自己的货源，不得不进行预订，比如茶叶交易。北宋神宗时吕陶在《奏具置场买茶旋行出卖，远方不便事状》中指出："茶叶人户多者岁出三五万斤，少者只及一二百斤。自来隔年留下客放定钱，或指当茶苗，举取债负，准备粮米，雇召夫工。自上春以后接续采取，乘时高下，相度货卖。累时相承，恃以为业。""隔年留下客放定钱"，就是商人为了买茶叶提前一年留下定金，茶农利用这些定金展开生产活动，再把种出来的茶叶卖给商人，茶农实赚。对茶叶的承包预购在宋代是很普遍的现象。宋代许多茶商在茶叶还没生长的头一年就已经承包预购茶户的茶叶了，茶户正是依靠接受这些"放定钱"的茶叶预付定钱，买苗、买粮、招雇茶工准备茶叶生产。

苏辙在《申本省论处置川茶未当状》中也指出："每茶户入场中卖，须即时拣选和买，不得辄有留滞。或更依客旅体例，秋冬先放茶价，令茶户结保请领，及时送纳，以上并不得辄行抑勒。""依客旅体例，秋冬先放茶价"，就是指被茶商已经承包预购的茶叶，早已经在签承包预购合同时就预先定价了。这合同定价政府也无法干预。包买行为在福建民间买卖中表现得更为明显，"春雷一惊，筍笼才起，售者已担簦挈囊于其门，或先期散留金钱，或茶才入笪而争酬所值，故壑源之茶常不足客所求"。[2] 由于"壑源之茶常不足客所求"，所以商人必须"先期散留金钱"，这样才能在来年的春天收到茶叶。苏轼说"夫商贾之事，曲折难行，其买也先期而予钱，其卖也后期而取值，多方相济，委曲相通，倍称之息，由此而得"。[3] 黄翰说"世间交易，未有不前期借款以为定者"。[4]

宋代民间的包买行为不仅仅局限于种植业，在其他行业同样存在，"抚州民陈泰，以贩布起家，每岁辄出捐本钱，贷崇仁、乐安、金溪诸绩户，达于吉之属

①　姜锡东：《宋代商业信用析论》，《中国经济史研究》，1989年第4期。
②　陆羽等：《茶经》(外四种)，杭州：浙江人民美术出版社2016年版。
③　马端临：《文献通考》，杭州：浙江古籍出版社2000年版。
④　马端临：《文献通考》，杭州：浙江古籍出版社2000年版。

邑，各有驵主其事，至六月，自往敛索"。① 陈泰是做布匹生意的，他每年都出本钱给"崇仁、乐安、金溪诸绩户"，甚至"达于吉之属邑"，各地还有人负责管理，即"各有驵主其事"，到了第二年六月，他"自往敛索"。② 陈泰是先给本钱，让绩户生产，到产品完成时，将其购买。包买行为在采矿业中也存在，《续资治通鉴长编》记载了一桩发生在哲宗元祐五年的贪赃案，其中言有炉户"已立券卖铅与人"，炉户与商人有协议，商人已事先将炉户的铅买下来了。在建材和粮食等领域也存在这种形态。黄幹《勉宅集》中，一位姓谢的知府盖房子，去找一位姓杨的窑户买砖，他们先订"文约"，约好砖数和价格，然后某月某日再碰头，一方如约交砖，另一方如约交钱。可见，宋代民间包买行为存在于各行各业。

值得注意的是，在宋代民间的包买行为中采取了"立券"的方式，即买卖双方签订书面合同。宋代人已有较强的契约观念，欧阳修在《洛阳牡丹记》中写道："姚黄一接头，值钱五千，秋时立券买之，至春见花，乃归其值。"无疑宋代鲜花业也出现了预购现象，在还没盛开之时，就被高价预订抢购。《宋史·苏云卿传》也载："苏云卿，广汉人。绍兴间，来豫章东湖，结庐独居。披荆畚砾为圃，艺植耘芟，灌溉培壅，皆有法度。虽隆暑极寒，土焦草冻，圃不绝蔬，滋郁畅茂，四时之品无阙者，味视他圃尤胜，又不二价，市鬻者利倍而售速，先期输值。"先期输值就是先交付蔬菜的定金。产品质量好有保证，容易销售，商人们才会预先定购。

洪迈的《夷坚志》讲述了一个不遵守预买合约而遭报应的故事，"淳熙元年，有一客立约，籴米五百斛。价已定，又欲斗增二十钱，客不可，遂没其定议之值。午后大风忽从西北起，阴霾蔽空，雨雹倾注，风声吼怒，甚于雷霆。张氏仓廪帑库，所贮钱米万计，扫荡无一存"。宋代著名产米之地平江常熟县富民张五三，先与粮商签订米粮的预买合约。价格已经签订好，后来可能因为粮食价格上涨，张五三反悔欲每斗增价二十文钱。粮商坚持按合同办事自然不会同意，结果张五三不仅没有按合同卖粮，且没有退还定钱。这样就突然遭受天灾变得倾家荡产。像张五三这样因利不遵守预买合约的人自然是极少数，所以必然遭世人唾弃。这则故事实际上是告诉我们宋人对不遵守商业信誉、不尊重预买合约的人，是极端鄙视的，所以他们自然得不到好报，必然遭受老天的惩罚。

---

① 范质、谢深甫：《宋会要辑稿》，北京：中华书局2020年版。
② 范质、谢深甫：《宋会要辑稿》，北京：中华书局2020年版。

从西汉到唐宋，荔枝在中国种植已经有一千多年了，只有在宋代，有了良好的市场创新，荔枝才从王公贵族享用的"仙果"变成了市场上的时令水果，走入了千家万户。桂味、糯米糍……你最爱的荔枝品种是什么的？你又准备怎么吃呢？是准备等到盛夏蝉鸣，在早上摘下带有露珠的荔枝，将它浸泡在山中冷泉，"嚼之消如绛雪，甘若醍醐，沁心入脾，蠲渴补髓"，一次最多能吃多少，数百颗吗？

参考资料：

郑颖慧：《宋代商业法制研究》，中国政法大学 2009 年博士学位论文。

宋 佚名《离支伯赵图》

若有一杯香桂酒，莫辞花下醉芳茵

"请客到底去哪吃？"这年头，请客吃饭是一个苦差事！多数人有选择困难症。在哪儿吃，这当然是一门大学问。袁牧在《随园食单》中提到一个忌讳就是"戒落套"，"唐诗最佳，而五言八韵之试帖，名家不选，何也？以其落套故也。诗尚如此，食亦宜然"。可见，"在哪吃"还真是一件极具建设性又费神的事情。苏轼倒从来不会为此困扰，有《月夜与客饮酒杏花下》为证：

> 杏花飞帘散余春，明月入户寻幽人。褰衣步月踏花影，炯如流水涵青苹。
> 花间置酒清香发，争挽长条落香雪。山城薄酒不堪饮，劝君且吸杯中月。
> 洞箫声断月明中，惟忧月落酒杯空。明朝卷地春风恶，但见绿叶栖残红。

在暮春的月夜，地点是在长有杏花的庭院中，人物则是包括苏轼在内的幽居之人。天上有明媚之月，花下有幽居之人。苏轼在杏花下，置办了一场清香流溢的酒席。到来的客人纷纷争挽枝条，使得杏花飘落如雪一样。一边饮酒，一边赏花。美酒置于花间，则酒香更加浓郁。而酒越香，众人赏花的兴致便越高。山城的酒喝起来不够味，各位不如尽情地汲取杯中的明月。这首诗韵味淳厚，声调流美，令人心醉。看来苏轼很会找吃饭的地方，一定得是非常赏心悦目的场景才行，春满楼，花添意，酒助兴。意思是环境不能过于杂乱，春季象征着美好，所以小楼里要过眼无碍。花添意是要有鲜花增添酒席间的生机与色感，当然也要有佳人，花与佳人缺一不可。只有这样的饮酒，才能助兴。

花架之下飞英会

"花间置酒"其实并不是苏轼的发明创造。王巩《闻见近录》中就记载了宋太祖时于皇家园林中召宫嫔赏牡丹一事："太祖一日幸后苑，观牡丹。召宫嫔，将置酒。"孔平仲《孔氏谈苑》曰："赏花钓鱼，三馆惟直馆预坐，校理以下赋诗而退。太宗时，李宗谔为校理，作诗云：'戴了官花赋了诗，不容重见赭黄衣。无憀却出官门去，还似当年下第时。'上即令赴宴，自是校理而下皆与会也。"在太宗朝淳化初，就有宫廷赏花曲宴之习。宫廷赏花曲宴在保留赏花、宴饮、赋诗的基础上，还增加了钓鱼活动，同时进一步明确了赏花会参加人员的范围。由于李宗谔是官职较低的集贤校理，不得预赏花钓鱼宴，其赋诗直抒此事，太宗览之，"即令赴宴"。徽宗朝宣和初上元节牡丹花开时节亦召戚里宗王连夕赏之。洪迈《夷坚志补》载："刘幻接花：宣和初，京师大兴园圃……至正月十二日，刘白中使，请观花，则已半开，枝尊晶莹，品色迥绝。酴醿一本五色，芍药、牡丹变态百种，一丛数品花，一花数品色，池冰未消而金莲重台繁香芬郁，光景粲绚，不

宋 赵佶《文会图》

可胜述。事闻，诏用上元节张灯花下，召戚里宗王连夕宴赏。"《武林旧事》还记载了高宗孝宗父子的一次中秋宴会，"晚宴香远堂，堂东有万岁桥，长六丈余，并用吴进到玉石砌成，四畔雕镂阑槛，莹彻可爱，桥中心作四面亭，用新罗白罗木盖造，极为雅洁。大池十余亩，皆是千叶白莲。凡御榻、御屏、酒器、香奁、器用，并用水晶。南岸列女童五十人奏清乐，北岸芙蓉冈一带，并是教坊工，近二百人。待月初上，箫韶齐举，缥缈相应，如在霄汉"。

欧阳修《和晏尚书对雪招饮》云："瑶林琼树影交加，谁伴山翁醉帽斜。自把金船浮白蚁，应须红粉唱梅花。"雪中与好友在梅花下相约共饮，是文人之间极具意趣之事。不仅大臣们热衷于此，清明时节，士民郊游野宴，"四野如市，往往就芳树之下，或园囿之间，罗列杯盘，互相劝酬"。在芬芳的香气中赏花喝酒，不可谓不浪漫不雅致。江少虞《皇朝类苑》载："千叶牡丹：李司空明，淳化中，家园牡丹，一岁中有千叶者五苞，特为繁艳。李公致酒张乐召宾客以赏之。"孔平仲《孔氏谈苑》曰："陈尧佐字希元，修《真宗实录》，特除知制诰。旧制须召试，唯杨亿与尧佐不试而授。兄尧叟，弟尧咨，皆举进士第一。时兄弟贵盛，当世少比。尧佐退居郑圃，尤好诗赋。张士逊判西京，以牡丹及酒遗之。尧佐答曰：'有花无酒头慵举，有酒无花眼懒开。正向西园念萧索，洛阳花酒一时来。'"在自家园林、私宅中进行牡丹赏玩活动已成为文人士大夫花开时节一项常规的休闲娱乐活动，更是同僚、朋友之间进行交往和交流的一种方式。

苏轼常在诗中看花置酒，既是基于宋人以花事行游宴的风尚，也是苏轼个人好玩之心的体现。元丰三年初，苏轼抵达贬谪地，位于长江边的黄州。除了陪他一起来的大儿子，其他家属尚在途中。他有小半年的时间，寄居在定惠寺，牢狱折磨后的惊恐，与穷乡僻壤的寂寞，充斥着他的心灵。其间，苏轼遇见了一株开得正好的海棠花，瞬间便被治愈。有一年，他又赶赴花期，写了《记游定惠院》："黄州定惠院东，小山上，有海棠一株，特繁茂。每岁盛开，必携客置酒，已五醉其下矣……时参寥独不饮，以枣汤代之。"原文300多字，写得非常有趣。这年花开，他又与朋友们带着酒，来看望这位花友，发现园子易主了。主人因他的缘故，才没有移除花木。与朋友在花园里喝酒后，去另一人家小楼里醋睡一觉，然后听了一曲琴。天黑后到城东，买了一大木盆，准备用来浸泡瓜与李子。路过何姓人家的竹园，把酒放在竹荫下，准备再喝几盅。一位朋友端来一盘油炸的小吃，名叫"为甚酥"，味道很好。一同游玩的朋友中，只有僧人参寥不喝酒，用枣汤代替了酒。苏轼忽然没了兴致，想要回家。跟何园的人要了一丛橘子树苗，准备移植到雪堂(他的农舍)西边。苏轼在黄州才住了4年多，却五醉花下，不可谓不"痴情"。这花，已不只是花。

宋 佚名《春宴图》

熙宁八年的秋天，苏轼因为看到九月里竟突然开了一朵千叶牡丹而不胜欣喜，因为牡丹的盛花期是在春天，秋天开放实属难得，尽管下着雨他还是迫不及待地置酒请客来冒雨赏花，并为此次雅集写了一首词《雨中花慢》，在这首词的序言里苏轼记录了举办赏花会的缘由："初至密州，以累年旱蝗，斋素累月。方春，牡丹盛开，遂不获一赏。至九月忽开千叶一朵，雨中特为置酒，遂作。"原来是因为春天的时候他忙于政务而错过了牡丹的花季，深感遗憾，谁料到了九月竟然开了一朵千叶牡丹，虽然只是一枝，但依然感人，于是苏轼特意为了这一朵花而邀朋友一起共赏。在《牡丹记叙》里，苏轼描述了另一个更大规模的牡丹赏花雅集，当时他在杭州任职，他的上司就曾邀请连他在内的53名同僚及文人一起赏花饮宴，并引来许多民众围观，参会的文人因此留下了许多诗文。

苏轼的一生开局即巅峰，之后不是在被贬官，就是在被贬官的路上，可以用步态踉跄、颠沛流离来形容。尽管如此，他仍靠人格魅力圈粉无数。就是在他最倒霉的时候，也有人对他施以援手，帮他渡过难关。

在《虞美人》中，苏轼写道："波声拍枕长淮晓，隙月窥人小。无情汴水自东流，只载一船离恨别西州。竹溪花浦曾同醉，酒味多于泪。谁教风鉴在尘埃？酝造一场烦恼送人来!"这首词是苏轼作于元丰八年(1084 年),他到高邮与秦观相会,两人在淮河上饮别,苏轼遂作此词。"竹溪花浦曾同醉",则是苏轼回忆起当年与秦观同游时饮酒的情景。元丰二年,苏轼自徐州徙知湖州,与秦观同行,旅途经过无锡,两人同游惠山,唱和甚乐;次年两人复会于松江,又一路同行到吴兴,留宿西观音院,然后遍游诸寺景观。"竹溪花浦曾同醉",写的就是这件事。

赏荷花必定请人吃饭!宋哲宗元祐六年(1091 年)闰八月至九月间,苏轼到颖州担任太守。在观赏颖州西湖的荷花时,写下《浣溪沙·荷花》:"天气乍凉人寂寞,光阴须得酒消磨。"那时苏轼已然感觉当官寂寞孤独,他还没想到自己接下来的官宦生涯更是大起大落!他在《虞美人》中写道:"持杯遥劝天边月,愿月圆无缺。持杯复更劝花枝,且愿花枝长在,莫离坡。持杯月下花前醉,休问荣枯事,此欢能有几人知,对酒逢花不饮,待何时?"这首词描绘的是当年名士设席时,总要选择花前月下,陈列群花环绕,以备把酒鉴赏,这种宴席称作"簇花宴",人们"吞花饮酒",好不欢畅。

《避暑录话》载:"欧阳文忠公在扬州,作平山堂,壮丽为淮南第一。堂据蜀冈,下临江南数百里,真、润、金陵三州隐隐若可见。公每暑时,辄凌晨携客往游,遣人走邵伯取荷花千余朵,插百许盆,与客相间。遇酒行,即遣妓取一花传,客以次摘其叶,尽处以饮酒,往往侵夜戴月而归。"每到盛夏酷暑,上班之余的欧阳修都会邀请朋友来平山堂饮酒赋诗,他们饮酒的方式颇为特别,常叫从人去不远处的邵伯湖取荷花千余朵,分插百许盆,放在客人之间,然后让歌伎取一花传客,依次摘其瓣,谁轮到最后一片则饮酒一杯,赋诗一首,往往到夜,载月而归,这就是当时的击鼓传花。葛立方《韵语阳秋》也记载:"欧公在扬州,暑月会客,取荷花千朵,插画盆中,围绕坐席,又命坐客传花,人摘一叶,尽处饮以酒。故答吕通判诗云:'千顷芙蕖盖水平,扬州太守旧多情。画盆围处花光合,红袖传来酒令行。'然维扬芍药妙天下,可以奴视荷花,而是时欧公不问有芍药盛会何耶?东坡在东武,四月大会于南禅、资福两寺,剪芍药置瓶盎中供佛外,以供赏玩,不下七千余朵。有白花独出于众花之上,圆如覆盂,因有'两寺装成宝璎珞,一枝争看玉盘盂'之咏,惜乎欧公未知出此。"

欧阳修的画盆插花,又游戏以击鼓传花,泂是花的盛会。但是在扬州,欧阳修不插芍药,却插荷花,所以葛立方认为未尽扬州之地宜,扬州最为天下驰名的是芍药。所以又说苏轼大会芍药,剪插瓶盎,把两座寺院装成宝贝一样的璎珞。苏轼一是供佛,二是赏玩,尽情尽兴。从欧阳修和苏轼主持的两次插花盛会,我们可以遥想宋代士大夫们对"花能侑酒微微醉"活动之钟爱。

作为仁宗朝的忠孝状元，郑毅夫不仅喜欢酿酒，而且颇有心得，下班之后一边跟欧阳修一起"把酒对红梅""满插花枝倒酒杯"，一边喜欢琢磨醒酒方。有一天，他研发制作了一款解酒药，正为命名发愁时，随手拿起书桌上的一本唐人诗集翻阅，读到李玫的"尔来尽流俗，难与倾壶觞。今日登华筵，稍觉神扬扬"时，灵机一动，将之命名为"君子登筵汤"。[1] 郑毅夫不仅喜欢酿酒，还能够配置效果奇佳的醒酒药，在这种情况下，拗相公王安石讽刺他和滕元发为"滕屠郑酤"恐怕更多的是出于小小的嫉妒了。有一天，在一个"正是春风催酒熟，蝤蛑霜饱蛤蜊肥"的季节，苏轼邀请郑毅夫登楼赴一场"簇花宴"。他的《永遇乐·长忆别时》记述了他与郑毅夫等友人在景疏楼上饮酒时的情景"美酒清歌，留连不住"。

郑毅夫像

苏轼在这次的宴饮中喝了很多酒，不过他的酒量不大，苏轼自己也说："吾少时望见酒盏而醉，今亦能饮三蕉叶矣。""蕉叶"是一种浅底酒杯，容量不大。苏轼在《书东皋子传后》中也说过："余饮酒终日，不过五合，天下之不能饮，无在余下者。"五合约等于现在的 500 毫升，喝一天才喝一斤，酒量确实一般。而且苏轼还喜欢喝醉，于是在景疏楼上，郑毅夫送了他好些"君子登筵汤"，以助力苏轼"醉饱高眠事业"。[2]

和杏花、牡丹一样，酴醾盛开在宋代。酴醾受到宋人青睐，已经融入了宋人的生活。那灵动飘逸的游枝蔓条，可以"延蔓庇覆，占庭之大半"，形成青翠帷幕。据张耒《咸平县丞厅酴醾记》载，咸平县治所原为宋真宗的行宫，在县丞办

①　佚名：《渔隐丛话》，北京：人民文学出版社 1984 年版。
②　佚名：《渔隐丛话》，北京：人民文学出版社 1984 年版。

公的大堂前，有一架酴醾，几乎覆盖了庭院的大半，且花特大，同邑的酴醾花皆出其下。据邑中老人说："当时筑室种植以待天子之所，必有珍丽可喜之物而后敢陈，是以独秀于一邑，而莫能及也。"连天子的行宫也要种上酴醾，宋人对酴醾的推崇可见一斑。张耒另有《夏日七首》(之一)写道："两架酴醾侧覆檐，夏条交映渐多添。春归花落君无恨，一架清阴恰满帘。"酴醾成帘，于喧嚣尘世中隔出一处清静之所，赏完一季花，又遮一季阴，至炎炎夏日之时，沉于其中的纳凉、散步、读书、作画，该是多么舒适多么美。

宋 马远《白蔷薇图》

宋 林椿《山茶霁雪图》

将酴醾赏到"至雅"境地的，当属翰林学士范镇。《诚斋杂记》载："范蜀公居许下，造大堂，名以长啸，前有酴醾架，高广可容十客，每春季花繁芜，客其下，约曰，有飞花堕酒中者嚼一大白，或笑语喧哗之际，微风过之，满座无遗，时号'飞英会'。"春末酴醾繁盛之时，宴请宾客于酴醾架下，把酒畅叙。笑语喧哗中，酴醾飞花落在谁的酒杯里，谁就把杯中酒饮尽。微风过处，片片酴醾落瓣像纷飞的雪花一样，洒在杯中、案上、座中人的衣襟上，满座醇香，让人分不清是花香还是酒香。那样的场景，实在是清雅到极致，较之王羲之的"曲水流觞"有过之而无不及。

不独范镇，司马光也很喜爱酴醾，他的《南园杂诗六首·修酴醾架》写道："贫家不办构坚木，缚竹立架擎酴醾。风摇雨渍不耐久，未及三载俱离披。往来遂复废此径，举头碍冠行衣。嗯奴改作岂得已，抽新换故拆四篱。来春席地还可饮，日色不到香风吹。"园中的茶架倒了，曲径不通，走过时刮衣刮帽，碍手碍脚，只好唤来家仆一起修缮，为的是来年春天可以席地坐在架下喝杯酒啊。琐碎的叙述中，闲适淡泊之态可掬。

到了南宋，人们对酴醿的喜爱之情只增无减。陆游诗云"月下看酴醿，烛下看海棠""春残鹎鹕如多恨，雨恶酴醿欲不禁"，月下赏花色，雨中闻花香，别有一番情趣。杨万里在月色中用酴醿的花瓣为酒增香，又恐酒沾湿了酴醿的玉肌："月中露下摘茶蘼，泻酒银饼花倒垂。若要花香熏酒骨，莫教玉醴湿琼肌。"他还让人专门搭建了"度雪台"，感受酴醿花开时"饶渠飞度雪前开，开了却吹香雪来"的胜景。事实上，宋人似乎真的对这种花特别推崇。许多士人家中都会设一个酴醿架，覆盖掉大半个院子。晚饭过后约上三五好友，在酴醿架下饮酒作对，这是宋人们独有的惬意。

张邦基的《墨庄漫录》记载："西京牡丹闻名天下，花盛时，太守作万花会。宴集之所，以花为屏障，至梁、栋、柱、拱，以筒储水，簪花钉挂，举目皆花。"文人士大夫们的精致生活就在这样的诗意中展现。欧阳修《示谢道人种花诗》云："深红浅白宜相间，先后仍须次第栽。我欲四时携酒赏，莫教一日不花开。"便充分地道出文人对于酒对于花的态度。辛弃疾《金菊对芙蓉·重阳》云："座中拥，红粉娇容。此时方称情怀，尽拼一饮千钟。"邵雍《南园赏花》亦写道："花前把酒花前醉，醉把花枝仍自歌。"在三月三这个美好时节，人们外出春游，一起喝酒赏花，吟诗作对，平时不醉而此时可以醉。

张镃是南宋的文学家、诗人，他出生于贵族之家，经常去别人家蹭饭蹭酒，有一次他过访友人伯虎之居时即兴写了一首诗《过杨伯虎即席书事》："四面围疏竹，中间著小台。有时将客到，随意看花开。拂拭莓苔石，招携码磁杯。昏鸦归欲尽，数个入诗来。"四面围绕着稀疏的竹子，中间建筑了一个小小的楼台。有时候会来客人，他们随心随意地在这里欣赏花草。志同道合的朋友在一起，已经无需那些所谓的客套与讲究，就如李白在《山中与幽人对酌》中所云："我醉欲眠卿且去，明朝有意抱琴来。"主人了解客人，客人亦能谙主人。客人来后，随手拂拭长满莓苔的石头而坐，两人当场就喝了起来，把酒言欢。携酒客来花下醉，管他俗事与虚名。宋代人受到文人风熏陶，所以在闲时饮酒小酌，一定是要雅致的，称其为"食有味、观有色、感有乐"一点都不为过。

欧阳修在《渔家傲》中记述与女性友人划船喝酒："花底忽闻敲两桨。逡巡女伴来寻访。酒盏旋将荷当。莲舟荡。时时盏里生红浪。花气酒香清斯酿。花腮酒面红相向。醉倚绿阴眠一饷。惊起望。船头阁在沙滩上。"采莲的女子荡舟嬉闹，兴正浓时，摘下荷叶当酒盏酣畅一番，花面人面相映红，酒足人自醉的嬉闹景象。当然，欧阳修的这种风雅之举也不是个例。唐代段成式《酉阳杂俎》载："历城北有使君林，魏正始中，郑公悫三伏之际，每率宾僚避暑于此。取大莲叶置砚格上，盛酒三升，以簪刺叶，令与柄通，屈茎上轮菌如象鼻，传噏之，名为碧筒杯。"把荷叶拢成酒盏状，倒酒进去，再以发簪刺破叶心，跟叶柄相通，通过叶柄断口吸食酒液。在林洪的《山家清供》里有更丰富的描述："暑月，命客泛舟莲荡中，先以酒入荷叶束之，又包鱼鲊它叶内。俟舟回，风熏日炽，酒香鱼熟，各取酒及鲊。真佳适也。坡云：'碧筒时作象鼻弯，白酒微带荷心苦。'坡守杭时，想屡作此供用。"将清香的荷叶作为容器盛酒，经夏日风熏日炽，荷叶的清香沁入酒内；在制作碧筒酒的同时，把鱼鲊也包在另一个荷叶中，酒制成了下酒菜也烹饪好了。碧筒酒清芳爽口，非常适宜暑天饮用。

宋代的优雅女性也相当钟情于自然界的生机勃勃，面对大自然锦绣般美好的景色，良辰美景中有酒有宴饮相伴显得特别快活。李清照在《渔家傲》中，不忘营造出在优美月色中持着酒杯欣赏梅花的情景："雪里已知春信至，寒梅点缀琼枝腻，香脸半开娇旖旎，当庭际，玉人浴出新妆洗。造化可能偏有意，故教明月玲珑地。共赏金樽沉绿蚁，莫辞醉，此花不与群花比。"她在花前月下品尝美酒，因花而心醉。被称作"延安夫人"的苏氏，是北宋丞相苏颂之妹，具有良好的文学素养，在给姐妹的词作《踏莎行》中写道："孤馆深沉，晓寒天气。解鞍独自阑干倚。暗香浮动月黄昏，落梅风送沾衣袂。待写红笺，凭谁与寄。先教觅取嬉游地。到家正是早春时，小桃花下拼沉醉。"延安夫人非常思念自己的姊妹，想到就快能与姊妹们团聚便欣喜不已，又想到返家时正是早春时节，众姊妹们届时一定要在桃花树下开怀畅饮，词中春天来临的好时节，描写的就是自己青春正盛的美妙时光。

"吹洞箫，饮酒杏花下。"宋人饮酒特别讲究地方。在觥筹交错中，不仅享受了酒的醇美，也享受了大自然的馨香。宋代文人在"花间置酒月照花，酒尽花间月又斜"宴饮时的逸雅情趣，还真是让人羡慕。酒使人兴奋，花使人陶醉；酒使人心旷，花使人神怡。花酒相得益彰，才使得"花间置酒"之举如此富有情趣。苏轼好酒，要说他是借酒消愁，不如说他是爱醉酒后的美好感受，人类的悲欢并不相通，不过酒徒的悲欢也许是相通的吧。

像斗牛一样斗茶

中国历史上的各个朝代都有着截然不同的文化象征，对于宋代来说，斗茶就是一种潮流的体现。随着饮茶之风的盛行，斗茶这种竞技方式也得到了最大程度的推广，最终成为一种全民普遍参与的娱乐活动。在宋代，它如同西班牙斗牛一般惹人眷爱。但不同的是，斗茶要文雅得多，其文化内涵也十足丰富。现在提到斗茶，或许很多人第一时间想到的是日本的茶艺文化，但实际上，斗茶文化最早是出自中国，有范仲淹《和章岷从事斗茶歌》为证：

> 年年春自东南来，建溪先暖水微开。溪边奇茗冠天下，武夷仙人从古栽。
> 新雷昨夜发何处，家家嬉笑穿云去。露芽错落一番荣，缀玉含珠散嘉树。
> 终朝采撷未盈裤，唯求精粹不敢贪。研膏焙乳有雅制，方中圭兮圆中蟾。
> 北苑将期献天子，林下雄豪先斗美。鼎磨云外首山铜，瓶携江上中泠水。
> 黄金碾畔绿尘飞，碧玉瓯中翠涛起。斗茶味兮轻醍醐，斗茶香兮薄兰芷。
> 其间品第胡能欺，十目视而十手指。胜若登仙不可攀，输同降将无穷耻。
> 吁嗟天产石上英，论功不愧阶前蓂。众人之浊我可清，千日之醉我可醒。
> 屈原试与招魂魄，刘伶却得闻雷霆。卢仝敢不歌，陆羽须作经。
> 森然万象中，焉知无茶星。商山丈人休茹芝，首阳先生休采薇。
> 长安酒价减千万，成都药市无光辉。不如仙山一啜好，泠然便欲乘风飞。
> 君莫羡花间女郎只斗草，赢得珠玑满斗归。

这首诗又称《斗茶歌》，写的是北宋建安一带的斗茶活动。应该说，这是将斗茶写得最为磅礴大气的一首诗。这首诗的内容可划分为三大部分：第一部分，描写茶叶的生长环境、建安茶的悠久历史及采制的季节和过程。第二部分，描写斗茶的过程和斗茶的热烈场面。斗茶活动的目的是要在建安北苑选出最好的茶作为贡茶。斗茶者选用最好的茶具和最甘甜的泉水，将茶砖磨成粉末，用热水打出泡沫，茶汤顺滑如奶油，茶味芬芳如香草。斗茶者将各自打好的茶汤放在一起，大家轮流进行品评。第三部分，热情洋溢地描写了茶的神奇功效。宋人的茶艺体现的是一种极致的低调的奢华。

斗茶的兴起

　　饮茶之风在 2000 多年前的蜀地早已相沿成俗。具体的"烹"法，曹魏时人张揖在《广雅》中有详解，说四川、湖北一带有制茶、饮茶习俗，做法是采茶制饼，饮用时，用火烤成红色，在容器里捣为碎末，混以葱、姜、橘子，用开水冲泡，喝了以后，可以醒酒提神。正因为如此，唐代陆羽在《茶经》中，将加入"葱、姜、枣、橘皮、茱萸、薄荷之等"的茶水斥作"沟渠间弃水"。宋代以"团茶"为主流。宋徽宗赵佶在《大观茶论》中称："本朝之兴，岁修建溪之贡，龙团凤饼名冠天下。"欧阳修《归田录》也载："茶之品，莫贵于龙凤，谓之团茶，凡八饼重一斤。庆历中，蔡君谟（襄）为福建路转运使，始造小片龙茶以进，其品精绝，谓之小团，凡二十团重一斤，其价值金二两。"宋时，贡茶又称为龙凤团饼，有大小之分，还镂花于其上，精绝至止。

　　宋人在饮茶时特别注重选用名茶，尤以贡茶为上品。苏轼《次韵寄壑源试焙新茶》云："仙山灵草湿行云，洗遍香肌粉未匀。明月来投玉川子，清风吹破武林春。要知玉雪心肠好，不是膏油首面新。戏作小诗君勿笑，从来佳茗似佳人。"诗中描写的就是北苑龙凤团茶，苏轼热切地把茶叶比作佳人，千古流传。他的另一首词《西江月》说："雪芽双井散神仙，苗裔从来北苑"，给予北苑贡茶极高的评价。可以看出宋代文人多半推崇北苑贡茶，并以拥有龙凤茶为荣。但是贡茶通

南宋 佚名《斗浆图》

常不易得，普通人是没有机会品尝到的。

想要制作一枚团茶，需要将茶芽蒸过之后，"入小榨(通榨)以去其水，又入大榨以去其膏"，[1] 如是几次榨过之后，还要把饱受摧残的茶叶放在盆里研磨，直到茶叶变成茶糊糊，再在茶糊糊里和入淀粉、龙脑等黏合剂和香料，倒进模具，制作成带有各种花纹的茶饼。照现代人的想法，茶叶这么又压又榨，做出来的团茶还能有茶味吗？然而宋代人的口味就是如此独特。当时对茶味的要求，可以用宋徽宗提出的四个字来概括，即"香、甘、重、滑"。现代人说的"不苦不涩不成茶"，在宋代可是制茶工艺低劣的表现。赵汝砺在《北苑别录》里特意强调，制作团茶，一定要把茶叶里的"膏"，也就是茶叶中呈苦味、涩味的物质都榨掉，因为"膏不尽，则色味重浊矣"。正是这种复杂的制法，才使"斗茶""分茶"成为可能。

为何斗茶？《和章岷从事斗茶歌》说得十分明白。为了将最好的茶献给朝廷，达到晋升或受宠之目的，斗茶也就应运而生。苏轼《荔枝叹》曰："武夷溪边粟粒芽，前丁后蔡相宠加；争新买宠各出意，今年斗品充官茶。"这里的"前丁后蔡"，说的是北宋太平兴国初，福建漕运使丁谓和福建路转运使蔡襄。自唐至宋，贡茶进一步兴起，茶品愈益精制。再通过斗茶，将斗出来的最好茶品，用作官茶。

在宋代，作为皇帝的赵佶是一个著名的斗茶爱好者。他在《大观茶论》"序"中写道："天下之士，励志清白，竟为闲暇修索之玩，莫不碎玉锵金，啜英咀华，校篚笥之精，争鉴裁之妙，虽否士于此时，不以蓄茶为羞，可谓盛世之清尚也。"这种情况下，不仅达官贵人、骚人墨客斗茶，市井细民、浮浪哥儿同样也爱斗茶。唐庚《斗茶记》云："政和二年三月壬戌，二三君子相与斗茶于寄傲斋，予为取龙塘水烹之，而第其品，以某为上，某次之。"并说："罪戾之余，上宽下诛，得与诸公从容谈笑，于此汲泉煮茗，取一时之适。"唐庚是受贬黜的人，但还不忘参加斗茶，足见宋代斗茶之盛。

传世的茶画佐证了斗茶在宋代之盛行，刘松年的《茗园赌市图》[2]是以人物为主题的茶画，图中所绘的主人公都是平民百姓。画中茶贩有注水点茶的，有提壶的，有举杯品茶的；右前边有一挑茶担卖茶小贩，停肩傍观，另有一妇人一手拎壶另一手携小孩，边走边看斗茶。百姓眼光几乎都集于茶贩们的"斗茶"，画面

---

① 赵汝砺：《北苑别录》，北京：中华书局1985年版。
② 乐素娜：《从宋画看宋代斗茶之意趣》，《茶叶》，2011年第3期。

中人物形象生动逼真，可以说将宋代街头民间斗茶的景象描绘得淋漓尽致。需要说明的是画题名《茗园赌市图》，而画中的"赌者"，并非赌钱的赌徒，而是造茶者对自己茶品的品赏与推销。元人赵孟頫摹宋画《斗茶图》①共绘四位人物，皆男性，作斗茶状。人人身边备有茶炉、茶壶、茶碗和茶盏等饮茶用具。左前一人手持茶杯、一手提茶桶，意态自若；其身后一人手持一杯，一手提壶，作将壶中茶水倾入杯中之态；另两人站立在一旁，正聚精会神，似乎在发表自己的斗茶高见，展现了宋代民间茶叶买卖和斗茶的情景。刘松年《斗茶图》②共绘四人，在参天松柏之下，其中两人已捧茶在手，一个正在提壶倒茶，另一个正扇炉烹茶，似是茶童。此画中人物表情安详、怡然自得，整体风格工笔写意兼备，细致与豪逸并存，以树木的苍翠秀润使人物更显生动传神。这些宋代的茶画作品是宋代斗茶活动全面深刻的写照，真实地再现了宋代"全民斗茶"的盛况。

宋代斗茶之趣

宋代，每年清明节前后，斗茶的最好时机就出现了。由于斗茶体现着文人士大夫生活上的雅趣，因此，他们斗茶的场所也是非常讲究。一般来说，他们都会选择一种名为"茶亭"的两层建筑作为斗茶之处。或花木扶疏的庭院，或临水，或清幽，都是斗茶的好场所。斗茶开始之前，客人要先在一楼等候，当主人发出邀请后，客人才能到二楼开始斗茶。蔡襄《茶录》云："钞茶一钱匕，先注汤调令极匀，又添注入环回击拂。汤上盏可四分则止，视其面色鲜白，著盏无水痕为绝佳，建安斗试，以水痕先者为负，耐久者为胜，故较胜负之说，曰相去一水两水。"

斗茶的第一步是"热盏"，在斗茶正式开始后，茶盏要先用沸水淋烫一下。《茶录》是这么描述的："欲点茶，先盏令热，冷茶不浮。"如果不事先热盏的话，就会导致茶的品质有所下降。第二步是"调膏"，在热盏过后，斗茶者需要根据茶盏的大小，用专门的勺子挑出适量的茶沫放入热好的茶盏中，并加入适量的热水，将茶沫调制成较为浓稠的膏体。第三步就是"点茶"，在茶膏调制完成后，斗茶者就会将煎好的沸水注入茶膏当中，在这个过程中，他们还会用扫把形状的

---

① 乐素娜：《从宋画看宋代斗茶之意趣》，《茶叶》，2011 年第 3 期。
② 乐素娜：《从宋画看宋代斗茶之意趣》，《茶叶》，2011 年第 3 期。

茶筅在茶盏中上下翻动，以保证茶膏能够被顺利冲开。在这个步骤中，斗茶者必须保证水从壶中出来之后能够形成连续的水柱，如若中间水柱被断开的话，那么就意味着斗茶的失败。第四步是"击沸"，在点水结束后，斗茶者要对茶筅进行旋转、搅动等操作，以此来使茶盏中的茶汤泛起汤花。

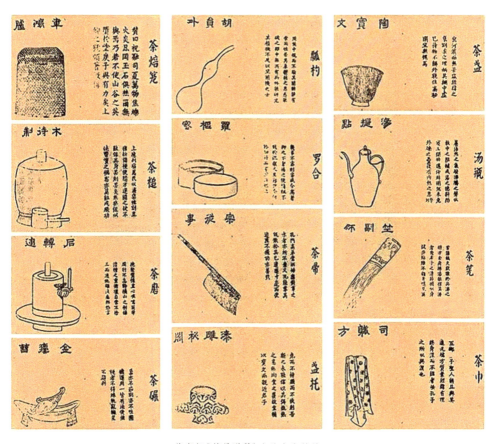

董真卿《茶具谱赞》上的宋代茶具

斗茶的过程繁复，好茶的文人士大夫之家，当然必备一整套茶具。董真卿《茶具图赞》选取了点茶道中的十二种器具，根据其特性和功用，以拟人化手法赋予其姓，配以名、字、号，拟以官爵，系以赞，并附以图。韦鸿胪——茶焙，即烘笼，用以烘焙茶饼；木待制——茶臼，即砧椎，用以捣碎茶饼；金法曹——茶碾，用以将捣碎的茶碾成末；石转运——茶磨，用以将出碾的茶末磨成粉；胡员外——茶瓢，舀水器；罗枢密——茶罗，用以筛分茶粉；宗从事——茶帚，用以扫集茶碾、茶磨中的残茶；漆雕秘阁——盏托，用以承载茶盏；陶宝文——茶盏；汤提点——汤瓶，煮水注汤用器；竺副帅——茶筅，用以点茶击拂；司职方——茶巾，用以擦拭茶器具。文人雅士追求的是全套烹茶流程所代表的品质与格调，因而家中茶槌、茶磨、茶碾之类的茶具是少不了的。由此可见，宋代的点茶、斗茶，是一种仪式感非常强的行为艺术。

宋 刘松年《撵茶图》

刘松年的《撵茶图》①描绘了从磨茶到烹点的具体过程，生动再现了当时的点茶场景。画面分两部分，画幅左侧共两人，左前方一仆跨坐在矮几上，头戴璞帽，身着长衫，脚蹬麻鞋，正在转动茶磨磨茶。石磨旁横放一把茶帚，是用来扫除茶末的。另一人伫立桌边，左手持茶盏，右手提着汤瓶点茶，他左手边是煮水的炉、壶和茶巾，右手边是贮水瓮，桌上是茶筅、茶盏、盏托、筛茶的茶罗和贮茶的茶盒。画面右侧有三人，一僧伏案执笔作书，一人相对而坐，似在观赏，另一儒士端坐其旁，正展卷欣赏。一切显得十分安静整洁，专注有序。整个画面充分展示了宋代文人雅士茶会的风雅之情和高洁志趣，是宋代点茶场景的真实写照。苏轼特别喜欢点茶，为此他写了一首诗《试院煎茶》来记录："蟹眼已过鱼眼生，飕飕欲作松风鸣。蒙茸出磨细珠落，眩转绕瓯飞雪轻。银瓶泻汤夸第二，未

---

① 乐素娜：《从宋画看宋代斗茶之意趣》，《茶叶》，2011 年第 3 期。

识古人煎水意。君不见昔时李生好客手自煎，贵从活火发新泉。又不见今时潞公煎茶学西蜀，定州花瓷琢红玉。我今贫病常苦饥，分无玉碗捧蛾眉。且学公家作茗饮，砖炉石铫行相随。不用撑肠拄腹文字五千卷，但愿一瓯常及睡足日高时。"

宋人点茶，对茶末质量、水质、火候、茶具都非常讲究。烹茶的水以"山泉之清洁者"为上佳，"井水之常汲者"为"可用"。茶叶以白茶为顶级茶品。茶末研磨得越细越好，这样点茶时茶末才能"入汤轻泛"，发泡充分。火候也极重要，宋人说"候汤最难，未熟则末浮，过熟则茶沉"，以水刚过二沸为恰到好处。黄庭坚《谢人惠茶》云："一规苍玉琢蜿蜒，藉有佳人锦缎鲜。莫笑持归淮海去，为君重试大明泉。"他就特意强调自己用的水是出自大明泉。大明泉曾被唐人刘伯刍定位"天下第五泉"，是当时的名泉。惠山泉也是历来评水名家所推崇的好水。黄庭坚《谢黄从善司业寄惠山泉》咏"急呼烹鼎供茗事，晴江急雨看跳珠"，写出他用惠山泉烹茶的急切心情。苏轼在《游惠山》一诗中也流露出对惠山泉的倾慕："踏遍江南南岸山，逢山未免更流连。独携天上小团月，来试人间第二泉。"这个"第二泉"便是指惠山泉。水的优劣标准，不外两条，水质与水味。《大观茶论》曰："水以清、轻、甘、洁为美，轻甘乃水之自然，独为难得。"具体到个人，又有不同嗜好：东坡喜泉水，子由好潭水，陆游、梅尧臣赞井水，辛弃疾尚雪水，杨万里崇溪水，等等。煎水的功夫，主要体现在对火候的掌握上。"蟹眼已过鱼眼生，飕飕欲作松风鸣。"就是对煎水的说明，水滚开时如鱼眼，微有声，到有松风声时茶已煎好，如继续煮水就老了。

盛茶的茶盏以建盏为宜，《茶录》曰："茶色白，宜黑盏。建安所造者，绀黑，纹如兔毫，其坯甚厚，熁之久热难冷，最为要用。出他处者，或薄，或色紫，皆不及也。"另外还有江西吉州窑的吉州盏，以木叶天目盏和贴花天目盏著称。建盏中以兔毫盏最为人称道。兔毫盏釉色黑青，盏底有放射状条纹，银光闪现，异常美观。以此盏点茶，黑白相映，易于观察茶面白色泡沫汤花，故名重一时。祝穆在《方舆胜览》中也说："茶色白，入黑盏，其痕易验。"黄庭坚的"兔褐金丝宝碗，松风蟹眼新汤"即为咏此茶盏的名句。制作建盏，配方独特，窑变后会现出不同的斑纹和色彩。除釉面呈现兔毫条纹的兔毫盏外，还有鹧鸪斑点、珍珠斑点和日曜斑点的茶盏，这些茶盏分别称为鹧鸪盏、油滴盏和日曜盏。这种茶盏，一旦茶汤入盏，能放射出五彩纷呈的点点光芒，为斗茶平添一份情趣。

向子諲有《浣溪沙》一首题云："赵总怜以扇头来乞词，戏有次赠。赵能着棋、写字、分茶、弹琴。"着棋自然是下棋，写字就是书法，弹琴应为弹古筝，那分茶是什么意思呢？难道是喝茶的礼仪吗？还真不是。《清异录》记述："近世有下汤运匕，别施妙诀，使茶纹水脉成物象者，禽兽、虫鱼、花草之属纤巧如画，但须臾即就幻灭。此茶之变也，时人谓之'茶百戏'。"换句话说，就是只用茶和水，就可以在茶杯中"画"出独特的文字和图像。杨万里在《澹庵坐上观显上人分茶》中，记述他观看显上人玩分茶时的情景，十分详尽而生动："蒸水老禅弄泉手，隆兴元春新玉爪。二者相遭兔瓯面，怪怪奇奇真善幻。纷如擘絮行太空，影落寒江能万变。银瓶首下仍尻高，注汤作字势嫖姚。"在显上人双手的控制下，茶与水在盏中相遭，自此在兔毫盏的盏面上幻变出奇奇怪怪的画面，或如淡雅的丹青，或者似劲疾的草书。显上人是玩分茶的老手，善幻能变，心手相应，但是要像他那样娴熟也是很不容易的。

宣化下八里出土的辽墓壁画《备茶图》

　　决定斗茶胜负的标准，主要有两个方面：一是汤色，即茶水的颜色。一般标准是以纯白为上，青白、灰白、黄白，则等而下之。色纯白，表明茶质鲜嫩，蒸时火候恰到好处。色发青，表明蒸时火候不足。色泛灰，是蒸时火候太老。色泛黄，则采摘不及时。色泛红，是炒焙火候过了头。二是汤花，即指汤面泛起的泡沫。决定汤花的优劣要看两条标准：第一是汤花的色泽。汤花面要求色泽鲜白，"淳淳光泽"，民间称其为"冷粥面"，意即汤花像白米粥冷后稍有凝结时的形状。汤花均匀适中，叫做"粥面粟纹"，像白色粟纹一样细碎均匀。因汤花的色泽与汤色是密切相关的，因此，汤花的色泽标准与汤色的标准是一样的。不过白茶的制作非常麻烦，数量极少，民间点茶还是以绿色为尚。宋人自己也说，"上品者亦多碧色，又不可以概论"。所以说"黄金碾畔绿尘飞，碧玉瓯中翠涛起。斗茶味兮轻醍醐，斗茶香兮薄兰芷"。第二是汤花泛起后，水痕出现的早晚，早者为负，晚者为胜。如果茶末研碾细腻，点汤、击拂恰到好处，汤花匀细，有若"冷粥面"，就可以紧咬盏沿，久聚不散。这种最佳效果，名曰"咬盏"。反之，汤花泛起，不能咬盏，会很快散开。汤花一散，汤与盏相接的地方就露出"水痕"（茶色水）。因此，水痕出现的早晚，就成为决定汤花优劣的依据。正如祝穆《方舆胜览》中所说："斗试之法，以水痕先退者为负，耐久者为胜。"

斗茶，多为两人捉对"厮杀"，经常"三斗二胜"，计算胜负的单位术语叫"水"，说两种茶叶的好坏为"相差几水"。其实，在斗茶这项活动中，最主要的还是品鉴茶叶的优劣，在《茶录》中对品质上乘的茶就有这样的描绘："茶色贵白、有真香、味主于甘滑。"由此可见，虽然斗茶的步骤较为繁杂，但其最终目的是为了能让人们品鉴更加优质的茶水。

随着斗茶之风遍及朝野，斗茶由论水道茶变异出一种新的形式和内容，即"茶令"，饮茶时以一人令官，饮者皆听其号令，令官出难题，要求人解答执行。做不到者以茶为赏罚。茶令如同酒令，用以助兴增趣。茶令的首创者当推李清照。她在为丈夫赵明诚所著《金石录》的"后序"中，记叙了她与赵明诚品茶行令以助学的趣事佳话，"余性偶强记，每饭罢，坐归来堂烹茶，指堆积书史，言某事在某书、某卷、第几叶、第几行，以中否角胜负，为饮茶先后。中即举杯大笑，至茶倾覆怀中，反不得饮而起"。两人品茶的情形虽然让人啼笑皆非，但这种茶令非常具有文人间的雅趣。清代的纳兰性德便在《浣溪沙》中描绘了这一场景："被酒莫惊春睡重，赌书消得泼茶香。"

在宋代，几个文人经常一道品茶，以为乐事。各人带来自家拥有的好茶，在一起比试高低，"汲泉煮茗，取一时之适"。不过，谁要真的得了绝好的茶品，却又不会轻易取出斗试，舍它不得。苏轼《月兔茶》即说："环非环，玦非玦，中有迷离月兔儿，一似佳人裙上月。月圆还缺缺还圆，此月一缺圆何年？君不见，斗茶公子不忍斗小团，上有双衔绶带双飞鸾。""小团"为皇室专用的饼茶，得来不易，自然就舍不得碾碎去斗了。宋人生活的精致、讲究与可爱渗透在每一个细节里。通过斗茶这种文雅的竞技游戏，当时社会中的风雅文化也得以充分展现。

参考资料：

扬之水：《新编终朝采蓝》(上)，北京：生活·读书·新知三联书店 2017 年
版，第 96-137 页。

元 钱选《卢仝烹茶图》

熬成熟水趁新汤

炎炎夏日，蜗居在家，打开空调，来上一瓶冰可乐，看看新剧，你可能会感慨：在古代，就算是皇帝，恐怕也没有这样的待遇吧！真实情况真的是你想象这般吗？当然不是！实际上，早在宋代就有了很多种夏日限定饮品，其中有医书记载的解暑药茶方剂就有百余方，它们大多采用的是纯天然、无污染、零添加材料制作而成，相对于现在的"饮料"更加纯正健康。有李清照《摊破浣溪沙》为证：

> 病起萧萧两鬓华。卧看残月上窗纱。豆蔻连梢煎熟水，莫分茶。
> 枕上诗书闲处好，门前风景雨来佳。终日向人多酝藉，木犀花。

晚年的李清照头发稀疏，又添了白发。大病初起，闲看窗上残月，门前风景。用豆蔻煮一壶暖身、祛汗湿的熟水，慢慢饮。作为一场宴饮的尾声，在李清照的吟咏里，也沾染了挥之不去的离愁别绪。熟水本义是指烧开的水，到了精致、嗜香的宋代，熟水就"变味"了。李清照所饮用的熟水，是一种使用植物的花、叶、根、茎、果实等浸泡、熬煎而成的植物饮料。夏季天热，暑湿困脾，经常食欲不振，脾胃虚弱。将豆蔻煎成沸腾的汤水，这是宋代的流行饮料之一。李清照的这道豆蔻熟水，在夏季暑热季节饮用，不仅可以健脾开胃，还能祛湿止呕，好处多多。

宋朝就有"肥宅快乐水"

熟水的别称叫"饮子""暑汤"，这名字看着就热，让人不禁怀疑是否真能解暑。实际上，现代人解暑多靠饮品冰度"物理解暑"，而宋人解暑多靠饮品成分"化学解暑"。"呼童夜半一杯汤，益益天和入肺肠。咽正滑时即挥去，人间此意细思量。"钱时《夜索熟水甘》一诗，描写了夜半饮熟水的感受，这气香味甘，有滋补、养生功效的熟水，看来是宋代很流行的保健"饮料"。

宋人热衷饮熟水，不仅看重其养生功效，气香味美、格韵绝高的熟水与茶一样，也是可品味的饮品。张炎《踏莎行·咏汤》云："瑶草收香，琪花采蕊。冰轮碾处芳尘动。竹炉汤暖火初红，玉纤调罢歌声送。"张炎从香草说到花粉，从竹炉写到暖汤，熟水给了宋人十分雅致的食疗养生情趣。《东京梦华录》曾提到，北宋汴京夜晚"至三更方有提瓶卖茶者，盖都人公私荣干，夜深方归也"，而翌日天还没亮，就有"煎点汤药者，直至天明"。在《清明上河图》中，可以看到城中"久住王员外家"的匾牌下，撑着两把遮阳伞，挂着"饮子"和"香饮子"的招牌，伞下卖饮子的小贩，身边有饮料盒子，旁边坐着一位顾客，正悠闲自得地啜饮。这"香饮子"就是"熟水"或者"凉水"。古代中国的饮料，流传至今的大抵是茶酒二种，茶有禅意，酒带豪气，饮子则处于两者之间，既有茶的清雅益性，又有酒的怡畅爽口。

市井中最流行的汤饮叫"二陈汤"，施耐庵《水浒传》里写到，宋江夜里喝了点小酒，又与老婆阎惜怄气，睡得不踏实，三更半夜就醒了。挨到五更，干脆起来洗漱，换了衣服，到县衙上班。在县衙门前，见一碗灯明，正是卖汤药的王公，来县前赶早市。王公："押司，今日出来这么早？"宋江："夜来酒醉，错听了更鼓。"王公："押司必然伤酒，且喝一盏醒酒二陈汤。"宋江："好"。说完，宋江就找了一张凳子坐下来。王公盛了一盏浓浓的二陈汤，递与宋江吃。《水浒传》里的二陈汤，就是宋朝人常喝的一种饮子，据说可以醒酒。因汤中多选用陈皮和陈年的半夏而得名。早起一盏二陈汤，有提神理气的效果。欧阳修在《茶歌》里称赞这种汤饮"论功可以疗百疾，轻身久服胜胡麻"。

不仅普通百姓喜欢喝，连大宋皇帝都对它青睐有加。魏泰《东轩笔录》载："仁宗尝春日步苑中，屡回顾，皆莫测圣意。及还宫中，顾嫔御曰：'渴甚，可速进熟水'。嫔御进水，且曰：'大家何不外面取水，而致久渴耶？'仁宗曰：'吾屡顾，不见镣子，苟问之，即有抵罪者。故忍渴而归。'左右皆稽颡动容，呼万岁者久之。圣性仁恕如此。"

陈元靓《事林广记》中明确记有"造熟水法"："夏月几（凡）造熟水，先倾百煎衮（滚）汤在瓶器内，然后将所用之物投入，密封瓶口，则香焙矣。若以汤泡之则不甚香。若用隔年木犀或紫苏之属，须略向火上炙过，方可用，不尔则不香。"非常明显，饮用的水应该事先经过煮沸，在宋人当中是取得了共识的卫生观念。不仅如此，熟水还要浸、煎以各种天然花、叶等材料，一来让熟水带有沁鼻的香气、灿舌的滋味；二来则是使其具有滋补、养生、保健的功能。杨万里是"芳香熟水"的头号粉丝，现今存世有关熟水的诗词，就数他的诗作最多，他爱喝的熟水，除了沉香熟水，还有"门冬水""柚花熟水""紫苏熟水"等。

紫苏熟水

富贵人家的汤饮以"紫苏饮子"最有来头。宋仁宗曾专门请御厨、御医等对天下所有饮子进行评定，结果，大家都一致认定紫苏饮子"能下胸膈滞气，功效最大"，[①] 因此为最上品，沉香熟水次之，麦门冬熟水又次之。顾名思义，紫苏熟水就是以干紫苏叶为主的饮料，最早载于《武林旧事》。杨万里《点绛唇·紫苏熟水》云："宝勒嘶归，未教佳客轻辞去。姊夫屡鼠。笑听殊方语。清入回肠，端助诗情苦。"宋代无名氏《江城子》(中秋忆举场)中有"吟配十年灯火梦，新米粥，紫苏汤"的句子，说的是落第秀才饮紫苏汤来疏肝理气，平息心中的郁闷之气。自我解嘲的调侃，读来令人哑然失笑。

紫苏具有芳香辟秽，祛暑化浊之功效，方回《次韵志归》曰："未妨无暑药，熟水紫苏香。"盛夏时节经常饮紫苏熟水可解伏热，除烦渴，而且紫苏清新的香气还可以安定心神。根据配方的不同，紫苏熟水可以具有各种各样的疗效，按照《博济方》的说法，将紫苏、贝母、款冬花、汉防己作为原料，有润肺的功效。以紫苏叶和陈皮按3∶1的比例调配，并切上三两片姜，入水同煮。待水沸后，可根据各人的口味，再放入一两块冰糖，待凉后即可饮用。在紫苏独特的香味之中，别有陈皮涩中带甜的清香，以及一丝若有若无的姜的辛香。

陈元靓《事林广记》中有关于紫苏熟水的具体做法："紫苏叶不计，须用纸隔焙，不得番(翻)。候香，先炮(泡)一次，急倾了，再泡，留之，食用，大能分气。只宜热用，冷即伤人。"先将紫苏叶火炙，令香气发出，再用开水冲泡，第一次泡出的汤水要倒掉，只用第二道泡好的汤。紫苏熟水不宜放凉，需要热饮。紫苏叶因为经过"新摘叶，阴干"的加工，属于"若用隔年木犀或紫苏之属，须略向火上炙过，方可用，不尔则不香"的情况，所以要在火上稍微烤一会儿，"逼"出或曰"激活"其所含的香气。高濂在其所著的《遵生八笺》中记载了一个相对简单的方法："取叶，火上隔纸烘焙，不可翻动，修香收起。每用，以滚汤洗泡一次，倾去，将泡过的紫苏入壶，倾入滚水。服之，能宽胸导滞。"

---

① 王怀隐：《太平圣惠方》，北京：人民卫生出版社 2016 年版。

沉香熟水

在宋人的宴席中，以沉香制作的熟水最受欢迎。宋人喜爱香药，在众多香药中，沉香地位很高，居于上品，古代医家认为沉香有"保和卫气""走散滞气"的功效。文人香事活动中，沉香也是宋人很推崇的一味香料，以沉香制作的熟水，自然就成了宴席上最受欢迎的熟水。吕本中《西江月·熟水》云："金鼎清泉乍泻，香沈微惜芳熏"，杨万里《朝中措·熟水》云："沈水剩熏香。冷暖旋投冰碗，荤膻一洗诗肠"，都是描写以沉香制作的熟水。史浩《南歌子·熟水》云："藻涧蟾光动，松风蟹眼鸣。浓熏沉麝入金瓶。""浓熏沉麝入金瓶"描写的即是用沉香、麝香制作熟水。

宋时的熟水一般都用带香气的花、叶浸泡在水中制成，但沉香熟水的做法却自成一路。不是沉香和水而煎，而是焚爇沉香收集香气与水的融合。《事林广记》载："先用净瓦一片，灶中烧微红，安平地上。焙香一小片，以瓶盖定。约香气尽，速倾滚汤入瓶中，密封盖。檀香、速香之类，亦依此法为之。"先把一小块沉香用香炉烘焙，直至散发香气。与此同时，将一片干净的瓦片放入灶中，烧至微红，然后将烧红的瓦片平放在地上，将烘焙过的香料放在上面，然后把一个茶瓶倒扣在沉香块上。沉香被热瓦像炭火一样烤着，不断散逸出的香气就会吸附在茶瓶的内壁上。等到沉香的香烟散尽后，再把茶瓶翻转过来，快速地向瓶内注入沸水，然后加盖密封。放置一段时间后，瓶壁上的香气就会渐渐融入水中，这样就制成了"沉香熟水"。史浩说饮沉香熟水可"泻出温温一盏、涤烦膺"。

如焚香、点茶一样，制作熟水也是一门生活技能，宋代的文人雅士们都擅长炮制气香味美的熟水。杨万里有《南海陶令曾送水沈报以双井茶》一诗，描写用朋友赠送的占城沉香制作熟水："沈水占城第一良，占城上岸更差强。黑藏骨节龙筋瘦，斑出文章鹧翼张。衮尽残膏添猛火，熬成熟水趁新汤。素馨熏染真何益，毕竟输他本分香。"陶县令送来占城沉香中的"鹧鸪香"，杨万里就用它制作沉香熟水，并大力褒奖了沉香的天然香气。

麦门冬熟水

麦门冬，味甘、微苦，可为清心润肺之药。杨万里是一个喜欢喝麦门冬熟水的人，他的《清平乐·熟水》咏："开心暖胃。最爱门冬水。欲识味中犹有味。记取东坡诗意。笑看玉笋双传。"苏轼也写过《睡起，闻米元章冒热到东园，送麦门冬饮子》，诗曰："一枕清风值万钱，无人肯买北窗眠。开心暖胃门冬饮，知是东坡手自煎。"苏东坡刚睡起来，听闻米元章冒着炎热的天气来到自己所居住的东园。大热天的难得趁着清凉的风好好睡觉，但是好像就有人不愿意享受这种美好时光，还跑到别人家"叨扰"。客人既然来了，而且是好友，虽然大热天的来串门，打扰了自己休息，但是依然亲自为米芾煎煮了热天的养生饮品门冬饮。能让苏轼亲自下厨的人，足见其在苏轼心中的地位之重。

麦门冬饮子很为苏轼青睐，麦门冬又称为麦冬，是一味历史悠久的中药。中国现存最早的本草著作《神农本草经》中已经将麦冬列为养阴润肺的上品，言其"久服轻身，不老不饥"。北宋药学著作《本草衍义》中记载其能治心肺虚热。唐代中医著作《外台秘要》中收录的麦门冬饮子方，主要是用于治疗伏热在胃诱发的呕逆等症。用麦门冬(去心)、芦根、人参，以水煎煮，去滓，服用。在苏轼看来，这是对付热毒很有效的一种"清凉药"。由此推测，他在暑天送这种饮子给米芾，自然也是为帮友人去热毒。有苏轼这样一位既体贴又有手艺的朋友，真是一种福分。

豆蔻熟水

豆蔻是一种美妙多彩的植物。通常说的豆蔻，一般是指白豆蔻。宋人认为，豆蔻有健胃消食、散寒祛湿、温中行气的功效。《百草正义》载："白豆蔻气味皆极浓厚，咀嚼久之，又有一种清澈冷冽之气，隐隐然沁人心脾。则先升后降，所以又能下气。"李清照有暑湿脾虚的毛病，所以她便想到把白豆蔻做成熟水来喝，以达到祛湿的目的。

《事林广记》载："……白豆蔻壳拣净，投入沸汤瓶中，密封片时用之，极妙。每次用七个足矣。不可多用，多则香浊。"具体做法是将白豆蔻壳洗净，投入滚水，然后在上面加个盖密封片刻，倒出来就可以喝了。不需要放太多，每次七八粒就够了，投得过少，香气不够，投得过多，香气也会变得浓浊，少了些许清新。吴文英有一首词《杏花天·咏汤》，可与李清照的词互为印证："蛮姜豆蔻相思味。算却在、春风舌底。江清爱与消残醉。悴憔文园病起。"这里说的蛮姜豆蔻是红豆蔻。

鸡苏熟水

南宋医家严用和的《严氏济生方》中记载："鸡苏草名，即水苏。其叶辛香，可以烹鸡，故名。"用其煎制熟水，取材方便，芳香可口，是夏季祛暑的养生饮品。苏轼《石芝》云："锵然敲折青珊瑚，味如蜜藕如鸡苏。"鸡苏熟水味辛，微温，久服通神明，轻身耐老。杨万里就很喜欢喝，有《点绛唇》为证："瓦枕藤床。道人劝饮鸡苏水。清虽无比。何似今宵意。红袖传持，别是般情味。歌筵起。绛纱影里。应有吟鞭坠。"寓居在瓦枕藤床的寺庙里，住持劝杨万里饮用清凉解暑的鸡苏熟水纳凉。居家宴饮后，道观度夏时，一杯芳香可口的自制鸡苏熟水，亲情、友情、诗情融于一瓮。

余甘子熟水

余甘子为大戟科叶下珠属植物余甘子的果实，别名庵罗果、油柑子、橄榄子、牛甘果等。唐慎微《证类本草》云其"味苦甘，寒，无毒，主风虚热气，一名余甘，生岭南"，宋代本草学家寇宗奭的《本草衍义》中，称余甘子"解金石毒，为末做汤点服"。

黄庭坚《更漏子·余甘汤》云："庵摩勒，西土果。霜后明珠颗颗。凭玉兔，捣香尘。称为席上珍。号余甘，争奈苦。临上马时分付。管回味，却思量。忠言君试尝。"一次家宴要结束了，送客的主人让侍女端来用当时舶来的西域果"庵摩勒"捣制的熟水。黄庭坚品尝后，先苦后甜，回味之余，写下这首词。

扶桑椹熟水

程珌《鹧鸪天·汤词》云："饮罢天厨碧玉觥。仙韵九奏少停章。何人采得扶桑椹，捣就蓝桥碧绀霜。凡骨变，骤清凉。何须仙露与琼浆。"扶桑又称赤槿、佛桑、桑槿等，味甘，有凉血解毒、利尿消肿、清肺化痰等功效。传说唐代长庆间秀才裴航在蓝桥驿口渴，织麻老妪之女云英捧一瓯水浆饮之，甘如玉液。后两人结婚成仙而去，后人就用蓝田仙窟代指月宫。碧绀霜，指的是用扶桑椹煎制的熟水，呈深青中透红的颜色。饮酒之后喝一杯用扶桑的蓂果捣碎后煎的饮料，色味俱佳，解酲醒神、清凉解渴的功效自在一杯熟水中了。

其他宋代"网红饮品"

对于宋人来说，熟水不仅是解伏热、除烦渴的祛暑良饮，也是怀恋绿色的都市人所能享受的最低限度的田园风味。因此，宋人还喜欢用夏天里开放的各种鲜花泡制熟水。《事林广记》"造熟水法"一条说："若以汤泡之，则不甚香。"对于制作香花熟水来说——用晾凉之后的熟水慢慢浸泡鲜花，能让花中的香精释放得更充分。用热水猛浇到花朵上，则只会破坏其中原有的香素。于是，宋人所喝的香花熟水，就要在前一天晚上开始制作，现采来半开的鲜花，在冷熟水中泡整整一个通宵。第二天把花朵取出，用热水与浸透了香气的冷水直接兑和在一起，由此制出花气袭人的热饮。

杨万里《晨炊光口砦》云："泊船光口荐晨炊，野饭匆匆不整齐。新摘柚花熏熟水，旋捞莴苣泡生虀。尽教坡老食无肉，未害山公醉似泥。过了真阳到清远，好山自足乐人饥。"因为旅途上暂时泊船在陌生的地方，只能因陋就简地做一顿饭，只能上岸摘点柚花，一清早现泡香花熟水。显而易见，对杨万里来说，隔宿慢浸而成的柚花熟水，与现用热水随便烫成的柚花熟水，在滋味上，那可能会呈现出天壤之别。他始终认为柚花熟水的正确打开方式，应该严格遵循《事林广记》："取夏月有香、无毒之花，摘半开者，冷熟水浸一宿，密封。次日早，去花，以汤浸香水用之。"夏月但有香、无毒之花，都可以此法制作熟水。

花香熟水可用一种香花，也可几种香花搭配制作复合香型的花香熟水，高濂《遵生八笺》中的"花香熟水"，就是以茉莉与玫瑰制作："采茉莉、玫瑰。摘半开蕊头，用滚汤一碗，停冷，将花蕊浸水中，盖碗密封。次早用时，去花，先装滚汤一壶，入浸花水一二小盖，则壶汤皆香霭可服。"

除了香花与甘香的香药，连梁秆、稻叶、谷叶也被古人当作制熟水的材料，陈直《寿亲养老新书》"熟水"一节中提到"稻叶、谷叶、褚叶、橘叶、樟叶皆可采，阴干，纸囊悬之，用时火炙使香，汤沃，幂其口良久"。南宋文学家朱弁撰写的文言小说集《曲洧旧闻》中曾写到竹叶熟水："新安郡界中，自有一种竹，叶稍大于常竹，枝茎细，高者尺许，土人以做熟水。极香美可喜。"新安郡，指的是钱塘江上游的新安江流域，这里至今有这么一种特别的竹叶茶，清冽甘醇，馨香无比。总的来说，宋时的香饮子，基本上是用香草做的，当比现在的碳酸饮料健康得多。做一杯香草饮，过一个沁着宋味儿的夏天，想来这应是一件有意思的事。

在宋代，和茶、酒一样，汤饮早已成为文人交际的媒介。客人进门落座要上茶、入席了要上酒、送客人走要上汤饮。歌舞宴会，极尽声色、美味之欲，当然是非常欢乐愉快的，但饮酒过量也不好，所以在宴饮结束之际，主人往往奉上茶、汤、熟水等，以解酒消食，散寒解热，从而不能不让人感念主人情谊之深长。这既是对客人的关爱，也是一种暖心的礼节。当然，遇上恶客上门，主人也会奉上客汤，此时无声胜有声，大方又不失体，识趣的客人饮了汤后便会马上告辞了。宋人生活的精致，让现代社会的我们羡慕不已。

参考资料：

孟晖：《熟水代茶》，《读库 1204》。

常山日月：《宋代的保健饮料》，《中华遗产》2014 年第 6 期。

宋 佚名《卖浆图》

我有一枝花，斟我些儿酒

无聊的生活中，平淡是常态，我们总要找到一种新的方式，让自己度过无趣的日子。《国产凌凌漆》里有一个经典片段，周星驰饰演的猪肉佬，站在一个猪肉摊前，旁边是脏乱的菜市场，人来人往的马路，但他依然优雅地端起一杯 DryMartine 来喝，完全是一副"结庐在人境，而无车马喧"的姿态。生活是需要仪式感的，这跟矫情无关，而是关乎我们对生活的热爱，对情趣的追求——尤其在喝酒时，苏轼非常看重仪式感。他认为酒是一种大礼。既然是"礼"，就须用仪式来呈现。有《采桑子·润州多景楼与孙巨源相遇》为证：

> 多情多感仍多病，多景楼中。尊酒相逢。乐事回头一笑空。
> 停杯且听琵琶语，细捻轻拢。醉脸春融。斜照江天一抹红。

宋神宗熙宁七年（1074 年）仲冬，苏轼由杭州通判调知密州，途经润州（今江苏镇江），与孙洙、王存正会于该地风景奇胜的甘露寺多景楼。喝得正酣时，孙洙请求苏轼填一首词，说"残霞晚照，非奇词不尽"。他于是写了这首词，记述了酒楼饮酒的歌舞之情。除了歌乐侑酒，孙洙请苏轼喝酒用的酒杯亦有讲究。郑毅夫在《觥记注》中曾介绍一款令人瞩目称奇的"蟹杯"，"以金银为之，饮不得其法，则双螯钳其唇，必尽乃脱"。"蟹杯"因整器呈蟹状，故称。饮蟹杯里的酒是有讲究的，否则两只大螯会夹住你的嘴唇，只有把酒喝尽，夹唇的双螯才会自动脱开。"蟹杯"，使人大开眼界！孙洙用"蟹杯"和苏轼一起喝酒，请他填词侑酒，是一种何等美好的仪式感！实际上，宋人宴饮中劝酒行为十分普遍，为席间娱宾遣兴之必备。而且劝酒方式丰富多彩，富有趣味性和挑战性。所谓"一席欢洽，全在致劝辞受之际"。①

"劝酒胡""置酒"

宋代宴席上所用劝酒器物种类丰富，有专门的劝酒器，也有根据主人喜好而

---

① 周辉：《清波杂志》（外八种），上海：上海古籍出版社 2008 年版。

常用或临时选用者。专门的劝酒器物造型不一，名称各异。有所谓"劝酒胡"者。唐明皇时，番胡入见，"伶人讥其貌不能堪，相与泣诉于上前"①，透露出胡人相貌装扮充满异域特色，或许缘于此而依其造型创为"劝酒胡"。宋时，劝酒胡之类劝酒器依旧盛行不衰。对此，时人张邦基描述道："饮席刻木为人，而锐其下，置之盘中，左右欹侧，傲傲然如舞状，久之力尽乃倒。视其传筹所至，酬之以杯，谓之劝酒胡。……或有不作传筹但倒而指者当饮。"劝酒胡实际上是一种类似于不倒翁的木制玩偶，席间自由旋转，待静止后"倒而指者当饮"或"视其传筹所至"而饮，极富趣味性。北宋窦革在《酒谱》一书中记载："今之世酒令其类尤多，有捕醉仙者，为禺人，转之以指席者。""禺人"即"偶人"，"捕醉仙"乃是木偶。

　　与劝酒胡类似者还有劝酒瓶，同样属于席间劝酒器。宋人赵彦卫曾描述："今人呼劝酒瓶为酒京，《侯鲭录》云：'陶人为器，有酒经。'晋安人盛酒以瓦壶，小颈、环口、修腹，容一斗。凡馈人牲，兼酒置，书云一经，或二经、五经，它境人游是邦，不达是义，闻送五经，则束带迎于门，盖自晋安人语，相传及今。"此处所载劝酒瓶酒京，是一种壶，兼具"置酒"功能。

宋 佚名《夜宴图》

① 沈作喆：《寓简》，北京：中华书局1985年版。

除专门的劝酒器外，尚有其他各类劝酒物件，尤其是为东道主本人珍视把玩者，往往成为席间劝酬的最佳选择。韩琦曾得玉盏一只，其"表里无纤瑕可指"，"尤为宝玩"，为此专意开宴召集僚属同饮共赏。席间特设一桌以绣衣覆盖桌面放置玉盏，且"用之将酒遍劝坐客"，彰显钟爱之意。梅尧臣有位朋友叫刘原甫，是庆历年间的进士，见多识广。一次，梅尧臣去刘原甫家作客。两人一边海阔天空，一边开怀畅饮。席间，刘原甫掏出两个宝贝来劝酒。梅尧臣见是两枚古代钱币。一枚是先秦时齐国的刀币，长5寸半；一枚是王莽的金错刀，长2寸半，制作工细，文字精良，都是古钱珍品，难怪刘原甫视若珍宝，常常揣藏在怀。这次梅尧臣真是口福眼福双饱。用古色古香的珍贵古钱劝酒，是极有意趣的。事后，梅尧臣为之动情，念念不忘，特地写了《饮刘原甫家》一诗："探怀发二宝，太公新室钱。独行齐大刀，镰形未环连。文存半辨齐，背有模法圈。次观金错刀，一刀平五千。精铜不蠹蚀，肉好钩婉全。为君举酒尽，跨马月娟娟。"以上种种，都属于珍贵物件用以劝酒者。

除此之外的其他劝酒器物亦层出不穷。绍兴年间，吴兴人徐大伦知南陵县，曾于宴席上向众宾客展示金觥，宣称"此吾家旧物"，为其父往昔宴饮劝酒之物。王十朋重阳节与众客把酒言欢，以友人所寄锦石杯劝酒，诗中用"呼儿满酌黄花酒，为子深倾锦石杯"咏之，饱含友人间的深情厚谊。周必大邀人雨中小集叠岫阁"用金鼎玉舟劝酒"。宋时"蜀峡山谷深复，鸷兽成群，行人不敢独来往"，[1] 万州"尤为荒寂"，此地教授官舍自处一偏，同官相集宴饮至夜间"于厅上设灯烛劝酒"，则有其山谷漆深处夜宴的特殊性。甚至有以发簪劝酒者。南宋初，湖南总管辛永宗诸兄弟驻扎邵州，宴席上曾以一簪劝酒。

以歌舞助兴

饮酒，作为一种赏心乐事，自然要有佐饮的东西。在宋代，有条件的人喝酒，往往以歌舞助兴、娱客。由于宴席上歌舞酒妓劝酒具有"满坐迷魂酒半醺"之特殊效果，因此相当盛行。周邦彦《意难忘》云："衣染莺黄。爱停歌驻拍，劝酒持觞。低鬟蝉影动，私语口脂香。"刘过《贺新郎》云："烛花细蕊明于昼。唤青娥、小红楼上，殷勤劝酒。"文同《寄题密州苏学士快哉亭太史云此城之西北送

---

① 洪迈：《夷坚志》，北京：中华书局1981年版。

客》云："客来既坐歌管作，红袖劝酒无停杯。"欧阳修《玉楼春》云："青春才子有新词，红粉佳人重劝酒。"毛滂《剔银灯》词序："同公素赋，侑歌者以七急拍七拜劝酒"，词中则有"频剔银灯，别听牙板，尚有龙裔堪续。罗熏绣馥，锦瑟畔、低迷醉玉"之描述。另有"美人低按小秦筝，坐中劝酒一再行""停杯且听琵琶语，细捻轻拢。醉脸春融。斜照江天一抹红""芰荷香里劝金觥。小词流入管弦声"等，不难想象席间乐声缭绕不绝之欢愉场面。王之道《和余时中元夕二首》云："歌楼醒醉客，灯市往来人。劝酒行杯促，联诗得句新。铜壶休见迫，欢笑正相亲。罗绮行歌夜，杯盘坐笑春。舞衫催急管，步障拥佳人。"也描述了元夕夜宴上众人欢歌笑语、劝酬不断的热闹场面。

莫高窟第 12 窟南壁 晚唐时期的独舞舞伎

歌舞表演者多是年轻貌美、技艺高超的歌伎、舞女。寇准经常设宴待客，又每每以柘枝舞助兴，"会客每舞必尽日"，当时人遂称他为"柘枝癫"。柘枝舞是隋唐时从西域传入的健舞，白居易《柘枝妓》诗中有"连击三声画鼓催"的描写。由于歌舞由专业的歌伎、舞女承担，演出水平一般较高，酒宴上往往烛光香雾，歌吹杂作，营造出一种如痴如醉、如梦如幻的效果。刘子翚就描绘了当时边饮酒边欣赏歌舞的场景："梁园歌舞足风流，美酒如刀解断愁。忆得承平多乐事，夜深灯火上樊楼。"晏几道在落寞中遇见昔日的舞者，留下了一首《鹧鸪天》，也留下真情："彩袖殷勤捧玉钟，当年拼却醉颜红，舞低杨柳楼心月，歌尽桃花扇底风。从别后，忆相逢，几回魂梦与君同。今宵剩把银红照，犹恐相逢是梦中。"

《宋史·乐志》详细记载了宫廷宴饮上舞队的名称和表演的节目，一队是男队，叫"小儿队"，皆由 10 余岁的男童组成，共 72 人；另一队是"女弟子队"，选择青春年龄段的少女组成，计有 153 人。"小儿队"又细分成儿童解红队、儿童感圣乐队、玉兔浑脱队、异域朝天队、射雕回鹘队、浑臣万岁乐队、醉胡腾队、婆罗门队、剑器队、柘枝队；女弟子队则分成菩萨蛮队、佳人剪牡丹队、拂霓裳队、采莲队、菩萨献香花队、彩云仙队、打球乐队、抛球乐队、感化乐队。舞队的名字就是节目的名字，每支舞队后面都标注着所穿服饰和所持舞具的名称。

从舞队的名称常常能看到舞者的表现内容。柘枝舞规定，舞者穿绣罗宽袍，系银带，戴胡帽，表现的是西域的民间风情。还有些舞是从唐代流传下来，经过千百场次演出后改造完善起来的舞，比如浑脱舞。宋代浑脱舞者戴的帽子是各种各样的，比如小儿队中的玉兔浑脱舞队。《文献通考·乐考》载：宋代教坊司规定："队舞之制，其名各十……七曰玉兔浑脱队，衣四色绣罗襦，系银带，戴玉兔冠。"最著名的舞队当数《菩萨蛮》舞，编舞是唐朝人李可。《菩萨蛮》是礼佛舞，规制极严，一般在礼佛的庆典中演出。到了宋代，宋人将它改编成女子群舞，在寺院上演，赶上佛教节日，也在宫中上演。这个舞蹈气势恢宏，舞队如仙女下凡，衣袂飘飘，让观者陶醉其中。

舞旋也是宋代宴席上的一种舞蹈形式，据《东京梦华录》记载，在宫廷宴会中舞旋在曲破时上演。《乐书》描述了舞旋的舞姿："至于优伶常舞大曲，惟一工独进，但以手袖为容，踏足为节，其妙串者虽风旋鸟骞，不踰其速矣。然大曲前缓，叠不舞，至入破则羯鼓、震鼓、大鼓与丝竹合作，句拍益急，舞者入场，投节制容。故有催拍、歇拍之异，姿制俯仰，百态横出。"舞剧开始，只有一位舞者先上，舒缓地甩袖踏足，待进入"破"的阶段，诸鼓齐鸣，节奏突进，与丝竹笛管合奏，这时便有一队舞者循乐进入场上，紧随那个节奏舞出千变万化的舞姿。舞旋的特点是急速旋转，轻快激烈，或许正是因为旋转的特征，才得名"舞旋"。山西平定县姜家沟 1 号宋墓乐舞图是一幅描绘舞旋的壁画，两女童相对起舞，说明舞旋可以由小儿担任舞者。

按巡饮酒

　　宋人习惯按巡饮酒，也就是分轮由尊长到卑幼一个个地饮，一人饮尽，再饮一人，这种饮酒习俗与现代人饮酒时大家共同举杯很不相同。酒宴上，众人都饮完一杯称为一巡，一次酒宴往往要饮酒数巡。宋代时，人们多称"巡"为"行"，且酒宴饮酒的行数一般较多。北宋中期以前，人们饮酒多在五行左右，北宋中期以后，饮酒行数增多，民间酒宴饮酒一般为十行，宫廷酒宴饮酒多为九行。倪思《经锄堂杂志·筵宴三感》载："今夫筵宴以酒十行为率，酒先三行，少憩，俗谓之歇坐。或弈棋，或纵步，或款语，已，乃复饮，则有终日之欢。"巡（行）酒所到，每人都必须饮尽自己杯中酒，否则主人会以各种形式劝饮。两次巡酒之间，往往会进行各种娱乐活动。

山西繁峙岩山寺壁画 酒楼图

后世流传有宋人著名的《减字木兰花·竹斋侑酒辞》，为劝酒典型之作。整首词有十劝之多，劝酬理由不尽相同，总之以众人饮尽杯中酒为主要目的，指向性极强。酒过十巡接近尾声，又委婉劝谕宾客适可而止，以防乐极生悲，曲尽其欢。与此同时，又表达所设宴席为粗茶淡饭自谦之意，并殷切希望后会有期。每首劝酒词句首都有酒巡未止或酒巡之数的提醒，大概是一种类似于开场白的言辞套路。为便于言语表达，每次劝酬都有相应的数字与之呼应，如"十劝"对"十巡"，韵味十足。非常好地传递了主人劝酬之意，令人盛情难却。

《曲洧旧闻》记载："仁宗一夕饮酒温成阁中，极欢而酒告竭，夜漏向晨矣，求酒不已。慈圣云：'此间亦无有。'左右曰：'酒尚有而云无，何也?'答曰：'上饮欢，必过度，万一以过度而致疾，归咎于我，我何以自明。'翌日，果服药，言者乃叹服。"郑毅夫陪宋仁宗喝酒，第二天慈圣皇后给郑毅夫下懿旨要他送奉旨敕制的醒酒秘方——"君子登筵汤"进宫。宋仁宗竟然喝酒喝到要吃醒酒药的地步，可见千年前的那一晚他和郑毅夫等人喝的酒绝对不止九行。"高楼张旗闹煮酒，沉香满槛金真珠。玉盆一饮醉不醒，落花满衫行相扶。"宋仁宗和郑毅夫，看来是你一杯，我一杯，几杯酒下肚，立马拨云见日，谈天说地，不拘礼节，微醺微醉，很是快哉！

在宋代民间的大多数酒宴中，巡酒完毕并不意味着饮宴就要结束了。恰恰相反，此时人们酒兴未尽，饮宴尚未进入高潮。巡酒完毕后，进入"自由"饮酒阶段，主宾间或宾客间可以自由敬酒。如果某一座客向邻座或他人敬酒，要手捧杯盏，略微前伸，这是表达其敬酒的愿望，俗称此为"举杯相属"。被敬酒的人一般要予以接受。在宋代，人们敬酒时还流行"蘸甲"，即用手指伸入杯中略蘸一下，弹出酒滴，以示敬意。若酒兴仍高，人们或赋诗填词，或行酒令，各种佐觞活动逐渐把饮宴推向高潮，以使人们尽兴而归。

以妓佐酒

宋人喜欢以妓佐酒，这在宋代极为普遍，可谓"无妓不成席"。"妓女"之始义是擅长乐舞之妇女，宋代的妓女绝大多数就是提供音乐、歌舞、曲艺表演的。《西湖游览志馀》载："宋时阃帅郡守，虽得以官妓歌舞佐酒，然不得侍枕席。"

宋代歌伎分三类：官妓、家妓和私妓。所谓官妓，包括教坊妓、军妓以及隶属中央或地方各级官署的歌伎。教坊妓主要承担宫廷或官府仪典及宴会上的歌舞表演。各地方州府的官妓则主要在官办的各种宴会上表演。宋话本《单符郎全州佳偶》："原来宋朝有这个规矩：凡在籍娼户，谓之官妓；官府有公私筵宴，听凭点名，唤来祗应。"南宋临安有许多大型的官营酒楼，大多豪华气派，金银酒器动辄千两以上，并有陪客的官妓数十人，而服务对象主要是仕宦之流。"中兴以来，承平日久。庆元间，京尹赵师择奏请从故事，排办春宴。即唐曲江之遗意也。即于行都西湖，用舟船妓弟，自寒食前排日宴会。"①"和乐楼"等十一座官营酒楼用官妓陪客："每库（那时酒楼常被称为'库'）设官妓数十人……饮客登楼，则以名牌点唤侑樽，谓之'点花牌'。……然名娼皆深藏邃阁，未易招呼。"②"太和楼"拥有包席数百间，所谓"席分珠履三千客，后列金钗十二行"。所谓家妓，是指私人蓄养的歌伎，这与从宋太祖开始就提倡多蓄歌儿舞女的政策有关。因此上自贵族大臣下至普通文人士大夫，都蓄养着家妓，她们负责家庭的日常娱乐活动以及招待客人。

五代白石彩绘散乐图浮雕

　　所谓私妓，是宋代商业经济发展的产物，她们以声色技艺为售卖商品，多活动于歌楼酒肆、平康诸坊以及瓦舍勾栏等场所。《东京梦华录》记汴京酒楼盛况云："自凡京师酒楼……南北天井两廊皆小阁子，向晚灯烛荧煌，上下相照，浓

---

① 赵升：《朝野类要》，北京：中华书局 1985 年版。
② 周密：《武林旧事》，杭州：浙江人民出版社 1981 年版。

妆妓女数百，聚于主廊上，以待酒客呼唤，望之宛若神仙"，又"新声巧笑于柳陌花衢，按管调弦于茶坊酒肆"，其中的歌伎多属此类。《武林旧事》记载，临安的"清乐茶坊、八仙茶坊"等酒楼茶肆里，到处活跃着她们靓丽的身影。她们一个个"靓妆迎门，争妍卖笑，朝歌暮弦，摇荡心目"。"熙春楼"等18家"市楼之表表者"（私营酒家之有名者），"每处各有私名妓数十辈，皆时妆玄服，巧笑争妍。夏月茉莉盈头，春满绮陌，凭槛招邀，谓之'卖客'"。《梦粱录》亦记有这方面情况："自景定以来，诸酒库设法卖酒，官妓及私名妓女数内，拣择上中甲者，委有娉婷秀媚，桃脸樱唇，玉指纤纤，秋波滴溜，歌喉婉转，道得字真韵正，令人侧耳听之不厌。""蜀俗奢侈，好游荡，民无赢余，悉市酒肉为声妓乐。"南宋蜀人王灼在《碧鸡漫志》里记述成都碧鸡坊的歌馆酒肆说："皆有声妓，日置酒相乐。"其《戏王和先张齐望》还感叹："满城钱痴买娉婷，风卷画楼丝竹声。谁似两家喜看客，新翻歌舞劝飞觥。君不见东州钝汉发半缟，日日醉踏碧鸡三井道。"那时候，成都的富春坊、金马坊、碧鸡坊、新南市、大西市等各市都弥漫着歌声与酒香。

曾觌《南柯子》序言："浩然与予同生己丑岁，月日时皆同，秋日，见席上出新词，且命小姬歌以侑觞，次韵奉酬。"张先《更漏子》云："锦筵红、罗幕翠。侍宴美人姝丽。十五六，解怜才，劝人深酒杯。黛眉长，檀口小。耳畔向人轻道，柳阴曲，是儿家，门前红杏花。"张先栩栩如生地再现了歌伎席间劝酒之娇媚情态，同时透露出劝酒时之谈话内容，给人以无限遐想。晏殊《清平乐》小词"萧娘劝我金卮，殷勤更唱新词。暮去朝来即老，人生不饮何为"亦再现了席间歌伎殷勤劝酒之情形，劝辞颇有及时行乐的意味。

宋代的陪酒歌伎不仅要求长得漂亮，还要精通曲艺歌咏，书法绘画。艺术修养完全高于普通女子数倍，有些还精于填词，有着斐然文采。《警世通言》卷三十所存宋人话本《金明池吴清逢爱爱》，叙述北宋富家子弟吴清等三人在都城金明池游玩，于酒楼遇到酒家姑娘爱爱："北街第五家，小小一个酒楼，内中有个量酒的女儿，大有姿色，年纪也只好二八……上得案儿，那女儿便叫：'迎儿，安排酒来，与三个姐夫贺喜'。无时酒到痛饮，那女儿所事熟滑，唱一个娇滴滴的曲儿，舞一个妖媚媚的破儿，掐一个紧飕飕的筝儿，道一个甜甜嫩嫩的千岁儿。"吴清因此喜欢上了卖酒的女子爱爱。

宋朝士大夫经常举行家宴，邀请同僚、朋友赴宴，家伎们就在宴席上演奏词曲、载歌载舞，以助酒兴。《东皋杂录》载："王安国海外归，出歌姬侍东坡酒，东坡作《定风波》词。"《苕溪渔隐丛话》载:"陆敦礼藻有侍儿名美奴,善缀词,出侑樽,每乞韵于坐客,即刻成章。"《词苑丛谈》载:"太守阎印公显致仕,居姑苏,坡公饮其家,出后房佐酒。有懿卿者,善吹笛。公赋《水龙吟》赠之。"《乐府记闻》载:"周平园堂出使过池阳,太守赵富文彦博招饮,酒酣,出家姬小琼舞以侑酒。公为又赋一阕。……石湖云:朝士中姝丽有三杰。谓韩元咎晁伯谷家姬及赵彦博家妓小琼也。"

宋人王明清在他的《挥麈录》中有这样一段记载:"姚舜明庭辉知杭州,有老姥自言故娼也,及事东坡先生,云:公春时每遇休暇,必约客湖上,早食于山水佳处。饭毕,每客一舟,令队长一人,各领数妓任其所适。晡后鸣锣以集,复会圣湖楼,或竹阁之类,极欢而罢。至一二鼓夜市犹未散,列烛以归,城中士女云集,夹道以观千骑骑过,实一时盛事也。"苏东坡在担任杭州知州的时候,公务之暇,经常带着妓女,邀朋结侣,出去在西湖上泛舟游玩。早餐总是在山水最宜人的地方举行,大家一起享用。吃完后,每个客人坐一条船,若干条小舟组成一个船队,任命其中一个人当队长,凭他挑选,带上几个歌妓,然后一起畅游山水,恣意取乐。下午玩累了以后,就鸣锣集中,重新聚集在圣湖楼或竹阁之类的高档餐厅,先喝茶聊天,到晚上再一次尽情痛饮。一二更天了,夜市还没有散场,这队人马就浩浩荡荡回去,妓女们高举巨烛,挺骄傲地走在队伍前列。杭州城里士女云集,夹道观看这千骑长龙,缓缓过去。规模浩荡,不亚于今日之狂欢节。

士大夫之豪侠好义的,还往往以家妓赠送他人。《诗词余话》载:"詹天游风流才思,不减昔人。宋驸马杨震有十妓,皆绝色,其中粉儿者尤美。杨镇召詹次宴,出诸妓佐觞。詹属意于粉儿,口占一词:'淡淡青山两点春,娇羞一点口儿樱,一梭儿玉一窝云。白藕香中见西子,玉梅花下遇文君,不曾真个也销魂。'杨震乃以粉儿赠之,曰:'天游真个销魂也。'"詹天游在杨震举办的宴席上迷上了一位歌伎。宴席结束后,杨震了解到这个情况,便将那位家妓赠予了他,詹天游最终抱得美人归,喜上眉梢。毫不夸张地说,离开了歌伎美丽的身影,整个宋代的宴饮文化将会变得内敛有余而活力不足。

行令助觞

数位文人聚集在一起,单纯喝酒略显无趣,也就需要添点乐子。因此酒令助饮是必不可少的,这就是行酒游戏。宴席上饮酒行令具有相当的娱乐色彩,能够

南宋 马远《华灯侍宴图》

迅速调动饮宴气氛，调节宴会节奏。杨万里《癸未上元后，永州夜饮赵敦礼竹亭闻蛙醉吟》云："茅亭夜集俯万竹，初月未光让高烛。主人酒令来无穷，恍然堕我醉乡中。"赵长卿《鹧鸪天》云："歌喉不作寻常唱，酒令从他各自还。传杯手，莫教闲。醉红潮脸媚酡颜。"郭祥正《同蒋颖叔林和中游郁孤台》云："吟笺分轴造险语，酒令行赏无停杯。"生动再现了宴席上众人饮酒行令的热闹场面，它使得整个宴饮过程乐趣横生，而酒令本身又充满着宋人生活的智慧。

不过，饮酒行令是有规矩的，不许任何人耍赖。为了防止耍赖，行酒之前必先请一位才色双绝的艺妓担任"录事"，实为仲裁。先由酒客公推出一个起始执花者，唱一句词，传一次花。有的行酒者委托艺妓传花，有的行酒者委托艺妓唱词。艺妓无论受到何种委托，都要配以必要的夸张动作，现场演绎，以博得文人雅士的好感，增添行酒的氛围。宋代的行酒游戏十分昌盛，上自君王，下到百姓，无人不会，无处没有。欧阳修《醉翁亭记》中的"宴酣之乐，非丝非竹，射者中，弈者胜，觥筹交错，起座而喧哗者，众宾欢也"就是行酒的盛况。

投壶是宋代最为风靡的酒令形式，无论朝堂官府，文武大臣，还是乡村僻野，寻常巷陌，男女老少最为喜欢这种娱乐方式。投壶时要求投者站在一定的距离外，将一支支矢投入特制的箭壶中，以投中数量的多寡决定胜负，负者则罚饮酒。欧阳修《归田录》载："杨大年每欲作文，则与门人宾客饮博、投壶、弈棋，语笑喧哗，而不妨构思。"邵伯温《邵氏闻见录》载："康节先生赴河南尹李君锡会投壶，君锡末箭中耳。君锡曰：'偶尔中耳。'康节应声曰：'几乎败壶。'"钱惟演《无题》云："香歇环沉无限猜，春阴浓淡画帘开；有时盘马看犹懒，尽日投壶笑未回。"徐积《夜宴仙》云"不教偷药姐娥到，却放投壶玉女来"，又《暴雨》云"玉女投壶天大笑，千寻火炬当空照"，等等，都是当时女子投壶的写照。王安石《张氏静居院》云："问侯客何为？弦歌饮投壶。"魏野《赠岐贡推官》云："婢闲犹画卦，儿戏亦投壶。"在宋代士大夫间，投壶已是一种非常流行的酒令。

《镜花缘》第74回：紫芝也随后跟来，走到桂花厅。只见林婉如、邹婉春、米兰芬、闵兰荪、吕瑞蓂、柳瑞春、魏紫樱、卞紫云八个人在那里投壶。林婉如道："俺们才投几个式子，都觉贫事，莫若还把前日在公主那边投的几个旧套儿再投一回，岂不省事。"众人都道："如此甚好；就从姐姐先起。"婉如道："俺说个容易的，好活活准头，就是'朝天一炷香'罢。"众人挨次投过：也有投上的，也有投不上的。邹婉春道："我是'苏秦背剑'。"米兰芬道："我是'姜太公钓鱼'。"闵兰荪道："我是'张果老倒骑驴'。"吕瑞蓂道："我是'乌龙摆尾'。"柳瑞春道："我是'鹞子翻身'。"魏紫樱道："我是'流星赶月'。"卞紫云道："我是'富贵不断头'。"众人都照署式子投了。紫芝走来，两手撮了一捆箭，朝壶中一投道："我是'乱劈柴'。"逗的众人好笑。

两宋时期，酒令大发展，人们在宴饮之余，不断创新，因而出现了不少新的酒令形式，诸如瘾君子等。宋代酒令多是文字令，需要口齿清晰地吐字讲谈，而不是如狂似颠地大呼小叫。加之宋人行令不太强调胜负，酒席上的纷争也大为减少，因此宋人行令就显得比较谦和、随意和文雅。在这些文人的行酒令中，我们可以了解到这种文化的小雅之处，即由"斗酒"到"斗才"。斗来斗去，斗出的是生活情调，是俗态中的风雅。

(1)定题赋诗

定题赋诗就是在酒席上随机出题(酒令)，诸如要求说出人物、器物、诗句、韵律等，涉及三教九流古今文化，以此来饮酒取乐。邢居实《拊掌录》记载，欧阳公(欧阳修)与人行令，各作诗两句，须犯徒以上罪者。一云："持刀哄寡妇，下海劫人船。"一云："月黑杀人夜，风高放火天。"欧云："酒粘衫袖重，花压帽檐偏。"或问之，答云："当此时徒以上罪亦做了。"欧阳修应对的酒令似乎没有犯罪内容，不过却因酒醉，可能犯任何罪，因而非常诙谐有趣。

宋仁宗年间窦苹撰著的《酒谱·酒令》记载一很有趣的酒令，要求中药、人物、诗句各一,必须押韵。一曰:"山上采黄芩,下山逢着老翁吟。"老翁吟云:"白头搔更短,浑欲不胜簪。"(唐杜甫《春望》诗)一曰:"上山采交藤,下山逢着醉胡僧。"醉胡僧云:"何年饮着闻声酒,直到而今醉不醒。"(唐胡僧诗)一曰:"山上采乌头,下山逢着少年游。"少年游云:"霞鞍金口骊,豹袖紫貂裘。"(唐郑锡《邯郸少年行》诗)

(2)文字令

文字令,就是文字游戏,要求出令拆字、合字或谐音等,以此取乐。《酒谱·酒令》记载一则酒令:"锄麑触槐,死作木边之鬼。豫让吞炭,终为山下之灰。"就是把"槐"和"炭"分开作赋对句。吴文英《唐多令·惜别》首句为"何处合成愁?离人心上秋",也是巧妙地把愁字分开,这大概也是酒令的发展。明代潘埙《楮记室》记载:宋神宗元丰年间,高丽国派一位僧人到宋朝来,其人很聪明,能饮酒。朝廷派杨次公接待他。一天,两人行酒令,约好要用两个古人姓名,争一件东西。僧人说:"古人有张良,有邓禹,二人争一伞,张良说是良(凉)伞,邓禹说是禹(雨)伞。"杨次公说:"古人有许由,有晁错,二人争一葫芦,许由说是由(油)葫芦,晁错说是错(醋)葫芦。"

有些酒令,以下酒的果品名称为内容,颇有俗中见雅、给人增加知识之效。如苏轼酒令:"水林檎,未是水林檎。菱荷翻雨洒鸳鸯,恁(那)时是水林(淋)檎(禽)。"水林檎,是林檎的俗名,又名沙果或花红,果子甘甜,熟时,众禽飞来啄食而名。此酒令用谐音"借意状物",令人增加知识。秦少游答酒令:"清消梨,未是清消梨。夜半匆匆话别时,恁时方是清消(宵)梨(离)。"清消梨是形容梨子入口即化为汁的口语。

明人郎瑛《七修类稿·苏陈酒令》也搜集了宋代几则酒令,颇有价值。东坡酒令:一曰:"孟尝门下三千客,大有同人。"一曰:"光武师渡滹沱河,既济未济。"一曰:"刘宽婢羹污朝衣,家人小过。"陈循举酒令:轟字三个车,余斗字成斜;车车车,远上寒山石径斜。高谷答说:品字三个口,水酉字成酒;口口口,劝君更尽一杯酒。刘询答说:矗字三个直,黑出字成黜;直直直,行焉往而三不黜。

(3)隐君子酒令

"搜寻隐君子"为北宋理学家陈襄创作。《宾退录》载:"古灵陈述古亦尝作酒令,每用纸帖子,其一书司举,其二书秘阁,其三书隐君子,其余书士。令在座默探之,得司举则司贡举,得秘阁则助司举搜寻隐君子进于朝,搜不得则司举并秘阁自受罚酒。后复增置新格,聘使、馆主各一员,若搜出隐君子,则此二人伴饮。二人直候隐君子出，即时自陈，不待寻问。隐君子未出之前，即不得先言。违此二条，各倍罚酒。"（注云：聘使，盖赏其能聘贤之义；馆主，兼取其馆伴之义。）

"唐有昭文馆学士，时人号为馆主。又云：秘阁虽同搜访隐君子，或司举不用其言，亦不得争权；或偶失之，即不得以司举不用己言而辞同罚也。然则倍罚。司举、秘阁既探得，即各明言之，不待人发问；如违，先罚一觞。司举、秘阁止得三搜，客满二十人则五搜。余人探得帖子，并默然；若妄宣传，罚巨觞，别行令。"具体玩法大致为：先书写纸阄，上书官职有"司举""秘阁""隐君子""聘使""馆主"和很多"士"等，然后抓阄。由司举和秘阁进行言语判断，每轮次只能猜3次，超过20人则可以猜5次，然后结束这一轮次。猜对了，隐君子和聘使、馆主饮酒；猜不对，司举和秘阁饮酒。在隐君子猜出以前，聘使和馆主不得说话，否则罚酒。拿到"士"的人保持静默，如果随意引导司举或秘阁，罚酒重新开始下一轮次。是不是感觉很熟悉，这是否和当今的"杀手游戏"非常相似？

（4）击鼓传花

击鼓传花是由唐玄宗"羯鼓催花"演变而来，孙宗鉴《东皋杂录》记载唐人诗句："城投击鼓传花枝，席上搏拳握松子。"可以确定的是，击鼓传花在宋代比较流行。用花一朵，也可用其他小物件如手帕等代替。令官蒙上眼、将花传给旁座一人，依次顺递，迅速传给旁座。令官喊停，持花未传出的一人罚酒。这个罚酒者就有权充当下一轮的令官，也有用鼓声伴奏的，称"击鼓传花令"。令官拿花枝在手，使人于屏后击鼓，座客依次传递花枝，鼓声止而花枝在手者饮。

宋代佚名《卜算子》记述了这一游戏：

先取花一支，然后行令，唱其词，逐句指点。举动稍误，即行罚酒，后词准此。

我有一枝花，（指自身，复指花。）斟我些儿酒。（指自令斟酒。）唯愿花心似我心。（指花，指自身头。）岁岁长相守。（放下花枝，叉手。）满满泛金杯，（指酒盏）重把花来唤。（唤）（把花以鼻唤）不愿花枝在我旁，（把花向下座人）付于他人手。（把花付下坐接去。）

（5）飞花令

飞花令，亦是宋人饮酒助兴的游戏之一，输者罚酒。在酒令中，飞花令属雅令，比较高雅，没有诗词基础的人根本玩不转它，所以这种酒令也就成了宋代文人墨客们喜爱的文字游戏。宋代的飞花令要求，对令人所对出的诗句要和行令人吟出的诗句格律一致，而且规定好的字出现的位置同样有着严格的要求。这些诗可背诵前人诗句，也可临场现作。行飞花令时可选用诗和词，也可用曲，但选择的句子一般不超过七个字。比如说，酒宴上甲说一句第一字带有"花"的诗词，如"花近高楼伤客心"。乙要接续第二字带"花"的诗句，如"落花时节又逢君"。丙可接"春江花朝秋月夜"，"花"在第三字位置上。丁接"人面桃花相映红"，"花"在第四字位置上。接着可以是"不知近水花先发""出门俱是看花人""霜叶红于二月花"等。到花在第七个字位置上则一轮完成，可继续循环下去。行令人一个接一个，当作不出诗、背不出诗或作错、背错时，由酒令官命令其喝酒。当然，有些飞花令也不讲究次序，只需要每个参与者都说到与"花"有关的诗句，这场酒席才能结束。

在酒宴上，行令方式还可以有一些变化，如直接说一句带"花"字的诗，"花"字在诗中的位置对应到某客人，此客人再接，如果正好对应到自身，则罚酒。如行令人说"牧童遥指杏花村"，"花"在第六字位置上，从行令人开始数到第六人接令，如果第六人刚好是行令人自己，则行令人喝酒。"飞花令"其实是"飞觞令"中的一种，约定所答诗中出现某字，就是某令，故又叫"拈字流觞"，如出现"花"字，就叫"花字流觞令"；出现"月"字，就叫"月字流觞令"。

形形色色的饮酒习俗是宋人日常生活中的重要组成部分。"明画烛，洗金荷。主人起舞客齐歌。"宴席上宾主共饮齐欢，觥筹交错之际闪现着宋人雅俗共赏的品位追求与积极热忱的生活态度。可以说，宋代全民"不论贫富，游玩琳宫梵宇，竟日不绝，家家饮宴，笑语喧哗。至如贫者，亦解质借兑，带妻挟子，竟日嬉游，不醉不归。不特富家巨室为然，虽贫乏之人，亦且对时行乐也"。要是遇到节假日，欣赏良辰美景的绝佳位置，早就被人捷足先登了。

参考资料：

纪昌兰：《华筵之设：宋代官方宴饮活动研究》，四川大学 2016 年博士学位论文。

赫广霖、张钟匀：《由宴饮词略论宋代宴饮文化》，《杭州电子科技大学学报》(社会科学版) 2020 年第 5 期，第 70-74 页。

"四司六局" 24 小时在线

很多人提到李清照，对其的印象都是出身名门、才华卓著、婚姻幸福这些美好的评价，但她还有比较小众的、更加真实的一面。她可能是最有才的女子，但肯定不是最"贤"的妻。李清照婚后跟丈夫赵明诚感情很好，既是夫妻又是知己，情投意合，两人天天省吃俭用买金石古籍，经常"赌书""泼茶"消遣，简单来说就是"不务正业"，当然也不做家务。不仅如此，李清照还很喜欢喝酒，而且经常喝醉。有《如梦令》为证：

> 昨夜雨疏风骤，浓睡不消残酒。试问卷帘人，却道海棠依旧。知否，知否？应是绿肥红瘦。

如果你遇到雨疏风骤、一地狼藉的天气，要做的第一件事是什么？当然是赶紧去请一个园丁来整修花园。在宋朝，请园丁等家政服务人员并不是什么难事，每天早晨，汴京的桥市、街巷口都会聚集一群"修整屋宇、泥补墙壁"的木竹匠人，供有需要的市民叫唤、雇佣。如果你对他们不大放心，你也可以请"行老"介绍一名可靠的园丁。"行老"就是家政服务中介，宋朝城市中有一类茶坊，是"行老"会聚的场所。你一踏入茶坊，"行老"就会迎上来，向你问候。不但请园丁可以找他介绍，你要雇请郎中、脚夫、杂役、厨子、厨娘、裁缝、婢女、歌伎，都可以找"行老"。他们手上有大量的人力资源，一找准有，而且快。更重要的是，这些"行老"还结成一个担保网络，倘若你雇请的人偷了东西，逃跑了，与你签约的"行老"会负责给你寻回来。

"汴京家政公司"

对于生活在城市的宋朝人家来说，不仅雇请家政人员十分方便，而且，租赁家庭用品也很便利，比如你家娘子生了孩子，亲戚朋友来送月子，你要请他们在家吃顿饭，想用名贵的餐具招待，但家中没有这样的餐具，怎么办？可以租。在宋朝，很多不常用、但偶尔又必须用的物品，都可以租，比如新娘子出嫁坐的花轿、结婚礼服、接待贵宾的金银酒器、排办宴席的椅桌陈设、出席隆重交际场合的贵重首饰等，都可以租赁。再假如你孩子满月了，想摆满月酒，大宴宾客，你准备怎么安排这场宴会呢？请客人上酒楼？宋朝不流行这个。在家设宴，会不会太过操劳？不会，因为你可以将操办家宴的大小事务，交给专业的"家宴服务公司"。你交钱就行，不用自己劳心劳力。

宋朝有"家宴服务公司"吗？有。它不是什么衙门机关，而是一套专门为顾客操办宴会的人马。宋代的城市生活，应酬甚多，为了减省主家的劳动，在京城便出现了专门帮办礼席的服务机构，官府贵家、都下街市均有此等特别服务。灌圃耐得翁《都城纪胜》"四司六局"条记载：

"帐设司，专掌仰尘、缴壁、桌帏、搭席、帘幕、罘、屏风、绣额、书画、簇子之类。

厨司，专掌打料、批切、烹炮、下食、调和节次。

茶酒司，专掌宾客茶汤、荡筛酒、请坐谙席、开盏歇坐、揭席迎送、应干节次。

台盘司，专掌托盘、打送、赍擎、劝酒、出食、接盏等事。

果子局，专掌装簇、盘(缺)、看果、时果、准备劝酒。

蜜煎局，专掌糖蜜花果、咸酸劝酒之属。

菜蔬局，专掌瓯(缺)、菜蔬、糟藏之属。

油烛局，专掌灯火照耀、立台剪烛、壁灯烛笼、装香簇炭之类。

香药局，专掌药碟、香球、火箱、香饼、听候索唤、诸般奇香及醒酒汤药之类。

排办局，专掌挂画、插花、扫洒、打渲、拭抹、供过之事。"

《梦粱录》记载得更为详细：

"且谓四司六局所掌何职役，开列于后，如帐设司，专掌仰尘、录压、桌帏、搭席、帘幕、缴额、罘、屏风、书画、簇子、画帐等；如茶酒司，官府所用名'宾客司'，专掌客过茶汤、斟酒、上食、喝揖而已，民庶家俱用茶酒司掌管筵席，合用金银器具及暖荡、请坐、谙席、开话、斟酒、上食、喝揖、喝坐席、迎送亲姻，吉筵庆寿，邀宾筵会，丧葬斋筵，修设僧道斋供，传语取覆，上书请客，送聘礼合，成姻礼仪，先次迎请等事；厨司，掌筵席生熟看食、合食，前后筵儿盏食，品坐歇坐，泛劝品件，放料批切，调和精细美味羹汤，精巧簇花龙凤劝盘等事；台盘司，掌把盘、打送、赍擎、劝盘、出食、碗碟等；果子局，掌装簇盘看果、时新水果、南北京果、海腊肥脯、脔切、像生花果、劝酒品件；蜜煎局，掌簇看盘果套山子、蜜煎像生寨儿；菜蔬局，掌筵上簇看盘菜蔬，供筵泛供异品菜蔬、时新品味、糟藏像生件段等；油烛局，掌灯火照耀、上烛、修烛、点照、压灯、办席、立台、手把、豆台、竹笼、灯台、装火、簇炭；香药局，掌管龙涎、沈脑、清和、清福异香、香垒、香炉、香球、装香簇烬细灰，效事听候换香，酒后索唤异品醒酒汤药饼儿；排办局，掌椅桌、交椅、桌凳、书桌，及酒扫、打渲、拭抹、供过之职。"

耐得翁还评价说，租赁四司六局，"便省宾主一半之力"，那时"官府贵家置四司六局，各有所掌，故筵席排当，凡事整齐。都下街市亦有之。常时人户每遇礼席，以钱倩（请）之，皆可办也"，"欲就名园异馆、寺观亭台，或湖舫会宾，但指挥局分，立可办集，皆能如仪"。可见，四司六局一部分是官宦富贵人家常设的，而一部分则是依托雇佣关系临时聘用的。《武林旧事》载："凡吉凶之事，自有所谓茶酒厨子，专任饮食请客宴席之事。凡合用之物，一切赁至，不劳余力。虽广席盛设，亦可咄嗟办也。"

四司六局分工合作，身手惯熟，为办筵之家省去许多精力，主人只出钱而已，不用费力。所以当时京师有一句俗谚："烧香点茶，挂画插花，四般闲事，不宜累家。"四司六局服务人员，各有规则，工价一定，不敢过越取钱，散席犒赏时，亦有次序，先厨子，次茶酒，第三是乐人。四司六局的上门服务，为城市居民提供了便利。

从服务范围来看，帐设、茶酒等四司互相补充、互不重叠，果子、蜜饯等六局也互相补充、互不重叠，而在四司和六局之间，帐设司的部分工作是排办局可以做的，台盘司的部分工作又是果子局、蜜饯局可以做的，所以四司和六局是存在竞争关系的两套系统。四司的服务范围更广，从家庭装饰、陈设布置到迎宾送客、饮食服务一应俱全，几乎可以覆盖一个家庭日常生活的所有方面。六局则只涉及宴席服务，但也是靠提供劳务并获取报酬为生的，所不同的只是更有组织性和团队性，而且与物资市场结合得更紧密。帐设司所布设屏风、帷幕，都可以从物资市场上赁到，所以四司六局中又有置买陈设和酒器的，在上门服务时带同伙过去，劳务带物资，包工带包料，全套经营。

比较起来，"四司"更具备日常性质，多为富家贵宅包养，只服务于一家一户，像常年没有人身依附关系的仆妇小厮一样，或者就是大户人家的仆妇小厮，经由讲究排场的主人组织而成，"六局"除了宴会上需要之外，平日大可不必常设，所以更具备临时性质，除了那些财大气粗的主儿，可能会在家里养着全套的四司和六局，别的户家都应是在开办大型宴席的时候再到市场上去雇请。

从皇宫走向民间

四司六局最初是宫廷的发明，最早可以追溯到隋朝。《隋书·后妃传序》："开皇二年又采汉、晋旧仪，置六尚、六司、六典，递相统摄，以掌宫掖之政。一曰尚宫，掌导引皇后及闺阁廪赐。管司令三人，掌图籍法式，纠察宣奏；典琮三人，掌琮玺器。……炀帝时又增置女官，准尚书省，以六局管二十四司。"六局二十四司实际为管理宫廷内务的综合性机构。唐代沿用六局二十四司，仅作小改动，而此时尚舍局已有帐设司，初具宋朝四司的雏形。所谓"上有所好，下必甚焉"，晚唐的时候，节度使们就在衣食起居上模仿起了皇帝，皇帝有四司六局，他们也要有四司六局。再后来，连开府建衙的地方官都赶这个潮流，四司六局在晚唐以后花开处处，而名称也随着模仿者的更改而各异。

到了宋代，宫廷把六局变成了尚食、尚药、尚辇、尚酝、尚舍和尚衣。"酝"就是酿酒，"食"就是吃饭，与饮食相关的占去了六局的三分之一，可见饮食日益重要了。宋朝的四司六局不仅盛行于王公府邸豪门大户，也从所有依附关系中独立成一个个劳务组织，为所有的人服务。前提是，要掏得起钱。这种四司六局，很像一种高端定制的上门服务。当然，这种排场在当时显然不是一般百姓享用得起的。

南宋时期的临安，皇亲贵戚、官僚权臣、富商豪绅云集。朝廷国宴不断，官场觥筹交错，文人学士吟咏往来，民间家宴风行一时，诸如春宴、乡会、鹿鸣宴、同年宴、寒食、清明、端午、中秋、重阳，乃至弥月祝寿、红白喜事以及店铺开业志喜宴等名目繁多达一百多种。北宋宰相晏殊几乎无一天不在家中设宴，饭菜却从来不提前置办，而是从饭店叫，一会儿，一大桌子菜就齐了。话本小说《史弘肇龙虎君臣会》中，越州知府洪内翰宴请宾客，"那四司六局祗应供奉的人都在堂下，甚是次第"。这里的四司六局便是外请的。富贵人家往往选择常年雇佣四司，仅服务于自家。然而也不乏财大气粗者养着全套的四司六局。孙光宪《北梦琐言》载：后蜀郡守赵雄武家里，"居常不使膳夫，六局之中各有二婢执役，当厨者十五余辈，皆着窄袖鲜洁衣装"。也就是说，朝廷给他配备的专职厨师他一概不用，因为家里自备四司六局。

绍兴二十一年(1151年)11月某日，南宋中兴四大元帅之一的张俊，在清河坊的豪宅里，宴请宋高宗赵构。为此，张俊叫了一份豪华盒饭：把临安城28位顶流厨师全部请到府上，烹制196道菜式。为了安排好这场顶级家宴，张俊可谓用尽了心思。《武林旧事》记载了这场著名宴会的流程和菜谱：

先说流程，共分为初坐、再坐、正坐、歇坐四轮。初坐就是客人进了门，先坐下来喘口气。这个时候要上七轮果品，每轮是十余行珍稀水果和精致果品。然后宋高宗在张俊的府上举行了一些仪式，号称办公。之后洗完手再上桌，就叫再坐，又上菜品六轮，每轮约十一行，总共是六十六行果品，然后正式的御筵才刚刚开始。正式的御筵有下酒菜十五盏，每一盏是两道菜，总共正菜是三十道，光是吃螃蟹，就有洗手蟹、螃蟹酿橙、螃蟹清羹和蝤蛑签四种吃法。最后就是歇坐，此时上不记入正菜的二十八道小菜，当然，这还只是给宋高宗一个人开的菜单，其他随行的各品大员等，每个人都有针对自己不同的菜单。基本上就是君臣各人，每人一桌。

五代十国 顾闳中《韩熙载夜宴图》

再说菜谱：

(1)初坐(共73行)

绣花高一行：八果垒、香橼、真柑、石榴、枨子、鹅梨、乳梨、楂、花木瓜(9)

乐仙乾果子叉袋儿一行：荔枝、圆眼、香莲、榧子、榛子、松子、银杏、犁肉、枣圈、莲子肉、林檎旋、大蒸枣(12)

缕金香药一行：脑子花儿、甘草花儿、朱砂圆子、木香丁香、水龙脑、使君子、缩砂花儿、官桂花儿、白术人参、橄榄花儿(10)

雕花蜜煎一行：雕花梅球儿、红消花、雕花笋、蜜冬瓜鱼儿、雕花红团花、木瓜大段儿、雕花金桔、青梅荷叶儿、雕花姜、蜜笋花儿、雕花栟子、木瓜方花儿(12)

砌香咸酸一行：香药木瓜、椒梅、香药花、砌香樱桃、紫苏奈香、砌香萱花柳儿、砌香葡萄、甘草花儿、姜丝梅、梅肉饼儿、水红姜、杂丝梅饼儿(12)

脯腊一行：肉线条子、皂角铤子、云梦儿、是腊、肉腊、奶房、旋胙、金山咸豉、酒醋肉、肉瓜齑(10)

垂手八盘子：拣蜂儿、番葡萄、香莲事件念珠、巴榄子、大金橘、新椰子象牙板、小橄榄、榆柑子(8)

(2)再坐(共66行)

切时果一行：春藕、鹅梨饼子、甘蔗、乳梨月儿、红柿子、切栟子、切绿橘、生藕铤子

时新果子一行：金橘、咸杨梅、新罗葛、切蜜蕈、切脆栟、榆柑子、新椰子、切宜母子、藕铤儿、甘蔗奈白香、新柑子、梨五花子

雕花蜜煎一行：同前

砌香咸酸一行：同前

珑缠果子一行：荔枝甘露饼、荔枝蓼花、荔枝好郎君、珑缠桃条、酥胡桃、缠枣圈、缠梨肉、香莲事件、得药葡萄、缠松子、糖霜玉蜂儿、白缠桃条

脯腊一行：同前。

(3)正坐(御宴正宴，共30行)

酒十五盏

第一盏：花炊鹌子、荔枝白腰子

第二盏：奶房签、三脆羹

第三盏：羊舌签、萌芽肚胘

第四盏：肫掌签、鹌子羹

第五盏：肚脴脍、鸳鸯炸肚

第六盏：沙鱼脍、炸沙鱼衬汤

第七盏：鳝鱼炒鲎、鹅肫掌汤齑

第八盏：螃蟹酿枨、奶房玉蕊羹

第九盏：鲜虾蹄子脍、南炒鳝

第十盏：洗手蟹、鲫鱼假蛤蜊

第十一盏：五珍脍、螃蟹清羹

第十二盏：鹌子水晶脍、猪肚假江

第十三盏：虾枨脍、虾鱼汤齑

第十四盏：水母脍、二色茧儿羹

第十五盏：蛤蜊生、血粉羹

（4）歇坐（40）

插食：炒白腰子、炙肚胘、炙鹌子脯、润鸡、润兔、炙炊饼、炙炊饼胹骨（7）

劝酒果子库十番：砌香果子、雕花蜜煎、时新果子、独装巴榄子、咸酸蜜煎、装大金橘、小橄榄、独装新椰子、四时果四色、对装拣松番葡萄、对装春藕陈公梨（11）

厨劝酒十味：江、炸肚、江生、蝤蛑签、姜醋生螺、香螺炸肚、姜醋假公权、煨牡蛎、牡蛎炸肚、假公权炸肚、蟑炸肚（11）

准备上细垒四卓。又次细垒二卓：内有蜜煎咸酸时新脯腊等件

对食十盏二十分：莲花鸭签、茧儿羹、三珍脍、南炒鳝、水母脍、鹌子羹、鱼脍、三脆羹、洗手蟹、炸肚（10）

总计一百八十余道菜品，尚不含酒水。

此外，"进奉盘合"有：

宝器：御药带一条、玉池面带一条、玉狮蛮乐仙带一条、玉鹘兔带三条、玉璧环二、玉素钟子一、玉花高足钟子一、玉枝梗瓜杯一、玉瓜杯一、玉东西杯一、玉香鼎二盖全、玉盆儿一、玉橡头碟儿一、玉古剑璏等十七件、玉圆临安样碟儿一、玉靶独带刀子二、玉并三靶刀子四、玉犀牛合替儿一、金器一千两、珠子十二号，共六万九千五百九颗；珠子念珠一串一百九颗、马价珠金相束带一条、翠毛二百合、白玻璃圆盘子一、玻璃花瓶七、玻璃碗四、马瑙碗大小共二十件。

古器：龙文鼎一、商彝二、高足商彝一、商父彝一、周盘一、周敦二、周举罍一、有盖兽耳周罍一。

汝窑：酒瓶一对、洗一、香炉一、香合一、香球一、盏四只、盂子二、出香一对、大奁一、小奁一、合仗陈刻"合伏"、螺钿合一十具织金锦褥子全、犀毗

陈刻"皮"合一十具织金锦褥子全。

书画：

有御宝十轴：曹霸五花骢、冯瑾霁烟长景、易元吉写生花、黄居宝雀竹、吴道子天王、张萱唐后竹丛、边鸾萱花山鹧、黄筌萱草山鹧、宗妇曹氏蓼岸、杜庭睦明皇斫脍。

无宝有御书九轴：赵昌踯躅鹌鹑、梅竹思踯躅母鸡、杜霄扑蝶、巨然岚锁翠峰、徐熙牡丹、易元吉写生枇杷、董源夏山早行二轴、伪主李煜林泉渡水人物。

无宝无御书二轴：荆浩山水、吴元俞紫气星。

匹帛：捻金锦五十匹、素绿锦一百五十匹、木绵二百匹、生花番罗二百匹、暗花婆罗二百匹、樗薄绫二百匹。

当年张家府上留下这份单子，应该是一份荣耀和炫耀。张俊这场顶流家宴能够顺利举办，全靠"四司六局"的殿堂级外卖班底。《武林外事》最后还记下了这次宴会的结果，如此高规格的招待自然使宋高宗"龙心大悦"，十月搞的接待，十一月就有恩赏，当时叫"本家亲属推恩"。张俊一家男女老少三十口推恩受封。

你看，"四司六局"提供的服务多么体贴、周到！一场宴会办下来，有礼有节，有条有理，气派大方，厅馆整肃，宾至如归，而主人家不费半点力气，只需掏点钱。如果你是宋朝人，要给孩子办满月酒，怎么可以不请"四司六局"？你去找"四司六局"，他们的人定会热情接待你。

"四司六局"：您家计划摆多少席酒？

"你"：大约……二十席吧，人来的多一个少一个的，有多少人，我也不托底。"四司六局"：这个好说，我在厨房里给您多备一桌的菜，送您的，不收钱。

"你"：这样好！不过，我的宴席可是要气派！城里的达官贵人都要来的。

"四司六局"：这个容易。待会，我们让帐设司过去看看场地，商量一下怎么布置最气派。厨司也会给您列一份食谱，请您过目。

"你"：那我需要准备什么吗？

"四司六局"：不用，宴席的一切用品，桌椅、金银器具、灯烛、木炭、屏风、名人书画，我们都会送过去。

"你"：怎么收费啊？

"四司六局"：您放心，我们秉着公道做生意，不会多收您一文钱。

他没有诓你，因为宋人笔记有记录，四司六局"承揽排备，自有则例，亦不敢过越取钱"。意思是说，排办宴席的服务业已经形成了行规，四司六局可不敢乱收费。因此，掏得起价钱的宋朝人家，家里若是要办宴席，都很乐意请"四司六局"承办。"四司六局"堪称当时的连锁"三星米其林"。

有了"四司六局"，对于宋人来说，上门做贵客，再不是一种奢侈。虽然招待客人来访，需要提前多做不少准备。但是"帐设司"会帮你租赁屏风、绣额、书画名贵物品，"排办局"则帮你挂画、插花，把宴会布置成文人士大夫的雅集样式，让一场宴席办得特别有文艺格调。做一个合格的主人，轻松；做一个愉快的贵客，更轻松。这就是宋人在家中待客之道。实际上，那种殿堂级的服务，传递的不仅是精致的生活，更是绝美的风雅。

宣化 辽代 张世卿墓 备宴图

打成寒食杏花饧

现代人经常有这样一种感觉，闻到一种味道就能触碰往日情绪，吃到一种食物就会想起某些时间碎片。故乡，早餐摊飘香阵阵的小笼包、家里人最拿手的那道菜；儿时，暑假家中冰箱里的冷饮、学校门口小卖部的零食……还有过年的时候，杀过年猪之后就有肉吃了，来客人了，就把猪蹄膀切成小方块，放在锅子里用炭火炖，不放酱油，白嫩白嫩的，然后吃的时候，放入自己种的嫩油油的小菠菜，烫一下就捞起来吃！那美味！一千年前的张炎也有童年里故乡留在他记忆最深处的味道，他用一首词《鹧鸪天》把那味道记录了下来：

> 楼上谁将玉笛吹？山前水阔暝云低。劳劳燕子人千里，落落梨花雨一枝。
> 修禊近，卖饧时。故乡惟有梦相随。夜来折得江头柳，不是苏堤也皱眉。

这首词过片前三句写张炎对故乡的怀念。修禊的日子快到了，如今正是卖饧的时候。我们似可看到飘零异乡的游子正扳着手指算着临近的节日。那么，"饧"是什么呢？它是宋代寒食节的一种特色食品。寒食节又称禁烟节、冷烟节、熟食日，宋人称之为"百五节"和"一百五"，与冬至、元旦并为三大节日。《东京梦华录》载："清明节，寻常京师以冬至后一百五日为大寒食，前一日谓之炊熟。"寒食节活动时间甚长，故又称"一月节"，它是中国传统节日中唯一以饮食习俗来命名的节日。

宋人寒食最常吃什么？

在宋代，关于寒食节的食物中，饧是最常被提起的。《宋史·宾礼四》载："寒食神餤、饧粥。"《东京梦华录》载："节日，坊市卖稠饧。"稠饧，宋代的文人们在写清明的诗句中频频提到，方岳的《杨柳枝》咏"粥香饧白清明近，斗挽柔条插画檐"，王易简《齐天乐·客长安赋》咏"柳色初分，饧香未冷，正是清明百五"，韩淲《菩萨蛮·小词》咏"上巳是清明，新烟带粥饧"，欧阳修《送公期得假归绛》咏"山行马瘦春泥滑，野饭天寒饧粥香"，《和较艺书事》咏"杯盘饧粥春风冷，池馆榆钱夜雨新"，《清明赐新火》咏"多病正愁饧粥冷，清香但爱蜡烟新"，苏轼《南歌子·晚春》咏"已改煎茶火，犹调入粥饧"，杨万里的《陈蹇叔郎中出闽漕，别送新茶。李圣俞郎中出》有"打成寒食杏花饧"等。

那么，让文人们反复吟咏于诗篇的饧、粥饧到底是什么呢？其实就是我们现在所称的饴糖，或者叫麦芽糖浆或麦芽糖饴。它是用麦蘖或谷芽与各种米熬煎而成，硬度各有不同，软一点儿的可成糖浆或粥，硬一点儿的则成稠饧。高承《事物纪原》对饧粥的制法有详细的记载，称："故谓之寒食乾粥，即今之陵糕是也。世俗每至清明以麦或秫以杏酪，煮为姜粥俟，其凝冷，裁作薄叶，沃以饧。若蜜而食之，谓之陵糕。"看来饧粥是一种以大麦为主要原料熬煮而成的粥，放冷待其凝固后，切片调入饧糖食用。由于是固体的"粥"，故又可谓之为"糕"。除"饧粥""陵糕"外，宋人还称饧粥为"麦糕"，这或许是由于饧粥的主要原料是大麦的缘故。

吃饧既然如此普遍，以至于每逢寒食、清明前后，汴京的大街小巷便响彻了卖饧的声音，而这些卖饧小贩们往往是吹着箫招呼大家买饧，宋祁《途次清明》云："漠漠轻花着早桐，客瓯饧粥对禺中。遥知阙下颁新火，百炬青烟出汉宫"，又《寒食》云："草色引开盘马地，箫声催暖卖饧天"，以至于"卖饧天"在后代的文人笔下也成了春日艳阳天的代称。

那，宋代的清明节为什么会流行吃饧呢？《岁时杂记》说是清明节在寒食第三日，故节物乐事皆为寒食所包，意思是说清明节在寒食节的第三日，所以清明节的所有应节物品和活动都为寒食所包，所以食饧一开始可能主要还是寒食节的习惯，因寒食禁烟火，饧可以提前做好，冷着吃，又是由主食制成，因而便成为清明节最重要的食物。朱熹为其父编的《韦斋集》中有一首《寒食》诗，第一句便是"粥冷春饧冻"，可见无论饧还是粥饧，都是冷着吃，这应该就是寒食节的习俗相沿。饶有趣味的是，因古时寒食禁火三日，所以寒食节临近时家家户户便会储备很多食品，所以宋代便有"寒食十八顿"的俗谚，取笑寒食节成了贪吃者的天堂日子。

虽然饧可能是宋代寒食、清明时节最常见的食物，但它绝不是唯一的当令食物。《鸡肋编》载："寒食火禁，盛于河东，而陕右亦不举爨者三日。以冬至后一百四日谓之炊熟日，面饭饼饵之类，皆为信宿之具。又以糜粉蒸为甜团，切破暴干，尤可以留久。"寒食节禁火，故多熟食，古人复将聪明才智灌注其中，制作出各种名目的"寒具"。《东京梦华录》还提到了奶酪、乳饼等清明节食物。奶酪在宋代主要是用牛、羊等动物的乳汁提炼而成，它在宋代至少在都城应是相当普遍了。不仅孟元老有过记载，《枫窗小椟》里也有记载，说汴京城里有很多厨艺高超的美食店名噪一时，"如王家奶酪……，皆声称于时"。乳饼应该也是乳制食品。朱熹《乳饼》云，"清朝荐疏盘，乳钵有真味"。

宋代清明时节常吃的食物还有很多，比如别具特色的糕点"子推燕"，《东京梦华录》载："用面造枣锢飞燕，柳条串之，插于门楣，谓之'子推燕'……节日，坊市卖稠饧、麦糕、乳酪之类。"宋人还吃一种叫"馓子"的油炸食品，苏轼曾作《馓子》诗道："纤手搓来玉色匀，碧油煎出嫩黄深。夜来春睡知轻重，压扁佳人缠臂金。"《岁时杂记》所记载的"寒食以糯米合采菜叶裹以蒸之，或加以鱼鹅肉鸭卵等，又有置艾一叶于其下者"，则接近于今天江南各地普遍用艾叶、鼠曲草等做成的清明粿、青团、艾粄等当令食品。但宋人提起清明时常吃的食物，第一个想起来的应该还是饧！宋人甚至有"馋妇思寒食，懒妇思正月"的谚语，思正月是因为"正月女工多禁忌"，思寒食则说明食品之丰美，中华民族之善于化苦为乐，于此可见一斑。

周邦彦《应天长·寒食》词中有"青青草，迷路陌，强载酒，细寻前迹。市桥远，柳下人家，犹自相识"的句子。宋时，陈与义在被贬为陈留（今属河南开封）税酒监任上，曾作《寒食》诗："草草随时事，萧萧傍水门。浓阴花照野，寒食柳围村。客袂空佳节，莺声忽故园。不知何处笛，吹恨满清樽。"意思是为应付差事，只好寂寞地把寒食佳节的景色、回乡的情思，都倾入这满杯的酒中。可见，寒食饮酒的习俗也是颇有渊源且十分普遍的。

其他寒食节活动

宋代对寒食节非常重视，一过至少是三天，个别地方如太原甚至要过一个月。西安人田况晚年在成都担任地方官，他作诗描绘当地寒食节和清明节的情景是"歌声留客醉，花意尽春红。游人一何乐，归驭莫匆匆"，和北方过寒食节看重祭祀不同，蜀人已经完全把寒食清明过成了娱乐性节日。

"祓禊插柳"

祓禊被称为祓或禊，即寒食节时众人在水边进行祭祀和洗浴，以便将这一年的秽气清洗干净。宋代文人对于这一活动非常热爱，欧阳修《渔家傲》云："三月清明天婉娩，晴川祓禊归来晚。"他清明时节在祓禊活动中过于沉醉，连家都忘了回。柳永《笛家弄》云："花发西园，草熏南陌，韶光明媚，乍晴轻暖清明后。水嬉舟动，禊饮筵开，银塘似染，金堤如绣。"描绘的是清明祓禊活动的热闹场景，犹如在人们眼前呈现了一幅嬉春图。

明 文徵明《兰亭修禊图》

宋人眼中的柳树具有神奇的作用，可以带来新火，也具有驱鬼辟邪的作用，插柳因此成为寒食节习俗之一。《梦粱录》记载此日临安市民，"家家以柳条插于门上，名曰明眼"。甚至男女外出都要戴上柳条。谚语说："清明不戴柳，红颜成皓首。"其意思是说清明节不戴柳条，年轻的、美丽的女子会马上变老。《武林旧事》载："清明前三日为寒食节，都城人家，皆插柳满檐，虽小坊幽曲，亦青青可爱。大家则加枣食于柳上，然多取之湖堤。有诗云：'莫把青青都折尽，明朝更有出城人。'"戴复古《锦帐春》咏"处处逢花，家家插柳。正寒食，清明时候。"赵孟坚《朝中措·客中感春》咏"明日清明到也，柳条插向谁门"，就算是出门在外的游人也会在清明时节在门上插上柳条，从而寄托自己的思乡之情。

"踏春"

李之彦《东谷所见》载："拜扫了事，而后与兄弟、妻子、亲戚、契交放情游览，尽欢而归。"在外出扫墓的同时，人们也借机游玩，放松一下心情。吴惟信《苏堤清明即事》云："梨花风起正清明，游子寻春半出城。日暮笙歌收拾去，万株杨柳属流莺。"欧阳修《阮郎归》云："南园春半踏青时，风和闻马嘶……花露重，草烟低，人家帘幕垂。秋千慵困解罗衣，画堂双燕归。"有青草有柳叶有鲜花，更有翩翩起舞的蝴蝶，荡着秋千的美人，有如此美景，宋人自然不愿待在家中，更愿意出门去踏青游玩。清明时节，郊外游人如织。人们尽情享受着大自然的恩赐，把酒言欢，怡然自得。

宋朝时期的踏青，已经逐渐演变成一项重大游玩项目，洪适《番禺调笑》云："寒食，人如织。"玉津、富景等皇家园林，包家山的桃关，东青门的菜市，当时都城最大的花圃——马塍，以及尼庵道院，都是人们寻芳讨胜的好地方，极意纵游。随处都有商贩做生意、歌女卖唱及演戏杂耍等人，野果山花，别有幽趣。在南宋都城临安，"是日，倾城上冢，南北二山之间，车马阗集，而酒尊食罍，山家村店，享馂邀游，或张幕藉草，并舫随波，日暮忘返。苏堤一带，桃柳阴浓，红翠间错，走索、骠骑、飞钱、抛钹、踢木、撒沙、吞刀、吐火、跃圈、筋斗、舞盘，及诸色禽虫之戏，纷然丛集。而方外优妓，歌吹觅钱者，水陆有之，接踵承应。又有买卖赶趁，香茶细果，酒中所需。而采妆傀儡、莲船、战马、饧笙、鼗鼓，琐碎戏具，以诱悦童曹者，在在成市"（田汝成《西湖游览志馀》卷二十）。从明人田汝成留下的笔墨看，南宋杭州的清明节祭扫之外，踏青更盛。不但游客云集，而且各色艺人的表演也参杂其中，还有外地来的乐伎，歌吹而求觅钱者，接踵而至。游西湖的人们在船上听歌看舞喝酒作乐，更不知天色已晚。直到月色上柳梢，湖面上歌吹仍是此起彼伏。人们离湖，男骑马，女乘轿，童仆挑着木鱼、龙船、花篮、闹杆等回家，准备馈赠亲友。这一番热闹异常的景象真是让我们今人无法想象。而且，南宋临安的寒食节已经具有比较浓厚的喜剧色彩：女儿家艳装上坟，老翁一醉方休，人们的心事已不在坟中的逝者，而是放在春游和自己的享乐上。

游西湖是临安市民节日里必不可少的娱乐项目。《西湖老人繁胜录》对此有非常详细的记载："寒食前后，西湖内布满画船，头尾相接，有若浮桥。头船、第二船、第三船、第四船、第五船、槛船、摇船、脚船、瓜皮船、小船，估计在

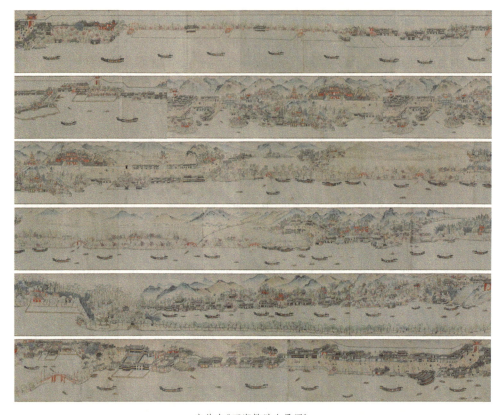

宋佚名《西湖繁胜全景图》

五百余只。南山、北山两地，各有龙船数只。自二月初八日下水，至四月初八日方罢。"其中，沓浑木、拨湖盆两项水上表演项目，是其他地方看不到的。节日里要用的大型游船，早被王侯将相府第及朝中的官员租赁，其余小船方租给市井百姓使用。西湖的湖岸上，游人和各种店舍都到达了极限。路边用芦席搭盖起简易棚子，但即使是这样，卖酒食的也没有坐处，游客只得于赏茶处借坐饮酒。南北高峰诸山寺院僧堂佛殿，同样游人挤满。为此，城门也推迟了关闭的时间，待游人轿马尽绝，城门方闭。

诸王公卿及六曹郎还在寒食前于西湖上排办春宴。这些达官贵人遵照唐代长安曲江的遗风，叫来一大批年轻貌美的艺妓，在湖上作乐。据《梦粱录》记载："其日聚宴于西郊者，则就名园芳圃、奇花异木之处；宴于湖者，则彩舟画舫，款款撑驾，随处行乐……滞酒贪欢，不觉日晚。看红霞映水，月挂柳梢，歌韵清圆，乐声嘹亮，此时尚犹未绝。及夜深时，上等者男跨雕鞍，女乘花轿，次第入城。又使童仆挑着木鱼、龙船、花篮、闹竿等物归家，以馈亲朋邻里。"而平民百姓则徒步而行。当时的文人对此多有描述，周端臣《寒食湖堤》云："紫陌笙歌簇禁烟，几年无此好晴天。画桥日晚游人醉，花插满头扶上船。"

荡秋千也深受宋人的喜爱。《宋史·礼志》载："上元结灯楼，寒食设秋千。"吴文英《风入松》就记录过"黄蜂频扑秋千索，有当时、纤手香凝"，又张先《青门引》云："乍暖还轻冷，风雨晚来方定……那堪更被明月，隔墙送过秋千影。"傍晚时分，张先在院中喝酒，清冷的晚风吹醒了他，在模糊的秋千影子中，张先想到马上要到清明时节，但是自己不能回到家乡，越发感到孤独寂寞。宋代甚至出现了水上秋千的玩乐方法。张炎《阮郎归》云："钿车骄马锦相连，香尘逐管弦，瞥然飞过水秋千，寒食清明天。"春季清明时节，士女乘坐马车游玩，在看到水上秋千的时候想到寒食清明节要到了。

"上头"

宋代，女子上头（笄礼在古代又称上头）多安排在清明前两日举行。《梦粱录》载："清明交三日，节前两日谓之寒食……凡官民不论小大家，子女未冠笄者，以此日上头。"而小贩们则不肯放过这赚钱的大好时光，贩起鲜花来了。

"赐火"

自古以来，寒食不举火。宋代也沿袭了这一风俗，"每岁禁中命小内侍于阁门用榆木钻火，先进者赐金碗、绢三匹。宣赐臣僚巨烛，正所谓'钻燧改火'者，即此时也"。这是说每年清明，宋廷都要举行"钻燧改火"的仪式，并向臣僚宣赐巨烛。与此同时，民间也有清明日馈赠新火的习俗。

"开沽煮酒"

酒亦有时令，古人常饮春酿秋冬始熟之酒，谓之"春酒"。宋代流行在春酒酒熟之后举行大型活动，且被纳入寒食节的活动内容中。耐得翁《都城纪胜》载："天府诸酒库，每遇寒食节开沽煮酒。"开煮是开沽煮酒的简称，意为开始卖煮酒。又因其时要举行欢迎仪式，故又称"迎煮"。它成为宋代节序性的民俗内容，且民众参与度极高，热闹非凡。

《梦粱录》载："临安府点检所，管城内外诸酒库，每岁清明节前开煮……诸库复呈本所，择日开沽呈祥，各库预颁告示，官私妓女，新丽妆著，差雇社队鼓乐，以荣迎引。"户部点检所，负责管理城内外十三个酒库。按惯例，每年清明节前要举行开煮仪式，这次卖新活动，各个酒库都要在活动开始前的十天打报告给酒库的负责人，五天前给上管单位点检所的负责人，择日开沽呈样品尝。同意后，各库预颁告示，开始筹办活动，召集官府和民间的伎女，要求她们在参加活动时必须精心化妆打扮，并雇请社会上的舞队、乐队等，参加新酒开沽仪式。届时，虽贫贱泼妓，亦须借备衣装、首饰，或托人雇赁，以供一时之用，否则要遭到官府的责罚。

官府主导的游行活动中，售酒宣传"海报"甚为壮观，"首以三丈余高白布写'某库选到有名高手酒匠，酝造一色上等浓辣无比高酒，呈中第一'谓之布牌，以长大竹挂起，三五人扶之而行"。① 郑毅夫造酒，必自踩曲，曲皆发散之药和合而成。故而所造之酒虽清冽却见风易消，既不久醉，又无肠腹滞之患，士大夫呼为君子觞，所以他酿的酒常常"呈中第一"。② 苏轼好酒，闲居未尝一日无客，客至则未尝不置酒，他经常"偷"郑毅夫的酒招待客人，尤喜欢同郑毅夫同饮，在他与酒的面前，众生平等。三番五次之下，苏轼不仅为郑毅夫题写了酒名"郑复祥"，而且自掏腰包，雇请社会上的舞队、乐队等，参加新酒开沽仪式。③ "次以大鼓及乐官数辈，后以所呈样酒数担，次八仙道人，诸行社队，如鱼儿活担、糖糕、面会、诸般市食、车驾、异桧奇松、赌钱行、渔父、出猎、台阁等社。又有小女童子，抚琴瑟，精巧笼仗。"④这支浩浩荡荡的游行队伍由五部分组成：走在前列的是三五人扶举的高大布牌；第二是乐队，各库所呈新酒，以及各行和社团代表人物；第三是小女、童子、服役婆嫂的技艺表演；第四是三种华丽妖艳的官妓和民间私妓献艺，同时有名妓的豪华马队行进；第五是专管酒务的官员的马队随后，可谓是热闹至极。堂堂开封知府，竟然参加新酒开沽仪式，难怪王安石讥之为"滕屠郑酤"。

这一天，在州治呈中祇应仪式结束后，各酒库迎引出大街，直至鹅鸭桥北酒库，或俞家园都钱库，纳牌后才解散队伍。行进中，最是风流少年，沿途劝酒，或送点心。间有一些年长的人也不识羞耻，仿照这些风流少年的行为，令观者旁观哂笑。各个酒库结彩欢门，游人可以随处品尝酒水和糕点。逢此佳时，"少年

① 吴自牧：《梦粱录》，杭州：浙江人民出版社1984年版。
② 佚名：《渔隐丛话》，北京：人民文学出版社1984年版。
③ 佚名：《渔隐丛话》，北京：人民文学出版社1984年版。
④ 吴自牧：《梦粱录》，杭州：浙江人民出版社1984年版。

狎客，往往簇钉持杯争劝，马首金钱彩段及舆台，都人习以为常，不为怪笑。所经之地，高楼邃合，绣幕如云，累足骈肩，真所谓'万人海'也"。①

"镂鸡子"

所谓"镂鸡子"，就是古人们在寒食节镂刻绘画鸡蛋，然后进行夸比、鉴赏、馈赠、食用等习俗。宗懔在《荆楚岁时记》中记载当时南北朝时的习俗，"古之豪家，食称画卵。今代犹染蓝茜杂色，仍如雕镂。递相饷遗，或置盘俎"。人们最早用提炼的蓝紫色颜料对鸡蛋进行绘画，或者进行雕刻，作为礼品相互馈赠食用，或者放在盘中用来祭祀。那么，如何镂鸡子？有两种方式，一种是镂刻鸡蛋，另一种是在鸡蛋上绘画，然后相互夸比，以度寒食节。由于镂刻鸡蛋讲究技术，因而一般百姓是不会的，盛唐张说的《奉和圣制初入秦川路寒食应制》有"便幕那能镂鸡子，行宫善巧帖毛毬"，记载宫廷里面的能工巧匠镂刻鸡蛋的高超技巧。

至于在鸡蛋上绘画煮食，这是一般百姓都可以做到的，骆宾王《镂鸡子》云："幸遇清明节，欣逢旧练人。刻花争脸态，写月竞眉新。晕罢空余月，诗成并道春。谁知怀玉者，含响未吟晨。"记载了骆宾王和旧交在清明时分绘画鸡蛋娱乐的情形。白居易《和春深十六》也有记载寒食节镂鸡子之妙："何处春深好，春深寒食家。玲珑镂鸡子，宛转彩球花。"宋人也不闲着，庞元英《文昌杂录》载："寒食则有假花鸡球、镂鸡子。"《岁时广记》也有"寒食日，俗画鸡子以相饷"的记载。

伴随岁月的流逝，寒食节渐渐地融入了清明节，其本身则被人们所遗忘，"杏花寒食炊饧粥"的场景也渐渐地消失在人们的记忆之中。其实，任何一种节日都有其历史形成的传统仪式，是人们对世界与人生的一种祈求和寄托。剥离了欢庆节日的形式，现代人当然会让寒食节徒剩一件漂亮的外衣而缺乏鲜活的生命。

---

① 吴自牧：《梦粱录》，杭州：浙江人民出版社 1984 年版。

花开有"食"

现代人的饭局，图的是一个热闹和排场。请客吃饭怎么能掉面子，通常会点上一桌大鱼大肉以示"豪爽"。虽然吃的是排场，但高蛋白、高脂肪食物摄入过多，必然会带来肥胖、"三高"等问题。所以，常"回家吃饭"，不仅能有效改善家庭关系，也是对自身健康的负责。当然，如果我们能学习一下宋代的杨万里，可能就不会有这么多的困扰。有《落梅有叹》诗为证：

> 才看腊后得春饶，愁见风前作雪飘。脱蕊收将熬粥吃，落英仍好当香烧。

对于杨万里来说，落英缤纷，看似无情，但经过一番巧手侍弄，可以成为暖人脾胃的一碗温润的梅花粥。自古以来，梅花与雪都是冬日清友，杨万里捡拾梅花，化雪为水，用梅花和雪水煮成粥，可谓是珠联璧合，白香皆有。吃花，听起来未免落得个过于庸俗的罪名，不过还好宋人给它起了一个十分美的名字"花馔"，即以花入馔，用四时鲜花做成菜肴或糕点。《武林旧事》一书中就记载了多种花馔。或许是赏花的时候，这些花开得实在太美，于是在将它们做成花馔的时候，宋人都选择了手下留情，道道都是"轻口味"，几乎没有宋人说是拿几朵花来焖个大肘子，这是宋人发自内心地惜花。

鲜花入食，宋人如此浪漫

"朝饮木兰之坠露兮，夕餐秋菊之落英"，花做成的食物不仅好吃，更重要的是那份感觉。宋代的文人雅士，已经把花开时赏花，花落时食花作为风雅之事。在宋代，花食已经和主食完美地结合起来，花和饮品的独特酿造，以及其他新奇的鲜花食物的出现，都展现出宋人对于生活的仪式感和浪漫感。一天的时间里面，看看满园的春花，一日三餐享用着各种各样的鲜花美食，这样的生活的确让不少人羡慕。

花馔是为了尝鲜，更是为了雅趣，梅花便是一例。宋人对梅花入馔极为看重，《山家清供》汇集了各式与梅花有关的食谱，如蜜渍梅花，"剥白梅肉少许，浸雪水，以梅花酿酝之；露一宿取出，蜜渍之，可荐酒"。杨万里自称"老夫最爱嚼梅花"，有一次吃过蜜渍梅花后赞不绝口，诗兴大发，写下《蜜渍梅花》咏之："瓮澄雪水酿春寒，蜜点梅花带露餐。句里略无烟火气，更教谁上少陵坛。"别的不说，想想制作蜜渍梅花的几种食材：白梅肉、雪水、梅花、蜜，就能勾起食欲，让人忍不住流口水，如此冰清玉洁清新脱俗之馔，不管是作为小零食还是下酒菜，都是再合适不过的风雅之物，难怪杨万里爱吃这一口。又如汤绽梅，"十月后，用竹刀取欲开梅蕊，上下蘸以蜡，投蜜缶中。夏月以熟汤就盏泡之，花即绽，香可爱也"。可以说，花馔是宋代文人清雅生活的一部分。众多的花馔食用方法，显示着宋代文人对花馔美食的喜爱和看重。

1. 主食类

如果你穿越到了宋朝，走进一家早餐店，你可能会看得眼花缭乱，桂花粥、菊花饼、牡丹饼、桃花饼、玫瑰饼等，光这些名称都会让人觉得大开眼界，惊叹不已，宋人的早餐也太丰富了吧。当然，宋时人们的主食种类很丰富，但最主要的依然是饼、馒头、面和粥。

（1）梅花馔

《山家清供》载："扫落梅英，拣净洗之，用雪水同上白米煮粥，候熟，入英同煮。"又"梅花汤饼"："初浸白梅、檀香末水，和面作馄饨皮，每一叠用五出铁凿如梅花样者，凿取之。候煮熟，乃过于鸡清汁内，每客止二百余花，可想一食亦不忘梅。"据说是宋代一位德行高尚的隐士所创，既有梅花的凛冽清气，又有檀香的馥郁芬芳，还有鸡汁的鲜香甘美，食之胃口大开，齿颊留香。

（2）菊花馔

《山家清供》载："紫茎黄色菊花，以甘草汤和硝少许焯过，候粟饭少熟同煮，称为金饭。久食可以明目延龄。"白菊花瓣可作火锅，与肉片等一起蘸"活菜"吃。但须比其他菜后放，以免煮得过死，失去鲜味。

（3）酴醾花粥

《山家清供》载："旧辱赵东岩子岩云瓒夫寄客诗，中款有一诗云：'好春虚度三之一，满架荼蘼取次开。有客相看无可设，数枝带雨剪将来'。始谓非可食者。一日适灵鹫，访僧苹洲德修，午留粥，甚香美。询之，乃酴醾花也。其法：采花片，用甘草汤焯，后粥熟同煮。又，采木香嫩叶，就元焯，以盐、油拌为菜茹。僧苦嗜吟，宜乎知此味之清切。知岩云诗不诬也。"作者起初以为荼蘼不能食用，直到有一天在灵鹫寺享用到此馔。"清切"指食物的味道清晰纯粹，不掺杂其他。

（4）甘菊冷淘面

王禹偁极爱吃甘菊冷淘面，用甘菊洗净煮熟后放入寒泉中浸泡片刻后实用，冰凉可口。他曾作诗《甘菊冷淘》云："淮南地甚暖，甘菊生篱根。长芽触土膏，小叶弄晴墩。采采忽盈把，洗去朝露痕。俸面新且细，溲摄如玉墩。随刀落银缕，煮投寒泉盆。杂此青青色，芳香敌兰荪。"

（5）蒼卜煎

《山家清供》载："旧访刘漫塘宰，留午酌，出此供，清芳，极可爱。询之，乃栀子花也。采大者，以汤灼过，少干，用甘草水和稀面，拖油煎之，名'蒼卜煎'。杜诗云：'于身色有用，与道气相和。'今既制之，清和之风备矣。""蒼卜煎"以栀子花为原料，乃文人间待客的清供。"于身色有用，与道气相和"是杜甫形容栀子花特点的诗句，说栀子与众不同，人间未多见。

宋 吴炳《山茶花图》　　　　　　　五代 徐熙《写生栀子图》

2. 菜肴类

如果说花和主食的结合已经让人喜不胜收，那么花作为菜肴出现则让我们感受到宋人的浪漫。宋人认为花卉是汲取日月之精华而生，是大自然馈赠给他们的珍贵菜肴。《老饕赋》列举了苏轼喜欢吃的六种美食，"尝项上之一脔，嚼霜前之两螯。烂樱珠之煎蜜，渝杏酪之蒸羔。蛤半熟以含酒，蟹微生而带糟"。其中两种就是和鲜花有关，樱桃做的蜜饯，杏花做辅料的蒸羊羔。宋代最常见的用于制作菜肴的花卉有菊花、梅花、桂花、松花、栀子花、凤仙花、荼蘼花、荷花、芙蓉花、玉兰花、黄花（金针菜）、玫瑰花、月季花、牡丹花、茉莉花、杜鹃花、豌豆花和马兰花等。

（1）牡丹花馔

《山家清供》中记载有"牡丹生菜"："宪圣喜清俭，不嗜杀，每今后苑进生菜，必采牡丹片和之。"就是把牡丹和生菜放在一起食用，或者外面裹上一层面粉放进油锅炸成酥。《客退纪谈》载："孟蜀时，兵部尚书李灵每春时，将牡丹花数枝分遗朋友，以兴平酥同赠，且曰：'俟花凋谢，即以酥煎食之，无弃浓艳也。'"

（2）石榴花馔

《桂海虞衡志》载："石榴花，南中一种，四季常开。夏中既实之后，秋深复又大发花，且实，枝头颗颗鳞裂，而其旁红英粲然。并花实折钉盘筵，极可玩。"

（3）栀子花馔

《山家清供》载："取半开蕊矾水焯过，入细葱丝、茴香末、黄米饭研烂，同盐拌匀，腌压半日食之。或用矾焯过，用白糖和蜜入面，加椒盐少许，作饼煎食，亦妙。"

（4）杜鹃花饮

《山家清供》载："取红杜鹃花朵，去花蕊，留朵杯中之糖斗，直入口食，或捣泥拌蜂蜜作馅。"切忌：黄色杜鹃——闹羊花有毒，不能食。

（5）金凤脯

《山家清供》载："凤仙花（指甲花），煮肉时，放入几粒凤仙子，易煮烂。凤仙叶，水浸一宿去微苦，可食。嫩茎洗净蒸腌为脯，压扁晒干，称为金凤脯。"

（6）萱草扣鸡

《山家清供》记载了一道"萱草扣鸡"，"采花入梅酱。砂糖可作美菜，鲜者积久成多，可和鸡肉，其味胜黄花菜。彼则山萱故也"。传说食萱草能令人忘忧。

3. 汤羹类

宋代的汤是一种用花卉、蔬菜、药材等，经过烹饪而成的饮品。朱彧《萍州可谈》载："汤取药材甘香者屑之，或湿或干，未有不用甘草者，此俗遍天下。"由于汤中不仅用药材（如甘草），还有花卉，因而各种汤饮不仅有生津止渴、解暑消夏的作用，更有防病治病、养生益寿的功能。

（1）锦带羹

《山家清供》记载有"锦带羹"："锦带，又名文官花，条生如锦。叶始生，柔脆可羹，杜甫故有'香闻锦带羹'之句。……谓锦带为花，或未必。然仆居山时，固有羹此花者，其味亦不恶。"锦带花的叶子刚长出来的时候，口感爽脆，可以做成汤类。

（2）菊羹

范成大《菊谱》曰："甘菊，一名家菊，人家种以供蔬茹。凡菊叶，皆深绿而厚，味极苦，或有毛。惟此叶淡绿柔莹，味微甘，咀嚼香味具胜。撷以作羹及泛茶，极有风致。"司马光曾写了一首诗《晚食菊羹》，他大鱼大肉吃腻了，采了菊花，交给厨娘做菊羹，吃完后犹有余味，直吃得他"神明顿飒爽，毛发皆萧然"，直吃得他饮食观都改变了，明白了原来吃得好"不必矜肥鲜"。

（3）天香汤

《广群芳谱》载："白木犀盛开时，清晨带露用杖打下花，以布被盛之。拣去蒂萼，顿在净磁器内。候聚积多，然后用新砂盆擂烂如泥。木犀一斤、炒盐四两、炙粉草二两拌匀，置磁瓶中密封，曝七日。每用，沸汤点服。一名山桂汤，一名木犀汤。"

宋 佚名《缂丝菊花》

南宋 李迪《红芙蓉图》

（4）芙蓉花馔

《山家清供》记载有"雪霞羹"："采芙蓉花，去心蒂，汤沦之，同豆腐煮，红白交错，恍如雪雾之霞，名'雪霞羹'。加胡椒、萱可也。"其制作既简便易行又别有情趣：将摘下的荷花，去掉花心和花蒂，在沸水里烫一下。同豆腐一起煮熟后，加入胡椒、姜末等作料，即可供食。因其盛在碗中，红白交错，恍如雪雾之霞，文人为其取名为"雪霞羹"。

4. 糕点类

宋人在面饼里面会加入各种鲜花，菊花饼和桂花饼都是加入了鲜花的缘故，所以变得更加美味可口，也被人叫做笼饼。糕点制品之中也加入了花卉，比如梅花糕、莲糕等。而宋代读书人最喜欢的是桂花糕，不仅仅是因为其美味，还有桂花糕带有"蟾宫折桂"的美好祝愿，所以读书人在参加每年的科举考试时，人们都会制造桂花糕来送给他们，希望他们能够高中，小小的一块糕点浓缩了人们的关心和爱意。

（1）桂花馔

《山家清供》记载有"广寒糕"："采桂英，去青蒂，洒以甘草水，米粉饮作糕。大比岁士友咸作铗子相馈，取'广寒高甲'之谶。"

（2）松花饼

《山家清供》载："松至三月开花，取扣落其花粉，用蜂蜜调作饼。"

（3）菊糕

《武林旧事》载："且各以菊糕为馈，以糖肉秫面杂糅为之，上缕肉丝鸭饼，缀以榴颗，标以彩旗。又作蛮王狮子于上，又糜栗为屑，合以蜂蜜，印花脱饼，以为果饵。"

5. 茶酒类

吃着美味的百花菜肴，宋人还能够享用各种植物花茶，吃好喝好的确是人生一大乐趣。同样，能够和鲜花做伴，一日三餐喝花酒，这样的生活也极其浪漫。宋人偏爱花茶，各种各样的香花到他们手里都可以用来熏茶。除此之外，宋人也将花玩出了新高度，把花融入酒中，甚至花露也可用于制酒。《山家清供》中记载，"仿烧酒锡瓶、木桶、减小样制一具，蒸诸香露。凡诸花及诸叶香者俱可蒸露，入汤代茶，种种益人；入酒增味，调汁制饵，无所不宜"。郑毅夫下班后就经常以花露配制酒，"酝造一色上等辣无比高酒"。

（1）菊花茶

　　按照史正志的说法，菊花"苗可以菜，花可以药，囊可以枕，酿可以饮"。毛滂曾写道，"戊寅重阳，病中不饮，惟煎小云团一杯，荐以菊花"。毛滂所患何病，词中未表，用菊花茶疗疾驱病却是不争事实。而蔡松年在《石州慢毛泽民尝九日以微疾不饮酒唯煎小》则说得更为直白，"前此二日，左目忽病昏翳，不复敢近酒。痴坐无聊，感念身世，无以自遣，乃用泽民故事，拟菊烹茶，仍作长短句"。但蔡氏所患之病确实与眼疾有关，故要拟菊烹茶，疗病祛疾。效果如何？"晓来一枕余香，酒病赖花医却。滟滟金尊，收拾新愁重酌。"①

　　（2）茉莉茶

　　宋时的花茶不但能治病祛疾，亦能解忧消愁。陈景沂《全芳备祖》载："（茉莉）或以熏茶及烹茶尤香。"施岳的《步月·茉莉》中对用茉莉花熏茶有这样的记述："玩芳味，春焙旋熏，贮裛韵。"

　　（3）脑麝香茶

　　《事林广记》记载有脑麝香茶的制作：脑麝香茶，"好茶不拘多少，细碾置小合中，用麝殼置中，吃尽再入之"。

　　（4）百花香茶

　　百花香茶，"木犀、茉莉、橘花、素馨花收曝干，又依前法熏之"。② 蔡襄《茶录》中有："茶有真香，人贡者微以龙脑和膏，欲助其香。建安民间试茶……又杂珍果香草。"

　　（5）梅花酒

　　花和茶的交融展现出文人的浪漫情丝，同样花和酒的交融也给人不一样的浪漫和豪迈之情。临安城茶坊，"向绍兴年间，卖梅花酒之肆，以鼓乐吹《梅花引》曲破卖之，用银盂杓盏子，亦如酒肆论一角二角"。③

　　（6）荼蘼酒

　　在宋代，荼蘼酒深受文人雅士的青睐。李訦《酴醿》云："下腾赤蛟身，上抽碧龙头。千枝蟠一盖，一盖簪万球。花开带月看，香要和露收。一点落衣袂，经月气未休。一摘人酿瓮，经岁味尚留。"荼蘼酒既是文人们嗜好的佳酿，又是他们笔端咏唱的对象。宋朝时期流行一种酴醿酒的制作方式。人们将一种名叫木香的香料研磨成粉，投入酒缸密封好，到了饮酒的时候，开坛取酒便会芳香四溢。再

---

① 唐圭璋：《全宋词》，北京：中华书局 1986 年版。
② 陈元靓：《事林广记》，南京：江苏人民出版社 2011 年版。
③ 吴自牧：《梦粱录》，杭州：浙江人民出版社 1984 年版。

在酒面上撒些荼蘼花瓣，酒香便会如同荼蘼花香一般难以分辨两者区别。

（7）石榴酒

宋时崖州人以安石榴花酿酒，祝穆《方舆胜览》载："崖州妇人着缌缏，以土为釜，器用匏瓢，无水，人饮惟石汁。以安石榴花着釜中，经旬即成酒，其味香美，仍醉人。"

（8）菊花酒

《太平御览》载："重阳之日，必以糕、酒、登高、眺远为时宴之游赏，以畅秋志。酒必采茱萸、甘菊以泛之，既醉而还。"在宋代有一种名叫金茎露的菊花酒，是将菊花蒸成花露，以花露配制酒，刘辰翁《朝中措·劝酒》云："炼花为露玉为瓶，佳客为频倾。耐得风霜满鬓，此身合是金茎。"此法制作的菊花酒，菊香清爽，口味绝妙。品饮花露，酒中花的芬芳能让人想到鲜花盛开之时。

（9）松花酒

松花，是春天时松树雄枝抽新芽时的花骨朵。松花清香芳烈，很适合酿酒。据《酒小史》载：苏轼守定州时于曲阳得松花酒，他将松花、槐花、杏花入饭共蒸，密封数日后得酒。他甚至还写了一首《松醪赋》："一斤松花不可少，八樟蒲黄切莫炒，槐花杏花各五钱，两斤白蜜一齐捣。吃也好，浴也好，红白容颜直到老。"苏轼很看重松花酒，称其为仙酒，"松花酿仙酒，木客馈山飧。我醉君且去，陶云吾亦云"。松花酒其味甘，具有养血息风、润肺益气的药补功能，是宋人养生的佳品。

花馔是文人清雅生活的一部分。《山家清供》有则故事很有趣："张约斋镃，性喜延山林湖海之士。一日午酌，数杯后，命左右作银丝供，且戒之曰：'调和教好，又要有真味。'众客谓：'必脍也。'良久，出琴一张，请琴师弹《离骚》一曲。众始知银丝乃琴弦也；调和教好，调弦也；又要有真味，盖取陶潜'琴书中有真味'之意也。张，中兴勋家也，而能知此真味，贤矣哉！"陶潜的琴只求琴意不求琴音，据说是无弦琴。《宋书·陶潜传》记载说："潜不解音声，而蓄素琴一张，无弦，每有酒适，辄抚弄以寄其意。"张镃宴请山林隐士，要上一道有"真味"的菜，竟然是要弹琴，如此才是真味。

四季食花，是味蕾的尝鲜，更是我们对自然和时节的感恩。试想一下：刹那之间，万紫千红开遍我们的餐桌。可以说，依时令引花入馔是宋人与四季轮回交流的一种仪式。餐花饮露，尝的是远离人间烟火的风雅与高洁。从喜欢"沾花惹草"的宋人身上，我们能够看到宋代的繁荣，看到宋代的奇思妙想以及宋人的浪漫情怀。宋人在追求风雅的同时不忘好好生活，好好吃饭，完成了对生命和风雅的双重养护。

明 仇英《松下高士抚琴图》

宋朝厨娘：　寻常人家用不起

　　日常生活中一个有趣的现象，在家庭中，大多是由女性做一日三餐，而到了饭店酒楼，大厨则多是男性。不仅现在如此，历史上朝朝代代也多如此，上得了台面的职业厨师都是男性。然而，繁荣富裕的宋朝却非常特别，做饭做得好的往往是职业厨娘，她们大多从小学艺，甚至外貌还十分出众，也十分注重仪容，通常打扮成高雅脱俗的样子，感觉跟英国伦敦萨维街为王室贵胄做手工定制衣的裁缝有得一比。秦观想必对她们留下了极深的印象，特别写了一首诗《次韵范纯夫戏答李方叔馈笋兼简邓慎思》记录下来：

> 楚山冬笋斸寒空，北客长嗟食不重。秀色可怜刀切玉，清香不断鼎烹龙。
> 论羹未愧莼千里，入贡当随传一封。薄禄养亲甘旨少，满包时赖故人供。

　　"秀色可怜刀切玉，清香不断鼎烹龙"，美丽的女厨师楚楚可怜拿刀切着肉，锅里煮着肉汤香味不断地扑鼻而来。洪巽《旸谷漫录》对宋朝寻常人家女子从事的职业有所记载，"有所谓……厨子等级，截乎不紊"，"然非极富贵家不可用"。厨娘是宋代一个很时髦的行业。毕竟"尚文"的宋人爱极了写诗、作词、雅集、聚餐，吃进去美味才能作出华章，这家里要是有个拿得出手的厨子，足够显摆一段时间了，街头也出现了以厨娘为名号招揽客人的"幡子"，比如南宋临安有名的"李婆婆杂菜羹店"，一时间成为宋朝美食圈的风尚。

宋朝那些女"食神"们

　　两宋时期的富贵人家，都以聘请厨娘烧菜为时尚。河南偃师酒流沟宋墓出土的画像砖，[①] 砖上刻画了几名厨娘备餐的形象。从画面上的轮廓可以看出，这些厨娘都是20多岁的妙龄女子，四人皆云髻高耸，上身或穿抹胸搭配褙子，或穿

---

① 李慧清：《考古图像视野下的宋代日常生活研究》，《许昌学院学报》，2019年第3期。

另一流行穿着——交领衣，下身均穿长裙，姿态柔美又不失干练，透出一种既雍容华贵又精明干练的气质。乍看之下，甚至会让人误以为是大家闺秀。四位厨娘看样子正在准备一场家庭宴席。左边那位厨娘在下厨之前，要先一丝不苟地整理好发髻与首饰，可见宋代厨娘特别注意形象；还有一位厨娘微微低首，正用心烹茶，宋朝的茶艺极其繁复，可不是一般家庭主妇就能掌握的；另一位在涤器。那位正挽起衣袖的厨娘，大概是主厨，正准备做家宴的主菜——斫鲙。那案上几条活鱼，便是斫鲙的食材。每个厨娘只负责工序中的一个项目，摘菜的只管摘菜，切葱的只管切葱，烹饪的只管烹饪。有时看似简简单单的一道菜，需要 3~4 个人一起配合。可见分工之细，专业化程度之高。洛阳关林宋墓曾出土一块雕砖，①上面雕刻了三名站在桌子后面做菜备宴的厨娘，其中两位厨娘正在将酒瓮中的酒倒入温酒器，另一位厨娘在料理锅里的食物。她们身边的方桌上，摆满了盘、碗、杯、盏、酒壶、温酒器等餐具。桌子前面还有一名侍女模样的助手，捧着一个盖了荷叶的器皿；另一名侍女正准备往宴席送菜，却又回头想吩咐什么。看来一场丰盛的酒宴即将开始。

登封黑山沟宋墓壁画 备宴图

---

① 李慧清：《考古图像视野下的宋代日常生活研究》，《许昌学院学报》，2019 年第 3 期。

厨娘们长相秀丽，厨艺精湛，这些人里有自己开店的，但为数不多。她们大多倾向于去皇宫内院做御厨，以及去官僚士大夫之家做私人厨师。南宋初宫廷中有一位女御厨，"乃上皇（宋孝宗）藩邸人，敏于给侍，每上食，则就案所治脯修，多如上意，宫中呼为'尚食刘娘子'"。[①] 北宋蔡京家有"厨婢数百人，庖子亦十五人"。蔡京官居太师之职，他家里就养着数百名厨娘，后来有些厨娘到了退休的年纪，有个有钱人想体会一下太师家厨娘的手艺，便花钱请了蔡京家退休的厨娘给他做饭，但是这个厨娘做的饭菜并不好吃，这个有钱人一问才知道，原来蔡京家的厨娘有分工，这个退休的厨娘之前在太师府中只是负责切菜的厨娘之一。《避暑录话》则记载了这样一则故事，梅尧臣家有一厨娘，"斫脍"十分了得。这位厨娘的手艺好到什么地步呢？欧阳修和他的好朋友只要想吃"鲙"，就一定会提着食材或者派人将这位厨娘请到家里去。欧阳修是何许人？那是宋朝有名的政治家、文学家，可那又怎么样，想吃"生鱼片"还是得去请别人家厨娘。

当然，也有凭着手艺孤身行走江湖，不隶属于任何人的，如果谁家要办宴席，派人把这类厨娘请去就是。孤身行走的厨娘，一般都自带厨具，稍微有些名气富有些的，还会带一些徒弟助理之类的，负责帮厨。北宋有一位法号梵正的女尼，厨艺颇为精妙。她凭借着厨艺孤身行走江湖，是专给人家打短工、负责独揽宴席的那一类人。"比丘尼梵正，庖制精巧，用炸、脍、脯、腌、酱、瓜、蔬、黄、赤杂色，斗成景物，若坐及二十人，则人装一景，合成《辋川图》小样。"[②]意思是说，梵正能够以瓜、蔬等素食材，运用炸、脍、脯、腌、酱等烹饪手法，按照食材、佐料的色泽，拼成山川流水、亭台楼榭等景物。这样的菜肴，不仅吃着可口，而且看起来赏心悦目。梵正师太的手艺，在当时的贵族圈子里，那是叫得响的。

北宋末年，有一位开封酒家的女儿，"宋五嫂者，汴酒家妇，善作鱼羹，至是侨寓苏堤，光尧（高宗）召见之，询旧，凄然，令进鱼羹。人竞市之，遂成富媪"。[③] 宋五嫂擅做鱼羹，在当时的汴京很有名。靖康之变后，宋嫂流寓临安，把她的鱼羹店也开到了西湖边上。一次，宋高宗赵构去游览西湖，到了该吃饭的时候，宋高宗问左右附近有何美食，便有人向他推荐"宋嫂鱼羹"。宋嫂做完以后，宋高宗一尝，顿时赞不绝口，遂对宋嫂大加赏赐。从此之后，"宋嫂鱼羹"

①　何蓮：《春渚纪闻》，北京：中华书局1983年版。
②　陶谷：《清异录》，北京：中华书局1991年版。
③　田汝成：《西湖游览志馀》，上海：上海古籍出版社1998年版。

名声大振，四方慕名而来者，络绎不绝。《西湖志馀》记载了一则关于厨娘的有趣故事："高宗尝宴大臣，见张循王俊持一扇有玉孩儿扇坠，上识是十年前往四明误坠于水，屡寻不获。乃询循王，对曰：'臣于清河坊铺家买得。'召问铺家，云：'得于提篮人。'复遣根问，回奏云：'于候潮门外陈宅厨娘处买得。'又遣问厨娘，云：'破黄花鱼腹得之。'奏闻，上大悦，以为失物复还之兆。铺家及提篮人补校尉，厨娘封孺人，循王赏赐甚厚。"

寻常人家用不起

在经济繁荣的两宋时期，厨娘的做菜标准，那叫"高大上"。厨娘这个职业群体，在当时称得上是才貌双全、拥有高收入的白领阶层。那些孤身行走、专给人家打短工的厨娘，做一顿宴席的价格，是十贯钱加一匹绢，大概相当于今天的两三万元人民币，以此推论，宋朝厨娘行业的整体薪资，一定颇为不菲。据说，她们有个不成文的规矩，即厨娘试厨后，必须向雇主请赏，赏金大概在二三百贯，这在当时可是一笔不小的收入。

郑州下庄河宋墓壁画 庖厨图

当然，宋人是愿意为享受花钱的，《旸谷漫录》记载，宋理宗宝祐年间（1253—1258 年），有一个太守告老返乡，想着这下可以好好享享清福，不免觉得家里做的饭菜粗糙，"念昔留某官处，晚膳出京都厨娘调羹，极可口"，因此退休太守也很想请一位厨娘到家乡来，既可以满足自己的脾胃，也可以让亲友们开开眼界。他写信请京中的朋友帮忙物色，但是一时没有合适人选。老太守收到回信，心中很惆怅。但好在很快又收到第二封信，朋友说已经帮他找到了一个合适人选，"其人年可二十余，近回自府地，有容艺，能算能书，旦夕遣以诣直。"老太守很高兴，每天都在等待这位厨娘的到来。

将近一个月，厨娘终于到了太守家乡，"初憩五里头时，遣脚夫先申状来，乃其亲笔也，字画端楷。历叙庆新，即日伏事左右，千乞以回轿接取，庶成体面。辞甚委曲，殆非庸碌女子所可及"，但她却不直接进太守家，而是在五里地以外的客栈住下，给太守写了一封信派脚夫送来，信中书法、用词都颇有水准，除礼貌地奉承太守一番之外，委婉地要求太守派人用暖轿去迎接她，说这样才体面。太守收到信，赶紧派人抬轿迎接。等到厨娘进得府中，大家发现她"容止循雅，红裙翠裳"，非常优雅得体，进退有度，太守满心欢喜。第二天，太守要厨娘准备一桌五盘五碗的便饭。"厨娘谨奉旨，数举笔砚，具物料，内羊头签五分，合用羊头十个"，厨娘听罢，立即拟了一张采购单给太守看，太守看了吓一跳。原来里面光是一道羊头肉就要羊头十个、葱五斤。但他第一次请厨娘，不便驳回，只好请人照样采买。食材很快备齐。

"厨娘发行奁，取锅铫盂勺汤盘之属，令小婢先捧以行，燀灿耀目，皆白金所为，大约正该五七十两。至如刀砧杂器，亦一一精致，傍观啧啧。厨娘更围袄围裙，银索攀膊，掉臂而入，据坐胡床。徐起，切抹批脔，惯熟条理，真有运斤成风之势"，厨娘打开带来的箱笼，里面全是她自备的工具，菜刀、砧板、锅子等一应俱全，甚至还有一套精美的银质餐具，耀眼生辉，十分讲究，众人啧啧称奇。然后她换了入厨的衣服，系上围裙；衣袖挽起，用根银链子吊在肩头，先坐在椅子上指挥丫鬟，将材料先做初步的处理。该洗的洗、该剥的剥，等料理干净了，厨娘徐徐起身，一把厨刀到她手里，好似能够"运斤成风"，切菜斩肉，片刻即毕。但大家发现，十分的食材厨娘留用的不过只有一两分。例如羊头，"其治羊头也，漉置几上，剔留脸肉，余悉掷之地"，在滚水中焯过后捞出，只留下羊脸上两块肉备用，其他的都丢掉，说："此皆非贵人之所食也。"白切羊肉，要用葱酱，"其治葱齑也，取葱微彻过汤沸，悉去须叶，视楪之大小分寸而裁截之，又除其外数重，取条心之似韭黄者，以淡酒酰浸渍，余弃置，了不惜"，葱也是在热水中过一下，看碟子大小切段，只留下嫩心，在加盐的淡酒中浸渍片刻，沥干备用，其余丢弃。

山西河曲岱岳庙圣母殿北壁 备食图

这样做出来的所有菜肴上桌，"馨香脆美，济楚细腻，难以尽其形容"。太守特别有面子。只是这一顿便饭要价不菲。第二天，太守将厨娘招来，大为称赞，厨娘殷殷拜谢。主人的话完了，她还不走，原来她也有话。厨娘说："昨天试厨，幸而贵宾还中意，请照例犒赏。"太守不解其意，正踌躇未答之际，那厨娘又从容地开口："想来是要知道成例？"她探手入怀，取出一叠花笺，"这是未到府上以前，京中一位达官的犒劳单"。厨娘解释她这一行有行规，按照以往惯例，只要是大型宴客，就要犒赏厨娘，其例"每展会支赐绢帛或至百匹，钱或至三二百千"（约合二三百贯，或者二三百两白银）。如果只是一般家常饭，那就减半即可。老太守吓得不轻，无奈只好如数支给，不由感叹说："吾辈事力单薄，此等筵宴不宜常举，此等厨娘不宜常用。"不久便找个借口，辞掉了厨娘。

一个厨娘在一个官员家里办一次宴会，要赏钱赏物。因此，在宋朝，厨娘不是一般人家请得起的，无钱无势，想请厨娘做饭，根本不可能。难怪老太守感叹自己的财力达不到，最后只能把厨娘送走。

从这段记载中我们可以看到，宋朝的厨娘不仅厨艺厉害，而且地位不一般。厨娘要四抬暖轿才能接回家。所以，北宋时的汴京"中下之户不重生男，生女则爱护如捧璧擎珠，甫长成。则随其姿质。教以艺业。用备士大夫采拾娱侍"。说京都中下之户，并不看重生男孩子，生了女孩反倒是爱护有加。待她们要长成人的时候，就随其姿质教以不同的本领，其中的一些便被培养成厨娘。

宋人的富裕优雅生活，真可谓登峰造极！非是在如此的土壤，也难以成就这样的厨娘行业吧。宋朝厨娘的手艺，我们今天是品尝不到了。不过，南宋吴中有一位吴姓厨娘，留下了一本《吴氏中馈录》。"中馈"者，吃食也！"中馈"是妇女料理家中吃食的意思。这本书里记录了多种宋朝名菜的烹饪手法，虽然比不上高标准的"羊头签"，但也绝不比酱油炒饭差。

醉蟹："香油入酱油内，亦可久留，不砂。糟、醋、酒、酱各一碗，蟹多，加盐一碟。"又法："用酒七碗、醋三碗、盐二碗，醉蟹亦妙。"

蒜苗干："蒜苗切寸段，一斤，盐一两。腌出臭水，略晾干，拌酱、糖少许，蒸熟，晒干，收藏。"

五香糕方："上白糯米和粳米二六分，芡实干一分，人参、白术、茯苓、砂仁总一分，磨极细，筛过，用白砂糖滚汤拌匀，上甑。"上白糯米和粳米二六分，芡实干一分，人参、白术、茯苓、砂仁总共一分，要磨得非常细，筛过，用白沙糖滚汤拌匀，上锅蒸熟。

河南洛阳新安县石寺乡李村宋四郎墓 墓内壁画 1126 年

　　这本书所记载的菜谱虽大多是普通蔬菜，但其中有些材料与菜名却是民间少见，有些则是宫中名菜。《武林旧事》卷九"高宗幸张府节次略"记载，宋高宗于绍兴二十一年(1151年)十月幸清河郡王第，郡王张俊按御筵菜单宴君。其中"算条"在《吴氏中馈录》中有详载其制法："猪肉精肥，各切作三寸长，各如算子样，以砂糖、花椒末、宿砂末调和得所，拌匀、晒干、蒸熟。"而旋鲊就与《吴氏中馈录》"肉鲊"条所记大同小异："生烧猪羊腿，精批作片，以刀背匀捶三两次，切作块子。沸汤随漉出，用布内扭干。每斤入好醋一盏，盐四钱，椒油、草果、砂仁各少许，供馔亦珍美。"看来吴姓厨娘与京城和宫廷有着千丝万缕的关系。

　　宋朝人在中国古代那绝对是会"玩"的，人家要玩就玩得好。"四般闲事"且不提，就是这一天三顿的祭奠五脏庙也过得很有仪式感。马远《西园雅集图》表现了宋代文人雅集时宴饮赋诗的场景。这时候的饮食无疑是"雅致"的，但又不那么高高在上，使人不得亲近，它是当时文人阶层追求美好、精致、悠游生活的一个例证。但是，这一切，如果没有一位厨娘的存在，那几乎是很难想象的。正是这些默默无闻、用爱烹饪的厨娘们，温暖了宋代文人的肠胃。

三、 住

床帐生香——宋人的优雅养生之道

人的一生，大概有三分之一的时间在睡梦中度过。但对很多现代人来说，睡个好觉，似乎成了一种奢求。不过，在宋人看来，这实在算不上什么问题。他们很重视睡觉，一年有四季，他们就有四种讲究：春季"夜卧早起，广步于庭"，夏季"夜卧早起，无厌于日"，秋季"早卧早起，与鸡俱兴"，冬季"早卧晚起，必待日光"。在方向上，宋人也根据季节而变换，蒲虔贯在《保生要录》中指出："凡卧，自立春后至立秋前，欲东其首；自立秋之后至立春前，欲西其首。"如此讲究的宋人会不会失眠呢？失眠了怎么办？小 case。宋人一般闻香而卧——这是一种高逼格的助眠方法。朱敦儒在工作之余就喜欢研发新的熏帐之香，以帮助自己睡个好觉，有《菩萨蛮》为证：

> 芭蕉叶上秋风碧。晚来小雨流苏湿。新窨木樨沉？香迟斗帐深。
>
> 无人同向夕。还是愁成忆。忆昔结同心。鸳鸯何处寻。

词中提到的"木樨沉"，就是一种花香型熏香，以木樨与沉香两味香料制作。木樨即桂花，香气清芬馥郁，是宋人床帐中常放置的香花。为了能随时嗅到桂花香，朱敦儒是用"蒸香"的方法，将桂花的香味融入沉香之中，其方法是：将沉香劈作薄片，与桂花一起放入锡瓶里，小火缓蒸，再用蒸出的香露浸泡沉香片，反复蒸、浸几次，让花香更充分地浸入沉香，"木樨沉"就制作成了。这种方法与蔷薇水浸泡沉香而成的"江南李主帐中香"有异曲同工之妙。宋代女子的闺房，幽深而神秘，原来是一个香气弥漫的世界。

宋人如何睡个精致的好觉

宋人对熏香十分喜欢，尤其是文人，他们理想中的睡眠空间包含了睡眠、休息、读书、储藏、熏香等一系列元素，他们试图在满足睡眠需求之外，创造一个如梦似幻的生活空间。柳永《少年游》云："香帏睡起，发妆酒酽，红脸杏花春。"

一个女子起床了，慢慢将散发着清香的床帏拉开，化起淡淡的妆容，散发着似浓浓酒味的醇美，红红的脸犹如春天的杏花那样唯美动人。在宋代的养生智慧里，身与心是合一的，并且互相影响，很多的疾病首先是心病，所以有上士养心，中士养气，下士养身的说法。而在世间众多的物质中，香是唯一可以滋养身心灵三个层面的东西。所以，宋人在日常起居的床帐中大量使用熏香，而且发明或热衷床帐用香，就有这些方面的考虑。

梅花纸帐

古代女子的闺房，在当时人的观念中，一套完整的床设是床、帐与折叠屏风三物的组合。恰如南北朝文学家庾信在《镜赋》中所描述的帐中人"天河渐没，日轮将起"，"玉花簟上，金莲帐里。始折屏风，新开户扇。朝光晃眼，早风吹面"。司马光《资治通鉴》载："上命有司为安禄山治第于亲仁坊……有帖白檀床二，皆长丈，阔六尺；银平脱屏风，帐方丈六尺。"唐玄宗命令有关官吏为安禄山于亲仁坊建造宅第，宅第建成以后，又放置了许多日用器物，以至都放满了宅屋。其中有帖白檀香木床两个，都是长一丈，宽六尺；用银平脱工艺制成的屏风，长宽一丈六尺。它的形制，自东晋至两宋，似乎并没有太大的变化。宋人把床和帐用一种与以往不同的新鲜方式组合在一起，就是梅花纸帐。李龙高《纸帐》咏："氍巾几幅蹙鳞鳞，四面清香拥幻身。夜半梦回花也笑，想君不是饮美人。"说的就是一种清雅脱俗又令人魂牵梦绕的感受。《西厢记》十三："难道梅帐

吴兴闵氏寓五本《西厢记》插图

脂粉，是梦中的阳台吗？温存款洽，是梦里的景况吗？"又比如《牡丹亭·魂游》中道姑给杜丽娘超度时说的："小姐，你受此供呵，教你肌骨凉，魂魄香。肯回阳，再住这梅花帐？"

宋时纸帐之所以流行，主要原因在于纸帐并非一顶帐子而已，在它的内外，相应地形成了一套完整的配套设计，充分反映出宋代士大夫细腻优雅的生活品位。正如《山家清事》所载："法用独床。旁置四黑漆柱，各挂以半锡瓶，插梅数枝，后设黑漆板约二尺，自地及顶，欲靠以清坐。左右设横木一，可挂衣，角安斑竹书贮一，藏书三四，挂白麈一。上作大方目顶，用细白楮衾作帐罩之。前安小踏床，于左植绿漆小荷叶一，置香鼎，然紫藤香。中只用布单、楮衾、菊枕、蒲褥。"

宋代的床在结构上普遍参照房屋构建的形式，采取了架梁的框架式结构，简单地说，就是四周有立柱，顶上有横梁。在床的四个角有四根硬木作支撑。这个框架结构的床，四周是用剡藤纸围起来的。它的原材料是一种楮树皮，楮树皮纤维长韧性足，制纸时将树皮反复捶打成浆，然后加以蚕茧，经过多道复杂工序制作成纸。这种纸洁白细腻，坚韧柔软，耐磨耐折，保暖御寒。唐人徐寅曾作诗夸赞纸帐雪白如银之美，说是人处帐内，仿佛"自宿嫦娥白兔宫"，而站在室内看来，则如"半岩春雾结房栊"，好像春崖上的雾云停滞在房间里不肯散去。

宋代文人雅士、士大夫们很喜欢在纸帐上面画上梅花，然后还要在四根木柱上各挂一个花瓶，在花瓶中也要插上梅花，所以又称为梅花纸帐。锡瓶插入新折的梅枝，可以把人带入一片神往之境，好似躺在梅花树下进入梦乡。梅花不仅好看，而且还雅香阵阵。午夜梦回，月光透过洁白的纸幔，如霜雪交辉，叠映出横斜疏影，又笼起缕缕清寒梅香，正是"清悬四壁剡溪霜，高卧梅花月半床"，恍若置身广寒宫中。朱松在《三峰康道人墨梅》中描写了康道人为大臣朱勔画全树梅花帐的场景，"缃囊墨本入宣和，林下霜晨手自呵。不学霜台要全树，动人春色一枝多"。自注：康画尝投进，又为朱勔画全树帐极精。这种直接画帐的方式也成为宋以后"梅花纸帐"的通常做法。

对于宋人来说，纸帐有个非常重要的优点，就是吸拢香气的性能很强。因此，梅花纸帐内往往设置熏香，这也与宋人的生活方式相合。梅花纸帐前一般会设一个小踏床，以方便人上下。小踏床之左，则要放置一个荷叶造型的小高几，专用于陈放小香炉。李清照有《孤雁儿·咏梅》一词，所咏的就是纸帐内的情景："藤床纸帐朝眠起，说不尽无佳思。沉香断续玉炉寒，伴我情怀如水。"帐中不仅有寒梅绽蕊，还有小瓷香炉焚着名香。梦酣睡足、将觉未觉之际，淡淡幽香，充盈帐间，咽喉齿颊也含着香气，宋人于风雅一道，深得个中三昧。石孝友《卜算子·孟抚干岁寒三友屏风》云："冷蕊闭红香，瘦节攒苍玉。更着堂堂十八翁，取友三人足。惜此岁寒姿，移向屏山曲。纸帐熏炉结胜缘，故伴仙郎宿。"陆游在《焚香赋》中描写了自己用柏实制香用于纸帐中："暴丹荔之衣，庄芳兰之苗。徙秋菊之英，拾古柏之实。纳之玉兔之臼，和以桧华之蜜。掩纸帐而高枕。"陆游和合的香方，舍弃了名贵的沉、麝等香材，选料都是荔枝壳、兰、菊、柏实等植物的花朵、果实。

除此之外，宋人还开创了用新鲜的香花及芳香果实熏帐的清雅。郑刚中《广人谓取素馨半开囊置卧榻间终夜有香用这果》有"素馨玉洁小窗前，采采轻花置枕边"。刘克庄《素馨》曰："目力已茫茫。缝菊为囊。论衡何必帐中藏。却爱素馨清鼻观，采伴禅床。"摘半开的素馨花装在纱囊、绢囊里，放置在床榻的角落。李弥逊《声声慢·木樨》咏："更被秋光断送，微放些月照，著阵风吹。恼杀多情，猛拼沉醉酬伊。朝朝暮暮守定，尽忙时、也不分离。睡梦里，胆瓶儿、枕畔数枝。"桂花开时，折一枝桂花放置在枕边，是当时流行的做法。黄庚《枕边瓶桂》云："岩桂花开风露天，一枝折向枕屏边。清香重透诗人骨，半榻眠秋梦亦仙。"睡觉时把桂花插在胆瓶里，安置在枕畔，桂花清润馥郁的香气，仿佛熏透了诗人的骨骼，这感觉如同神仙一般自在逍遥。宋人亦常把橙子、木瓜等芳香的水果放在枕边，作熏帐之用，朱敦儒《菩萨蛮》云："枕畔木瓜香，晓来清兴长。"陆游《十一月四日夜半枕上口占》云："檐间雨滴愁偏觉，枕畔橙香梦亦闻。"柑橘类水果的香气有助于缓解心理压力，还可理气健脾，睡觉时枕边放几个橙子，睡前闻着香，梦里也香甜。

芳枕

宋人陈直《寿亲养老新书》中谈道："酴醾，本酒名也，世所开花，元（原）以其颜色似之，故取其名……今人或取花以为枕囊，故黄山谷诗云：'名字因壶酒，风流付枕帏。'"酴醾花枕在当时的生活中相当常见。这种花枕香气浓烈，让被衾乃至整座床帐内都弥漫着酴醾的余芬："枕里芳蕤熏绣被""今宵帏枕十分香"。韩维《惜酴醾》云："天意再三珍雅艳，花中最后吐奇香。狂风莫扫残英尽，留与佳人入绛囊。"吕本中《次韵酴醾》云："绝去人间浅俗香，染成天上羽衣黄。绿窗拟倩纤纤手，收拾春风入枕囊。"杨万里在《二月十四日谒两庙早起》一诗中，怀念自己从前山居退隐时的清逸生活状态，也道是："还忆山居桃李晚，酴醾为枕睡为乡。"晁端礼就喜欢用这种花的花瓣做枕芯，有《鹧鸪天》为证："风不定，雨初晴，晓来苔上拾残英。连教贮向鸳鸯枕，犹有余香入梦清。简酿酒，枕为囊。风流彻骨成春酒，梦寐宜人入梦清。"

秋天的菊花也是宋时制花枕的主要材料之一。马祖常《菊枕》云："东篱采采数枝霜，包裹西风入梦凉。半夜归心三径远，一囊秋色四屏香。"陆游一生酷爱菊花香枕，素有"收菊作枕"的习惯，他在《余年二十时尝作菊枕诗颇传于人今秋偶复采菊缝枕囊悽然有感二首》中写道："余年二十时，尚作菊枕诗。采菊缝枕囊，余香满室生。"又《余年二十时尝作菊枕诗颇传于人今秋偶复采菊》云："采得菊花做枕囊，曲屏深幌闷幽香"，又《老态二首其一》云："头风使菊枕，足痹倚香床。"

宋人田锡《菊花枕赋》很有兴致地描述了当时做菊花枕的具体步骤："采采芳菊，霜篱月庭。晞彩日以征燥，逗轻风而日馨。画帕闲覆，珍盘久停……于是剪红绡而用贮金蕊，代粲枕而爰爰银屏。"在秋天菊花盛开的时候，把花瓣采下，放在大盘里，上盖巾帕以免落灰、招虫，长时间地放在阳光下、通风的地

西汉马王堆出土"期信绣"枕 枕内填满香草佩兰

方，让其慢慢脱水、干燥。然后，就可以把风干的菊花散瓣缝入枕套。又说："于是抚菊枕以安体，怜菊香之入面。当夕寐而神宁，追晨兴而思健。或松醪醒而心顿解酲，或春病瘳而目无余眩。"按田锡的说法，菊花枕真是好处多多，枕着它睡觉，只觉得菊香拂面而来，有安神、健脑益智、去除酒醉以及治头风目眩的多种功效。显然，菊枕具有"药枕"的作用。

"人作花伴，清芬满床，卧之神爽意快。"[1]将干花花瓣制作的枕头放在床上，就像睡在花丛中一样，当然会令人神清气爽，无比惬意。《肘后备急方》还记载了一种"犀角枕佳。或以青木香内枕中并带"。将犀角制成枕板，镶在枕框上，形成犀角面的枕函，内里放置青木香，避免人睡觉时做噩梦。把麝香放在枕头中，据说，也可以杜绝噩梦。在《陈氏香谱》中，还有一种牡丹、酴醿花与龙脑制作的"玉华醒醉香"，"采牡丹蕊与酴醿花，清酒拌，浥润得所，风阴一宿，杵

---

[1]　高濂：《遵生八笺》，杭州：浙江古籍出版社2017年版。

细，捻作饼子，阴干，龙脑为衣。置枕间，芬芳袭人，可以醒醉"。

香鸭

宋代一些文人士大夫家比较流行的是鸭形和狮形的铜熏炉，称为"香鸭"和"金猊"。洪刍《香谱》载："香兽，以涂金为狻猊、麒麟、凫鸭之状，空中以燃香，使烟自口出，以为玩好。"1982 年，江西吉水县出土一宋嘉熙元年(1254 年)铜质鸭熏，该熏"颈部、背部与尾部都镂有一圆孔，可使空气流通，整体造型生动，构思巧妙"。[①] 芝加哥亚洲艺术馆藏有宋代青白釉鸭熏，熏有承盘和莲花座，燃香在莲花座内，鸭座上钻有一大而圆的进气孔。[②] 这些熏香器物一般被放置在床帐之内的角落里，彻夜燃焚"帐中香"，为睡眠制造清馨、爽净的氛围。和凝《何满子》云："却爱熏香小鸭，羡他常在屏帏。"周邦彦《青门饮》云："雾浓香鸭，冰凝泪烛，霜天难晓。"贺铸《薄幸》云："向睡鸭炉边，翔鸳进屏里，羞把香罗暗解。"晏殊《燕归梁》云："金鸭香炉起瑞烟。"王武子《朝中措》云："画眉人去掩兰旁。金鸭懒熏香。"欧阳修《越溪春》云："沈麝不烧金鸭冷，笼月照梨花。"陆游《不睡》云："水冷砚蟾初薄冻，火残香鸭尚微烟。"芬芳的气息可使人放松精神，酣然入眠。

北宋景德镇青白釉香鸭

明 版画《西厢记》插图

① 陈建辉：《鸭形熏绵延千年浓香》，《中国收藏》，2020 年第 2 期。
② 陈建辉：《鸭形熏绵延千年浓香》，《中国收藏》，2020 年第 2 期。

李清照写自己的生活时多次提到熏香的器具，在《凤凰台上忆吹箫》里写下"香冷金猊，被翻红浪，起来慵自梳头"，又《醉花阴》云："薄雾浓云愁永昼，瑞脑消金兽。"周紫芝《鹧鸪天》咏"调宝瑟，拨金猊，那时同唱鹧鸪词"，徐伸《二郎神》咏"漫试着春衫，还思纤手，熏彻金猊烬冷"，这里的"金猊""金兽"都是用来熏香的器具。黄庭坚《有惠江南帐中香者戏答六言二首其一》云："欲雨鸣鸠日永，下帷睡鸭春闲。""香鸭"除了让闺房内浓郁芬芳外，也为闺房中增添了几分柔情。司空图的《乐府》诗曰："五更窗下簇妆台，已怕堂前阿母催。满鸭香熏鹦鹉睡，隔帘灯照牡丹开。"描写一位妙龄少女，晚起急忙梳妆的画面，昨夜香鸭炉中的香气还缭绕于闺房中。

帐中香

中国人天生爱香，骨子里头都透着风雅。李商隐曾写："舞鸾镜匣收残黛，睡鸭香炉换夕熏。"到了夜晚，古人在床帐中焚香助眠，这种香便是"夕熏"，又叫"帐中香"。李处权《温其示梅诗用韵为谢兼简士特》云："春醉灯前犹纵博，夜阑帐底更添香。"赵彦端《鹧鸪天》云："云枕席，月帘栊。金炉香喷凤帏中。"花蕊夫人《宫词》云："窗窗户户院相当，总有珠帘玳瑁床。虽道君王不来宿，帐中长是炷牙香。"夜帐中焚烧的熏香，以南唐李后主所用的"帐中香"最为著名，南唐《宫词》："小殿龟头向晓张，鹅梨帐底散芬芳"，描写的就是果香型的帐中香。江南李主帐中香由南唐宫中传入民间，深受宋人所喜，流行不败。到南宋时期，还是文人之间互送的礼品，南宋王灼《张元举惠江南李王帐中香》诗中说："事去时移二百年，金陵空有旧山川。此香那得到君手，妙诀无乃当时传。"时间过去百年之久，帐中香依然在民间流行。

在周嘉胄《香乘》一书中，名为"江南李主帐中香"的香方就有四种，另外还有"江南李主帐中梅花香"。与唐代时炼蜜调和诸香而成的香丸不同，南唐李主所用帐中香多是以香油、花露浸泡沉香而成，《香乘》记载江南李主帐中香之一："沉香一两（锉细如炷大）、苏合香（以不津瓷器盛）。右以香投油，封浸百日，蒸之。入蔷薇水更佳。"除此之外，还有鹅梨汁蒸沉香而成的"鹅梨香"。洪刍《香谱》云："江南李后主帐中香法，以鹅梨蒸沉香用之，号鹅梨香。"据文献记载，当时用的是木梨，多分布在西北地区，昼夜温差大，所以更加清甜，香味非常怡人，香而不腻。它的特别之处是要把香料和梨汁混合，借助梨汁使香气发甜，所以极其甜美芳香，沁人心脾。

　　"江南李主帐中香"中有两方使用了鹅梨汁或鹅梨果肉,《香乘》有记:"沉香末一两、檀香末一钱,鹅梨十枚。右以鹅梨刻去瓤核,如瓮子状,入香末,仍将梨顶签盖。蒸三溜,去梨皮,研和令匀,久窨,可爇。"也就是说,将梨的顶部削掉,然后中心的核挖空,把梨做成一个小小的容器,然后将沉香粉、檀香粉按比例加入,再盖上顶部。将梨切开取出果核封上口,并用竹签固定住用来煮水,开锅后将梨蒸制一小时,取出梨后削去梨皮,将梨肉捣碎,和香粉充分搅拌均匀滤干多余的水分搓成香丸,晾干后就可以置于炉中做香薰之用。鹅梨清新活泼的果香,能使人安心入睡,非常适合寝帐中焚用。除此之外,宋人也研发了新的熏帐之香,朱敦儒制作"木犀沉"时所产生的香露,就被宋人当作熏香使用。

高罗佩《五朵祥云》之盘香图　　　　高罗佩《迷宫案》之迷宫图

　　宋人床帐中所焚香品还有印篆香,香印又称篆香、香篆,是将香粉置放于香篆模具中,压制成不同的图案焚烧。徐元瑞《捣练子·夜雨》云:"人寂寂,夜萧萧。斗帐寒侵香印消。"香篆点燃后,烟火回旋往复,连绵不断,十分有趣,瞿佑《香印》云:"萤穿古篆盘红焰,风绕回文吐碧烟。"生动描写了香篆燃烧时的状态。陈敬《陈氏香谱》收录有两帖公库香方,公库即公使库,是储销香药的官方机构,"定州公库印香":"笺香一两、檀香一两、零陵香一两、藿香一两、甘松一两、茅香半两、大黄半两,右杵罗为末,用如常法。凡作印篆,须以杏仁末少许拌香,则不起尘及易出脱,后皆仿此。"定州公库印香方提到,调香时加入少许的杏仁末,可以降低印篆之香的粉尘,有助于印香完整脱膜,不沾留缺漏。

浓熏绣被
　　在寒冷的冬夜时分,用熏笼来熏香温暖床上的被褥,是富贵人家卧室里的常景。"灰宿温瓶火，香添暖被笼。"一个小小的熏笼温暖了整个寒冬，一来可以让被子气味宜人；二来还可以让炉中炭火把被子烘暖，可说是一举两得。正如李石《乌夜啼》中的"熏被梅烟润，枕簟碧纱厨"，周邦彦《花犯·小石梅花》中的"更可惜，雪中高树，香篝熏素被"描述的一样。试想：深冬严寒的夜晚，一袭被子经熏笼熏过之后，盖在身上，温暖舒适的同时缭绕着清爽的气息，似乎梦境里都带着温暖的芳香，轻轻散发至终夜。

在《金瓶梅》里有多处熏被褥的描写，第六回："妇人早已床炕上铺的厚厚的被褥，被里熏的喷鼻香。"第十三回："晚夕，金莲在房中香熏鸳被，款设银灯。"《红楼梦》第十三回秦可卿托梦王熙凤时的描写："这日夜间，正和平儿灯下拥炉倦绣，早命浓熏绣被，二人睡下，屈指算行程该到何处，不知不觉已交三鼓。""春梅毁骂申二姐"一回中，奶妈如意儿伺候西门庆，"原来另预备着一床儿铺盖与西门庆睡，都是绫绢被褥，扣花枕头，在熏笼上熏的暖烘烘的"。"来昭妻一丈青又早房里收拾干净床炕，帐幔褥被都是现成的，安息沉香熏的喷鼻香"。这里提到的香料是安息沉香，即安息香和沉香混合香。

卧褥香炉

宋人不仅在卧室中熏香，在床帐中熏香，甚至还要在被衾中燃香，以达到令衾褥间香氲四弥的最佳效果。为了达到这个目的，宋代的能工巧匠们专门发明了一种可以置放在被下的小香球，以便夜间寝息时，有香球在被褥间不断偷散暗香。《陈氏香谱》载："长安巧工丁缓作被中香炉，亦名卧褥香炉。本出房风，其法后绝，缓始更为之。机环运转四周，而炉体常平，可置之被褥，故以为名。今之香毬是也。"香球通常是金属制作的镂空圆球，里面放香品焚烧，无论球体如何转动，球内盛装香料的香盂始终保持水平，燃烧时火星不会外漏，香灰也不至于撒落散出而将被褥烫坏。

《金瓶梅》第二十一回中，潘金莲和孟玉楼到李瓶儿屋里商量摆酒席赏雪的事，"这金莲慌忙梳毕头，和玉楼同过李瓶儿这边来。李瓶儿还睡着在床上，迎春说：'三娘、五娘来了。'玉楼、金莲进来，说道：'李大姐，好自在。这咱时懒龙才伸腰儿。'金莲说舒进手去被窝里，摸见熏被的银香球儿。"香球"真闺房之雅器也"，这样的银香球，是京城里大官的贵妇才有的，不要说卖炊饼的潘金莲没见过，穷官儿家出来的吴月娘没见过，连西门大官人也没见过。在这本古今第一奇书中，银香球扮演着没有台词的小角色，令衾褥间香氲四弥。

唐代葡萄花鸟纹银香囊

　　古代的中国人，特别是贵族阶级，认为自己及周围环境所散发的气味，并不是无足轻重的小事，而是关涉一个人生活质量的好坏。为了让香气盈漾床帐，宋人发明的方法可谓灵活多样。从水畔路边，随便折下三五也许根本就是野生的花枝，就能让一袭普通的夜帐变得活色生香。宋人的生活智慧实在是高妙得难以企及。"西门庆倒在床上，睡思正浓。旁边流金小篆，焚着一缕龙涎。绿窗半掩，窗外芭蕉低映。"伴香入睡，换得清香入梦，睡眠质量提升了，身体与精神得到充分放松，难怪苏轼感叹："一枕清风直万钱。"

南唐 顾闳中《韩熙载夜宴图》局部

参考资料：

扬之水：《新编终朝采蓝》（下），北京：生活·读书·新知三联书店 2017 年版，第 234-240 页。

孟晖：《花间十六声》，北京：生活·读书·新知三联书店 2014 年版，第 154-169 页。

宋词里的中国庭院，真想住进去！

现代人如果觉得每天过于奔波，生活节奏太快，想找一个地方休息一下，或者就静静地坐着放空思绪，一般会来一场说走就走的旅行。比如大兴安岭敖鲁古雅。当你住在帐篷里感受驯鹿部落的生活时，当你手持苔藓鹿就会跟着你走时，当你静静看着它们发呆时，你会真真切切地感受到这个地方的魅力，会不由自主地静下心来，发着呆，又或者沉默。欧阳修也喜欢发呆，只是古代出行非常不便，他就只好在自家庭院里发呆，有《蝶恋花》为证：

> 庭院深深深几许？杨柳堆烟，帘幕无重数。玉勒雕鞍游冶处，楼高不见章台路。
>
> 雨横风狂三月暮，门掩黄昏，无计留春住。泪眼问花花不语，乱红飞过秋千去。

欧阳修在这首词中体现出的形象，根本不像是一个铁骨铮铮的男儿，反倒像是一个痴情幽怨的女子。她坐在庭院中看着垂杨细柳，独上高楼，去望章台陌路。然而"他"却不曾看见那条曲径通幽的小路，因为到处都是狂风骤雨，遮蔽了"他"远眺的视线。只看见一阵无情的春风，夹杂着落红飞花，掠过院中飘来荡去的秋千。"庭院"，指居住建筑以外的空地或者空间，类似现代人所说的"院子"，也叫做"院落"。"庭院深深"，可见这个居住的庭院面积很大，从前门至后院很长。宋人的"庭院"，不是简单的一个围墙围着几栋房子外加几块空地，宋代是文人雅士居于朝堂的朝代，官员的文化素质普遍较高，即使是一方小小的庭院，宋人也可以用一竿翠竹、一枝出墙杏花、一个小小池塘等景物将其经营得诗意盎然。

苏轼《虞美人》云："深深庭院清明过，桃李初红破。柳丝搭在玉阑干，帘外潇潇微雨，做轻寒。晚晴台榭增明媚，已拼花前醉。更阑人静月侵廊，独自行来行去，好思量。"庭院里有桃树、李树、柳树，有花，还有栏杆、台榭、回廊，闺阁中女子的相思之情都呈现于庭院的花木与台榭之中。刘几《梅花曲》云："浅浅池塘。深深庭院，复出短短垣墙。年年为尔，若九真巡会、宝惜流芳。向人自有，绵渺无言，深意深藏。倾国倾城，天教与、抵死芳香。裛须金色，轻危欲压，绰约冠中央。蒂团红蜡，兰肌粉艳巧能妆。婵娟一种风流，如雪如冰衣霓裳。永日依倚，春风笑野棠。"矮墙围着的庭院之内有池塘、花草、海棠、垂柳，也是一个典型的园林。赵孟坚的《花心动》云："庭院深深，正花飞零乱，蝶懒蜂稀。柳絮狂踪，轻入房栊，悄悄可有人知。画堂镇日闲晴昼，金炉冷、绣幕低垂。梁间燕，双双并翅，对舞高低。兰幌玉人睡起，情脉脉、无言暗敛双眉。斗帐半褰，六曲屏山，憔悴似不胜衣。一声笑语谁家女，秋千映、红粉墙西。断肠处，行人马上醉归。"飞花、柳絮、画堂、秋千、粉墙，活脱脱一个园林。看来，宋人的庭落其实就是一个"庭园"。

世界再大，不过一座院子

"大抵都城左近，皆是园圃。百里之内，并无闲地。"这是《东京梦华录》中记载的北宋都城内的风貌，宋朝的园林建设可谓繁盛至极。《西湖老人繁盛录》载："回头看，城内、山上，人家层层叠叠。观宇楼台参差，如花落仙宫……争说城里湖边，有千个扇面。"南宋时期的园林密集到"千个扇面"，这是何等的繁华。

在宋代，许多文人士大夫都乐此不疲地去经营自己的庭院，他们喜欢亲手打造自己的天地。苏轼在《雪堂记》中云："是堂之作也，吾非取雪之势，而取雪之意。吾非逃世之事，而逃世之机。"当苏轼因"乌台诗案"被贬黄州时，在距离黄州四百三十步远的郊区荒地上躬耕垦殖，号称"东坡"，在旧圃上构筑雪堂，有泉有桥，有柳有井，类似农家院舍。他将庭院取名为雪堂，是取雪的澄澈洁净之意。为此，他还填了一首词《鹧鸪天》，记录了他在雪堂的理想生活，"林断山明竹隐墙，乱蝉衰草小池塘。翻空白鸟时时见，照水红蕖细细香。村舍外，古城旁，杖藜徐步转斜阳。殷勤昨夜三更雨，又得浮生一日凉"。

在苏轼黄州筑雪堂之前，王安石已在江宁筑好了半山园。对于曾经叱咤风云的拗相公来说，半山园可是他晚年的安憩之所，为此他填了一首词《渔家傲》："平岸小桥千嶂抱。柔蓝一水萦花草。茅屋数间窗窈窕。尘不到。时时自有春风扫。午枕觉来闻语鸟。欹眠似听朝鸡早。忽忆故人今总老。贪梦好。茫然忘了邯郸道。"在王安石眼中，翁翁郁郁的钟山是与喧嚣的城市相对立的，半山园不偏不倚，恰好处在山林与城市的中间地带，既在山中，又在山外，妙在若即若离。在昔时的城市和今日的山林之间，便有了回旋进退的余地。

叶少蕴的石林园中每到盛夏之际，硕果累累。范成大的石湖别墅中广种梅花。辛弃疾在江西上饶建有带湖园居斋。宋代的大多数庭院中都要养花种树，置放湖石，努力营造出一份回归自然的感觉，小而精致。司马光的独乐园"园卑小不可与宅园班。其曰读书堂者，数十椽屋。浇花亭者，益小。弄水种竹轩者，尤小。曰见山台者，高不过寻丈。曰钓鱼庵、曰采药圃者，又特结竹稍落蕃蔓草为之而"。① 他的独乐园中，称为读书堂的也就是只有十个椽建成的屋子。浇花亭、弄水种竹轩就更小了。陆游的东篱园，南北七十五尺，东西也就十尺多，园林的边界上插着篱笆，园中种着芙渠。

庭院虽然小，但是他们却在庭院中自得其乐。欧阳修在河北滑州做官时，建有画舫斋，形状如同船舱，窗户开在顶上，斋两旁设有栏杆和连接栏杆的长座，可倚可坐。画舫斋外，一侧是山，一侧是佳花美木。人坐于斋中，就像卧于船上，可以享受室外的景色。欧阳修于庆历八年被贬扬州任太守时，又为自己修建了平山堂。平山堂地处扬州城西北的蜀岗中峰上，依槛远眺，可看到山与堂齐平，因而名之曰平山堂。它的规模虽然不大，却有花草树木，可以隔断庭院之外的尘嚣和俗务。庭院里有山石曲径、池塘水瀑、小台亭榭，虽是人为营造的空间，但意在回归自然。

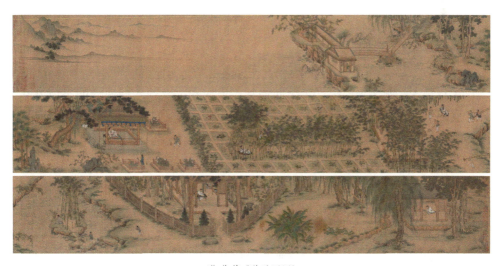

明 仇英《独乐园图》

① 司马光：《司马光集》，成都：四川大学出版社 2010 年版。

欣赏自然而无须远离尘嚣都市，这便是宋人创造的所谓"坐游"或"卧游"的欣赏自然的方式，身居闹市、足不出户也可以领略自然的美。苏轼在《灵璧张氏园记》中说："古之君子，不必仕，不必不仕。必仕则忘其身，必不仕则忘其君……今张氏之先君，所以为子孙之计虑者远且周，是故筑室艺园于汴、泗之间，舟车冠盖之冲。凡朝夕之奉，燕游之乐，不求而足。使其子孙开门而出仕，则跬步市朝之上，闭门而归隐，则俯仰山林之下。于以养生治性，行义求志，无适而不可。"这当然是要借助叠山理水花木亭阁等造园形式。其中花木的作用不容小觑，以灵璧张氏园为例，它用竹子、桐树、柏树、奇花异草营造了"山林之气"。

宋词里的庭院，花草树木繁茂，这些迷人的景物，又使庭院吸引来各种鸟雀、小动物和昆虫，四季更迭，形成了一个自然而宜人的小生态。五代周文矩《水榭看凫图》①描画水榭窗牖开敞，帘幕高卷，室内陈设有水波纹座屏，边缘为红幛描金花是宋代时尚。方凳两张左右并置，座面是棕藤编织物，脚足为如意形。另一侧有一方桌，一面单枨，一面双枨，上覆白巾，置一金铜香炉及书册。湖水上鸭凫群相嬉戏，富于自然野趣。水榭旁植桃与竹柳，溪河花木掩映的私人堂榭。平台临水边围有栏杆，仕女凭栏眺望入神，画面洋溢着优雅的生活情趣。一步一景，让人忍不住也想住进这样的庭院。

宋代庭院造景取景要素

千百年来，院子早已不仅是空间形式，更代表了一种人们向往的生活方式。宋代庭院里的空间布局与构图，无不来自绘画的审美取向。庭院处处可见的拱形月门，其形制很可能与绘画中圆形纨扇形式有关。宋代的文人与艺术家，熟悉了绘画与书法的审美与观看模式，所以在创造庭院时，也不知不觉地将画家的画眼、画境搬到庭院中。因之，庭院中处处可见疏竹数竿与园石一二的小景，完全可以比拟马远、夏圭的小景山水。因之，从宏观的大自然山川，到微观庭院中象征山水的各色奇石、迭山、园植、流水的布列，都与绘画的美学以及视觉习惯息息相关。庭院空间的体验和中国书画的观赏也非常类似，尤其是绘画中的手卷形式。展玩书画手卷时，必得同时开合，边开边收。而游观庭院亦然，随着时空的

---

① 李若水：《绘画资料中所见的宋代建筑避风与遮阳装修》，《建筑史学刊》，2021 年第 3 期。

转换，景随步步移，"柳暗花明又一村"，奇趣无穷，自然、绘画与庭院，因之融合为一。一般而言，宋人的庭院都会有如下建筑或物事。

（1）院墙

院墙是庭院不可缺少的一部分，围墙最原初和基本的功能是起边界、屏障作用，但宋代文人往往将其功能扩展到了环境美化方面。秦观《行香子》云："小园几许，收尽春光。有桃花红，李花白，菜花黄。远远围墙，隐隐茅堂。"这即是通透的篱笆墙。周密《疏影·梅影》云："素壁秋屏，招得芳魂，仿佛玉容明灭"，白色的院墙如同白色的宣纸，院中的其他事物映衬在上面，能产生造景的效果。

张先《踏莎行》云："重墙绕院更重门，春风无路通深意。"刘儿《梅花曲》云："深深庭院，复出短短垣墙。"宅主以墙把庭院和外面的世界隔离开来，造成一方封闭的空间，女子爬上墙头，方能看到墙外的人和物。宋代文人还常常把自家院落粉刷成白色，也叫"粉墙"。朱淑真《书窗即事》云："蜂蝶飞过粉墙西。"利用的是较为封闭的粉墙，这里的粉是指白色的粉刷墙。这种院墙可以满足人们对宁静淡雅的居住要求，使居住环境优雅，充满着生活气息。武衍《春日舟中书所见其一》云："应是春愁禁不得，东风深院粉墙高。"孙佖《句》云："更起粉墙高百尺，莫令墙外俗人看。"白色围墙以高度和长度显示富裕。陈岩描述新城精舍："朱甍碧瓦粉墙围，花舫回光洞户辉。"无论公共建筑还是私家宅院，院墙多白色。

（2）门

门是传统宅院的起点，作为开始的入口，形成不同空间的转换、分离，并起到指引作用，给空间增加了丰富感和层次感，形成引人入胜的空间，这尤其体现在"门外好禽情分熟"，描绘了家禽在门外啼叫。院落门前的溪流，尽显江南水乡风貌。作为入口，门又是公共领域和私人空间分界线上的重要结点。苏轼《浣溪沙》云："旋抹红妆看使君，三三五五棘篱门，相排踏破蒨罗裙。"姑娘们囿于社会礼俗，不能自由地出去观看，于是纷纷拥在篱笆门边，相互推攘中把裙子都踩破了。可以说，门在人的心理上具有重要的暗示意义，它是内与外、私与公、行为的可与否之间的一个界定。

晁端礼《踏莎行》"柳暗重门，花深小院"中的小院处在浓重的柳荫中，在深花的掩映下。欧阳修《蝶恋花》"小院深深门掩亚。寂寞朱帘，画阁重重下"，李之仪《如梦令》"不见。不见。门掩落花庭院"，李清照《念奴娇》"萧条庭院，又斜风细雨，重门须闭"等，则反映了庭院重门掩映、帘幕低垂的特点。在宋代文人心目中，庭院的门轻轻地掩着，帘幕低低地垂着，庭院与外界隔着一道轻掩着的

河南登封唐庄宋代壁画 M2 号墓墓室北壁启门图

门，而门在庭院中，既是有形的，更是无形的。正是这道无形的屏障将宋代文人的心封闭在一个狭小却相对富有安全感的空间中。周紫芝《生查子》云："院落半晴天，风撼梨花树。人醉掩金铺，闲倚秋千柱。""金铺"原指门上的铜铺首，这里指代门。这种装有铜铺首的大门，是十分考究的住宅之门。关掩上门的院落，为居住者提供了一个十分安全自在的环境。

（3）窗

窗户对于居于室内的人来说，一方面，白天可收集光照，文人能透过窗看庭院的景色，这是借景的作用；另一方面，窗户也有通风换气的作用。宋人经常通过"窗"这一建筑构件来抒发情感，在一定程度上是与"窗"本身所具有的建筑特性分不开的。中国的古建筑以木构建筑为主，在结构上属于框架结构，是用柱子来承重的，因而"窗"的大小和位置比较自由。有的窗用于建筑的两面或四面，而且木架构的结构形式，使得窗能够连续组合，形式自由，富于变化，有的甚至可以在面向主要景观的整面墙上开满窗，创造出开敞通透的空间、化实为虚的空间。宋代的窗是多种多样的，门窗等小木作在宋代已经非常成熟，《营造法式》用了六卷的篇幅来记述宋代的小木作加工技术，记载的窗有"破子棂窗""版棂窗""阑槛钩窗"等，精雕细作为其主要特点，一般以木为材料，也有用竹的。

从"窗油晴日打蜂儿"的可爱景象，我们可以感受到那小小的窗带来的生活是多么悠闲有趣。"窗"是宋代文人士大夫追求自得其乐、高雅悠闲的精神生活方式的象征。"幽谷云萝朝采药，静院轩窗夕对棋。"让我们看到了陆游的乡居生活是何等的萧然自得，而"窗"又是这种舒徐不迫的精神休闲的必需品。《柳园消夏图》①描绘了柳荫下的庭院一角，观者观画时视线会越过院墙，穿过格门，最终汇聚于坐在格窗前正在凭栏远眺的白衣士人身上，窗外的景色垂柳如丝，远方

———————————

① 　钮丹丽：《中国画中窗造型的表现》，《美与时代》，2021 年第 8 期。

湖水荡漾，群山连绵。窗在画面中不仅是一个建筑的附属，而且是透过文人面前的窗户透出的湖面一角，变成了连接室内与室外的桥梁，它犹如建筑的眼睛，使得画中文人与观者可以透过这一角与自然融为一体。宋代佚名《高阁观荷图》①描画了乡间幽居一角，篱笆墙内花繁叶茂、高柳垂荫。临水的阁中里层格眼窗明净如洗，外层的格眼窗仅存拐角处的立柱，下半部倚柱设栏。主人侧卧榻上，正在享受宁静中飘送来的淡淡荷香。

朱淑真《春日杂书十首·其四》咏"日移花影上窗香"，欧阳修《蝶恋花》咏"小槛临窗，点点残花坠"，柳永《临江仙》咏"梦觉小庭院，冷风淅淅，疏雨潇潇。绮窗外，秋声败叶狂飘"，文人们透过窗棂，看到的是小槛上的点点残花和败叶。李清照《浣溪沙》"小院闲窗春已深。重帘未卷影沈沈。倚楼无语理瑶琴"，塑造了一幅春日庭院中对窗理瑶琴的情影。"西窗下，风摇翠竹，疑是故人来。"秦观正是透过窗子看窗外行行的碧绿翠竹，想着佳人，欲言又止，欲说还休。"窗"这个建筑物件让他内心与外界交流的冲动与矛盾更有可感性，更具美感。

窗和宋代女子的生活息息相关，女子闺房的窗，精雕细刻、华美耀人，还配以轻柔、朦胧的"纱""幔"。这样的窗透射出淡淡的华贵美艳的气息，给人以绮丽雍容之美。阮逸女描绘自己的生活是："夜长更漏传声远，纱窗映、银缸明灭。"宋代女子大部分生活在窗边度过：梳妆、做针线、裁剪、弹琴、吹笛、唱歌、休息，甚至寂寞、伤春都和窗紧密联系，所谓"绮窗佳人"是也。司马光《阮郎归》咏"绮窗纱幌映朱颜"，贺铸《小重山》咏"碧纱窗影下，玉芙蓉"，则通过玲珑的雕花窗和如梦如幻的朦胧的薄窗纱映射出袅袅婷婷、缈若天仙的女子的光彩照人。

（4）径

不论庭院大小，必有道路。不同的庭院道路布置往往不同，或多或少，或曲或直，或整饬或自然。晏殊《浣溪沙》咏"无可奈何花落去，似曾相识燕归来。小园香径独徘徊"。院中道路往往成为宋代文人散步徘徊、体察自然和思索沉吟的绝佳之地。晏殊的词里一再提到："小径红稀，芳郊绿遍"（《踏莎行》）；"重把一尊寻旧径，所惜光阴去似飞"（《破阵子》）。张先也有"风不定，人初静，明日落红应满径"（《天仙子》）。"径"，是庭院里供主人和仆人往来行走的交通要道，是连接庭院必要的设施。

---

① 钮丹丽：《中国画中窗造型的表现》，《美与时代》，2021 年第 8 期。

（5）亭台楼阁

"亭"，"停也。所以停憩游行也"。它是为游人提供停留休息处的建筑物，是庭院中不可或缺的建筑，所谓"无亭不园"。亭的体量可大可小，灵活轻巧，可建在山上、水边或平地。绘有亭的宋画众多，譬如佚名的《春山曛暮图》、王希孟的《千里江山图》、佚名的《荷亭婴戏图》和赵佶的《雪江归棹图》等都出现了各种类型的亭。

亭选择建造的位置很重要，① 不仅要考虑停留下来的人有的看，也要考虑它应具有衬托庭院美景的作用。宋代通行的布置方式，一种是在宅畔建亭；另一种是在住宅正堂中轴线上前方建临水亭榭。还有些随地形布置的，基本上是较简单的有轴线的布置方式。赵大亨《薇省黄昏图》描绘了一座山脚下的庭院凉亭，四周被树叶繁茂的大树包围，亭中一人正在纳凉休憩，一瞬间宋朝的夏天仿佛在我们眼前。周密《齐东野语》载，张镃"尝于南湖园作驾霄亭于四古松间，以巨铁为悬之空半而羁之松身。当风月清夜，与客梯登之，飘摇云表，真有挟飞仙、溯紫清之意"。

台是最常见的过渡空间方式。台与楼在庭院中的作用相一致，站在高台上欣赏庭院，又是另一番景象。一如刘松年在《秋窗读易图》中呈现的：画中人的居所轩窗敞亮，台基高筑。通常越是高等级的住宅，越会有较高的基座，一般都在临水或坡地上架起。这样的台基利于采光，还能防潮去湿，也是远眺的好地方。如此，画中人才能看见远山含黛，江水微波，窗前青松挺直，暗涌花香。在此徐徐展卷，安静读书，就是秋天里一段难得的好日子。这里或许还藏着白昼的倦怠，夜晚的愁思。"起来临绣户，时有疏萤度。多谢月相怜，今宵不忍圆。"宋人笔下的月亮，曾照在许多这样的高台上。

（6）秋千

秋千在院落里最为普遍，"荡秋千"是闺阁女子最喜爱最常见的娱乐活动，几乎有女儿的家庭就有秋千。李清照一首《点绛唇》中写自己少女生活的词是："蹴罢秋千，起来慵整纤纤手。"晏殊《阮郎归》词中的女子也是："秋千慵困解罗衣，画梁双燕归。"朱淑真《生查子》咏"闲却秋千索"，描写了静态的秋千在院落中闲却。苏轼《蝶恋花·春景》咏"墙里秋千墙外道，墙外行人，墙里佳人笑。笑渐不闻声渐悄，多情却被无情恼"。这首词就描绘了一位院中荡秋千的少女，十

---

① 傅熹年：《〈千里江山图〉中的北宋建筑》，《中国美术》，2021 年第 12 期。

分细腻传神。赵令畤《小重山》咏"楼上风和玉漏迟。秋千庭院静，百花飞"，写的是静悄悄的庭院，庭院中的秋千也是静悄悄的。很多宋代文人，往往把院落直接称为"秋千院落"，如晏几道："秋千院落重帘暮，彩笔闲来题绣户。"(《木兰花》)太尉夫人："秋千院落，海棠渐老，才过清明。"(《极相思令》)秋千、院落之所以连称，可见院落里布置秋千之常见。

(7)屏风和阑干(栏杆)

屏风具有分割空间、遮阴避风的作用。《古今合璧事类备要》载："屏风，所以障风，亦所以隔

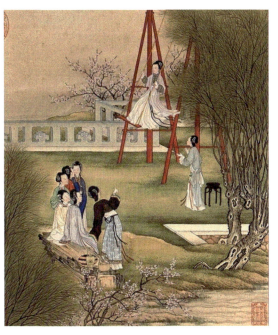

清 陈枚《月曼清游图册》之二月

形者也。"屏风的使用分割了空间，给人一定的私密空间，也装饰了庭院的空间。王诜《绣栊晓镜图》展现了一位女子画完了晨妆对着镜子沉思，仪态端庄，身旁处立着一束屏风。除了隔绝空间以外，屏风还存在着一定的观赏性，山水画的屏风，衬托了主人雅致的生活。《孝经图》和《槐荫消夏图》等画作中也有屏风的出现，这些屏风上都有山水图案，不仅能隔绝空间，还能供屏风主人赏玩。

栏杆是宋代庭院中经常出现的要素，晁端礼《踏莎行》写道："萱草栏干，榴花庭院。悄无人语重帘卷。"当然，它的作用更突出的是为了不同环境的空间划分。宋代的庭院设计善于用水做衬托，"园中凿五池，三面皆水，极有野意"。阑干被大量的使用，在起到分割景物作用的同时，也保障了游园人的安全。王其瀚《荷亭婴戏图》①描绘了一群游戏的孩童，还有凭栏观看孩童游玩的两位女子，在图中有一大片池塘，长满了荷花，池塘的周围都安装了栏杆，这种蜿蜒曲折的栏杆，保护了游玩人的安全，也衬托了景物要素的丰富多彩，使生活情调更加雅致悠闲。

---

① 傅熹年：《〈千里江山图〉中的北宋建筑》，《中国美术》，2021年第12期。

宋 佚名《孝经图》

　　栏杆一般是木质材料，也有石质和竹子材料的，但是相当少。木质的栏杆非常精美，《营造法式》上单列出的柱头雕刻就有多种，陈清波《瑶台步月图》中的栏杆柱头轮廓似海石榴，马远《王羲之玩鹅图》中的栏杆柱头雕刻小瓣仰莲，另外柱子也有粗有细，风格古拙、精美并存。

　　（8）花木

　　宋人凡是写庭院，大多有植物。晏几道《蝶恋花》云："庭院碧苔红叶遍。"苏轼《虞美人》云："深深庭院清明过，桃李初红破。"李清照《转调满庭芳》云："芳草池塘，绿荫庭院。"没有花木和果蔬的庭院是没有生机的，这是"诗意栖居"的宋人做不到的。庭中植栽带来的诗意说不尽，周紫芝《生查子》咏"院落半晴天，风撼梨花树"，李清照《声声慢》咏"梧桐更兼细雨，到黄昏，点点滴滴"，蒋捷《一剪梅》咏"流光容易把人抛，红了樱桃，绿了芭蕉"，苏轼《菩萨蛮》咏"柳庭风静人昼眠。昼眠人静风庭柳"。

　　《女孝经图》中的芭蕉和山石，可谓庭院中的经典搭配。而这些不同的花草树木，也为庭院吸引来鸟鸣、虫鸣，在带来生机的同时，也展现出一种对隐逸生活独乐的高雅情趣。苏汉臣在《秋庭婴戏图》①中就画了宋代秋天最美的院子。在

---

　　①　傅熹年：《〈千里江山图〉中的北宋建筑》，《中国美术》，2021 年第 12 期。

画面特别显眼的位置，有一块竖直向上的假山石。在山石的后面，盛开着一大丛的芙蓉花，芙蓉花呈现出红白两色，在一朵花上有红白两种颜色，非常鲜艳，衬托着芙蓉花的叶子掩映在山石的后面，表现出了深秋的景色。深秋时节，高大的山石，一大丛的芙蓉花，在山石的右下角，还栽种着雏菊，季节的氛围衬托得非常浓烈。虽然表现的是深秋，但是没有丝毫的寒意，反而感觉到很温馨。

宋代庭院的设计非常注重景物的搭配，周叙《洛阳花木记》记载了近 600 个品种的观赏花木，但宋人最喜欢栽植的是竹子、梅花、松树等。梅兰竹菊，占尽春夏秋冬，中国文人称其为"四君子"，以彰显对天地自然独爱、对隐逸生活独乐的高雅情趣。欧阳修《渔家傲》咏"闲庭院。梅花落尽千千片"之句，写的就是庭院中的闲淡生活，以及在闲静的庭院中看梅花片片飞落的情景。刘跃《题沅湘兰竹图》咏"两竿翠竹拂云长，几叶幽兰带露香"，文同《咏竹》咏"故园修竹绕东溪，占水浸沙一万枝"，杨万里《好事近》咏"月未到诚斋，先到万花川谷。不是诚斋无月，隔一林修竹"。竹是宋代文人墨客的最爱之一，是文人雅士日常生活中的必备品，苏轼有言"宁可食无肉，不可居无竹"，无疑是文人好竹的真实写照。

北宋苏汉臣《桐荫玩月图》与南宋佚名《宫苑庭园图》的园景中都有一对醒目的梧桐树，分别植于庭院主屋前的花台中，作为正门的标志。梧桐的台基，无论是六角形或圆柱形的堆高花台，都雅致得宜，别具巧思。园中除了错落有致搭配着的棕榈、芭蕉、柳树等各色庭植，还有荷花、菖蒲一类的盆景，与各种精选的奇石与叠山，此起彼落并井然有序地分布在庭园之中。

北宋 苏汉臣《桐荫玩月图》

南宋 佚名《宫苑庭园图》

（9）山石

石头在庭院造景中是不可缺少的，宋人对石头可以说是情有独钟，这一点十分明显地体现在宋代庭院造景中的"叠石成山"，这是当时一个常见的手法。宋代皇家在庭院造景时经常会举国家之力四处寻找奇石，用来装饰自己的庭院，"然工人特出于吴兴，谓之山匠……盖吴兴北连洞庭，多产花石，而卞山所出，类亦奇秀，故四方之为山者皆于此中取之"。

中国园林从北宋开始大量使用石叠山，宋徽宗《祥龙石图》是以湖石为主要表现内容的画作，石相灵透，如祥龙降世。他的《听琴图》中有石散置，石上铺有坐垫，应是当时比较流行的一种坐石方式。在宋代，南方所产的太湖石最受欢迎，被视为上品。太湖石的丑、透、漏、瘦的特点仿佛正衬托了宋代文人追求的那种感觉。一块造型典雅的太湖石，后面有些许的丛竹点缀，这种造景艺术仿佛成了宋代庭院的固定格式。周密《癸辛杂识》载："沈德和尚书园，依南城，近百余亩，果树甚多，林檎尤盛。内有聚芝堂藏书室，堂前凿大池几十亩，中有小山，谓之蓬莱。池南竖太湖三大石，各高数丈，秀润奇峭，有名于时。"马远的《松溪观鹿图》就描绘了一幅典型的庭院造景，图中既有遒劲的苍松，也有幼嫩的小松，同时还有山石点缀。

（10）水景

水景在庭院中令人赏心悦目，水中倒影也是传统庭院中拓展空间的有效手段之一。风吹过水面，泛起涟漪起伏波动，同时，水可以调节环境，营造出清新宜人的小气候，因此在庭院中被广泛应用。在刘松年《四景山水图》的夏景图中，[1]一座庭院占地颇广，掩藏在绿荫中的主屋通过曲廊到达面朝西湖的湖堂。堂前凸字形露台宽大平坦，围以栏杆，左右设置太湖石与花木。露台前凸处通过一座短小的平桥，可至水中升起的亭子。在刘松年的《秋窗读易图》中，[2]巨石旁有一精舍构建在湖畔，极为讲究。庭院中红叶散落一地，堂内置一大屏风，屏风上有画，画中清波荡漾，满幅清波。屏风前置一圆凳。主人坐在临湖的一面，朱红色的书案上放着香炉、书等物。主人头向湖畔，似看秋叶落水，也似看湖水东流，似有所思。一小童拱手而立，神态恭敬。石上、湖边皆长有红树，院内院外落红满径，远处一片湖光山色。在这种湖光山色、景色清幽的环境中读书是宋人的一大乐事。

---

①　傅熹年：《〈千里江山图〉中的北宋建筑》，《中国美术》，2021 年第 12 期。

②　傅熹年：《〈千里江山图〉中的北宋建筑》，《中国美术》，2021 年第 12 期。

辛弃疾喜欢水景房，他在带湖之畔营造新居，"东冈更葺茅斋，好都把轩窗临水开。要小舟行钓，先应种柳；疏篱护竹，莫碍观梅。秋菊堪餐，春兰可佩，留待先生手自栽"。（《沁园春·带湖新居将成》）茅屋虽简陋，但轩窗面水，花柳生香。王诜《蝶恋花》咏西园："小雨初晴回晚照。金翠楼台，倒影芙蓉沼。杨柳垂垂风袅袅。嫩荷无数青钿小。似此园林无限好。"晁补之《摸鱼儿》咏归来园："买陂塘、旋栽杨柳，依稀淮岸江浦。东皋嘉雨新痕涨，沙觜鹭来鸥聚。"张孝祥《踏莎行》咏"藕叶池塘，榕阴庭院"，他的庭院掩映在浓重的榕树阴影之中。

司马光的"独乐园"，园子中间是读书用的厅堂，读书堂南边有一处屋子，引水北流，贯连屋下，然后水从北面隐蔽流出，悬空注入庭院下面，水在这里又分为两条小渠，环绕庭院的四角，在西北面汇合流出。而读书堂的北面是一个大水池，水池的一边，有六间并排的屋子，前后种植着优雅的竹子，作为清凉消暑之所，司马光把它命名为"种竹斋"。水池的另一边，整出了一百二十畦田，错杂地种着花草药材，为了辨识，司马光还给它们挂上字牌作为标志。这些景象，是从司马光的散文《独乐园记》中还原出来的，虽然看不到真实样貌，但仅凭文字也能想象环境的优雅和静谧。

（11）鸟雀昆虫

春夏秋冬，四季更迭，庭院里总有各种不同的小动物在逡巡来往。各种声音交织如斯，好不热闹。史达祖《双双燕·咏燕》咏"还相雕梁藻井，又软语商量不定。飘然快拂花梢，翠尾分开红影"，赵令畤《浣溪沙》咏"水满池塘花满枝，乱香深里语黄鹂"，李彭老《四字令·兰汤晚凉》咏"月移花影西厢，数流萤过墙"，姜夔《八归·湘中送胡德华》咏"芳莲坠粉，疏桐吹绿，庭院暗雨乍歇。无端抱影销魂处，还见篠墙萤暗，藓阶蛩切"，朱敦儒《渔家傲》咏"灯相照。春寒燕子归来早"，李之仪《千秋岁》咏"深秋庭院，残暑全消退。天幕迥，云容碎。地偏人罕到，风惨寒微带。初睡起，翩翩戏蝶成对"。深深庭院，每每落笔于宋人的诗词画境里。

（12）井

张先《归朝欢》云："声转辘轳闻露井，晓引银瓶牵素绠。西园人语夜来风，丛英飘坠红成径。"杜安世《采明珠》云："雨乍收，小院尘消，云淡天高露冷。坐看月华生，射玉楼清莹，蟋蟀鸣金井。"这里的"井"即出现在园子或者院子里。井是日常生活的设施，用于生活取水和灭火。井边一般植梧桐树，"井梧"二字常相连，如柳永的"井梧零乱惹残烟"（《戚氏》），晏殊的"井梧宫簟生秋意"（《点绛唇》），都可以令我们窥见宋人井边种梧的风俗。

南宋 刘松年《西园雅集图》

　　在庭院里，宋人的"四般闲事"有了施展的空间，刘松年的《西园雅集图》就是宋朝生活绮丽、风雅、有仪式感的最好论证。我们汲汲于庭院之美，因为庭院里所营造的那种氛围，是每日穿梭在繁忙都市的高楼大厦间的我们所缺乏的那份安宁与恬静。有时候真想发明一台机器，可自由来往于宋朝，居住在宋词里的中国庭院，打开临水的窗，或者关上山石后的那重门，享受每一个微风拂过的傍晚。在那里，我们会遇见自己真正向往的一种生活。难怪郑板桥说："吾毕生之愿，欲筑一土墙院子，门内多栽竹树花草，清晨日尚未出，望东海一片红霞，薄暮斜阳满树，立院中高处，俱见烟水平桥。"

参考资料：

李慧漱：《园林入画，师心造境：宋画中的女性庭院空间》，搜狐网，https://www.sohu.com/a/195325298_273727。

梁丽：《宋词中的庭院意象研究》，广西师范大学 2018 年硕士学位论文。

许江：《宋代造园艺术与园林建筑的特征》，《创意与设计》2014 年第 2 期，第 83-93 页。

宋馥余、解丹：《以朱淑真庭院为例看宋代民居庭院的景观构成》，《艺术与设计：学术版》2019 年第 9 期，第 51-53 页。

多插瓶花供宴坐

现代比较追求生活情趣的人，经常会买一束鲜花回家插在花瓶中装饰生活，但是对一堂插花课竟然要高价钱表示无法理解。如果你穿越到宋朝，在那个时候上一个插花培训班，可能要更贵。不可思议吧，宋朝就有插花。插花是宋朝整个社会的生活时尚，是一个风雅时尚项目，优雅了整整一个朝代，也热闹了整整一个朝代。辛弃疾就是一个插花爱好者，有《定风波·暮春漫兴》为证：

> 少日春怀似酒浓，插花走马醉千钟。老去逢春如病酒，唯有，茶瓯香篆小帘栊。
>
> 卷尽残花风未定。休恨。花开元自要春风。试问春归谁得见。飞燕。来时相遇夕阳中。

少年时代，一旦春天来临，就会纵情狂欢，插花、骑马，还要喝上些酒，好不痛快，要到半夜，第二天起床后依旧是条好汉。人老了退休之后，干什么都索然无味，特别是到了春天，什么都不做和酗酒一样难受，只能在自己的小房子里熏熏香喝喝茶来消磨时间。辛弃疾对花的感情不一般，年轻时喜欢吃饭睡觉插花，老了连谈及被罢官后的落寞心情都不忘带花一起。看来插花在他心里，是种不一样的热闹。

人人都爱插花

宋朝是古代中国插花艺术的全盛时期。《东京梦华录》载："是月季春，万花烂漫，牡丹芍药，棣棠木香，种种上市，卖花者以马头竹篮铺排，歌叫之声，清奇可听。晴帘静院，晓幕高楼，宿酒未醒，好梦初觉，闻之莫不新愁易感，幽恨悬生，最一时之佳况。"这是宋人眼中的浮生乐事。北宋的风习，随着大量南迁的人流，带到了临安。并且，江南气候温暖，花木之繁茂，更胜于昔日。《梦粱录》载："四时有扑带朵花，亦有卖成窠时花，插瓶把花、柏桂、罗汉叶。"又云：

"是月春光将暮，百花尽开，如牡丹、芍药、棣棠、木香、荼蘼、蔷薇、金纱、玉绣球、小牡丹、海棠、锦李、徘徊、月季、粉团、杜鹃、宝相、千叶桃、绯桃、香梅、紫笑、长春、紫荆、金雀儿、笑靥、香兰、水仙、映山红等花，种种奇绝。卖花者以马头竹篮盛之，歌叫于市，买者纷然。"可见，宋人之最爱，非插花莫属也。它不但在以宫廷为首的上层社会成为风雅之事，还是懂得生活品位的诗人雅客与追求时尚的达官显要的情趣，也普及于一般市井，演变为一种司空见惯的生活闲事。

《清异录》载："李后主每春盛时，梁栋、窗壁、柱栱、阶砌并作隔筒，密插杂花，榜曰'锦洞天'。"李后主深谙词翰，喜好风雅，他将插花发展成了一种遍布室内空间的"整体艺术"，以大量花卉营造出一个纷繁华美的"花房"。遥想宫室满饰繁花，当如仙人洞府，令人思之神往。到了宋代，赵宋皇室更是这一潮流的引导者。宫廷插花的记载，单《武林旧事》就可见：卷二赏花"堂内左右各列三层，雕花彩槛，护以彩色牡丹画衣，间列碾玉、水晶、金壶及大食玻璃、官窑等瓶，各簪奇品，如姚、魏、御衣、照殿红之类几千朵，别以银箔间贴大斛，分种数千百窠，分列四面。至于梁栋、窗户间，亦以湘筒贮花，鳞次簇插，何翅万朵"；卷三端午"又以大金瓶数十，遍插葵、榴、栀子花，环绕殿阁"；卷七乾淳奉亲"又别剪好色样一千朵，安顿花架，并是水晶、玻琪、天青汝窑、金瓶，就中间沉香卓儿一只，安顿白玉碾花商尊，约高二尺、径二尺三寸，独插照殿红十五枝"。花架上放置花瓶，瓶中插牡丹千余朵。所插牡丹其色艳、其形大、其数多，枝繁叶茂花盛的牡丹与宫廷赏花奢华状态暗合。

南宋 佚名《盥手观花图》

宋代是重视文化艺术的朝代，朝廷官员多兼具政治家、文学家、诗人、书法家、画家等多重身份，琴棋书画、诗词歌赋是生活中不可或缺的一部分，造就了宫廷之上下整体具有典雅的审美意趣。大多数文人士大夫都对插花有瘾，品性不同的花让他们有情可托，插花一事遂得到他们的青睐。在宋代，鲜花插瓶也差不多是贵族女性每天的清课。传苏汉臣《靓妆仕女图》中对镜理妆的女子，妆具之侧有一个小木架，木架里面正好坐一具插着鲜花的花筒。镜旁陈设花瓶，在宋代是女子的雅尚。方回《开镜见瓶梅》云："开奁见明镜，聊以肃吾栉。旁有一瓶梅，横斜数枝人。真花在瓶中，镜中果何物。玩此不能已，悠然若有得。"晶莹剔透的水晶冠儿是颇为惹人怜爱的，如果在冠内插花，就更能体现宋人的风韵与雅致。程垓《醉落魄·赋石榴花》云："夏围初结。绿深深处红千叠。杜鹃过尽芳菲歇。只道无春，满意春犹惬。折来一点如猩血。透明冠子轻盈帖。芳心蹙破情忧切。不管花残，犹自拣双叶。"描写清风婀娜的宋代佳人，在晶莹剔透的水晶冠之内衬以层层团簇的石榴花，若隐若现的白色、红色花瓣呈现出一派婉约风尚。

大概没有哪个朝代的人民会像宋代老百姓一样，不带功利心，真心热爱鲜花。陆游《临安春雨初霁》有言："小楼一夜听春雨，深巷明朝卖杏花。"李清照《减字木兰花·卖花担上》写道："卖花担上。买得一枝春欲放。泪染轻匀。犹带彤霞晓露痕。"当时街市上随处可见卖花人。可以说，卖花、买花、插花已经渗透在宋人的生活方式中，成为不分阶层的爱好。"洛阳之俗，大抵好花，春时，城中无贵贱，皆插花。虽负担者亦然。"①《夷坚志》提到一名爱花成痴的市井女子，"临安丰乐桥侧，开机坊周五家，有女颇美姿容，尝闻市外卖花声，出户视之，花鲜妍艳丽，非常时所见者比，乃多与，直悉买之，遍插于房槛间，往来谛玩，目不暂释"。意思是说一位美人将全部花买下，望着鲜花出神。花的价格虽高，且花开放的时间短暂，也无法阻挡爱美之人对它的热爱——"其价甚穸(高)，妇人簪戴，多至七插，所直数十券，不过供一饷之娱耳。"对于那些身在京城但住宅密集的平民而言，甚至出现了屋顶种花的雅事，如南宋诗人姜特立《因见市人以瓦缶莳花屋上有感》："城中寸土如寸金，屋上莳花亦良苦。"又宋自逊《店翁送花》云："店翁排日送春花，老去情怀感物华。翁欲殷勤留客住，客因花恼转思家。"旅店用日送鲜花的方式慰藉客中情怀，大约已成为当时一种日常化的服务。

当时不论官吏庶民，在吉凶庆吊时，筵席通常是由四司六局承办。而四司六

---

① 欧阳修：《欧阳修文选》，北京：人民文学出版社1982年版。

局的职掌中，就有排办局管插花一项。商家也喜欢用插花来装饰酒店、茶坊，营造出高大上的优雅格调，"汴京熟食店，张挂名画，所以勾引观者，留连良客。今杭城茶肆亦如之，插四时花、挂名人画，装点门面"。① 杨万里《宿新丰坊，咏瓶中牡丹，因怀故园》云："客子泥涂正可怜，天香国色一枝鲜。雨中晚敛寒如此，烛底宵暄笑粲然。"这是新丰坊的瓶中牡丹，每于乡野驿站点缀清奇。甚至简陋的路边小店也以插花为装饰："路旁野店两三家，清晓无汤况有茶。道是渠侬不好事，青瓷瓶插紫薇花。"

插花，是宋朝寻常人家的小确幸，甚至可以成为一种谋生的手段。《梦粱录》卷十九"闲人"中将当时专门出入官府人家从事插花、挂画等杂事之人称为"一等手作人"。《西湖老人繁盛录》于《端午节》一章则说："初一日，城内外家家供养，都插菖蒲、石榴、蜀葵花、栀子花之类，一早卖一万贯钱花钱不啻。何以见得？钱塘有百万人家，一家买一百钱花，便可见也。……虽小家无花瓶售，用小坛也插一瓶花供养，盖乡土风俗如此。"宋话本《花灯轿莲女成佛记》："这莲女年一十七岁，长得如花似玉，每日只在门首卖花，闲便做生活。街坊有个人家，姓李，在潭州府里做提控，人都称他做押录。却有个儿子，且是聪明俊俏，人都叫他做李小官人。见这莲女在门前卖花，每日看在眼里，心虽动，只没理会处。年方一十八岁，未曾婚娶，每日只在莲女门前走来走去。有时与他买花，买花不论价，一买一成。或时去闲坐地，看做生活，假托熟，问东问西，用言撩拨他。不只一日。李小官思思想想，没做奈何，废寝忘食，也不敢和父母说，因此害出一样证候，叫做'相思病'。看看的恹恹黄瘦了，不间便有几声咳嗽。每日要见这莲女，没来由，只是买花。买花多了，没安处，插得房中满壁都是花。"

文人插花之讲究

能被称为宋人四艺，插花当然极有讲究。在宋代，案头瓶花的种类已十分丰富，常见的有梅花、水仙、桃花、杏花、酴醾、牡丹、芍药、石榴、荷花、桂花、菊花、芭蕉等。宋代插花首先讲究花命的维持，发明了许多既简便实用又科学的花材保鲜技术方法。林洪在《山家清事》"插花法"条中言，"插梅每旦当刺以汤。插芙蓉当以沸汤，闭以叶少顷。插莲当先花而后水。插栀子当削枝而捶破。

---

① 吴自牧：《梦粱录》，杭州：浙江人民出版社 1984 年版。

插牡丹、芍药及蜀葵、蕾草之类，皆当烧枝则尽开。能依此法则造化之不及者全矣"。《分门琐碎录》载："牡丹、芍药插瓶中，先烧枝，断处令焦，蜡封之，乃以水浸，数日不萎。蜀菊插瓶中即萎，以百沸汤浸之，俊延，亦烧根。""瓶内养荷花，先将花到之，灌水令满，急插瓶中，则久不蔫。或先以花入瓶，然后注入水，其花亦开。""菊花根倒置，水一盏，剪纸条一枚，湿之，半缠根上，半在盏中，自然引上，盖菊根恶水也。"甚至还有"冬日护瓶法"，"冬间，兰花瓶多冻破，以炉灰置底下则不冻，或用硫磺置瓶内，亦得"。

宋人对插花的态度，不仅在于喜花本身，对待花器同样十分看重。插花的盛行必然离不开对花器的考究。宋代插花的花器，如花瓶、画盆已经是专门的造型，和日用器皿区别开来。各大烧造窑口几乎个个生产专用于插花的花器。不过文人雅客最普遍赏玩的，还是瓷制的花器。瓷瓶的造型和品质，因为宋代制瓷工艺的发展而愈加多元和优美，玉壶春瓶、梅瓶、琮式瓶、筒式瓶等都是常见的插花花器。韩淲《雪后如春》咏"兰佩新输绿，梅瓶久荐红"。陆游咏"瓶花力尽无风堕，炉火灰深到晓温"。陈起咏"夜来窗不掩，吹落一瓶花"。曾几《瓶中梅》咏"小窗水冰青琉璃，梅花横斜三四枝"。吴文英《永遇乐》咏"白凝虚晓，香吹轻烬，倚窗小瓶疏桂"。杨万里《卧治斋夜坐》咏"孤坐郡斋人寂寂，一枝红烛两瓶梅"，又《瓶中红白二莲五首》咏"红白莲花共玉瓶，红莲韵绝白莲清"。

当然，文人插花也有怀旧版本的铜器插花，更有用古玩做花器的，鼎、瓯、爵、壶等青铜器也颇为流行。赵师秀《叶侍郎送红芍药》咏"自洗铜瓶插欹侧，暂令书卷识奢华"。杨万里《瓶中梅杏二花》咏"折来双插一铜瓶，旋汲井花浇使醒"。杨公远《铜瓶簪梅》咏"梅花点点自清真，雪虐风饕苦且辛。白玉堂开虽是贵，古铜瓶浸亦非贫。爱渠夜写灯前影，类我时挥笔底春。雅趣有谁能领会，华光已后更无人"。赵希鹄在《洞天清禄》"古钟鼎彝器辨"中，记录了古铜瓶钵养花果的心得，"古铜器入土年久，受土气深，以之养花，花色鲜明。如枝头开速而谢迟，或谢则就瓶结实。若水锈、传世古则尔，陶器入土千年亦然"。"铜瓶"用来插花使鲜花可吸收铜离子而改善营养，鲜活的生机得以持久。

文人在书斋案头摆放瓶花才更觉风雅无边，这在宋代十分普遍。张明中《瓶里桃花》云："折得蒸红簪小瓶，掇来几案自生春"；宋伯仁《瓶梅》云："南枝斜插古军持，瘦影参差落砚池"；许及之《白石榴》云："花开水晶瓶，叶排青琐窗"；高翥《春日杂兴》云："多插瓶花供宴坐，为渠消受一春闲"；苏辙《戏题菊花》云："春初种菊助盘蔬，秋晚开花插酒壶"。但是，文人书斋案几上的瓶花，其瓶的体量都不大，一般仅选单枝数朵或单枝单朵的花来插，花卉的品种是单一的，花色亦单纯雅致。插花的心情也是随性随心而至，多为乘兴顺手掐花，如范成大《瓶花》咏"满插瓶花罢出游，莫将攀折为花愁"。李光《渔家傲》前题有"羊君荆华折以见赠，恍然如逢故人。归插净瓶中，累日不雕"。赵孟坚《好事近》前题"重温卯酒整瓶花，总待自霍索。忽听海棠初卖，买一枝添却"。这是文人插花不拘泥形式的体现。

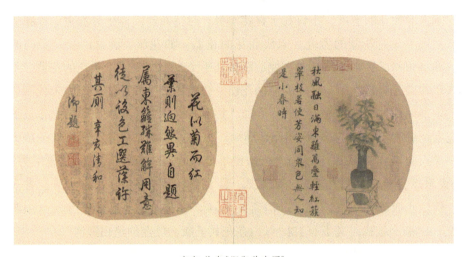

南宋 佚名《胆瓶秋卉图》

宋代纨扇页《胆瓶秋卉图》①中的插花小景便是书房案头插花的极好实例。图中瓶架内置一青釉折沿长颈瓷瓶，瓶内插菊花。瓶体的稳重与花枝的柔弱相得益彰。可以看出，此花的插法是经过精心设计的，由于瓶口为折沿，使整束花有微微散开之感，且呈现出对称的近似倒三角形的布局，能分出花朵的主宾之位。主朵花花形大，位置也高于处于宾位的小型花，是视觉的中心点，而辅助的小型花从数量到位置在构图中都起到极好的均衡作用。由于瓶身瘦长，底部较小，为使花瓶具有稳定性，故使用了护瓶架。瓶插鲜花，将宋人的生活空间点缀得意趣盎然。

台北"故宫博物院"藏宋代佚名《人物图》②几乎涵盖了宋代贵族、士大夫阶层

---

① 方忆：《宋代插花与花器刍议 以宋画或宋意绘画为例》，《收藏家》，2017年第12期。
② 方忆：《宋代插花与花器刍议 以宋画或宋意绘画为例》，《收藏家》，2017年第12期。

除焚香之外的所有博雅嗜好：画面右侧的长案上一列琴、棋、书（函）、画（轴）；画面的左侧有一组茶挑、风炉和一套包括经瓶在内的酒具，中心人物的背后是一大型的屏风画，上绘《汀州野凫图》，且挂有画中主人公的《自画像》，旁有一童子正在用注子点茶，案几上摆放果品和砚台，而主人则半游戏坐于床榻，一手执笔，一手执纸卷，似锦文满腹，文思滚来，几欲落笔。在整张画面中，主人公的视觉汇集点当是其对面的盆花及以叠石垒成的案台。叠石也是当时文人士大夫赏玩的对象，《洞天清录》中已有"怪石辨"，且将插花作品置于叠石案台之上也非个例。图中花卉以满插的形式，布局红、粉两色牡丹，与叠石组成"富贵长寿"的寓意。这幅《人物图》画轴中的插花及花器体量相对较大，非案头小器，是专供远距离观花而摆设的。从观赏的角度和距离而言，类似盆栽花卉。画中赏花之意境较为全面地反映出宋代文人的生活状态。

在空旷的野外，文人又是如何插花的呢？宋徽宗赵佶所绘《文会图》①展现的是在宫廷庭园之中由皇帝主导的小型文士聚会的场景。从图中可见六件插花，分成三件一行，有序地排成两排，其间以盛有时令鲜果或莲蓬的托盘相隔，点缀于大型黑漆方形案桌之上。桌面上井然有序地摆放有盘、碟、碗、盏托、注子等各类茶酒器或食器。所使插花器具为复合型组合花器，即先将小型花束插于一小瓶之中，然后再将小瓶置于一扁形的承托器之内。这一承托器器身中空可插瓶，外有一周宽沿，口沿翻起，形成水槽，可防止浇水时水外溢。所插花朵为白色五瓣，花型甚小，花叶细微，整体花束造型呈三角锥形。所插之花为岩桂，乃是桂中之最香者，有"仙友""招隐客""岩客"（山中隐者）之寓意。士大夫出游也要携带桌几，"列炉焚香，置瓶插花，以供清赏"。宋徽宗赵佶所绘《听琴图》，其主题为贵族文人雅集听琴，几案上香烟袅袅的熏炉与对景玲珑石上插着异卉的古鼎，和着优雅的琴声，融会交织出极其清幽的意境。尽管这是一幅宫廷绘画，但所表现的场景在当时的文人雅集中却颇为常见。赵希鹄《洞天清录》中有"对花弹琴，惟岩桂、江梅、茉莉、荼蘼、蒼葡等香清而色不艳者方妙。若妖红艳紫非所宜也"之说。图中古鼎中所绘插花，即为岩桂，花枝疏朗，姿态清丽，绝无艳俗之气。使用古铜鼎插花既是身份和地位的象征，也是当时文人追求古意古趣的氛围。

宋人喜欢跟随时节变化选择不同的花，不同时花择不同器。邵伯雍在《虞美

---

① 方忆：《宋代插花与花器刍议 以宋画或宋意绘画为例》，《收藏家》，2017 年第 12 期。

人·赏梅月夜有怀》中写道:"玉壶满插梅梢瘦。帘幕轻寒透。从今春恨满天涯。月下几枝疏影、透窗纱。"岩叟《梅花诗意图》中的瓶插梅花就是如此,枝条高低错落,与同时的梅花绘图一致。但是梅花只在深冬初春才有,其他时节就要插应季的花了。应季插花主要有两个原因,其一是花易得;其二是能贴合心境。夏天的茉莉和秋天的菊花都是极为常见的。有词为证:"冰盆荔子堪尝。胆瓶茉莉尤香。震旦人人炎热,补陀夜夜清凉。"(刘克庄《清平乐·居厚弟生日》)我们还可以从南宋宫廷画师李嵩的《花篮图》中领略宋代宫廷插花的季节特点。

《花篮图》(春):画中的海棠、迎春、芍药等花相互交映,枝叶线条优美,鹅黄、黛粉、嫩绿,搭配雅致,展示着春日洋洋,处处生机盎然。

《花篮图》(夏):夏日花材种类繁多,蜀葵、萱花、栀子花、石榴花和牡丹争奇斗艳,时令特点明显,多选用大头花朵,画面热情饱满,展现了夏日繁荣热闹,百花斗艳景象。

李嵩 花篮图(春)　　　　　　　　　李嵩 花篮图(夏)

《花篮图》(冬):冬季花材不似春夏繁多,选用白梅、腊梅和水仙,配以略显枯败的几片叶子,季节特征明显,在刻画上更为精致。白、青、黄色调沉稳,正中鲜红的茶花是整幅画的亮点,使整幅画面多了一丝暖意与情趣。

《花篮图》采用半球团花式插花,展示了宋代插花中繁花拥簇、富贵的一面,而宋徽宗的《听琴图》则描绘出简洁雅致、淡然自若的意境。《听琴图》中下方插花,只用一种花材,以线条为骨架,花型不对称,根部收紧,这便是一元式插花。

李嵩 花篮图(冬)　　　　　　　　宋徽宗《听琴图》局部

　　除了这两种插花形式，还有三面观团花式插花、直立形上下分层式插花、上下分层型多点插花、三才式插花、写景式插花、塔形插花等形式，足以见得宋代插花种类繁多，形式多样。在北宋董祥绘制的《初韶萃庆图》中，两三种花卉植物插制的三主枝造型插花已经出现，可见民间插花创造出了雅俗共赏的新花型。这类形式，后来成为中国插花最重要的形式。

　　更重要的是，在宋代，插花开始讲求如画一般的美。插花有了精心的构思，文士们用诗咏之，用画绘之。刘辰翁《点绛唇·瓶梅》直接写出了插花如画，引人入胜，如入风雪空山之中，"小阁横窗，倩谁画得梅梢远"。曾几《瓶中梅》写青色琉璃瓶中，插着数枝横斜梅花枝，有如"无声诗"，"陶泓毛颖果安用，疏影写出无声诗"。陶泓，指的是砚台；毛颖即笔。砚台笔墨都无需，只需数枝疏影，便是诗情画意。

　　在形式、内涵上，受理学影响深重的宋代还注重"以花寓意人伦教化"，重视"善"的高雅之情，其间或可借以解说教义，或阐述教理，或暗射人格，或述说宇宙哲理等。这种思想反映到插花艺术中，便形成了精细描绘、以花抒写理性的主流。所以，宋代插花喜欢用松、柏、竹、梅、兰、桂、山茶、水仙等品格高雅的花材枝叶，不强调色彩，在花、枝、叶的结构上以"清"为精神之所在，"疏"为意念之依归，以表达插花人的高洁清雅品性。范成大在《范村梅谱》中，对梅花的选择和品赏可以说是这种思想的一个很好的注解："梅以韵胜，以格高，故以横、斜、疏、瘦，与老枝陉奇者为贵。"这成为中国古典插花艺术的准则。而

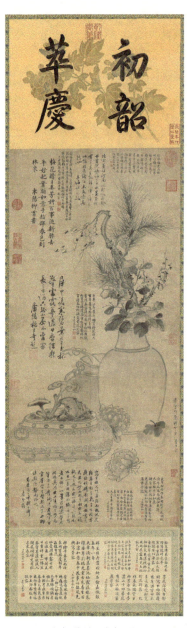

北宋 董祥《岁朝图》

南宋 佚名《华春富贵图》

宋人所绘的《华春富贵图》轴中，① 瓶中所插花束颇为硕大。花的种类有三：牡丹、桃花和酴醾。中心花卉为两色牡丹，怒放的白牡丹四朵，略小盛开的红牡丹一朵，还有一含苞的白牡丹。花束上方有若干枝桃花围绕着最高一层的一朵白牡丹；最下一层居于绘画中心点的一朵白牡丹两侧，对称配以花势略微向下的酴醾。这幅绘画中的插花造型被诠释为包含着宋代理学观念的"理念花"。白色居于中心位置的牡丹象征着王，而红色的牡丹象征后，绯桃和酴醾则分别象征师傅与近属。

"万物静观皆自得，四时佳兴与人同。"对花开花落等景象敏感多思，展现了宋代独特的清丽、疏朗、自然之美。在天人合一的传统哲学观下，插花让人体会的是静观万物背后时光的变迁。它既是文人墨客追求文雅的象征，也是历史文化的见证者。宋朝人喜好精致，生活高雅。宋朝人遇上插花艺术，不如说是插花遇上了宋朝人。千年前的宋朝人"置瓶插花，以供清赏"，多么文艺而有修行的雅事，而今我们凭着宋词宋画去回味宋朝那个风华的朝代，不知会不会在心底生出几分惆怅，几分向往？

参考资料：

黄永川：《中国插花史研究》，杭州：西泠印社出版社 2012 年版，第 180-192 页。

扬之水：《宋代花瓶》，北京：人民美术出版社 2014 年版，第 1-30 页。

---

① 方忆：《宋代插花与花器刍议 以宋画或宋意绘画为例》，《收藏家》，2017 年第 12 期。

纳凉神器——李清照用了都说好

　　六下江南的乾隆皇帝，有个独特的爱好就是盖章，凡是他看上的字画都要盖章标记。他收藏了1万多件藏品，4000多件画作，越喜欢的作品盖的章越多，有的甚至被盖得密密麻麻，人们只能从红章间隙找作品，而且他还特别喜欢在这些画上写诗。大概是身为皇帝的高傲，他认为自己是千古一帝，有充分的理由在这些往圣先贤的作品上留下自己的印记。被盖章的"受害者"中甚至包括一个枕头。据说，乾隆皇帝很是钟爱它，得到之后，诗兴大发，写了一首诗《咏定窑睡孩儿枕》：

> 北定出精陶，曲肱代枕高。锦绷围处妥，绣榻卧还牢。
> 彼此同一梦，蝶庄且自豪。警眠常送响，底用掷签劳。

　　乾隆皇帝喜欢的这件定窑孩儿枕匠心独具，塑造了一个活泼可爱的男孩俯卧于榻上的形象。[1] 它以孩儿背为枕面，孩儿两臂交叉环抱，头枕其上，臀部鼓起，两只小脚相叠上翘，一副悠闲自得的样子。孩童眉清秀目，眼睛圆而有神，小胖脸的两侧为两绺孩儿发，身穿印花长袍，外罩坎肩，下穿长裤，足蹬软靴，手持绣球。枕的底座为一床塌，榻为长圆形，四面有海棠式开光，开光内外模印螭龙及如意云头等纹。高濂在《遵生八笺》中曾有如下记述："有东青磁锦上花者，有划花定者，有孩儿捧荷偃卧，用花卷叶为枕者。此制精绝，皆余所目击，南方一时不可得也。"孩儿枕深受追捧，文人们也被其所吸引，甚至一度到了"南方一时不可得也"的程度。

瓷枕，宋人的"消暑神器"

　　在宋代，瓷枕是人们日常普遍使用的夏令寝具。虽然木竹石玉瓷等质料的硬枕对现代人来说颇为不可思议，对宋人来说却是寻常。尤其是瓷枕，实乃夏天消

---

[1]　孙发成：《宋代瓷枕》，厦门：厦门大学出版社2015年版。

暑清凉必备之物。"质坚又清凉心肤，爽身怡神"，甚至还有"明目益眼，至老可读细书"之功效。张耒在《谢黄师是惠碧玉瓷枕》中清楚交代："巩人作瓷坚而青，故人送我消炎蒸。持之入室凉风生，脑寒鬓冷泥丸惊。梦入瑶都碧玉城，仙翁支颐饭未成。鹤鸣月高夜三更，报秋不劳桐叶声。我老耽书睡苦轻，绕床惟有书纵横。不如华堂伴玉屏，宝钿敧斜云髻倾。"而郑獬的《睡觉》诗中也有一句"一枕清风人寂后，半窗明月酒醒时"。描写的虽然是夜半酒醒的状态，但显然不能忽略瓷枕的作用。在没有空调的时代，瓷枕还真是一件居家必备的消暑神器，有"半夜凉初透"的神奇功效。瓷枕的枕面有一层瓷釉，夏天枕于其上肯定是冰凉的，睡起来当然清凉心肤，爽身怡神。所谓"半窗千里月，一枕五更风"，正说明了古人对瓷枕的厚爱。

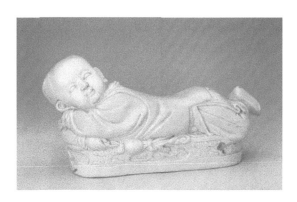

定窑睡孩儿枕

　　瓷枕又高又硬，不硌得慌吗？非也非也。宋人是没有熬夜习惯的，也没有Tony老师天天搞造型，人们发量普遍较足，头发普遍较长，真不会硌得慌。而且，瓷枕可以生凉风，使人脑寒鬓冷。尤其是对于宋代蓄长发盘头髻的女子来说，炎夏时节自然是燥热难耐，这时头垫瓷枕，就可以借瓷枕之凉意，一消酷暑。将枕垫在颈部以上靠近头的根部，这样发髻就不用与瓷枕直接接触。也就是说，这种瓷枕为了不破坏发型，是用来枕在颈部而不是头部的。大概是因为光枕颈部，使头悬空太累，此时的瓷枕多见如意头形枕，当时又称山枕，枕面下低上高，轮廓下阔上尖且成花口状起伏，面如碗底，睡于其上一来消暑，二来保持发型不乱，正好一举两得。

　　瓷枕多有储物功能。它是中空的，人们会把珍贵的东西放在枕头里，把枕头当床头柜一样使用。《越绝书》记载："以丹书帛，置于枕中，以为邦宝。"旧时人们往往把契证、零钱、记事本等物存入瓷枕内，一旦发生火灾，拿起枕头就跑。

此外，瓷枕还具有镇宅祈福之功。《新唐书·五行志》记载："韦后姊七姨嫁将军冯太和，为豹头枕以辟邪，白泽枕以辟魅，伏熊枕以宜男，亦服妖也。"这不仅反映出当时的婚俗，还说明瓷枕被当作祈祝平安的吉祥物。北京故宫博物院藏有一只宋代磁州窑"镇宅"铭狮纹枕，枕面绘有鼓眼卷鬃雄狮一只，昂首凝目，威风凛凛，左侧以黑彩书写楷体"镇宅"二字，表达了人们借猛兽形象镇宅、祈求平安、逢凶化吉的美好愿望。北宋学者刘挚有一首专门以《虎枕》为题目的五言律诗，曰："耒阳得奇枕，状比猛兽姿。呀吻目睛转，中有机纽施……莫作邯郸想，曲肱吾所师。"这首诗的前四句交代了虎枕的来历和威猛身姿，最后两句又用"邯郸想"和"曲肱枕"这对典故，表达了自己不愿攀附权贵、洁身自好的理想。由此来看，虎枕真不简单，不仅能消除炎热暑蒸，还能让文人抒发感情，展现人格情操，不愧是一件值得称道的古代瑰宝。

宋代磁州窑"镇宅"铭狮纹枕

当然，对于文人士大夫来说，瓷枕的功能不仅止于此。陈鹄《耆旧续闻》载："南渡初，南班宗子寓居会稽，为近属，士子最盛，园亭甲于浙东，一时座客皆骚人墨士，陆子逸尝与焉。士有侍姬盼盼者，色艺殊绝，公每属意焉。一日宴客，偶睡，不预捧觞之列。陆因问之，士即呼至，其枕痕犹在脸。公为赋《瑞鹤仙》，有'脸霞红印枕'之句，一时盛传之，逮今为雅唱。后盼盼亦归陆氏。"事情本是很简单，盼盼睡了起来"枕痕犹在脸"，可是通过陆淞丰富的想象与出色的描绘，在《瑞鹤仙》这首词里却成功地塑造了一个为珍惜青春而苦闷的少女形象。

这样的情调，如今已无法捕捉了。唯有夏日枕头上铺竹垫时，才有可能留下类似的印痕。

宋代瓷枕的装饰性[①]

宋人享受诗意的生活，一件器物不仅要有实用价值，而且还要有审美价值。在瓷枕大量盛行的宋代，瓷枕的整体审美和情趣上，有着一种市井气息。除了华美精致，还有很多通俗易懂的格言谚语、儿童游戏场景、乡间赶鸭捉鸟等，这些文字和画面趣味盎然，充满了生活情趣。上面刻画的图案，瓷枕的设计样式，包括瓷枕的时尚风格，都体现出宋人安逸度日的状态。在装饰题材上，宋代瓷枕从外在造型到枕体表面的图案纹饰都多有创新，几何图案、花卉草木、鱼鸟昆虫、祥禽瑞兽、诗词文字、婴戏人物等都在瓷枕上得以灵动的展现。

1. 几何图案

几何图案早在石器时代的彩陶中就已经出现，是构成艺术装饰的最基本元素。在宋代瓷枕中，纳入几何图案类的纹饰大致有绞胎纹、水波纹、直线纹、曲线纹、席纹、网纹、钱纹、锦地纹、篦划纹、圆点纹等。这些纹饰主要装饰在瓷枕的枕面和枕壁上，以绞胎、划、刻、绘、印等技法制成。但是，独立以几何图案作装饰的瓷枕数量不多，其大多是作为辅助图案和其他纹饰共同组成一个完整的画面。

2. 花卉草木

自然界的各种花卉、草木无疑是农耕文明背景下人们最熟悉不过的，在春耕秋藏的岁月轮回中，人们加深了对这些物象的结构、功能的认识，它们成为艺术表现的对象，甚至具有了文化的意味，积淀为一种传统，并成为人们表达情感和理想的寄托。在宋代瓷枕的装饰中，花卉草木题材数量最多，应用最广，尤以牡丹纹、菊花纹、荷花纹、卷草纹、团花纹、梅花纹、折枝花、蕉叶纹等较为常见。所用的表现技法也是多种多样，剔刻、画刻、白地黑花、印刻、珍珠地划花等都成为常见的形式。

（1）白釉珍珠地划花折枝牡丹纹枕

珍珠地划花瓷器系模仿金银器錾胎工艺烧造而成，起源于唐代，盛行于宋

---

①　李晓梅：《宋代瓷枕纹饰研究》，景德镇：景德镇陶瓷学院 2011 年硕士学位论文。

代。枕呈腰圆形，素底，后部开一圆形通气孔。枕面以戳印的细密珍珠状小圆圈为地，主题纹饰为划花折枝牡丹，两朵盛开的牡丹花各居一侧，卷曲的枝叶充溢其间。枕四侧面开光内均刻画卷草纹。那丰满的花形、流畅的线条、浓艳的色彩，尽显雍容华贵，反映了宋人对美好富裕生活的向往与追求。

（2）宋代磁州窑白地黑花竹纹枕

长方多边形，枕壁有八面，枕面和底部均出边。枕面与枕壁均有白地黑花装饰，枕面为篁竹一丛，枕壁为卷草纹。此枕采用简笔画法，形象地表现出篁竹的挺拔与柔韧，具有中国传统水墨画的效果。

宋代磁州窑白地黑花竹纹枕

（3）宋代白釉剔花花卉纹枕

白釉剔花工艺是先在胎上施白色化妆土，刻出纹饰后把纹饰以外的地子剔去，露出胎色，外再施透明釉，胎色与化妆土色形成鲜明对比，纹饰也更加突出醒目。此枕呈腰圆形，施釉至近底处。枕面剔刻出四花一叶。

宋代白釉剔花花卉纹枕

3. 花鸟虫鱼

和花卉草木不同，鱼鸟昆虫题材的表现都是组合式的，即一幅画面中要表现两种以上的元素，如莲池水禽纹、鱼草纹、鱼戏莲纹、蝶恋花、芦雁纹、云鹭纹、竹雀纹、喜鹊登枝纹等。宋代瓷枕中有很多表现莲池水禽纹样的，此类瓷枕图案一般在枕面开光内绘刻，以莲池为背景，饰鸳鸯、鹅、鸭、大雁、水鸟形象，或单独游弋，或成对出现，动态各异。总体看来，花鸟虫鱼题材多为小品，描写的多为自然之野趣和吉祥之象征，是民众在日常生活中经常看到的景致。

宋代女子所钟爱的枕头图案还是鸳鸯，周紫芝的《西江月》云："翡翠钗头摘处，鸳鸯枕上醒时。"吴文英《贺新郎·湖上有所赠》咏"红日阑干鸳鸯枕，那枉裙腰褪了"。这些女子枕的都是鸳鸯图案的枕。无名氏《千秋岁令》云："美景良辰莫轻拌，鸳鸯帐里鸳鸯被。鸳鸯枕上鸳鸯睡。"短短两句，就表现出作者心中对和恋人长相厮守的渴望。《西厢记》中有"鸳鸯枕，翡翠衾，羞搭搭不肯把头抬"的描写，仅此一句，便将两人约会的场景描绘得淋漓尽致，虽只有短短数字，但其中却有万种风情。

（1）白地黑彩花卉开光花猫扑雀纹八角形枕

枕面随形勾划边框，中央有菱形开光，剔地填黑刻小猫扑雀形象。猫双眼圆睁，炯炯有神，雀身及羽翅被猫牢牢咬住，毫无挣扎反抗之力，动作十分生动传神。枕面左右剔地填黑卷叶纹。

白地黑彩花卉开光花猫扑雀纹八角形枕

（2）三彩剔花树下双鹅纹枕

枕面框内一棵矮树，树下两只鹅立于塘坝上。鹅身整体用透明釉，化妆土反衬为白色。矮树、塘坝和地子全部罩绿釉，树与塘坝留化妆土显淡绿色；地子露胎罩绿釉显色墨绿，有池塘水面的效果。鹅嘴和脚分别以黄、绿釉点涂。

三彩剔花树下双鹅纹枕

(3) 虎形瓷枕

呈卧虎状，制瓷匠人在枕的四周用黄釉黑花勾勒与渲染出虎的条纹和毛色，线条粗犷而不失灵动，瓷枕的两个排气孔设计成虎鼻，将瓷枕的工艺缺陷转化为精巧的设计构思，不得不使人拍手称奇。瓷枕的枕面为白地黑花芦雁图，前雁顾盼回首，仿佛在同后雁对话，虽寥寥数笔，却静中有动，将两只嬉戏于水池中、怡然自得的芦雁形象勾勒得生动传神。

虎形瓷枕

4. 祥禽瑞兽

祥瑞题材一直是宋代瓷枕艺术表现的重要内容，这种对吉祥、幸福、平安、福寿、财禄的追求从未止息，包括狮纹、猛虎纹、鹿纹、兔纹、牛纹、羊纹、麒麟纹、蟠龙纹、飞鹤纹、龙纹、凤纹、兽首纹等。在这些表现内容中，有日常生活中可以看到的牛、羊、兔等动物形象，也有不易见到但寓有吉意的狮、虎、鹿、鹤，亦有理想中的龙、凤、麒麟等。这些被表现的祥瑞都有其文化上的渊源，它们都因其形象或脾性或名称而被赋予了某种象征性内涵。值得一提的是，鹿出现在不少瓷枕上作为装饰，小鹿在山石花草中或静或动、或跑或卧，极为传神自然，仿佛大自然的画卷展现在人们面前，清新、生动。

（1）宋代景德镇窑青白釉双狮枕

分上、中、下三部分，上部枕面为如意形，其上刻缠枝花纹；中部雕塑双狮作搏斗状。青白瓷是宋代时期我国南方地区生产的一种重要瓷器品种，是古代窑工仿照青白玉的外观而制作的，又有"假玉器"之美称，以景德镇地区的产品质量最佳。

宋代景德镇窑青白釉双狮枕

（2）宋代磁州窑白地黑花镇宅铭狮纹枕

枕呈八方体形，通体白地黑彩装饰。枕面绘一雄狮，昂首凝目，四肢紧绷，似要一跃而出。左侧以黑彩书写楷体"镇宅"二字，枕边缘以黑彩随枕形描绘八方边线，枕侧面绘缠枝花草。寥寥数笔即让狮子威风凛凛、咄咄逼人的形象跃然枕面。

（3）宋代三彩剔划花兔纹枕

宋代大多数三彩枕以绿色为基调，辅以黄、白、褐等色，几乎不见蓝色，配色清新明快，柔和淡雅。枕略呈扇形，枕面边缘刻画花叶纹，中心为复线长方框，内有一花瓣形开光，开光内刻画黄兔、绿草、白色的土地。开光外为黄色剔花卷枝纹。

5. 诗词文字

瓷枕上的文字可以分为两种，一类是非装饰性的，如刻写"张家造""张大家枕""严家记""真初家枕"等款识铭文的，再有就是纪年(记事)的，如"明道元年巧月造青山道人醉笔于沙阳""元祐元年八月十七日置，口口口谨记此"。另一类是装饰性的，主要写于瓷枕的枕面上，有诗、词、曲、吉语(字、谚语)等类型。重文轻武的两宋，人们在枕头上写诗作画非常顺其自然，诗词内容也是雅俗共存，有描写自然景色的，如"风吹前院竹，雨洒后庭花"；有抒发人生感悟的，如"家和生贵子，门善出高人"。另外，还有反映离愁别绪、科场情场失意的。人们通过枕头这一载体抒发情怀，南越王博物馆中收藏的一件，就刻着诗句"落花闲院春衫薄，薄衫春院闲花落"。

(1)白釉黑花文字瓷枕

枕呈八边形，枕面出沿，枕面外周绘一粗一细黑色边线轮廓，内有诗词"风吹前院竹，雨洒后庭花"。枕壁绘一周简括的卷草纹饰，具有典型的磁州窑系瓷器风格。磁州窑系的主要装饰特征，一是白地绘黑褐彩，就是先在器物表面施白色化妆土，之后绘黑、褐等色纹样，最后再施白色透明釉烧成；二是把诗词、谚语、警句和文学作品作为纹饰。纹饰具有浓郁的民间文化气息，深受百姓喜爱。虽着墨不多，两句小诗却极富意境。

白釉黑花文字瓷枕

(2)绿釉刻字瓷枕

此瓷枕呈腰圆形，枕面前低，边缘较高，中间微微下凹，背面中部有一小孔，枕体上半部分施绿釉，枕面施刻画纹饰，以数条弦纹围成椭圆形栏，周边阴刻花叶，中间方框内刻有"绿叶迎风长，黄花向日开，香因风里得，甜向苦中来"行书诗句。此瓷枕的制作工艺极其巧妙，纹饰是先在坯上施一层白色化妆土，然后用尖状工具画出纹饰，最后上绿釉一次烧成。

绿釉刻字瓷枕

（3）白地剔花填黑书法八角形枕

枕面随形勾双线边框，中央开光内黑地白彩书五言诗："柴门掩石泉，夏日亦闻蝉。冷落花廷竹，馨香草里兰。"非常宁静雅和的趣味。枕面左右剔地填黑卷叶纹。

白地剔花填黑书法八角形枕

6. 婴戏人物

婴戏图描绘了孩童游戏（踢球、摇扇、玩陀螺、打瞌睡、观察小动物、玩莲）、读书、节日活动等生活场景，寥寥数笔，就把孩童天真、可爱的童趣表现出来，非常受大众喜爱。磁州窑瓷枕上的白地黑花婴戏图案极为著名，这些描绘在枕面的婴孩天真自然，笔简意存，或描绘荷塘钓鱼、执荷赶鸭，或描绘童子伏凳小憩。瓷枕婴儿常与荷叶、花卉及飘带等联系在一起，展示其吉祥寓意和生命力，反映了古人对"多子多福、繁衍子嗣"的祈求。

国家太平，小家兴旺，孩子们才能无忧无虑的成长，憨态可掬，尽显童趣的卧莲娃娃就是盛世之下孩子们快乐的缩影。手持荷叶孩儿枕的造型除了包含有"宜男""连生贵子"的寓意外，很可能还源于一种社会习俗。史载宋代七夕时节

"小儿须买新荷叶执之，盖效颦磨喝乐"。类似孩儿枕造型的，宋代还流行过一种侍女枕（或称卧女枕），这类瓷枕有时为一体态丰盈的贵妇，有时为一女童侧卧于椭圆床榻之上，双腿弯曲。一般左臂弯曲枕于头下，右手叠左臂下方，有的造型也可能类似孩儿枕一样，手持莲叶枕面。

（1）磁州窑白地黑花马戏图枕

枕八边形，枕面中间微凹，通体白地黑花彩绘。枕面中心绘骏马疾驰，马儿四蹄飞扬，尾巴翘起，马鞍上倒立一人。枕面周边用黑彩描绘宽、窄边线各一周。枕侧面绘卷枝纹，底部素白无釉，戳印阳文"张家造"作坊标记。寥寥数笔，就把马戏表演中的精彩瞬间表现得淋漓尽致。

磁州窑白地黑花马戏图枕

（2）宋代磁州窑白地黑花婴戏纹枕

枕呈腰圆形，枕面前低后高。白釉，枕面及枕侧以黑彩绘婴戏纹。枕面外周以

宋代磁州窑白地黑花婴戏纹枕

双线勾勒如意形开光及双弦纹，开光与弦纹间饰四组卷枝纹。枕侧绘简单的花草纹。枕面主题纹饰画笔简练，描写两个婴孩玩耍，其中一孩儿头上落一只小鸟，孩儿惊愕不已，另一孩儿作兴奋状，欲上前捕捉小鸟。其虽着墨不多，却生动传神。

（3）宋代绿釉三彩划花人物纹枕

枕呈长方形，两端稍阔，中间略收，一侧面有一圆形通气孔，施釉不到底。枕面以刻画法勾勒边框，纹饰分三组，中间一组为人物纹，二人前后相伴而行，服饰一黄一绿，前者手持鱼篓，后者扛竿，似去垂钓。周围的绿树、青草、黄云透出生机。两侧两组黄地开光内各绘折枝花一朵，白花绿叶，开光外衬以褐黄色地。枕面的边框外至枕侧面施绿彩。枕面纹饰设色以绿彩、黄彩为主，色彩素雅，体现了宋三彩的着色特点。

宋代绿釉三彩划花人物纹枕

无论是生动传神的花鸟、活灵活现的瑞兽，还是静谧空灵的山水、惟妙惟肖的婴戏，以及气韵生动的书法作品，宋代瓷枕上面所绘制纹饰的用笔、构图、章法、韵味等，均与宋代书画别无二致。宋代瓷枕与其说是一种器物，不如说是一种艺术。既蕴含了宋代文人们所追求的典雅清淡之美，又隐隐流露出瓷器本身古朴深沉的特点。在平凡的物件中加入诗意，这正是宋朝最令人向往的地方。每一个瓷枕都寄托了宋人浪漫儒雅的情怀，他们透过冰冷的瓷枕向千年后的我们送来温暖的问候，好像在轻轻地对我们说一声带着温情的"晚安"。

参考资料：

郭画晓：《洛阳宋代瓷枕赏析》，《文物世界》2008 年第 2 期，第 8-11 页。

刘绍智：《中国古代瓷枕》。

孙发成：《宋代瓷枕》，厦门：厦门大学出版社 2015 年版，第 70-78 页。

元 景德镇窑青白釉戏剧舞台枕

床上屏风——宋代御寒防风利器

随着时代的发展，一些生活用品逐渐淘汰消失，像是几十年前的大哥大、BP 机等。现在这些物品多数以数据的形式记录在计算机、U 盘里——充足的储存空间让现代人什么稀奇古怪、寻寻常常的东西都想记录。但古代可没有计算机，只能靠纸笔，能够记录并流传下来的事物总体量非常有限，一些日常物品就难入史家之法眼，也极少有笔墨记载，导致很多东西今人已无缘得见，只能从古代文艺作品以及墓葬中的壁画、雕砖中探寻其风韵。有蒋捷的《金蕉叶》为证：

> 云寒翠幕。满天星碎珠迸索。孤蟾阑外，照我看看过转角。
> 酒醒寒砧正作。待眠来、梦魂怕恶。枕屏那更，画了平沙断雁落。

词中的"枕屏"，是一种通常被放置于榻端的宽矮小型屏具。宽度接近榻宽，比例低矮横长，其造型与当时的大型座屏无异。体态轻巧别致，屏面上绘山水，下镶裙板，底座为卷云形站牙和抱鼓墩。《器物丛谈》有云："又床有屏，施之于床；枕有屏，又施之于枕。"宋人把置于床榻上的低矮曲屏风也称为枕屏，这类枕屏往往有六折十二屏。它的材质一般是绢罗、纸质、木质，还有用水晶和云母装饰的。作为日常生活中的一种器物，枕屏是一种与宋代文人生活紧密相关的"装置艺术"。

枕屏，取"暖"用？

北宋时，得益于"中世纪温暖期"，那时中国的建筑完全无需考虑保暖功能。宋代民居往往使用薄木板做墙，绝少厚砖墙，甚至有"石阶桂柱竹编墙"的现象，用纸糊的门窗或薄薄一道屏风便用来抵御风寒。在最需要防风保暖的秋冬季，在没有厚砖墙、四面通风的房屋中，宋人竟然只用纸或绢做的薄薄的一道屏风拦成封闭空间，便足以号称暖阁，可以御寒过冬了！不愧是温暖期。事实证明，当时人们认为这样保暖效果确实已经够好了，否则，这种在现代人看来毫无御寒功能的房子也不会在宋代如此普遍地存在。

可见，在宋代，人们更注重房屋的散热和通风性，在保暖问题上并无太多要求。只是这样有点太通风了，薄木板缝大，往往屋外刮七级风，屋内刮五级风，于是还得靠屏风来挡风。白居易就有过头疼的毛病，"予旧病头风，每寝息，常以小屏卫其首"。所以他睡觉时会把小屏风挡在脑袋前。这也是唐宋人普遍的习惯，他们在夏天喜欢把床榻搬挪到通风的室外或亭内休息，同时又担心风吹着脑袋，于是就在枕旁设"枕屏"挡风。王诜《绣栊晓镜图》中那正对镜沉思的夫人身旁，便是一扇置于榻边的枕屏。

在蒋捷这首词中，蒋捷唯一用来挡风防春寒的，就是榻上这个小屏——"枕屏那更，画了平沙断雁落"。再到夏天，如宋人《荷亭儿戏图》和《风檐展卷图》所绘，当人们在开阔宽敞的凉殿、阁楼中纳凉休息时，所用寝具仅为硬枕、凉床和枕屏。赵伯骕《风檐展卷图》描画了一位士人于一敞厅内半卧半坐于凉床上。厅正面完全敞开，床后置一山水屏风。士人左侧的枕屏，暗示了这可能是其夏梦方醒的午后。画面右侧二侍童正端着茶走来。在佚名的《槐荫消夏图》中，一位上衣半解的荫下高士正闭目酣睡于木榻中央，引人注目的莫过于床头那扇绘有山石林木的屏风。蔡确更是在《夏日登车盖亭》一诗中交代了当时乘凉的标准配置，"纸屏、石枕、竹方床，手倦抛书午梦长"。秋冬时节也可见到枕屏的身影。陆游的《书枕屏》四首，题记为"开禧三年冬作于山阴"，冬日也有枕屏的用武之地。枕屏在当时是冬暖夏凉，四季通用。

按照传统的逻辑，一般能在夏天用的东西，到冬天就得收起来，但枕屏不一样，它只是换了个方式在床上出现，且功能还是挡风，只不过这次要挡的不仅仅是头部。冬天到来后，宋人为了保暖，会在床上布好围屏，即在本该是床栏的位置，安放一圈联屏式的多扇折叠屏风，用于冬日挡风御寒，相当于在床上筑起了

宋 赵伯骕《风檐展卷图》

一道矮墙。此时的屏风和床、帷帐一起，是标准的"床上三件套"。寒冬入睡前，人们会掩上屏风，进入一个几乎与外界隔绝的独立世界。正如今天人们会在每年换季的时候整理被子和衣物一样，屏风的撤与装，在过去也是每年换季时必须要做的一项家务。

既然枕屏的作用是防风，那么就存在一个问题，宋人明明喜欢睡硬枕以求阴凉，长久枕于冰冰凉的硬枕很容易受寒，为什么偏偏又要用枕屏来防风呢？一边要凉，一边又不要凉，这不是开着冷气盖被子——自相矛盾吗？对此，宋人的解答是："风者，天地之气也，能生成万物，亦能损人，初入腠理之间，渐至肌肤之内，内传经脉，达于脏腑。传变既广，为患则深"，故"避风如避矢"。宋人把风视为箭矢，极有杀伤力，对人体有害，不可不防。而对于枕上传来的些许凉意，就不以为意了。

枕屏之文人雅趣

文人眼中的枕屏，是与文人相眠相息、不分你我的一个伴侣。对于他们而言，这里不是小小的方寸之地，而是一个自由无碍的大全世界。苏轼《次韵回文三首》（其三）咏"头畔枕屏山掩恨，日昏尘暗玉窗琴"。枕屏作为集装饰性与实用性于一体的生活器物，它还可以营造意境。相较于座屏，枕屏虽无法对整个空间进行分隔，但却有美化床榻的作用，从而使入睡环境更为舒适，是宋代士人热爱生活的最佳写照。由于它轻巧便携，客舟中也常设有枕屏，邹浩《小舟枕上》云："多少峰峦多少意，一齐收在枕屏中。"程迥《自题昞怡斋》云："六月松风万籁寒，声与频到枕屏间。"枕屏不仅在宋人居室中具有美化环境的作用，同时也与文人相伴相随，如同团扇笔砚般，能够展示出主人的品位和追求。

枕屏上浓缩了一个宋人充盈的精神世界。刘克庄的《伏日》云："屋山竹树带疏蝉，净扫风轩散发眠。老子平生无长物，陶诗一卷枕屏边。"风吹竹动，竹动蝉鸣，刘克庄在风轩中散发而眠，枕屏的功能本在于保护头部，避免穿堂风侵体，而在《伏日》中，镜头由远及近的推进，竹林、茅屋、长廊、枕屏与陶诗一起构建了一个简洁朴素却又不失雅趣的生活空间，镜头至枕屏与屏边的陶诗而止，表现出当事人一种萧疏放旷的姿态。苏辙的《画枕屏》云："绳床竹簟曲屏风，野水遥山雾雨濛。长有滩头钓鱼叟，伴人闲卧寂寥中。"题目是画枕屏，从诗意来看，苏辙不仅讲到在枕屏上作画，同时也描画出枕屏的形制和使用情况。绳床是唐代传入中国的一种类似椅子的卧具，竹簟是宋人夏日乘凉的必备之物，他们与曲屏一起构筑出苏辙的寝卧场面，"常有滩头钓鱼叟"指的是枕屏上的画作，苏辙寝卧在绳床竹簟曲屏所构筑的诗意空间中，与枕屏画作中的钓鱼叟相对，展现出文人寝卧时的生活画卷。

可以说，枕屏虽然尺寸不大，但是位置醒目，每天起床就寝都会看到，这样一个每日都要面对的物品，富有生活情趣的宋人自然是不能容忍其单调乏味的，于是人们经常在朝向床内一侧的屏风上满布绘画，也被称为"画屏"，所谓"金翠画屏山""画屏金鹧鸪"。晁端礼《蝶恋花》云："枕上晓来残酒醒。一带屏山，千里江南景。指点烟村横小艇。何时携手重寻胜。"词人带着残醉从午睡中醒来，映现在眼前的，是枕屏上连绵的江南景色。于是，他就指着画上的景致，对女子回忆起他在江南时的生活经历，怀旧的感觉让他很动情，以至于对美人感慨道：什么时候能和你一起旧地重游，该多好啊。

枕屏上绘制的图案涉及的题材非常丰富，从自然山水到风土人情，皆有体现。宋代文人歌咏较多的屏上画，一个是巫山图，另一个是成双的禽鸟，比如鸳鸯。女子枕屏最喜以鸳鸯为图案，王武子《朝中措》咏"闲看枕屏风上，不如画底鸳鸯"。史达祖《鹧鸪天》咏"情艳艳，酒狂狂。小屏谁与画鸳鸯"。赵彦卫《云麓漫钞》卷三："绍兴末，宿直中官，以小竹编联，笼以衣，画风云鹭丝作枕屏。"很明显，陈设于床榻上的鸳鸯屏风不仅是作为美的装饰物，而且具有增添男女幽情的意味。陆淞在《瑞鹤仙》中描画了一个害了很久相思病的少女，"屏间麝煤冷"。"麝煤"，本指墨，在这里指屏上之画。"冷"，是少女的感觉赋之于物。那画屏上好像画的是对鸳鸯或双鹧鸪，更使她感到孤独与寂寞。

中国人对自然山水的无比热爱，使得山水题材在枕屏的绘画中占据压倒性的地位。韩淲《题山水曲屏》云："空山蕙帐眠清熟，一个渔舟堕枕边。却忆年时江上路，丹青浓淡是云烟。"曾几《求李生画山水屏》云："乞君山石洪涛句，来作围床六幅屏。持向岭南烟雨里，梦成江上数峰青。"以《槐荫消夏图》为例，床榻边的枕屏绘有一幅雪景山水，不仅让观者仿佛置身于一片清凉世界，达到解暑消夏之乐，更体现了"天地与我共生，万物与我为一"的老庄思想。

宋画中的自然景色往往和屏风中的山水遥相辉映。《风檐展卷图》中休憩场所放置的山水枕屏，不仅于屏板上绘有水色山光，其画面更被作者放置在更广阔渺远的自然中。想来宋人的生活真是富有情趣，将自然风光绘于枕屏上，醒来一眼就可看到大好风光，睡梦中也被无尽溪山所环绕，在这样的床上睡觉，当然会神清气爽。

　　枕屏的装饰虽然多采用山水画，只不过水墨山水慢慢成了装饰的主流，而且绘画风格也是当时流行的文人画风格，注重萧索清冷的审美趣味。王诜《绣枕晓镜图》中的枕屏上画的就是荒寂的山水景色。丘崈《江城梅花引·枕屏》云："轻煤一曲染霜纨，小屏山，有无间。宛是西湖，雪后未晴天。水外几家篱落晚，半开关。有梅花、傲峭寒。渐看，渐远，水弥漫。小舟轻，去又还。野桥断岸，隐萧寺，□出晴峦。忆得孤山，山下竹溪前。佳致不妨随处有，小窗闲。与词人，伴醉眠。"这是一幅素绢所作的枕屏。屏画一体，以轻煤为墨，素绢作屏，以淡笔作水墨山水。素绢轻盈胜雪，衬得枕屏也是若有似无，与画作仿若天成般宛如一体，恰似雪后西湖天色。画面上是几个篱笆小院，有梅花凌霜而开。人置身其中，仿佛徜徉于西湖之中，小舟渐行渐远，野桥断岸，藏在寺院之后，孤山之下，竹溪之前。"佳致不妨随处有"指明对文人居室的点缀作用，和"小窗闲，与词人，伴醉眠"的实际功用。据宋人的说法，荒寂的山水景色有助于人做"清梦"，神清气爽地进入梦乡。

　　有一种素屏在宋代文人生活中频繁出现。素屏，顾名思义为不做任何装饰的澄净屏风，其屏芯多以素绢直接铺设。晁冲之《睡起》云："素屏纹簟彻轻纱，睡起冰盘自削瓜。"陈著《沁园春》云："小枕屏儿，面儿素净，吾自爱之。向春晴欲晓，低斜半展，夜寒如水，屈曲深围。消得题诗，不须作画，潇洒风流未易涯。"许多士人对这种素屏爱不释手，且多作枕屏用。欧阳修《书素屏》提到一张一直陪伴他的枕屏，"我行三千里，何物与我亲。念此尺素屏，曾不离我身。……开屏置床头，辗转夜向晨"。枕上屏风成了"常随我"之物，其与当时人们日常生活关系的密切程度可想而知。

宋 王诜《绣枕晓镜图》

　　除了素屏外，屏上梅花图也能凸显宋代文人的高雅追求。石孝友《卜算子·孟抚干岁寒三友屏风》咏"冷蕊闭红香，瘦节攒苍玉。更着堂堂十八翁，取友三人足。惜此岁寒姿，移向屏山曲。纸帐熏炉结胜缘，故伴仙郎宿"。万俟咏《江城梅花引·枕屏》咏"水外几家篱落晚，半开关。有梅花、傲峭寒"。诗人赞屏上岁寒三友的优雅身姿与梅傲霜斗雪的特质。吴文英《浣溪沙·题李中斋舟中梅屏》咏"冰骨清寒瘦一枝。玉人初上木兰时。懒妆斜立澹春姿。月落溪穷清影在，日长春去画帘垂"。吴文英在观赏了友人的舟中梅屏后，感受到屏中梅枝玉骨冰清、傲霜斗寒般的气质。

　　枕屏作为宋代文人日常生活的一部分，可以作为他们题诗作画的载体，展现出宋代文人生活的生动图景。这种作用与粉壁的作用类似。任华《怀素上人草书歌》中称："谁不造素屏？谁不涂粉壁？粉壁摇晴光，素屏凝晓霜，待君挥洒兮不可弥忘。"许月卿《除月二十三日夜梦》云："提耳言言帝旨令，梦回题诗香枕屏"，记录他睡中梦见身往仙境，得到帝君的一番长生教导，于是醒来后在枕屏上题诗。陈鹄《耆旧续闻》载："陈述古诸女亦多有文。有适李氏者，从其夫任晋宁军判官，部使者以小雁屏求诗，李妇自作，黄鲁直小楷题二绝于上：'蓼淡芦敧曲水通，几双容与对西风。扁舟阻向江乡去，却喜相逢一枕中。曲屏谁画小潇湘，雁落秋风蓼半黄。云淡雨疏孤屿远，会令清梦绕寒塘。'"李妇作诗，黄山谷为书题屏风，可谓双绝。

　　枕屏可作为文人间相互赠送的礼物。陆文圭《小铜屏铸渊明归去诗并坡和章以赠子华侑以绝句》云："五斗区区肯折腰，眉山早计不如陶。小屏一枕还乡梦，五柳门前月正高。"诗歌紧扣屏上铸有的内容进行题咏，可以看出枕屏是一种文人交际雅赠的物品。枕屏也是文人间相互交往的媒介，曾几《求李生画山水屏》云："乞君山石洪涛句，来作围床六幅屏。持向岭南烟雨里，梦成江上数峰青。"这是他向友人求作山水枕屏的诗。曾几建炎年间因忤秦桧被贬为广西转运使，到岭南任职，本来岭南山水优美，最不缺青山绿水，然曾几求友人作一幅山水画，作围床枕屏，称要"持向岭南烟雨里，梦成江山数峰青"，也取枕屏伴眠的功用，以表达离别后对朋友的怀念之意。

　　枕屏又往往与其他生活器物等组合起来，展现文人寝卧之处的清雅之美。陆游《书枕屏》四首（其四）写道："甘菊缝为枕，疏梅画作屏。改诗眠未稳，闻雪醉初醒。"菊为枕、梅作屏，衬托室外大雪纷飞，菊与梅都是高洁之物，雪亦是白色，烘托出生活场景的清雅高洁之趣。苏颂《咏丘秘校山水枕屏》云："远山近山各奇状，流水止水皆清旷。烟云到处固难忘，笔墨传之尤可尚。古人铭枕戒思邪，高士看屏助幽况。左有琴书右酒尊，怠偃勤兴时一望。"枕屏上张贴有丹青书画，是文人卧游的好伴侣，诚如苏颂所说"烟云到处故难忘，笔墨传之尤可尚"，好的风景固然让人留恋，然而诉至笔墨也是别有一番趣味。古人常常在枕上作铭，是为了时时警戒自己的行为，而助幽旷，则是宋人看屏的主要目的之所在。"勿欺暗，毋思邪，席上枕前且自省，莫言屈曲为君遮。"这是理学家张敬夫的《枕屏铭》。枕屏能够使人剥离欲望的裹挟，反归本心。

　　枕屏常常与女性生活环境相搭配。宋画《半闲秋兴图》中左边是女子对着镜台梳妆，右边是一个床榻，榻的最左端放着一个枕屏，很好地展示了宋代女子闺房的状态。《韩熙载夜宴图》的一个局部同时表现了床边的枕屏以及坐榻上镶嵌的短屏风。此时的坐榻比以往更高，适应了垂足而坐的要求，上面的短屏风嵌入了自然的云母文石，而在后面掩帐之内，一位女孩正在三面清幽的山水围屏中间缓缓睡去。温庭筠的《菩萨蛮》咏"小山重叠金明灭，鬓云欲度香腮雪"。小山即指女子闺房中放在床头的山屏，"金"，虚指阳光，实指屏风所绘的"金鱼"。残妆未尽的蛾眉与屏风所雕绘的小山相衬呈现重重叠叠的样子，屏风所雕绘的金鱼在晨曦下或明或灭地闪烁着，鳞光好像真的在游动的样子。女子站立时，缭乱的鬓丝也仿佛云朵一般飘动起来，蓬松地拂过雪白的香腮。欧阳修也写过一首颇可爱的《玉楼春》："夜来枕上争闲事，推倒屏山褰绣被。尽人求守不应人，走向碧纱窗下睡。"说的是一对情侣吵架，一方赌气抓起被子去碧纱窗下去睡，起身时把床头的屏风都推倒了。

　　女子闺房中的枕屏便于其摒除一切喧嚣而安然入睡，因而它与梦又密切相关联。张先《酒泉子》云："亭下花飞，月照妆楼春欲晓。珠帘风，兰烛烬，怨空闺。迢迢何处寄相思。玉箸零零肠断。屏帏深，更漏永，梦魂迷。"花飞月照给整首词披上如梦幻般的色调，妆楼、珠帘、屏帏纵向空间转换如电影镜头层层推进，闺室深处屏风后的女子相思情浓浸染入梦。欧阳修《应天长》亦云："深院无人日正午。绣帘垂，金凤舞。寂寞小屏香一炷。碧云凝合处。空役梦魂来去。"由深院入绣帘，由绣帘入小屏，在恬静馨香的室内，梦随云飘摇。

　　"觉来水绕山围"，睡前醒来，眼里都是屏风上画的山水云雁，草虫花鸟。"小屏谁与画鸳鸯"，将鸳鸯绘于屏上，就寝时一眼就可看到"鸳鸯浓睡"，睡梦中也就被无尽春梦所环绕，在这样的床上睡觉，想必是很富艳绮丽的吧。宋人的生活真是富有情趣，"有时醉倒枕溪石，青山白云为枕屏"。通过小小的枕屏，宋代文人建立了一个不同于以往的世界。作为文物，枕屏虽没有实物流传，所幸还有图画和文字留存，让我们得以借助器物和文献理解和感知宋人的生活方式，追思、欣赏其中蕴含的匠人巧思和审美意趣。幸哉！

参考资料：

孟晖：《花间十六声》，北京：生活·读书·新知三联书店 2014 年版，第 2-25 页。

扬之水：《唐宋家具寻微》，北京：人民美术出版社 2015 年版，第 101-128 页。

宋 佚名《荷亭婴戏图》

"挂画"这件雅事

人在江湖，没有几张自拍在手，何以示人！自拍完，多半还要绞尽脑汁想个文案，遮掩自己"也没啥，就是想发个自拍"的微妙心态。在没有智能手机和美颜软件的古代，少男少女们岂不是要失去自拍这一大人生乐事？不必担心！没有手机有画笔。写真，就是古人们的自拍。在宋朝，文人士大夫间曾经兴起过一股自画像浪潮。他们请画师给自己画肖像，擅长绘画的士人也会给自己画自画像，并且还热衷于把自己的写真挂在家中，题写画像赞。黄庭坚就一口气写了五首《写真自赞》，其四曰：

> 道是鲁直亦得，道不是鲁直亦得。是与不是，且置勿道。
> 唤那个作鲁直，若要斩截一句，藏头白海头黑。

毫无疑问，黄庭坚是个自拍狂魔，还是个自拍文案高手。千古文人多自恋，如果评选最臭美的诗人，黄庭坚绝对位列前茅。将自己肖像绘入图像，挂于书房或客厅，在宋代文人士大夫群体中是很常见的事情。收藏于台北故宫博物院的《人物图》，画的是一户士大夫之家的室内场景：一位士大夫坐在榻上读书，身边一个书童正给他点茶，他的身后有一道屏风，屏风上挂的就是一幅他自己的肖像画。实际上，在宋朝，挂画是十分流行的装文艺必备神器，上自皇帝下至贩夫走卒都十分热衷。

宋人挂画，大有讲究

宋朝人的挂画，一开始特指挂于茶会座位旁的关于茶的相关画作，一般挂在茶室，并以茶事为表现内容。最早一般以字为多，慢慢出现字画组合，乃至单独为画的作品，题材也越来越广泛。后来演变成文人雅集或宴客时悬书挂画，供文友鉴赏品评，这个过程就叫做"挂画"。文友们彼此探讨文学艺术，传达闲情逸趣，这在当时是非常主流和风雅的生活方式。宋人挂画，并非随意悬挂，多以品

宋 佚名《人物图》

鉴为目的。画中可见人生意趣，更是挂画主人心性和品位的深层彰显。可以说，宋朝人对挂画乐此不疲，不仅彰显了文人士大夫之家的闲情逸致，也代表了市井人家的生活风尚。从《清明上河图》等存世名作中，不难看出宋代文化的繁荣不只存在于士大夫中，平民也有附庸风雅的氛围。

宋人喜欢挂画，必收集名家字画，于是便有宋代文人"遇古器物、书画则极力求取，必得乃已"的记载。苏轼和他的文友很喜欢挂画，比如与他很要好的驸马王晋卿，热衷"藏古今法书名画，常以古人所画山水置于几案、屋壁间，以为胜玩"。① 宋代文人士大夫的厅堂房阁，一般都挂着名家书画。每次遇到雅集、文会、博古的时候，就会展挂出自己平时收藏的最得意名画，供友人交流鉴赏。南宋的袁燮极爱挂画，特地在住所的东侧，建了一个小轩，取名"卧雪"。他把收藏的名画环挂四周，点上一炉香，就在卧雪里卧游，遍览山野泉林，亭台楼榭，而后收画，日子照常过。宋代文人赏一幅好画，常常会诗兴大发。宋词名句"任是无情也动人"，其实是一幅赏画诗，出自秦观的《南乡子》："妙手写徽真，水剪双眸点绛唇。疑是昔年窥宋玉，东邻，只露墙头一半身。往事已酸辛，谁记当年翠黛颦？尽道有些堪恨处，无情，任是无情也动人。"有人为崔徽画了一幅肖像，画中人双眸如秋水，唇红如朱丹。这样美丽的女子，即便无情也是很动

---

① 张荣国：《北宋王诜的书画与鉴藏》，《中国书法》，2018 年第 3 期。

人的。

读到这你可能觉得，挂画就是把平时收藏的画挂起来，这也能算作"四艺"之一？在宋人的挂画里，还是有很多学问和仪式感的。赵希鹄的《洞天清录·古画辨》堪称宋人挂画的美学行为指南，他这样写道："择画之名笔，一室止可三四轴，观玩三五日别易名笔。则诸轴皆见风日，决不蒸湿。又轮次挂之，则不惹尘埃。时易一二家，则看之不厌。然须得谨愿子弟，或使令一人细意卷舒，出纳之日，用马尾或丝拂轻拂画面，切不可用棕拂。室中切不可焚沈香、降真、脑子、有油多烟之香，止宜蓬莱笺耳。窗牖必油纸糊，户常垂帘。一画前，必设一小案以护之。案上勿设障面之物，止宜香炉、琴、砚。极暑则室中必蒸热，不宜挂壁。大寒于室中渐着小火，然如二月天气候，挂之不妨，然遇寒必入匣，恐冻损。"

短短两百多字，把挂画的择笔、数量、时间长短、目的、陈设以及其他注意事项都囊括其中。挂画要选名画，挂前轻拂画面、不可焚香，画前设小案，极暑和大寒时要注意防护……这在今天也依然有着借鉴意义。从这些文字中，可以品味出宋代对古代名画的暴露式挂法十分小心，对环境的要求几乎达到苛求的程度。一个房间挂多少幅画，挂什么主题的画，书画如何保养，环境如何布置，都有讲究。郭若虚《图画见闻志》也详细描述了这一行为，"齐梁千牛卫将军刘彦齐，善画竹，为时所称。世族豪右，秘藏书画，虽不及天水之盛，然好重鉴别，可与之争衡矣。本借贵人家图画，臧赂掌画人私出之，手自传模，其间用旧裱轴装治，还伪而留真者有之矣。其所藏名迹，不啻千卷。每署伏晒曝，一一亲自卷舒，终日不倦。能自品藻，无非精当。故当时识者谓唐朝吴道子手、梁朝刘彦齐眼也"。

那么，宋人喜欢挂什么题材的画呢？首先是人物画、历史故事画。其次是山水画、花鸟画。这类题材在宋代挂画中所占比例较高。正是由于当时文人雅士对雅致风尚的追求，这个时代才名家辈出，画家有张择端、王希孟、苏汉臣和李嵩等，作品极其丰富，举世闻名的《清明上河图》和《千里江山图》都是出自这个时期。可以说，文艺范的宋朝人不仅爱好书画，更懂得将心爱画作完美融入家居环境里。

宋人喜欢山水花鸟画，不仅仅是表现林泉之致，更多是通过绘画、挂画、赏画来寄托、抒发画作背后的情感。郭熙在《林泉高致》中阐述了所谓的"林泉之志"，"君子之所以爱夫山水者，其旨安在？……尘嚣缰锁，此人情所常厌也；

烟霞仙圣，此人情所常愿而不得见也。……然则林泉之志、烟霞之侣，梦寐在焉，耳目断绝，今得妙手，郁然出之，不下堂筵，坐穷泉壑，猿声鸟啼，依约在耳；山光水色，滉漾夺目，斯岂不快人意，实获我心哉！"尘世太纷扰，山水多悠趣。然而世人为红尘所牵绊，无法逃脱，对于身居庙堂的宋仁宗君臣而言更是如此。他们只好将心中的林泉之志寄托于山水画卷之中，不时欣赏揣摩。所以，范仲淹被贬却写出了《潇洒桐庐郡十绝》。而欧阳修被贬，长舒一口气，作诗云："百转千声随意啼，山花红紫树高低。始知锁向金笼听，不及林间自在啼。"与画对视，看山水，也看自己；听松风，也听心声。不得不说，在探索内心世界的道路上，宋人的专注与真诚是我们今天难以企及的。

日本京都大德寺所藏《五百罗汉像》之
"阿弥陀画像供养"

《五百罗汉像》"观音画像之礼拜"

宋代"挂画"现象非常普及，但如何借助道具挂画？用哪些工具挂画？日本京都大德寺所藏《五百罗汉像》之"阿弥陀画像供养"，① 反映了寺院在佛事活动中悬挂佛像卷轴供养的情景。图中一僧人正双手高举一根长杆，做挂画状。此长杆应为挂画之道具画叉。阿弥陀佛像是一幅装裱好的立轴(也称挂轴)，最上端是用来悬挂的绳线以及上部的天杆(上杆)，画心两边有框档，下半部的地头、轴头被一僧人轻托着卷起，似正准备缓缓放下。从图中可见，此画轴似贴壁而挂，悬于厅堂梁架之下。

《五百罗汉像》中还有一幅"观音画像之礼拜"，② 图中一童子手持画叉，画叉的顶端呈"U"形，勾住悬挂的绳线，其下有两个飘带状的丝绦，被称为"惊燕"(又称经带)。此外，图中还可见画轴之天杆(上杆)、天头(旧称上引首)、幅面、隔水(又称隔书)、地头(旧称下引首)、轴杆、轴头等。此挂轴是悬于室外空间观看礼拜之用，是临时悬挂书画的一种形式。悬于室外空间观看书画的绘画作品，在宋及以后均可见，这些绘画多为描绘文人雅集时的场景。又如反映"琴棋书画"题材的《十八学士图》之四及《琴棋书画》图卷之"画"。在室内以画叉挑悬线绳悬挂画轴的方式可见《会昌九老图卷》。图中是以"琴棋书画"的连续画面的方式，展现唐会昌五年(845年)白居易居洛阳香山时与友人的"尚齿"之会。画中可见一童子举一画叉，叉端悬挂一卷轴，卷轴的装裱较为简单。

宋人在室内悬挂绘画可见《人物图》，③ 此图的人物画挂轴悬置于一屏风画上，红色挂钩之结构清晰可见，挂绳、惊燕、卷轴描绘细致，为典型的"宣和裱"(也称宋式裱)。根据山西陵川玉泉金代墓资料，北壁绘两扇单立的屏风画为树下高士，东、西两壁各绘三幅张悬着的挂轴画，上绘鹊鸟登枝。墓葬壁画中的挂画无论是尺幅、装裱形式，还是对称的悬挂方式，完全是模拟现实居室中的两两相对的挂画形式。④ 宋代家居厅堂悬挂画轴装饰的现象普遍存在，可以说是当时家居装饰的新风尚。看来宋人的室内空间同时存在着屏风绘画与悬挂画轴的装饰方式。

挂画这么讲究，那是不是只有有钱有闲、喜欢风雅的士大夫才玩得起呢？不是。宋代挂画，除了家居之赏，都城的饭馆、茶楼、酒庄，也有挂画的风尚。当

① 方忆：《风雅至极的宋人，他们是如何挂画的?》，《收藏家》，2019年第5期。
② 方忆：《风雅至极的宋人，他们是如何挂画的?》，《收藏家》，2019年第5期。
③ 方忆：《风雅至极的宋人，他们是如何挂画的?》，《收藏家》，2019年第5期。
④ 郑林有等：《山西陵川玉泉金代壁画墓发掘简报》，《文物》，2018年第9期。

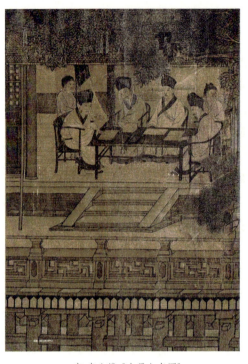

宋 李公麟《会昌九老图》

时京城的店铺及茶肆、茶坊中有"张挂名画，装点门面"的习俗。《东京梦华录》载："宋家生药铺，铺中两壁，皆李成所画山水。"《都城纪胜》载："大茶坊张挂名人书画，在京师只熟食店挂画，所以消遣久待也。今茶坊皆然。"《梦粱录》也载"汴京熟食店，张挂名画"，以此"勾引观者，留连食客。今杭城茶肆亦如之……挂名人画，装点店面"。由此可知，店铺所悬书画并非一般人的作品，俱为名家之作。到这些茶坊喝一碗茶汤，便可以欣赏名家书画，甚至有人为了看画专门去点一碗茶，几乎比得上我们今天去美术馆看画了。米芾在《画史》中品鉴当朝绘画时云"赵昌、王友、镡黉辈，得之可遮壁，无不为少。程坦、崔白、侯封、马贲、张自芳之流，皆能污壁，茶坊酒店可与周越仲翼草书同挂"。在茶肆挂书画，或者茶前挂画，都是对品茗环境的营造。这样在饮茶时，人们能够平静内心，欣赏画中之趣。

可以说，宋人对于挂画是异常的喜爱，《都城纪胜》及《梦粱录》中都提及的"四司六局"，其中就有专门从事"陈设书画"的司局，如掌管软装饰品的"帐设司"中收藏有"书画"，而提供室内装饰和清洁服务的"排办局"则负责"挂画"，可见悬挂书画之普及。"挂画"本身也成为一些重要活动时装饰空间的必备道具。就算是一般的平民百姓，只要出得起银子，就能找他们来置办会场。宋代挂画风气之盛，还表现在宴席的布置上。宋人置办宴席，常租赁屏风、绣额、书画名贵物品。置办宴席人家，把租赁来的屏风、绣额布置好，再把书画悬挂起来供人雅赏，一场欢喜的宴席，就举办得特别有格调。

挂画在南宋时代，已经变成了临安服务业里的一项，是由专门的人掌握和施行，并靠这门技能获利、维生。《梦粱录》中的"闲人"篇，更将当时专门出入官府人家从事挂画等杂事之人称为"一等手作人"。富贵人家里办宴席时，场地里挂什么主题的画、挂什么尺寸的画、挂在哪个位置，都颇有讲究，由此衍生成了一门职业。由于"挂画"需求的旺盛，也带动了民间装裱业的发展，《梦粱录》卷13"团行"条中就载有"裱褙作"，"铺席"条中则有"朝天门里大石版朱家裱褙铺"。可见，"挂画"已成为当时一般人群的日常需求，这其中也包含着人们的审美诉求。

宋朝的文人似乎都有着得天独厚的艺术范，其实不只是文人，整个宋朝社会，似乎都对风雅、文化特别热衷。宋人的住宅里，一年四季不断更换挂画，十分考验主人的品位和修养。有意思的是，到了夏天，士大夫常常在家中挂山水画，甚至特意挂冬天的寒冷山林的画面，用冬天的寒冷景象来影响人的心境，让人在心理上产生凉意。宋人热衷于挂

宋 刘松年《十八学士图》之四

画、赏画，在一方居室之中，他们往往就能参透泉壑、山林之美，这是独属于宋人的风雅韵味，是宋人精神层面精致而丰富的缩影。难怪英国学者阿诺德·汤因比说："如果让我选择，我愿意活在中国的宋朝。"

新开小室： 长着香薰一架书

很多人对书房有这样的印象：书房没用！装样子！这可能是因为有很多人都想有一颗爱读书的心和可读书的时间，奈何现实是，没有渴望读书的心，也没有时间去读书。久而久之，很多人会觉得书房也就可有可无了。但是，如果你有机会穿越到宋朝，去别人家的书房参观下，就不会这么想了。有宋代无名氏的《南歌子》为证：

> 阁儿虽不大，都无半点俗。窗儿根底数竿竹。
> 画展江南山景、两三幅。彝鼎烧异香，胆瓶插嫩菊。
> 悠然无事净心目。共那人人相对、弈棋局。

在这首词里，无名氏带我们走进了一间小小的书房，窗前有竹，书房内挂着山水画，摆上青铜彝鼎，烧着香。胆瓶插上新鲜菊花，一派无事的闲情，悠悠展现了。赵希鹄在《洞天清禄集·序》中写道："明窗净几罗列，布置篆香居中，佳客玉立相映。时取古人妙迹，以观鸟篆蜗书，奇峰远水。摩挲钟鼎，亲见商周。端砚涌岩泉，焦桐鸣玉佩。不知人世所谓受用清福，孰有逾此者乎？"让我们想象一下他的生活：清亮的窗，干净的桌子，好朋友前来，一同布置篆香。此时，拿出古人的法帖，遥想甲骨文的古远时代；捧起青铜器，摩挲上面的金文，仿佛商代周代的气息依然围绕着我们。桌上有秀丽的端砚，质地如玉，发墨润泽像从悠远的岩岩巨石泉涌而来，素朴的古琴像空山回响的当当玉击之声。对于无名氏和赵希鹄来说，这是人世间最大的福地。

"吾辈自有乐地"

在以文为业、以砚为田的读书生涯中，书房既是宋代文人追求仕途的起点，更是他们寻找自我的归途。当厌倦了政治与社会的争斗，躲进书房里，吟诗作画，"雪夜闭门读禁书"，或是两三同好，"奇文共欣赏，疑义相与析"，是人生必不可少的消遣和休息。陆游《新开小室》咏"并檐开小室，仅可容一几。东为读书窗，初日满窗纸。衰眸顿清澈，不畏字如蚁。琅然弦诵声，和答有稚子。余年犹几何，此事殊可喜。山童报炊熟，束卷可以起"。可见，他的书房，并不算大，陆游更看重的是实用，能在书房里寻得一份自在。这份自在，在刘松年的《山馆读书图》里也能看到。书房掩映在长松之下，房里的人倚案展卷，好不惬意。

南宋 刘松年《山馆读书图》

　　书房在宋代文人心中有着十分重要的地位，陆游《书巢》云："吾室之内，或栖于椟，或陈于前，或枕籍于床，俯仰四顾无非书者。吾饮食起居，疾病呻吟，悲忧愤叹，未尝不与书俱。宾客不至，妻子不觌，而风雨雷雹之变有不知也。"这是一个"躲进小楼成一统，管他冬夏与春秋"的所在。我们也经常可以在山水、庭院、田园的宋画中，看见书房出现在画面的某一个位置。《秋窗读易图》绘水边一院落，院中几间瓦屋，中间为堂，堂之东偏一间小室，室中一张书案，案有展卷之册，焚香之炉，炉旁并置香盒一。宋人册页《水阁纳凉图》，绘远山近水，荷池上一座水榭，堂前一溜亮隔，堂中屏风香几，主人凭案而坐。

　　比无名氏和陆游的书房更讲究的是周晋的书房，他的书房功能更加全面，不仅是他读书写作的地方，还是他睡觉休息的地方、品茗下棋的地方、钻研碑文的地方，也是他观梅赏雪的地方。这个书房兼具工作区与休息区，是一个劳逸结合、放松身心的地方，也是一个典型的宋代文人的书房。他在一首《清平乐》的词作中，将书房与他在书房中的日常生活做了描述："图书一室。香暖垂帘密。花满翠壶熏研席。睡觉满窗晴日。手寒不了残棋。篝香细勘唐碑。无酒无诗情绪，欲梅欲雪天时。"说他的书房里摆满了图书，书架上是各种图册和书籍；书房中摆放着制作精良的书案，案头上的香薰里飘散着一缕缕清香，香气充盈着书房的每个角落；薄纱窗帘没有拉开，但是阳光还是透过纱窗照射了进来，所以书房里的光线一点儿也不昏暗。案头的花瓶中插满了鲜花，淡淡的花香与熏香的气味交织在一起，满是扑鼻的芬芳，似乎隔着这个古色古香的画面，我们都能闻到迎面而来的清香。

周晋就在这书房里一觉睡到大天亮，直到冬日的阳光透过薄纱照进窗户里，他才睁开了蒙眬的睡眼。他一枕高卧直至阳光洒满窗户，昨夜下棋下得太晚了，到最后实在是困得不行了，连最后一盘残局都没来得及收拾，就睡着了。阳光虽然照射进了屋子，但室内还是有点儿冷，所以他起来后就给火炉里添加了木炭，让火炉持续散发出温暖，因为他要在书房里开始新一天的日常工作了。他的书房日程表早已经安排好了，今天要做的就是校勘唐人的碑文，临摹学习唐代书法家的书法作品。他铺开砚席，坐到书案前认真地校勘研读起来。词中的书房，书房中的陈设，如图书、花瓶、砚席、棋局、唐碑等名物，以及书房的主人，都是宋代文化的一个典型场景。这首休闲的叙事词，通过对图书一室景物的描写，勾画出了一种清雅的书房生活韵味，表现出宋代文人富有情趣与闲雅的生活方式。

我们无法想象周晋的书房何等雅致，但通过宋代无名氏所作《人物图》①这幅画作或许能够真实地领略宋时书斋的部分清雅情趣。该画客观地传递着宋时文人雅士的书斋场景。细观画作，儒士坐于榻上，头著巾、下系裙至脚踝。左手持书卷，左腿自然下垂踩踏在脚榻之上。右脚未穿履袜，素足横置榻上，右手执笔置于盘曲右腿之上。头部右倾约45度，驻目凝思；榻后座屏兼工带写重彩传统题材《汀洲芦雁图》，表现出宋时文人风雅之情，其上独具匠心地悬挂儒士头部写真肖像画轴，神情如一，俗称"二我图"；在屏风右侧并排两张几案，设坐具绣墩一个。几案放置七弦琴一把、两函书、书画轴几卷，隐约可见兽形香薰一只；床榻前几案边站立侍童，左手托白釉盘口执壶底部，右手握曲柄，正在斟酒。酒杯边两只果盘，内盛不同鲜果，几案上另设长方形抄手砚一方、残墨一锭；座屏左侧荷叶座仰莲风炉置于抬式炉架之上；画面左下角另设几案一张，纱罩内盏托

①　巫鸿：《物绘同源：中国古代的屏与画》，上海：上海书画出版社2021年版。

一套、长方形隆顶盖盒一套。几案旁红色箱式架具上放置似炉具状器物；座屏正对面放置层岩状花几架一具，花篮中鲜艳的花朵正在怒放。画面整体反映了宋代文人的书房场景，家具陈设素雅、简约、井井有条。

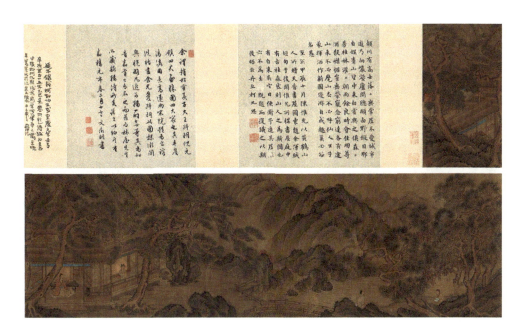

元 王蒙《天香书屋图》

而《人物图》这幅画的构图样式，早在南唐五代已经出现，代表作品就是王齐翰所画的《挑耳图》。[①] 在画面正中央，也是大大的一座屏风，屏风上画着水汽氤氲的群山峻岭。屏风前也是一座卧榻，主人翁坐在一旁的扶椅上，左手自然搁着，抬起右手挑挖耳朵，身体微微倾斜。他的长须柔顺垂下，跷腿而坐，眼睛细细眯成一缝，仔细看他的面部表情，会觉得这是有多么畅快适意。在他的屏风前，长榻上有书册、画卷、琴囊等物件，与挑耳勘书的情境，同时被放置在一座大型三叠山水屏风之前。屏风画面层峦苍翠，林木苍郁，虽在书房，却如在山林，有清风徐来的快意。这就是 1000 年前文人的生活。台北故宫博物院藏有一幅《倪瓒像》，[②] 在这幅画中，画面的中央是一架大型屏风，屏风前也是一座卧

---

① 巫鸿：《物绘同源：中国古代的屏与画》，上海：上海书画出版社 2021 年版。
② 巫鸿：《物绘同源：中国古代的屏与画》，上海：上海书画出版社 2021 年版。

榻。画中的倪瓒身穿道袍，盘腿安坐于榻上，一手持笔，一手拿书卷，屏风上画着具有典型倪瓒风格的隔江山水，疏落萧瑟。榻的周围，一边有提着洗水匜、水壶的仕女，一边是手执拂尘的小僮，桌上有青铜卣、青铜爵、笔山……

元 张雨《题倪瓒像》

张岱的书房"不二斋，高梧三丈，翠樾千重，墙西稍空，蜡梅补之，但有绿天，暑气不到。后窗墙高于槛，方竹数竿，潇潇洒洒，郑子昭'满耳秋声'横披一幅。天光下射，望空视之，晶沁如玻璃、云母，坐者恒在清凉世界。图书四壁，充栋连床；鼎彝尊罍，不移而具。余于左设石床竹几，帷之纱幕，以障蚊虻；绿暗侵纱，照面成碧。夏日，建兰、茉莉，芗泽浸人，沁入衣裾。重阳前后，移菊北窗下，菊盆五层，高下列之，颜色空明，天光晶映，如沉秋水。冬则梧叶落，蜡梅开，暖日晒窗，红炉毷氉。以昆山石种水仙，列阶趾。春时，四壁下皆山兰，槛前芍药半亩，多有异本。余解衣盘礴，寒暑未尝轻出，思之如在隔世"。①

不二斋深藏在高大的梧桐树与古木碧荫的环绕中，即使夏日也是幽凉舒适，远隔暑气。后窗外，翠竹树丛簌簌清挺，透映着天光，俨然如同绿色玻璃、绿色云母的背景。室内，左侧设有主人的床榻与纱帐，其余四壁几乎全部被书橱占

---

① 张岱：《张岱诗文集》，上海：上海古籍出版社 2014 年版。

满，陈放着张岱多年积累的藏书。此外，案上、几上、多宝格上则是各式珍贵古董，供主人随时欣赏。夏日，会有多盆茉莉、建兰香袭人衣；秋天，则在北窗下罗列五层菊花盆，菊光在阳光的映照下晶莹华灿；到了冬日，斋西一树腊梅悄溢幽芬，陪伴着阶下的水仙花盆，室内的地面上满铺红毡，炭火盆内暖焰红跃；春天一来，兰花绕着院墙的墙根一路吐蕊，书斋的正对面更有半亩之广的芍药圃，娇卉芳艳。这样一个绝无功利之心的小小空间，读书实在只是涤除尘虑的一种生存方式。在这样的书房里待着，一年四季不出门都没关系。

西门庆有一间名为"翡翠轩"的书房。《金瓶梅词话》第三十四回："里面一明两暗书房，有画童儿小厮在那里扫地，说：'应二爹和韩大叔来了！'二人掀开帘子。进入明间内，书童看见便道：'请坐。俺爹刚才进后边去了。'伯爵见上下放着六把云南玛瑙漆减金钉藤丝甸矮矮东坡椅儿，两边挂四轴天青衢花绫裱白绫边名人的山水，一边一张螳螂蜻蜓脚一封书大理石心壁画的帮桌儿，桌儿上安放古铜炉、鎏金仙鹤。正面悬着'翡翠轩'三字。左右粉笺吊屏上写着一联：'风静槐荫清院宇，日长香篆散帘栊。'伯爵走到里边书房内，里面地平上安着一张大理石黑漆缕金凉床，挂着青纱帐幔。两边彩漆描金书橱，盛的都是送礼的书帕、尺头，几席文具书籍堆满。绿纱窗下，安放一只黑漆琴桌，独独放着一张螺甸交椅。书箧内都是往来书柬拜帖，并送中秋礼物账簿。门前栽着一盆瑞香花，开得甚是烂漫。"只是，他的书房，也就是个摆设，比如生气了去书房睡一宿，"走在西厢稍间一间书房，要了铺盖，那里宿歇"。只当书房是个歇脚的地儿。

统而言之，宋人莫不在各种书房场景中注入闲雅自适的审美情感。在宋代，若是到别人家拜访，最高的礼遇就是能被领入主人的书房。高晦叟《珍席放谈》中记载了这样一件事，有一位大词人名叫晏殊，他有两个女婿，一个叫富弼，一个叫杨察。晏殊赏识富弼的才华，富弼来访，他就把富弼请到"书室中会话竟日，家膳而去"。另一个女婿杨察，也是位高权重，杨察一来，晏殊就"坐堂上置酒，从容出姬侍，奏弦管，按歌舞，以相娱乐"。他们认为，最上层的待客之道就是被主人请进"书室"，而请客吃饭就是俗人俗事，称不上是对客人的尊重。这个故事也从侧面反映出，在宋代，文房不仅是本人在家中读书学习的地方，也是会客的场所，因此文房陈设也体现出主人的审美情趣和学识。

苏易简撰写了《文房四谱》一书，是书凡"笔谱"二卷，"砚谱""纸谱""墨谱"各一卷，共计五卷，搜采颇为详备，提供了大量宝贵的资料，是首倡"文房四宝"的典籍。这部书也是宋初文房清玩风尚的发端。赵希鹄在《洞天清禄集》列入十项内容，它们是古琴、古砚、古钟鼎彝器、怪石、砚屏、笔格、水滴、古翰墨笔迹、古画等，但当时流行的文房器物远不止这些。赵希鹄还写道："古人无水滴，晨起则磨墨，汁盈砚池，以供一日用，墨尽复磨，故有水盂。"笔山则多选用天然巧石，"灵璧、英石自然成山形者可用，于石下作小膝木座，高寸半许，奇雅可爱"。

庆历八年，欧阳修在书斋生活文房清供的雅玩中，开辟了题咏"砚屏"的先例。他从其属下张景山那得到一块虔州紫石，因其纹理美观独自把玩之余乘兴写下《紫石屏歌》，之后请人为砚屏作画自己又作《月石砚屏歌序》，并将画与诗文寄给好友苏舜钦。欧阳修在《月石砚屏歌序》中对紫石之美生动描述道："小版一石，中有月形，石色紫而月白，月中有树而森森然，其文墨而枝叶老劲，虽世之工画者不能为，盖奇物也。……其月满，而旁微有不满处，正如十三四时。其树横生而一枝出，皆其实如此，不敢增损，贵可信也。"如此看来，也不过就是一块带有圆白月形的紫色石头而已，而欧阳修使其置于书案却能自我陶醉于津津把玩的闲雅乐趣之中。看来文房清供雅玩已广泛成为北宋文人士大夫日常书斋生活的娱乐事项。

各类花草中，尤以菖蒲最受文人的喜爱。盆养的菖蒲原生于水中的石头上，无需泥土，所以也叫"石菖蒲"。用菖蒲点缀书房，后来演变成了一种文化。菖蒲与兰一样是性灵之物，因简而洁，因俗而雅，有出尘之致，其俊秀卓然的气韵也正合宋代文人宁静致远的秉性，成为其案头清供。对于文人士大夫来说，菖蒲不沾污泥，仅仅凭借净石与清水生存，显得有一种象征意义，仿佛是不肯与浊世同流合污的高士的化身。因此，点缀石头、生满菖蒲的"蒲石盆"，就成了宋代文人书房中流行的细节。陆游在《夏初湖村杂题》中曾如此描述隐居生活的悠闲平静："寒泉自换菖蒲水，活火闲煎橄榄茶。自是闲人足闲趣，本无心学野僧家。"他亲自为蒲石盆更换新汲的泉水，然后烹茶品茗，并自嘲说，这真是典型"闲人"才会享受的"闲趣"。

富有想象力的"城市山民们"更将奇石置于书房几案之上，朝夕游目畅怀。《云林石谱序》云，赏石"小或置于几案"。《洞天清禄集》云："怪石小而起峰，多有岩岫耸秀峰岭嵚嵌之状，可登几桉观玩，亦奇物也。"许多赏石如松化石、衡州石、虢石、清溪石、邢石、英石、襄阳石、小巧的太湖石等皆多置于几案间。王十朋诗云："予家雁荡群峰错峙，皆几案间物。"曾丰《余得石山二座》亦云："二山流落初何在，新喜归吾几案间。"美妙的赏石为好静而宅的宋人带来几多欢欣慰藉，所谓"片石远山意，寸池沧海心"是也。这样的心怀，又浪漫又广阔。苏轼玩石随性而投入，形诸文字，颇多趣事。他在《前怪石供》中记述道，他将黄州江边用饼饵从孩童手中换来的美石置于家中赏玩，"温润如玉，红黄白色，其文如人指上螺，精明可爱"，"大者兼寸，小者如枣、栗、菱、芡"，"虽巧者以意绘画有不能及"。苏轼还将收藏的奇石边图绘边吟咏，如"雪浪石诗""雪浪斋铭""双石诗"等。他似乎对雪浪石甚为偏爱，其书房即题名为"雪浪斋"。

　　淳熙二年前后，杨万里创作了一首名为《钓雪舟倦睡》的诗，诗前有一小序："予作一小斋，状似舟，名以钓雪舟。予独书其间，倦睡。忽一风入户，撩瓶底梅花极香，惊觉，得绝句。"此诗是杨万里在福建为官所作。当地并不下雪，他却将自己的书斋命名为"钓雪舟"究竟为何？"钓雪舟"取自柳宗元的诗句，"孤舟蓑笠翁，独钓寒江雪"，表现了一种看似荒寒实则丰盈的美学趣味。再加上书斋狭长，状似小舟，因而得名。文人为自己的书房命名，大多要抒发性情。杨万里此举颇富文人意趣，借书斋之名表达自己"独与天地之往来"的追求，瓶花在这里起到了画龙点睛的作用。他在书斋倦睡，抱怨梅花打扰了自己的清梦，实则是对丰富愉悦的书斋生活的委婉表达。梅花的清冷孤傲正好与"钓雪舟"的审美意味相合。如果没有梅花，或者选择了别的花材，"钓雪舟"的诗意就大大减弱了。

　　可以说，文人书房的内涵与真谛，不在于布置得是否精致、华丽，而在于表达主人清雅的书斋风味以及主人融入书房氛围中的一种状态。陆游的书房叫"老学庵"，他是如何在书房打发写作之余的闲暇时光的呢？在《临安春雨初霁》一诗中，陆游写道："矮纸斜行闲作草，晴窗细乳戏分茶。"原来他是以练习写草书打发时间，不想练了，就点上一壶茶，品茶消遣，顺便还玩一下茶道。香具有醒神之功效，有利于读书著作。陆游《幽居述事》云："细烧柏子供清坐，明点松肪读道书。"柏子气味清香，有安神清心之功效，很适合读书时使用。陆游一天的书斋生活，看来是从一炉香开始的。同此乐趣的还有毛元淳，他在《寻乐编》中说："早晨焚香一炷，清烟飘翻，顿令尘心散去，灵心熏开，书斋中不可无此意味。"毛元淳认为香的清芬可增添书斋环境的清芬气息。欧阳修对其自号"六一居士"的缘由解释到，"吾家藏书一万卷，集录三代以来金石遗文一千卷，有琴一张，有棋一局，而常置酒一壶；以吾一翁，老于此五物之间，是岂不为六一乎？"把"酒一壶""棋一局"生活中的常事和诗书、金石鉴藏联系起来并置身其中。欧阳修在《集古录跋尾》中有关金石赏鉴载："右《大像碑》，宇文氏之事迹无足采，唯其字画不俗，亦有取焉，玩物以忘忧者。""碑无撰书人名氏，而笔画遒美，玩之忘倦。"

　　宋祁有首诗题目很长，曰："兰轩初成，公退独坐，因念若得一怪石立于梅竹间以临兰上，隔轩望之当差胜也，然未尝以语人。沈吟之际适髯生历阶而上，抱一石至，规制虽不大而巉岩可喜。欲得一书籍易之，时予几上适有二书乃插架之重者，即遣持去。寻命小童置石轩南，花木之精彩顿增数倍。因作长句书以遗髯生，聊志一时之偶然也。"诗云："竹石梅兰号四清，艺兰栽竹种梅成。一峰久矣思湖玉，三物居然阙友生。赖得髯参令我喜，飞来灵鹫遣人惊。小轩从此完无恨，急扫新诗为发明。"宋代文人对书房的用心布置经营、对清逸高雅趣味的着意追求，从这首诗中可以得到淋漓尽致的反映。

清 禹之鼎《乔莱书画娱情图》

南宋王十朋的书房则多了开放的性质，它使书房与园林的结合更为紧密，因此也往往成为雅集之所。他有五绝一组，诗题颇长，可视作一则小序，略云："予还自武林，葺先人敝庐，净扫一室，晨起焚香、读书于其间，兴至赋诗，客来饮酒啜茶，或弈棋为戏。藏书数百卷，手自暴之。有小园，时策杖以游；时遇秋早，驱家僮浚井汲水浇花。良天佳月与兄弟邻里把酒杯同赏，过重九方见菊以泛觞，有足乐者。"

书房作为宋代文人的栖息之所，可以说既是一个私密空间，也是文人修养的象征，他们在这读书、著作、绘画、弹琴，尽享文人雅事，沉醉于古今艺术。书房也是文人与友人聊天聚会的场所，邀请三五知己到书房里，吟诗唱和，畅聊对弈，这也是趣事一件。"有竹百竿，有香一炉，有书千卷，有酒一壶，如是足矣。"小小的书房还将人心同大自然连接起来，使得人与大自然和谐相通，融为一体。可以说，没有一个朝代，比宋朝更懂生活、更懂美，更懂人与天地的交流。诚哉斯言！

参考资料：

扬之水：《唐宋家具寻微》，北京：人民美术出版社 2015 年版，第 187-210 页。

鸟度屏风里

现代人希望梦回的大唐，充满了理想：帝王的理想是开疆拓土，大臣的理想是如何辅佐皇帝治理国家，诗人们所描绘的更是一幅幅理想的画卷，就连普通百姓，在耕作之余，也在想着如何建功立业。到了宋代，人们经过连年战争，忽然意识到生命的短暂，因此更加珍惜生命。而珍惜生命最通俗、最直接的理解便是享受生活中所能给予的一切。这里面包含遍尝美食、享用华服、使用精美家具，等等。因此，宋人的衣食住行、生活起居，都异乎寻常的讲究。有戴煐《次屏翁韵》为证：

> 几番樽酒遇书棪，谈笑清风起座屏。一世猖狂浑似醉，此心明白固长醒。
> 英雄自昔难虚老，钟鼎他年要刻铭。若见旁人问消息，为言桂子待秋馨。

宋代文人士大夫的目光，一旦关注起精致而诗意的日常，两人之间见面的最佳地点必是在屏风前。屏风是立体的，但它主要展现的是一个平面。宋人为什么喜欢在一个平面前或卧或坐呢？这是因为屏风上映着当时人们喜闻乐见的物事，折射着主人的身份、格调、追求，以及整个社会的文化特质与审美时尚。恰如唐寅的《李端端落籍图》，画中屏风上的江景不仅是唐寅山水画的典型构图方式，也交代了画中主人公之一的崔涯不俗的品位，更为整体氛围添加了清丽意味。而"记得画屏初会遇"呢，在画屏前与女子初会，既与女子美丽情态相一致，又引人产生男女两情相悦的无限遐想。

屏风：装点宋代日常生活

在宋代，屏风的使用非常普遍。上及雕梁画栋的宫廷苑囿、阳春白雪的文人雅集，下至精巧玲珑的少女闺房、朴实无华的垄间田地，都可以发现不同形态的屏风。柳永《双燕儿·歇指调》曰："榴花帘外飘红。藕丝罩、小屏风。"彭履道《疏影·庐山瀑布》曰："九叠屏风，青鸟冥冥，更约谪仙重到。"苏汉臣的《靓妆仕女图》，画面中呈现了一扇巨大的素面独座屏；刘松年的《罗汉图》(《信士问道图》)中则突出展现了一扇呈"八字形"稳定安置、极富对称美感的三折式多屏。宋代屏风实物中至今保存较为完好的有辽代彩绘木雕马球屏风，① 此屏长 120cm，高 120cm(加底座)，由屏心、边框、底座三部分组成；其中底座高 50cm，底座有一短横梁，上有方形榫头，与屏风下边框的方形卯眼相合。屏心由五块长宽大小不一的木板拼接而成，以圆雕加彩绘的方法生动表现了三人在角逐马球的运动情景。

宋代有一定地位的文人士大夫几乎个个在厅堂内设置屏风，其位置也十分讲究，通常是将其放于厅堂正中，其余家具则多以之为背景来做设置。或立于榻后，或立于榻上，或与榻融为一体成为三面围子；或立于桌后，或立于席后，或立于墩后，或立于椅后。或仅在屏风前面放置两件圆凳，供宾主对谈。毛滂《调笑令·美人赋》云："绣屏六曲红氍毹。"万俟咏《醉蓬莱》云："六曲屏开。"毛开《谒金门》云："闲掩屏山六扇。"高观国《卜算子·泛西湖坐间寅斋同赋》云："十二雕窗六曲屏。"河南禹县白沙宋墓壁画《对坐图》②在描绘墓主人夫妇对坐饮茶的情景中，墓主人身后就绘有屏风，这样的陈设形式主要是为显示主人的地位和身份。画中的屏风为独扇，高度与人身高相仿，应是随用随设之物。有些屏则放在卧室，环绕床周围，黄机《乳燕飞》云："斗账屏围山六曲。"赵孟坚《花心动》云："斗帐半寨六曲屏山。"也有三扇屏风，与独立的六扇屏风不同的是，三扇屏风是床的组成部分，安置于床的三面，类似于坐榻，贺铸《减字浣溪沙》云："三扇屏山匝象床。"

宋画中最著名的室内屏风应该是五代周文矩的《重屏会棋图》，③ 画中出现了一扇独扇座屏。更为巧妙的是，独扇座屏中还画着一扇多扇屏风，构成一种"画中画"的视觉效果，因而称为"重屏"。第一道屏风即《重屏会棋图》整幅画作，南唐中主李璟和他的三个兄弟，在前景中围坐一圈，看着棋盘中形似"北斗"的棋局；第二道屏风为画中大型插屏，将空间块面分割，如同两个世界的门户。插屏内容可能来自白居易的《偶眠》："放杯书案上，枕臂火炉前。老爱寻思事，慵多

① 付红领：《辽代民间"奥运会"写真——彩绘木雕马球运动屏风》，《艺术市场》，2008 年第 1 期。
② 邵晓峰：《风格多样的宋代屏风》，《古典工艺家具》，2015 年第 2 期。
③ 邵晓峰：《风格多样的宋代屏风》，《古典工艺家具》，2015 年第 2 期。

取次眠。妻教卸乌帽，婢与展青毡。便是屏风样，何劳画古贤?"画中的妇人正在帮主人公脱去纱帽，三侍女捧褥铺毡，主人公抛书欲眠。随男主人的目光看去，第三层画境是一幅山水三折屏风，表达了一种舒缓的林泉之心。

明 唐寅《仿唐人仕女》

宋 刘松年《罗汉图》

屏风也常被置于室外使用。宋代佚名《梧荫清暇图》中的屏风，① 四边较宽，边框内镶里框，以横枨、矮老隔成数格，格内镶板，屏心绘山水。屏下镶裙板，镂雕曲边竖枨，下有墩子木。李公麟《高会习琴图》中的屏风，② 宽边框，素面，不作装饰，裙板镂出壶门洞，两侧有站牙抵夹，底座与屏框一木连做。有的立于车上，南宋高宗书《孝经图》（之三）中就描绘了帝王乘车出行，其坐椅背后就有一件山水画屏。有的用于生产活动，如南宋佚名《蚕织图》中用于"燲茧"的屏风。看来当时的屏具与其他家具的组合是因地制宜、灵活多变的。

宋代以来，屏具的一些功能，如挡风、屏蔽、遮挡视线、分割空间、显示身份、增加家具陈设变化等被演绎得淋漓尽致。特别值得注意的是，宋人似乎更看重屏风位置的摆放。中国古代建筑常见宽敞高大的厅堂。按当时的风水学理论，这样的居所极易导致"虚实不调、阴阳失衡"，甚至会对居住者造成生理与心理的双重伤害——空间过亮令人不宜平静、心浮气躁；环境极暗则使人易受风邪、阳气不足。屏风的出现能很好地起到调和风水的作用。从《槐荫消夏图》中不难看出，无论是从"屏蔽视线、遮挡风寒"的实际功能而言，还是从屏后"人有所依"的精神安慰效果来看，都极大程度上满足了人们自我保护的心理，与风水学的内涵不谋而合。

《韩熙载夜宴图》向后人展示了屏风在空间划分上的妙用——多个直立屏风鳞次栉比，将原本较大的空间划分为 5 个小型区域，在加强室内整体层次感的同时，又丰富了空间的用途。室内空间不再是一成不变的格局，而是随着来访者数量和使用需求的变化，不断灵活调整，因时变动，突出了屏风在分隔空间上的强大作用。

除了在家装中起到调和风水、分隔空间等作用外，宋画中的屏风还成为"画中之画"的展示载体。如果说《重屏会棋图》里"屏风之中有屏风"的"套娃"画法构思巧妙，那《人物图》则更上一层楼。画面中心一屏一榻，榻上坐一高士，榻后一架大屏风，屏风上绘制了一幅《汀洲芦雁图》。屏风上还悬挂着一幅人物肖像图轴，上面的肖像正是高士本人的一幅写真。两位高士一高一低，相互对望。这样想象力丰富的布局让几百年后"品位清奇"的乾隆皇帝都深深为之着迷，于是命宫廷画师照着这个风格为自己作了一幅《弘历鉴古图》（又名《是一是二图》）。

---

① 邵晓峰：《风格多样的宋代屏风》，《古典工艺家具》，2015 年第 2 期。
② 邵晓峰：《风格多样的宋代屏风》，《古典工艺家具》，2015 年第 2 期。

在宋代，每个空间的主人都会为自己的居所配置合适的屏风与画面，以投射自己的审美与情趣。北宋末年画论家邓椿提到，宋徽宗不喜欢郭熙为宫廷所画的屏风，悉数换上"古图"。米芾《画史》中则记载，宋仁宗曹皇后偏爱李成，"尽购李成画，贴成屏风"。苏轼也试图购置喜爱的画家作品，坐卧相随，"近有李明者，画山水新有名，颇用墨不俗，辄求得一横卷，甚长，可用大床上绕屏"。

宋朝后期，屏风艺术大发展。越来越多的屏风转向精致和优雅的风格，很多时候，一幅大家创作的屏风价值千金，引得无数人购买和珍藏。像苏轼、黄庭坚这样的人都有自己创作屏风的爱好，他们喜欢在屏风上题上自己的墨宝，留下自己的创作痕迹，以此来彰显自己的气质和魅力。这些屏风因为文人墨客的加持，也超出了它原有的价值。在《历代名画记》里就有这样一句话，"屏风一片，值金二万，次者售一万五千"。就这么一扇屏风，在市场上要炒到"金二万"，稍微逊色一点的也要一万五千，这价格贵得吓人，却还是有不少人趋之若鹜，竞相购买。

当屏风遇上文人

屏风是一代画师泼墨丹青的重要素材，是千百年来文人墨客传情达意的一种载体。一扇扇屏风的背后，蕴藏着匠人的巧思与时代的情趣。"风流蕴藉、内敛含蓄"常被视为对君子至高无上的评价与颂赞。而屏风，则极大程度上迎合了世人所追求的"含蓄之美"，在装饰空间、传递审美、寄托精神方面具有举足轻重的作用。从五代的《重屏会棋图》到两宋的《十八学士图》等，画中屏风的板面无一例外都绘有山水自然、人文社会、日常生活等多种题材的画作，可谓包罗万象、美不胜收，不仅使屏风整体呈现出精美绝伦、巧夺天工的特点，更隐晦地表达出主人的精神追求与审美喜好。

宋代屏风中有以书法作为装饰的，《宋史》载："（曹评）性喜文史，书有楷法。慈圣命书屏以奉，神宗即赐玉带旌其能。"山东高唐金代虞寅墓壁画中可以看到书屏的图像。宋代传世绘画中也常常出现书法屏风的图像，如南宋高宗书《孝经图》。

宋代的书法屏风，大致可分为劝诫性书法屏风、记录性书法屏风和装饰性书法屏风，而它们的使用范围也各不相同。宋代的统治者继承了唐代君主重视在屏

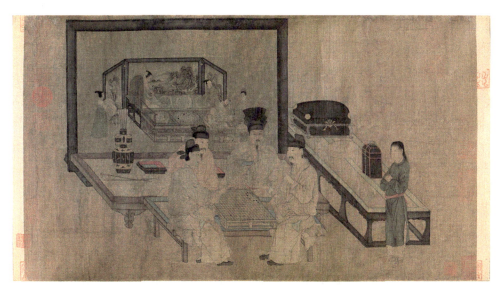

五代 周文矩《重屏会棋图》

风上题写箴规以此督促自己励精图治的这一传统。宋真宗时期，田锡谏言于皇帝，皇帝采用了他的建议，并采集经史中简要精确和切中要害的言论，做了个御屏风，放在皇帝座位的旁边，这样，皇帝就能每天看到有关的言论。施耐庵《水浒传》描述宋徽宗的皇宫："书架上尽是群书，各插着牙签。正面屏风上，堆青迭绿画着山河社稷混一之图。转过屏风后面，但见素白屏风上御书'四大寇'姓名，写着道：'山东宋江、淮西王庆、河北田虎、江南方腊。'"这时，屏风的作用类似今天的备忘录。

记录性书法屏风以记录为目的。在宋代文人墨客的努力下，它被宋代的诗人赋予一种新的记录方式，在屏风上题写诗句来记录自己的精神追求。在北宋晚期盘乐村北宋墓的北壁上绘有一幅《医药图》，画面内容出现书法屏风，屏风上以草书题诗二首。这两首诗表现出墓主人信佛，向往闲云野鹤般的生活。而画面中的书法屏风出现在墓主人的背后，表现出墓主人的身份是民间医生。这体现出了书法屏风的记录作用。

至于装饰性书法屏风，《武林旧事》中记载了一则风雅故事：宋高宗有一日游西湖，在一家酒肆的屏风上看见了一阕词，名为《风入松》："一春长费买花钱，日日醉湖边。玉骢惯识西湖路，骄嘶过、沽酒楼前。红杏香中箫鼓，绿杨影里秋千。　　暖风十里丽人天，花压鬓云偏。画船载取春归去，余情付、湖水湖烟。明日再携残醉，来寻陌上花钿。"宋高宗停驻良久，对此赞不绝口，询问是何人所做，经查问后才知道是太学生俞国宝喝醉后写的。高宗认为前面都很好，就最后一句不佳，将"明日再携残醉"改为了"明日重扶残醉"，让俞国宝当日便开始任官职。

宋代屏风以"文人屏风"——画屏最多，包括人物、鸟兽、山水屏风等。它是使用者心像的投射，或表现尊贵身份、祥瑞气象，或展示林泉之心、渔樵之意，在鸟飞鱼翔、见山见水的"屏风"世界，可手挥五弦、目送归鸿，可游可居。宋佚名《羲之写照图》、宋佚名《十八学士图》、南宋刘松年《琴书乐志图》、南宋高宗书《女孝经图》、南宋马和之《女孝经图》等许多宋画中均描画了形式多样的画屏。

张先《十咏图》、李公麟《孝经图》中可见到山水题材的绘画屏风。王齐翰的《勘书图》①是尺寸夸张的超大山水屏风。画面中刻画了贵族文人在山水屏风前宽

五代十国 王齐翰《勘书图》

衣解带、于披卷勘书之暇掏耳自娱的悠然神情。画中屏风三叠，绘有青绿山水、田园茅舍、烟云迷雾，展示了主人绿野风烟、平泉草木、东山歌酒的陶然白日梦与平淡天真的性情。刘俊的《雪夜访普图》描画的是一则历史故事，北宋开国皇帝赵匡胤夜访重臣赵普，询问计谋的史实。其中的场景真实反映出古人的生活环

---

① 邵晓峰：《风格多样的宋代屏风》，《古典工艺家具》，2015 年第 2 期。

境，可清晰看到堂中摆放的山水屏风。在北宋的墓葬中，也能看见山水屏风的身影。而北宋中晚期陕西侯马砖雕壁画墓中，就有在绘画中使用山水题材的屏风进行装饰，同时描绘出家庭现实生活场景。

宋代文献还记载了当时名家郭熙在屏风上绘制山水的情况。例如，"内两省诸厅照壁，自仆射以下，皆郭熙画树石"。[①] 郭熙在宫中的大量作品都是绘制在屏风上的山水画，计有开封府"府厅六幅雪屏"、三司盐铁副使吴正宪"厅壁风雪远景屏"、谏院六幅"风雨水石屏"以及宫殿中的"紫宸殿壁屏""小殿子屏""御前屏帐""方丈闱屏""春雨晴霁图屏""玉华殿两壁半林石屏"等。《林泉高致》中还有郭熙本人对宫廷画屏的描述，其中记有内东门小殿的八幅大型折屏中有两掩扇，左扇为长安符道隐画松石，右扇为鄜州李宗成画松石，当中正面的六幅郭熙奉旨画秋景山水。山水画屏也多见于宋人诗词中。柳永词《迷神引》云："烟敛寒林簇，画屏展。"欧阳修《虞美人》云："风动金鸾额。画屏寒掩小山川。"

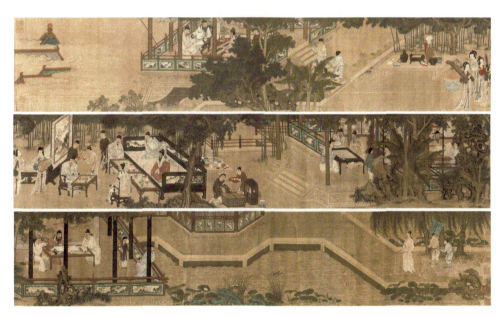

宋 刘松年《十八学士图》

①　叶梦得：《石林燕语》，北京：中华书局 1984 年版。

明 刘俊《雪夜访普图》

屏上绘水纹，可谓是宋代的新鲜事物。郭若虚《图画见闻志》说宋仁宗时任从一于"金明池水心殿御座屏扆，画出水金龙，势力逋怪"。宋真宗时，荀信"天禧中尝被旨画会灵观御座扆屏看水龙，妙绝一时，后移入禁中"。① 山西太原晋祠圣母宝座后的屏风与河南禹县白沙宋赵大翁墓《开芳宴图》中主人背后的两件屏风上均是满绘水纹，苏汉臣《妆靓仕女图》中所绘的女子梳妆案后也立着一件很大的水纹屏风。山西大同晋祠彩塑中的圣母像，圣母端坐于宝座上，身后立着宽大的水纹三折屏风。屏风正扇宽大，两边扇稍窄并微向前收，呈八字形。②

花鸟屏风在两宋时期非常盛行。花鸟绘画的兴盛，也体现在宋代花鸟题材画屏的流行上。苏轼专门写《文与可画墨竹屏风赞》，称赞文同的墨竹屏风，"与可之文，其德之糟粕；与可之诗，其文之毫末。诗不能尽，溢而为书，变而为画，皆诗之余"。台北故宫博物院所藏宋人《人物图》③是一件小册页，画面描绘了一个文人的居所，主人公坐在榻上，背后是一面大屏风，上面画着一幅巨大的花鸟画，主题是汀花水鸟。一对鸂鶒立在坡岸上，水里还有另一对水鸟。两岸都是芦苇。近景的芦苇画得很仔细，开出了赭红色的花。

河南禹县白沙镇1号宋墓前室西壁的墓主夫妇开芳宴

① 郭若虚：《图画见闻志》，南京：江苏凤凰美术出版社2007年版。
② 邵晓峰：《风格多样的宋代屏风》，《古典工艺家具》，2015年第2期。
③ 邵晓峰：《风格多样的宋代屏风》，《古典工艺家具》，2015年第2期。

　　屏风不仅折射文人的身份、格调、追求，它的背后也隐藏着宋代女子的情感萌芽。屏风遮蔽性强的功能便于女子避开他人而在屏风后完全释放真实情感。谢逸《江神子》云："夕阳楼外晚烟笼。粉香融。淡眉峰。记得年时，相见画屏中。""画屏"成为词人永恒的记忆，是两人情深意浓的浓缩。而苏轼则用梦境方式"银屏低闻笑语"，再现与妻子往昔欢乐的生活细节。北宋大观年间李紫竹则用词记录了与方乔的恋爱细节，而屏风背后的私密空间隐藏着她复杂的情感波澜。恋爱初期，李紫竹《踏莎行·约方乔不至》："望郎不到心如捣。避人愁入依屏山，断魂还向墙阴绕。"对于恋人的失约，李紫竹一方面趋避他人并通过闺室深处的屏风来遮掩忧愁的自己；另一方面心绪却依然飘飞到室外约会地点，身体与心灵的反向飘离正是她恋爱失意的写照。李紫竹与方乔情感浓时，方乔立了誓言。作为回应，李紫竹《踏莎行·投方乔誓书》对着方乔写着誓言的袋子"玉屏一缕兽炉烟，兰房深处深深拜"。精致的屏风背后隐藏着一颗执着坚定守护爱情的心，这里是她自主追求爱情的栖息地。后来在父亲李元白的主持下，方乔与李紫竹二人获得美满结局。

　　两宋之际，屏风成为人们生活空间里的一件装饰品，文人用其作为他们性灵的载体，使他们的文人精神得以流传，以展现其历久弥新的迷人魅力。可以说，屏风为古人连接了文化与自然，映照了外在与内心。宋人追求含蓄之美，奉行中庸之道，不事张扬。戏曲与话本里，更常有闺阁儿女借由屏风遮挡，定下终身之约。"绮阁云霞满，芳林草树新。鸟惊疑欲曙，花笑不关春。"古人将世间风物、书画绘入屏风之中，又将屏风融入日常的生活里。有时毫不在意，有时细细观赏，而屏风又入文人的书画、诗词歌赋中，交相辉映，成为宋代文化中的精彩一隅。

参考资料：

邵晓峰：《中国宋代家具》，南京：东南大学出版社 2010 年版，第 213-220 页。

扬之水：《唐宋家具寻微》，北京：人民美术出版社 2015 年版，第 67-84 页。

四、行

宋人出行仪式感满满

现代人对于送别没有什么特别的形式，一般只是简单地发个短信，或者打个电话。人情味在现代社会渐行渐远，或许是现在的人们太忙，又或许是今时的交通太发达，通信也发达，随时随地可听见对方的声音，随时随地可通过视频看见对方。如此一来，今人再不可能感受那种黯然销魂的离别之苦。甚至，我们会很诧异古代人何以将送别看得那么重要，那么依依不舍，难舍难分，有柳永《雨霖铃》为证：

> 寒蝉凄切，对长亭晚，骤雨初歇。都门帐饮无绪，留恋处，兰舟催发。执手相看泪眼，竟无语凝噎。念去去，千里烟波，暮霭沉沉楚天阔。
>
> 多情自古伤离别，更那堪冷落清秋节！今宵酒醒何处？杨柳岸，晓风残月。此去经年，应是良辰好景虚设。便纵有千种风情，更与何人说？

宋人送别，以男女情人之间的别离最为难舍难离。这首词对此作了极其生动的描述。送行的时间在拂晓，而"长亭"是设在交通大路旁供人休歇的亭舍，也是送别的地方，一方面为送行者和远行者提供休歇的场所；另一方面也为送行者替远行者设宴摆酒饯别提供桌子、椅子等物品。"帐饮"是在郊外设置帷幕宴饮饯别。设帐原因有两个，一是古时送行者有时会有女眷参与，设帐可以保护女眷不为路人所见，尤其是待字闺中的小姐更是不能抛头露面；二是在郊外设帐可以帮助宴饮的正常进行，抵挡烈日、风雨等。"都门帐饮无绪，留恋处，兰舟催发"，说的就是柳永在城外搭帐篷设宴送别恋人的场景。

而朋友之间的送别同样令人感动，范成大《吴郡志》中就记载了友人千里送人的动人故事。南宋淳熙四年（1177 年）范成大在四川安抚制置使兼知成都府任上，奉旨召对，离成都回故乡苏州时，其友人闻悉后，纷纷与他送别："四十里宿新津县。成都及此郡送客毕会邑中，借居傸舍皆满，县人以为盛。戊寅。为送客住一日，饭罢发遣令各归，留者尚十五六。新津县廨上雨傍风，无一宽洁处，送客贪于相送，欢然竟日，忘其居之陋也。""辛巳。招送客燕于眉山馆，与叙别。""蜀中送客至嘉川归尽，独杨商卿父子、谭季壬德称三人送至此，逾千里矣，乃为留一宿以话别。"

宋人出行"仪式感"

在交通极不发达的古代，外出远行绝不是一件轻而易举之事。曾巩在福建为官时，曾这样描写当地的道路，"闽中郡，自粤之太末，与吴之豫章，为其通路。其路在闽者，陆出则厄于两山之间，山相属无间断，累数驿乃一得平地，小为县，大为州，然其四顾亦山也。其途或逆坂如缘，或垂崖如一发，或侧径钩出于不测之溪，上皆石芒峭发，择然后可投步。负戴者，虽其土人，犹侧足然后能进。非其土人，罕不颠也"。① 有的因车船不便、行李欠缺而错过饭铺客店或遭风雨之苦，等等。以舟行为例，行人往往要冒很大的风险，杨万里《瓜州遇风》诗曾记其险曰："涛头抛船人半空，船从空中落水中。"又曰："岸人惊呼船欲起，舟人叫绝船复出。"

宋人纷纷发出了行路难的感叹，梅尧臣《行路难》曰："途路无不通，行贫足如缚，轻裘谁家子，百金负六博。蜀道不为难，太行不为恶，平地乏一钱，寸步邻沟壑。"范成大《南徐道中》亦曰："生憎行路与心违，又逐孤帆擘浪飞。吴岫涌云穿望眼，楚江浮月冷征衣。长歌悲似垂垂泪，短梦纷如草草归。若有一廛供闭户，肯将箯舫换柴扉？"陆游《杂兴》诗也有"区区牛马走，嶷嶷虮虱臣"之叹。"念去去，千里烟波，暮霭沉沉楚天阔"正写出了舟行的危险，体现出作者对出行的担忧，甚至是惧怕之情。这种担忧和惧怕，送行者和远行者均有。可见亲人之间的生死离别，必然是凄惨苦痛的。吕惠卿《建宁军节度使谢表》中所说的"衰疲远谪，人皆知其难堪；亲爱生离，闻者为之太息"，就表达了当时官员远谪偏僻地区、与家人作生死告别时的心情。对于路途遥远和危险的外出远行来说，宋人一般都视作一种风险很大的行为，很有可能去而不返。

古人出门远行原因大多数不外乎赶考、外任、贬谪、干谒。拿赶考来说，考中后就会拜官、任职，回家的机会比较少，除非回家奔丧守孝；如果没考中，那么其会一直坚守，直到考中才荣归故里。干谒更是漫无目的的漂泊，行者根本没有规划出行路线，只是随机出游，所以与亲友再见机会渺茫。外任、贬谪更是身

---

① 曾巩：《曾巩诗文选译》，南京：凤凰出版传媒集团 2011 年版。

不由己，必须在规定日期到达目的地，所以与亲友再见的事完全不敢放在行程中。一般来说，非特殊原因回家几率都较小，与亲友再见是件相对困难的事。因此，宋人大多重视离别的感情，宋代的出行也往往非常具有仪式感。

行神祭祀

宋人有行前祭神的习俗，苏轼《泗州僧伽塔》云："我昔南行舟系汴，逆风三日沙吹面。舟人共劝祷灵塔，香火未收旗脚转。回头顷刻失长桥，却到龟山未朝饭。至人无心何厚薄，我自怀私欣所便。耕田欲雨刈欲晴，去得顺风来者怨。若使人人祷辄遂，造物应须日千变。"这种行前祭神的习俗，又称为祖道。

宋人的行神主要可以分为陆地行神和水上行神两种，其中陆地行神有梓潼君等，水上行神有天妃等。蔡绦《铁围山丛谈》载："长安西去蜀道有梓潼神神祠，素号异甚。士大夫过之，得风雨送，必至宰相；进士过之，得风雨则必殿魁。自古传无一失者。"天妃原为五代时闽王统军兵马使、莆田湄洲人林愿第六女。雍熙四年（987 年）升化后，常穿朱衣飞翻海上，故民间设庙祀之，号通贤神女。庆元二年（1196 年），泉州首建天妃宫（即妈祖庙）。北宋宣和年间，路允迪奉命出使高丽，中途遭遇大风，八只船中有七只沉溺，独路允迪一舟因有"湄洲神女"保佑完好无损。于是，路允迪出使回来后，上奏于朝，朝廷赐庙额为"顺济"，正式列入国家祀典。于是天妃信仰在民间迅速盛行起来，官员奉命出使海外，商人出洋经商，渔民出海捕鱼，在船舶起锚之前，总是要到天妃庙祭祀，祈求天妃保佑顺风和安全。

商人乘大船出海贸易时还有祈舶风的风俗。舶风为信风之一种，有了这种风，可使船乘风破浪，快速到达目的地。陈岩肖《庚溪诗话》载："每暑月，则有东南风数日，甚者至逾旬而止，吴人名之曰'舶风'，云：海外舶船祷于神而得之，乘此风到江浙间也。"龙王神也是宋人经常祭祀的行神。方勺《泊宅编》记鄱阳湖畔的"龙王本庙"云："士大夫及商旅过者，无不杀牲以祭，大者羊豕，小者鸡鹅，殆无虚日。"

卜行择吉

宋人出行有择日的习俗，陆泳《吴下田家志》载："出入忌月忌。"又，敦煌出土的《雍熙三年（986 年）历书》也载："正月……二十日己丑火开，岁对九焦九坎疗病、嫁娶、出行吉。"《马可波罗行纪》在记载临安风俗时说："此地之人有下述之风习……如有一人欲旅行时，则往询星者，告以生辰，卜其是否利于出行，星者偶若答以不宜，则罢其行，待至适宜之日。人信星者之说甚笃，缘星者精于其术，常作实言也。"宋时的人们也同样有这样的习惯，并且可以说是相当普遍。

"祖席"

宋代出行有壮行之俗，届时亲人或朋友往往要为出行之人设酒壮行，酒是饯行时必不可少的内容。因为酒是祭祀时必需的，饯别就是"祖道"，"祖道"就是祭祝，祈求路神保佑一路平安。"祖送""祖席""祖帐""祖筵"和"祖饯"等，都是这一习俗的雅称。宋代名酒有相当一部分出自文人之手，如宋仁宗朝忠孝状元郑獬所酿的郑复祥酒，就经常在"祖席"之上使用。郑毅夫还经常把它赠送给友人。在《久不得孙中叔信》一词中，郑毅夫就记录了这件事，"愿寄一樽酒，与君消壮图"。①《醉翁谈录》载："魁行，桂为祖席郊外，仍赠以诗……"梅尧臣有诗曰："古人相送赠以言，今人相送举以酒，酒行殷勤意岂，酒罢踌躇悲更有……"晏殊《踏莎行》云："祖席离歌，长亭别宴。"贺铸《琴调相思引》云："终日怀归翻送客。春风祖席。南城陌。便莫惜。"张栻《时为桂林之役前一日刑部刘公置酒相饯曾节夫》云："祖席近佳日，呼客仍我俦。"送行者一边借酒浇灌自己心中不舍的愁苦，一边借酒为远行的人壮行。

宋人送亲朋好友远行时，一般是在城门外或郊外设送行酒宴。《涑水记闻辑佚》载："初，范文正公贬饶州，朝廷方治朋党，士大夫无敢往别。王待制质独扶病饯于国门。"《五总志》曰："蔡元长自成都召还过洛，时陈和叔为留守，文潞公以太师就第，饯行于白马寺。"陆游《入蜀记》载："（乾道）六年闰五月十八日，晚行，夜至法云寺，兄弟饯别，五鼓始决去。"《齐东野语》载："刘后以召还，吴饯于郊外。"《醉翁谈录》载："美任归京，官吏送至邮亭饯别。"《清平山堂话本》卷一《柳耆卿诗酒江楼记》："这柳耆卿诗词文采，压于才士。因此近侍官僚喜敬者，多举孝廉，保奏耆卿为江浙路管下余杭县宰。柳耆卿乃辞谢官僚，别了三个行首，各各饯别而不忍舍，遂别亲朋，将带仆人，携琴、剑、书箱，迤逦在路。"

《金瓶梅》第四十九回，西门庆迎请宋巡按后，过了两天又在永福寺为其饯行。"西门庆出来，在厅上陪他吃了粥。手下又早伺候轿马来接。与西门庆作辞……西门庆又道：学生昨日所言之事（按：早发盐引之事），老先生到彼处，

---

① 佚名：《渔隐丛话》，北京：人民文学出版社1984年版。

学生这里书去，千万留神一二，足叨不浅。说着，与蔡御史一同上马，出到城外永福寺，借长老方丈摆酒饯行。来兴儿与厨役早已安排桌席停当。李铭、吴惠两个小优弹唱。数杯之后，坐不移时，蔡御史起身，夫马坐轿在于三门外伺候。……西门庆要送至舡上，蔡御史不肯，说道：'贤公不消远送，只此告别。'西门庆道：万惟保重，容差小价问安。说毕，蔡御史上轿而去。"

《青琐高议》则记载了一对恋人分别时的饯别情景。东都士人柳富与名妓王幼玉相恋，"富因久游，亲促其归。幼玉潜往别，共饮野店中。玉曰：'子有清才，我有丽质，才色相得，誓不相舍，自然之理。我之心，子之意，质诸神明，结之松筠久矣。子必异日有潇湘之游，我亦待君之来。'于是二人共盟，焚香，致其灰于酒中共饮之。是夕，同宿于江上。翌日，富作词别幼玉，名《醉高楼》。词曰：'人间最苦，最苦是分离。伊爱我，我怜伊。青草岸头人独立，画船东去橹声迟。楚天低，回望处，两依依。后会也知俱有愿，未知何日是佳期？心下事，乱如丝。好天良夜还虚过，辜负我，两心知。愿伊家，衷肠在，一双飞。'富唱其曲以沽酒，音调辞意悲惋，不能终曲，乃饮酒相与大恸。富乃登舟。"

《青琐高议》还记载了这样的故事：名妓谭意歌与潭州茶官张正字相恋，后张调任他处，谭意歌"乃治行，饯之郊外。张登途，意把臂嘱曰：'子本名家，我乃娼类，以贱偶贵，诚非佳婚。况室无主祭之妇，堂有垂白之亲。今之分袂，决无后期。'张曰：'盟誓之言，皎如日月，苟或背此，神明非欺。'意曰：'我腹有君之息数月矣；此君之体也，君宜念之。'相与极恸，乃舍去。"筵酒之后，正式出行了！

以诗词送行

宋代重文，故以诗词送行之俗也颇为盛行。《鹤林玉露》载："吕子约谪庐陵，量移高安，杨诚斋送行诗云：'不愁不上青霄去，上了青霄莫爱身。'盖祖杜少陵送严郑公云：'公若居台辅，临危莫爱身。'然以之送迁谪流徙之士，则意味尤深长也。"写诗为友人送行在宋代的风靡，实则体现了宋人独特的浪漫雅致。欧阳修的词《朝中措》有一条小序"送刘仲原甫出守维扬"，刘原甫就是大名鼎鼎的北宋学者刘敞，他是欧阳修的好友。嘉祐元年（1056 年）刘敞出守扬州，当时在京城汴梁的欧阳修为刘敞饯行。此时欧阳修回忆起自己在扬州工作的经历，写下了这首送别词，对刘敞的扬州之行寄予厚望。古人送友赴任，通常以诗文相赠。欧阳修以词送友人赴任，无疑将历来被视为"艳科"的小词提高到与诗同等的地位。自欧阳修之后，送别好友时，以词相赠，成为一件很流行的事情。

明 唐寅《金阊送别图》

乐婉的《卜算子·答施》历来为人称道："相思似海深，旧事如天远。泪滴千千万万行，更使人、愁肠断。要见无因见，拼了终难拼。若是前生未有缘，待重结、来生愿。"这是一首情侣临别之际互相赠答之词。原来，杭州名妓乐婉与一位姓施的酒监关系暧昧，二人分别之际，施以词相赠："相逢情便深，恨不能逢早。识尽千千万万人，终不似、伊家好。别你登长道，转更添烦恼。楼外朱楼独倚栏，满泪围芳草。"乐婉则写了这一首词作答，直抒胸臆，明白如话。篇幅虽短，但是一位感情真挚、思想果断的女性形象跃然于纸上。

《湖海新闻夷坚续志》载："宋嘉熙戊戌，兴化陈彦章混补试中。次年正月往参大学，时方新娶，其妻作《沁园春》以壮其行，词曰：记得爷爷，说与奴奴，陈郎俊哉。笑世人无眼，老夫得法，官人易聘，国士难媒。印信乘龙，夤缘叶凤，还与扬鞭还得来。果然是，西雍人物，京样官坯。送郎上马三杯，莫把离愁恼别怀。那孤灯只砚，郎君珍重，离愁别恨，奴自推排。白发夫妻，青衫事业，两句微吟当折梅。彦章去，早归则个，免待相催。"一时传播，以为佳话。

苏轼在杭州为好友饯行，一连写下三首送别词，浓浓的友情跃然纸上。杭州是苏轼两度工作过的地方，第一次杭州之行，他是以通判的身份来到杭州的。而当时的杭州知州是陈襄。苏轼与陈襄在杭州共事期间，两人情投意合，相知甚深。当陈襄调离杭州时，苏轼在有美堂为上司兼朋友的陈襄饯行，在推杯换盏之际，苏轼有感于友情的珍重，随即谱写了一首《虞美人》，赠给陈襄：

> 湖山信是东南美，一望弥千里。使君能得几回来？便使樽前醉倒更徘徊。
> 沙河塘里灯初上，水调谁家唱。夜阑风静欲归时，唯有一江明月碧琉璃。

朋友此去，何时方能重回杭州？何时方能杯酒遣怀？一曲歌罢，酒过三巡，离陈襄启程的时间越来越近，而送别的情景依然在延续。十里长亭相送，自古以来就是送别的名场景，而苏轼心中对好友的离去有万般的不舍，所以，他决定将好友再送一程。当送行的人群来到孤山竹阁的时候，苏轼又一次为陈襄设宴饯行。在竹阁饯行的宴会上，歌伎吟唱着苏轼刚刚填好的另一首送别词《江城子·孤山竹阁送述古》：

> 翠蛾羞黛怯人看。掩霜纨，泪偷弹。且尽一尊，收泪唱《阳关》。漫道帝城天样远，天易见，见君难。
> 画堂新构近孤山。曲栏干，为谁安？飞絮落花，春色属明年。欲棹小舟寻旧事，无处问，水连天。

当歌伎吟唱起这首送别词时，在场的所有人都被感动了，连歌伎也被苏轼歌词中的深情所感动，她们在吟唱的时候落下了伤心的泪水，但她们又羞于在宴会上落泪，生怕会给宴会增添忧伤的气氛，所以她们用纨扇掩面而偷偷落泪，压抑着情感。于是歌伎移宫换羽，不再演唱苏轼的伤感歌词，而是唱起了唐代王维的送别名曲《阳关曲》。看着陈襄离去的身影，苏轼觉得此去一别，何时才能再见好友一面，这样一想，不觉悲从中来，于是他又提笔填了一首《南乡子》，以此来表达此刻的离别之情：

回首乱山横，不见居人只见城。谁似临平山上塔，亭亭，迎客西来送客行。

归路晚风清，一枕初寒梦不成。今夜残灯斜照处，荧荧，秋雨晴时泪不晴。

苏轼一生仕途坎坷，他在困顿中愈加感到友情的弥足珍贵。他常和好友休戚与共，相濡以沫，格外珍视朋友的相聚与重逢，对于与友人离别，苏轼不会悲悲切切、刻意雕饰，而是以真挚的情感表达心灵深处对友人的珍重。

骊歌唱和

所谓"骊歌"，本为"骊驹之歌"，就是别离之歌，为行者和送者所唱。"骊歌"的"骊"，本意指纯黑色的马，也暗示着离人的交通工具是与马有关的马车，或是骑马远行；同时与"离"谐音，具有特定的含义，表现出离别的意味。"骊驹在路，仆夫整驾。"①骊驹已牵到路上，马夫已把车驾备好，一切就绪，启程时刻到了，离别的场景生动如眼前。远行者唱了骊歌之后，送者要唱"客毋庸归"，意即客人呀，你不用这么急着回去。以此再三挽留，这样，行者送者一唱一和，情致缠绵，依依不舍，形成一种难舍难分的氛围。舒亶《散天花·次师能韵》咏"骊歌齐唱罢，泪争流"。潘及甫《送友》咏"不堪明月夜，挥手唱骊歌"。

王维的《送元二使安西》一诗被谱成歌曲后，称《渭城曲》或《阳关曲》，多简称《渭城》《阳关》。这支骊歌，中唐时已成为送行钱别的经典歌曲，入宋以后仍为大众喜闻乐唱。梅尧臣《二十一日同韩持国、陈和叔骑骥院遇雪，往李廷老家饮。予暮又赴刘原甫招，与江邻几、谢公仪饮》咏"江翁唱《渭城》，嘹唳华亭鹤"。又韩维《同邻几原甫谒挺之》咏"凭君莫唱《阳关曲》，自觉年来不胜悲"。句后自注"挺之善歌此曲"。《渭城曲》传播很广，尤其深受文人士大夫青睐。苏颂在《和题李公麟阳关图二首》其一中咏："《渭城》凄咽不堪听，曾送征人万里行。"何应龙《有别》云："楼上佳人唱《渭城》，楼前杨柳识离情。一声未是难听处，最是难听第四声。"苏颂谓"凄咽"，亦是"嘹唳华亭鹤"的效果。

---

① 刘国民：《先秦诗选》，北京：人民文学出版社 2022 年版。

　　宋人出行，最有意思的是"摇装"。远行者先择吉日出门，与亲友于江边饮宴后，移动船身离岸即返，象征已经启碇。至于正式的开航，则另择他日出发。它实际上是宋人意识到生命短暂，因此倍加珍惜相聚时光。所以，宋人的离别虽苦，也很美。"送行无酒亦无钱，劝尔一杯菩萨泉。何处低头不见我？四方同此水中天。"王子立要离开武昌回到故乡，苏轼豁达处之，即使是彼此分开了，每到一个地方一低下头，你就能够见到我，毕竟四方同此水中天，即使走得再远，我们依旧能够感受到彼此的存在，所以根本没有必要去悲伤。可惜今人已很难领会宋人离别的那份诗意和美了。

参考资料：

张国刚：《中国家庭史》(第 3 卷)，广州：广东人民出版社 2007 年版。

徐吉军：《宋代的出行风俗》，《浙江学刊》2002 年第 1 期，第 123-129 页。

明 唐寅《吹箫图》

在宋朝，这样过端午节！

自端午节成为法定节假日之后，现代人对它的期待越来越高，但现代人端午节的仪式感似乎只停留于吃粽子。然而，就是吃粽子，宋人也吃得更有意思。北宋末年的宋徽宗赵佶，每年过端午节时排场都很大，参军色（主持人）手执竹竿上场"致语"，引领杂剧色山呼万岁，"勾"了一段"大舞曲"后，端来下酒菜肴及各种粽子。在琵琶的独奏声中，徽宗带头吃下第一只粽子，接着是宰臣吃粽饮酒，乐部跳起"三台舞"。然后，"竹竿子"会"勾"出一队"屈原"，二百多人头戴"峨冠帽"，手持一束菖蒲，异口同声吟诗诵词，甚是壮观、热闹。除开吃粽子，宋人还会食用香糖果子、白团、紫苏、饮蒲酒等。实际上，在宋代，端午节是一个既有"颜值"，也有"气质"的节日，有苏轼《浣溪沙》为证：

> 轻汗微微透碧纨，明朝端午浴芳兰。流香涨腻满晴川。
> 彩线轻缠红玉臂，小符斜挂绿云鬟。佳人相见一千年。

这首词主要描写宋代女性欢度端午时的情景。"彩线"和"小符"，都是宋代的端午佩饰之一。以五色丝结而成索，系于臂膀，就成了辟邪驱鬼之利器，这是苏轼对王朝云最好的祝福，他希望长命缕能使她长命百岁，从而与他长长久久、白头到老。将艾虎斜斜地挂在她的发髻旁，让百兽之王保佑她能平平安安。佳人相见一千年，苏轼心里想和王朝云天长地久、白头偕老的小心思体现得淋漓尽致。

除了苏轼，梁中书也很会过端午，《水浒传》第十二回写到杨志被发配到大名府，受到梁中书的器重，"……时逢端午，蕤宾节至，梁中书与蔡夫人在后堂家宴，庆贺端阳。但见：盆栽绿艾，瓶插红榴。水晶帘卷虾须，锦绣屏开孔雀。菖蒲切玉，佳人笑捧紫霞杯；角黍堆银，美女高擎青玉案。食烹异品，果献时新。弦管笙簧，奏一派声清韵美；绮罗珠翠，摆两行舞女歌儿。当筵象板散红牙，遍体舞裙拖锦绣。消遣壶中闲日月，遨游身外醉乾坤"。这庆贺端阳的家宴，景象何等壮观，物品何等丰盛。书中所说的"蕤宾节"，即端午节。女主人在天未亮时，就将艾草、石榴等绑成束插在门上。或者将艾剪成小虎，或在所剪彩虎上黏艾叶，戴在头上避邪。艾草代表招百福，是一种可以治病的药草，插在门口，可使身体健康。这次过端午节，蔡夫人推荐杨志押送生辰纲，引出了智取生辰纲，这个端午节拉开了梁山壮大发展的序幕。

有宋一代，经济发达、民风醇厚。所以，对于节日，也每每过得热烈而张扬。端午在宋朝是个很重大的节日，从五月初一一直到五月初五。宋代的商人很有营销头脑，非常会蹭端午节的热点。初一至初四，大街小巷，都是叫卖端午"节物"的人，主要有桃枝、柳枝、葵花、蒲叶、佛道艾等物品。这几天的叫卖，是一种先声夺人之渲染，更是一种推波助澜之助兴。初五，便到了端午的高潮，人们把买来的"节物"陈于门首，用茶酒供养，举行祭祀和其他活动。街市上，还不时有人在摔跤角力，范成大《吴郡志》载："江南之俗……以五月五日为斗力之戏，各料强弱相致，事类讲武。宣城、毗陵、吴郡、会稽、余杭、东阳，其俗皆同。""五日重五节……正是葵柳斗艳，栀艾争香，角黍包金，菖蒲切玉，以酬佳景，不特富家巨室为然，虽贫乏之人，亦且对时行乐也。"《梦粱录》中的描述，具体而生动地记载了宋代的端午佳节已经从一个纪念性节日转变成了一个娱乐性节日。

拴五色丝

中国古代文化中，象征五方五行的五种颜色"青、红、白、黑、黄"被视为吉利色，这五种颜色混在一块，就成了一种吉利的象征。端午用五色丝线系臂，曾是宋代很流行的节俗。应劭《风俗通佚文》曰："午日，以五彩丝系臂，避鬼及兵，令人不病瘟，一名长命缕，一名辟兵绍。"在端午节这天，孩童们要在手腕脚腕上系上五色丝线以驱邪。从五月五日系起，一直到七夕"七娘妈"生日，才能摘下来和金楮一起烧掉。

续命缕又称作"百索""白百索线"。宋代宫廷在端午会赐中外百官百索或曰彩丝若干轴，是日"内更以百索彩线……分赐诸阁分、宰执、亲王"。而打个同心结，绣一对鸳鸯，便有了另外的文章可作。蔡戡《点绛唇·百索》云："纤手工夫，采丝五色交相映。同心端正，上有双鸳鸯并。皓腕轻缠，结就相思病。凭谁信、玉肌宽尽，却系心儿紧。"宋人还有一个生动活泼俏皮的好运习俗，就是在端午节后的第一个雨天，把五彩线剪下来扔在雨中，让河水将瘟疫、疾病一起带走，谓之可去邪祟、攘灾异，带来一年的好运。

端午符

"符箓"，是将缯彩剪成小符儿，戴在头上，插于鬓髻之上，所以又叫"钗头符"，宋人尤以佩带"五毒图"最为勇敢。"五毒"是指蜈蚣、蚰蜓、蛇、蝎、草虫之类，宋人认为，这"五毒"可以用以治疗疮疖，可以大毒吃小毒，以毒攻毒，毒死其他害虫，所以就将其剪裁成图饰，佩带在身上。端午之日，宋廷六尚局精心制作的红纱彩金匣里，早已装好人工捏制的象形物，有蛇、蝎等五种毒虫，每个毒虫都被降服它们的葵、艾叶等围绕，示以祛灾消祸。

《梦粱录》讲述重午宫中故事，是日"内更以……五色珠儿结成经筒符袋……，分赐诸阁分、宰执、亲王"。根据《荆楚岁时记》的说法，它是由五色的丝线或彩色缯帛缠合、编织而成的赤灵符发展而来。崔敦诗《淳熙七年端午帖子词》云："玉燕垂符小，珠囊结艾青。"若是和心上人一同出游，还会收到宋代专属的钗符。《岁时杂记》载："端午剪缯彩作小符儿，争逞精巧，掺于鬓髻之上，都城亦多扑卖。"最有意思的是李石《长相思》(重五)所云："鬓符儿，背符儿，鬼在心头符怎知? 相思十二时。"就算这些灵符真能驱邪，但藏在心里的情感，符儿猜不到，也管不到。端午时分，女性或垂钗符，或簪符袋，又或者将两样小饰物同时系于鬓畔，成了节日里最迷人的风景之一。

宋代端午节饰中还有一种叫做"道理袋""撺钱儿"的小袋，是用红白两色绢罗做成一个开口小袋，《岁时广记》"赤白囊"条载："端五以赤白彩造如囊，以彩线贯之，撺使如花形。或带或钉门上，以襄赤口白舌。又谓之撺钱。""道理袋"条载："端五以赤白彩造如囊，以彩线贯之，撺使如花，俗以稻李置彩囊中带之，谓之道理袋。"它们实际上就是后世所说的抽绳荷包，但特意在拉紧抽绳时，让收束的袋口褶皱得如一朵花。这种红白两色的小荷包，如果其内装入稻米和李子，就是"道理袋"，否则就是"撺钱儿"，"或带，或钉门上"。当时有端午词描绘一位时尚女子的节日打扮，即包括"香袋子，撺钱儿，胸前一对儿"。到了南宋，又发展出一种"符袋"，是以线串小珠编成，一般采用"五色珠儿"，即彩色玻璃珠，更高档的则以珍珠穿结。

钗符总是与艾虎相伴。艾虎，即用艾叶剪成老虎形，成对缀在钗头。宋代，在端午节前后，人们将艾叶做成艾虎，用于妇女儿童们喜欢的端午簪饰。刘辰翁《摸鱼儿》有"钗符献酒，袅袅缀双虎"。除了辟邪，艾虎还有宜男(求子)和"储祥纳吉"之意。吕原明《岁时杂记》载："端午以艾为虎形，至有如黑豆大者，或剪彩为小虎，粘艾叶以戴之。"王沂公《端午帖子》云："钗头艾虎辟群邪，晓驾祥云七宝车。"章简公帖子云："花阴转午清风细，玉燕钗头艾虎轻。"王晋卿端午词云："偷闲结个艾虎儿，要插在、秋蝉鬓畔。"之所以将艾叶做成虎状，是因为在古人心目中，老虎是既可怕又可敬。因其威猛无比，具有避邪禳灾、祈丰及惩恶扬善、发财致富、喜结良缘等多种神力。宋人将除夕辟邪用的"虎"挪用到了端午节，艾虎之风开始流行。贾仲名《金安寿》第三折云："叠冰山素羽青奴，剪彩仙人悬艾虎。"

在宋代，有的地方还将艾草编成"人形"，装饰成"张天师"像。它不仅流行于民间，而且还风行于宫中。苏轼就有诗写道："太医争献天师艾，瑞雾长萦尧母门。"《梦粱录》载，"五日重午节……内司意思局……菖蒲或通草雕刻天师驭虎像于中……杭都风俗……以艾与百草缚成天师，悬于门额上，或悬虎头白泽。"宋代道教流行，民间普遍流行的各种门帖其实都是符的变种。门贴中有天师像，天师真名为张道陵，本名张陵，东汉沛国丰邑人，为五斗米教的创始人，被后世道教徒尊奉为"天师"。天师像是用朱砂笔在黄表纸上画上张天师的像，陈元靓《岁时广记》载："端午，都人画天师像以卖。"又，吴潜《二郎神》云："恰就得端阳，艾人当户，朱笔书符大吉。"其中的"朱笔书符"就是指"张天师"的画像。

浴兰汤

在宋代，洗澡不仅是个人卫生的问题，更是一种公共礼仪、社会公德，所以上朝谒见、会客之前，都要焚香洗澡，以表示虔诚和尊敬。端午节作为古代中国的传统节日——"端"字本义为"正"，"午"为"中"。"端午"，"中正"也，这天午时则为正中之正，乃大吉大利之象。宋人认为在这个"一身正气"的日子里洗澡，是一件很神圣很有范儿的事！《岁时广记》载："五月五日午时，取井花水沐浴，一年疫气不侵。俗采艾柳桃蒲揉水以浴。"正如苏轼词中所写："流香涨腻满晴川。"这正是宋朝人积极响应，将古老的节日文化发扬光大的表现。宋代端午节还有一个美丽的别称"浴兰令节"。端午时已到仲夏，毒虫滋生，瘟疫流行，故民间称五月为"恶月""毒月"，加上多雨潮湿，人易出汗，古人沐浴兰汤，避瘟驱毒以洁身体，可谓很好的卫生习惯。这里的"兰"是一种菊科植物佩兰，浴兰汤就是一种中草药浴，但沐浴之"汤"冠名以"兰"，不得不说平添了几多雅致、几多浪漫。

苏轼到黄州后的第二个端午，受到黄州知州徐君猷的邀请，两人同赏美景，开怀畅饮，苏轼在宴席上写下了一首《少年游·端午赠黄守徐君猷》："银塘朱槛麹尘波，圆绿卷新荷。兰条荐浴，菖花酿酒，天气尚清和。好将沉醉酬佳节，十分酒、一分歌。狱草烟深，讼庭人悄，无客宴游过。"这是一幅光与彩流动的端午节画面：朱红色的栏杆，倒映在池塘中，水天一色，一阵微风拂过，水面泛起阵阵波纹，在五月阳光的映射下，波光粼粼，圆圆的荷叶如同一把把绿色的小伞撑在池塘上，荷叶下的鱼儿欢快地游动着。这也是一幅人与景交融的端午节画面：苏轼用兰叶浸泡过的水沐浴，品尝着用菖蒲花新酿的美酒，五月艳阳天，天气清明而暖和。与朋友欢聚欢笑，共同酬谢端午佳节，这里有美酒歌舞陪伴，这一刻没有工作的打扰，没有车马的喧嚣。

宋代端午节沐浴兰汤非常盛行。晏殊《端午词·内廷》云："山来佳节载南荆，一浴兰汤万虑清。"赵长卿《醉蓬莱·端午》云："见浴兰才罢，拂掠新妆，巧梳云髻。"欧阳修《端午帖子词》云："嘉辰共喜沐兰汤，毒沴何须采艾禳。"他还有一阕词《渔家傲》，描写一位闺中女子端午节的生活和情思，其中除了吃粽子、饮蒲酒外，就有沐兰浴。词曰："五月榴花妖艳烘，绿杨带雨垂垂重，五色新丝缠角粽。金盘送，生绡画扇盘双凤。正是浴兰时节动，菖蒲酒美清尊共，叶里黄鹂时一弄。犹薝怅，等闲惊破纱窗梦。"婴儿的健康、游戏和保护，也成为宋代端午习俗的另一个重要内容。人们采集菖蒲、艾草等药草，放在热水中浸泡，给儿童沐浴，祈望孩童们身体健健康康。《浴婴图》就真实地还原了当时宋人的生活场景。

宋 佚名《浴婴图》

端午画扇

宋朝流行端午画扇。作为抵御盛夏酷暑的重要工具，扇子是伴随着端午节登场的，人们将栀子花、蜀葵、石榴花等画在团扇上，再将团扇赠与友人，寄予美好寓意。赵宋皇室经常于端午节赏赐给宫廷内眷、宰执、亲王以画扇，宋高宗就有《题丹桂画扇赐从臣》诗："月宫移就日宫栽，引得轻红入面来。好向烟霄承雨露，丹心一一为君开。"这类扇子大致分工艺扇、御书扇和画扇三类，一定品级的官员都会得到四把团扇，其中工艺扇和画扇各两把。最特别的是那些被赏赐到"御书葵榴画扇"的，一面是帝王的书法，另一面是宫廷画师所绘的蜀葵、石榴花、萱花、菖蒲、艾叶和栀子花，可谓"葵榴斗艳，栀艾争香"。

这些盛开在农历五月的花卉，要么色彩鲜艳，要么香气扑鼻，且大多具有药用价值。以蜀葵为例，颜色鲜艳丰富，常被称作"五色蜀葵"，而五色象征阴阳调和，正是端午的主题。因此，南宋时期的官僚文人、市井百姓都乐于在端午节馈赠扇子作为礼物，大部分的扇子来自市场。北宋汴梁城里有好几个专门的"鼓扇百索市"，专卖端午所用的小鼓、扇子和五色索线。南宋更是有专门的扇子铺和画团扇铺。

宋代文人喜欢随手在扇面上画上时令花卉。从某种意义上来说，这相当于是把辟邪祛病的花草携带在了身上，更像是多了一个文艺范十足的"护身符"。林椿的《枇杷山鸟图》[1]画面描绘的是江南五月，硕大的枇杷果在夏日的光照下分外诱人，一只俊俏的绣眼鸟翘尾引颈栖于枝上，正欲啄食果实，却发现有一只蚂蚁爬了上来，于是回喙定睛端详，神情十分生动有趣。和插花一样，画扇中的端午花草常常会组合起来。《夏卉骈芳图》的画面以粉红的蜀葵为中心，左边陪衬黄色的萱花，右边陪衬白色的栀子花。婴戏画扇在端午也很盛行。宋代无名氏《阮郎归·端午》以女性的口吻写出了端午节时的各种应景装饰，手拿一柄"孩儿画扇儿"正是端午时节大家闺秀的时尚装点："门儿高挂艾人儿。鹅儿粉扑儿。结儿缀着小符儿。蛇儿百索儿。纱帕子，玉环儿。孩儿画扇儿。奴儿自是豆娘儿。今朝正及时。"

端午的主题是辟邪消灾。因此，端午节的扇子有时也被称作"避瘟扇"。扇子扇走的是邪气，而且扇面上装饰的吉祥图样据说也能辟邪。汴京"鼓扇百索

---

[1]　贾玺增：《四季花与节令物》，北京：清华大学出版社 2016 年版。

市"中所卖的扇子，有一种特别的纹样，"小扇子，皆青、黄、赤、白色，或绣成画，或镂金，或合色，制亦不同"。① 这种五色扇子，与端午的五色彩索相似。而孟元老把端午所用带图案的扇子统称作"花花巧画扇"，扇面其实就是一幅于掌中欣赏的画。用绘画装饰扇面有审美需求，但想必也要契合并能够加强"避瘟扇"的功能，体现避邪消灾的内在需求吧。

端午衣

在宋代，更换轻薄的纱罗衣是进入夏季和端午后的重要礼仪，宫廷、官僚、百姓皆然。《梦粱录》载："仲夏一日，禁中赐宰执以下公服罗衫。"百官并非无力购置丝绸衣袍，但只有皇帝的赏赐物到了之后，才正式标志服饰的转换，可以穿着轻薄的罗衣官服去上班。除了大臣，宫廷内眷以及侍从太监在端午节时也会得到皇帝赏赐的色彩丰富的轻薄衣物和衣料，包括紫练、白葛、红蕉。《武林旧事》载："大臣贵邸，均被细葛、香罗、蒲丝、艾朵、彩团、巧粽之赐。"

宋代赏赐端午衣的礼仪十分成熟，称为"时服"。北宋初年的两个规定使得这一制度趋于完备。建隆三年（962 年），宋太祖将原先只赏赐给高官以及宠臣的端午衣遍赐百官。太平兴国九年（984 年）五月，正式把赐臣僚时服制度化。一年中赏赐时服有两次，一次是五月端午，另一次是十月初一，因为这两次都是冷暖转换的关键时期。赐衣并不是一件，而是从外衣到内衣一套。依据官员不同的等级有增减。端午夏衣最高级的是所谓"五事"，即全套，包括"润罗公服、绣抱肚、黄縠、熟线绫夹袴、小绫勒帛"，② 此外还有"银装扇子"两把。

范成大《如梦令》云："两两莺啼何许。寻遍绿阴浓处。天气润罗衣，病起却忺微暑。休雨。休雨。明日榴花端午。"端午前后，往往高温高湿，容易中暑。端午节插艾草，配香囊，换凉席，换夏衣，同样是人们在漫长生活中总结的对付盛夏的生活经验，但是这个女子还是中暑了。这个时节外面下着黄梅细雨。女子听到窗外黄鹂两两啼叫的声音，打破了病中的沉闷，她走到庭院里，抬头去寻找藏在树叶里的小鸟，结果衣裳又被黄梅细雨打湿。端午节是闺中少女期待的节日，对于很多被困在庭院里的宋代女子，端午节是其最快乐的放风机会。可以在亲戚朋友间来往，比新衣，那夏天的衣裳轻薄艳丽，是榴花红还是榴裙红呢？更重要

---

① 澎湃新闻：《立夏品画：江南枇杷渐熟，敦煌举杯邀酒》。
② 黄小峰等：《宋画国际学术会议论文集》，浙江大学艺术与考古中心，2017 年。

的是，只有这个机会，她才能接触到外人，那心中向往已久的白马王子，才有机会遇到呀。所以她才如此期待端午。但是如果天气持续下去，恐怕她连出门的机会都没有了。石榴裙那么美，她又这么漂亮，只能祈求明天不要下雨，不要下雨。她的病只要天晴，一出门就会好！"天气润罗衣"，让多雨的端午别有一种少女的旖旎和清愁。

簪茉莉

宋人爱花，到了南宋，在临安城里，家家户户都要在端午节这一天供养花卉，赏花戴花，"寻常无花供养，却不相笑，惟重午不可无花供养"。在宋朝，端午街头巷尾常见芬芳吐香的栀子花是人们对于夏季到来最深刻的感受。南宋时期，宫廷、民间都以栀子花为端午插花。《西湖老人繁盛录》载："初一日，城内外家家供养，都插……栀子花之类……"杨巽斋的《蒨蔔花》曾言："蒨蔔标名自宝坊，薰风开遍一庭霜。闲来扫地跏趺坐，受用此花无尽香。"

茉莉花溢香消暑，亦为宋代端午节所簪之花。不仅女子喜爱装饰，更吸引了文人雅士的目光。赵昌《茉莉花图》描画了一束洁白秀美的茉莉花，表现了宋人对自然景物的细致观察和美好向往。《武林旧事》载："六月六日，显应观崔府君诞辰，自东都时庙食已盛……而茉莉为最盛，初出之时，其价甚穹，妇人簇戴，多至七插，所直数十券，不过供一饷之娱耳。"可见，南宋京城临安，从端午开始，一直到六月初，茉莉花都是女子们的宠儿。《西湖老人繁胜录》中讲到端午盛况时还说："茉莉盛开城内外，扑

宋 赵昌《茉莉花图》

戴朵花者，不下数百人。每妓须戴三两朵，只戴得一日，朝夕如是。"夏季的茉莉正与蜀葵、石榴花、栀子花等典型的端午花卉同处一列。姜夔《茉莉》亦云："应是仙娥宴归去，醉来掉下玉簪头。"

宋朝真是一个民风醇厚、极具烟火气的率真时代，端午习俗里也透露出百姓

淳朴的愿望：想要驱邪，想要好兆头。趁着节假日加好运 buff，一层还不够，还得 n+1 层，节日也因此变得繁复而有韵致。为了过端午节，宋朝官府还给工作人员放假，俗称"解粽节"。所谓"端午数日间，更约同解粽""士庶递相宴赏"。大宋花样繁多的端午过法，着实让人神往。可以说，没有一个朝代，比宋朝更懂生活、更懂情调。宋人就是这样过端午的，吃粽子，吃盐梅，沐浴更衣，挂艾草，看龙舟，好不快活！

参考资料：

贾玺增：《四季花与节令物》，北京：清华大学出版社 2016 年版，第 244-280 页。

明 唐寅《孟蜀宫妓图》

簪花，宋代男子的真香之路！

　　想象一下，巍峨的朝堂之上，君臣正在严肃地讨论益州大水、越州粮荒之类国家大事的处理办法，文武百官唇枪舌战、言辞犀利、针锋相对。就在紧张气氛到达最顶点之时，镜头上拉，移到了大臣们与皇帝头上鬓角别的五颜六色小花花上。画面是不是突然变得滑稽？如果说这是历史上真正出现过的画面，是不是觉得很不可思议。在中国历史上就有这么一个朝代，举国上下男女老少皆可簪花，皆爱簪花。有苏轼《吉祥寺赏牡丹》为证：

　　　　人老簪花不自羞，花应羞上老人头。醉归扶路人应笑，十里珠帘半上钩。

　　苏轼在杭州做官时，吉祥寺的牡丹繁盛。作为地方长官的苏轼和友人一起赏花饮酒，喝得酩酊大醉，头上插满了红橙黄绿青蓝紫的鲜花，一路上磕磕绊绊、东倒西歪地往家走，活脱脱一个移动花盆，引得十里长街爱看热闹的百姓都挑起珠帘，捂着嘴巴、争先恐后地笑看他。第二年，苏轼因病不能去看花戴花，就写了一首《惜花》，诗中写道："沙河塘上插花回，醉倒不觉吴儿哈。"市民百姓围观这些头戴鲜艳牡丹花的朝廷官员，指点嬉笑，官员们也自得可爱，一幅和乐太平景象。

　　或许是"路边的野花你不要采"的歌曲洗脑，现代人已经很少把鲜花簪在自己的头上，塑料、银子、金子、珍珠等更多人工材质饰品的出现，替代了自然的鲜花，即便这样，爱在头上戴饰品的男人还是和爱吃腐乳的英国人一样少。但古代，尤其是宋朝时候的男子却特别喜欢将花朵插戴在发髻或幞头上。"花好却愁春去，戴花持酒祝东风，千万莫匆匆。"天色那么好，景色也悠然，不如簪花持酒去庆祝东风归来。可以说，头戴花这件事，在宋代是一种象征风雅的时尚风潮，尤其是男子头戴一枝花，更是走在了潮流前线。

纳入宫廷礼仪制度

　　两宋时期，男子戴花蔚然成风，甚至连身为九五之尊的皇帝也是乐此不疲。《铁围山丛谈》载："神宗尝幸金明池，是日洛阳适进姚黄一朵，花面盈尺有二寸，遂却宫花不御，乃独簪姚黄以归。"宋神宗因见名花姚黄，就丢掉宫花，头戴牡丹回朝了。可见当时戴牡丹花乃时尚。才子皇帝宋徽宗在簪花这事上，"始终站在了时尚前沿"，起到了引领和垂范的作用。这位皇帝每次出游，都是"御裹小帽，簪花，乘马"，不仅自己簪花，作为标配，护驾的下级官员、警卫侍从也是人手一朵。可以想象，那年头汴京的百姓，时常有机会看见一长排步伐整齐的皇家卫士从宫门中"花花"而出的奇异景象。

　　宋朝的皇帝不仅十分喜欢出游，也十分喜欢聚餐。每次宴会，皇帝都要对大臣赐花，以示恩泽，而凡参加宫廷聚餐宴会的大臣们都能领到皇帝御赐的宫中名花。《宋史·舆服五》载："中兴，郊祀、明堂礼毕回銮，臣僚及扈从并簪花，恭谢日亦如之。大罗花以红、黄、银红三色，栾枝以杂色罗，大绢花以红、银红二色……太上两宫上寿毕，及圣节、及锡宴、及赐新进士闻喜宴，并如之。"《宋史·礼志》记上巳、重阳赐宴仪："酒五行，预宴官并兴就次，赐花有差。少顷戴花毕，与宴官诣望阙位立，谢花再拜讫，复升就坐。"《梦粱录》记载，太后寿宴上，度宗"赐宰臣百官及卫士殿侍伶人等花，各依品位簪花。上易黄袍小帽儿，驾出再坐，亦簪数朵小罗帛花帽上"。一场重大活动，满朝文武，花枝招展，真是个有趣至极的情形。正如杨万里诗云："春色何须羯鼓催，君王元日领春回。牡丹芍药蔷薇朵，都向千官帽上开。"

　　王辟之《渑水燕谈录》载："晁文元公迥在翰林，以文章德行为仁宗所优异，帝以君子长者称之。天禧初，因草诏得对，命坐赐茶。既退，已昏夕，真宗顾左右取烛与学士，中使就御前取烛执以前导之，出内门，传付从使。后曲燕宜春殿，出牡丹百余盘，千叶者才十余朵，

宋 佚名《牡丹图》

所赐止亲王、宰臣。真宗顾文元及钱文僖，各赐一朵。又常侍宴，赐禁中名花。故事，惟亲王、宰臣即中使为插花，余皆自戴。上忽顾公，令内侍为戴花，观者荣之。"真宗在宜春殿举行赏花宴，破例赐给翰林学士晁迥和钱文僖各一朵异品千叶牡丹。在另一次侍宴时，不仅赐禁中名花给晁迥，还特别"令内侍为戴花"。众臣以能得到皇帝赐的花为荣，所赐花的品种、由谁为之簪花更能体现得宠的程度。杨万里《正月五日以送伴借官侍宴集英殿十口号》云："角觥罢时还宴罢，卷班出殿戴花回。"在得到"赐花"后，他激动得像个孩子。

　　宋朝皇帝赐花有许多特别的讲究，赐花以真花最为珍贵。真花，也就是鲜花，在当时叫做"生花"。由谁戴花也有讲究，除皇室亲王、宰辅大臣可以由内侍为其戴上外，其余百官都得自己戴。戴的花可以是用罗帛或其他材料制作的假花，但制作宫花必须选取形态、质地逼真的材料。梅花瓣质地较薄，且有轻盈感，用罗帛来制作就比较合适。牡丹、芍药花瓣较厚，又有一点毛茸茸的质感，用通草来制作就比较相宜。再加上能工巧匠的精心染色、攒合成型，更是栩栩如生。蔡士裕《金缕曲·罗帛翦梅缀枯枝，与真无异作》赞美"像生花"的制作工艺："怪得梅开早，被何人香罗剪就，天工奇巧"，又"玉质冰姿依然在，算暗中，只欠香频到"。其形态逼真的程度由此可见一斑。

　　北宋后期，朝廷赐花和官员簪花甚至提升到国家礼仪制度的高度，什么身份戴什么花，什么级别戴几朵花，都有明文规定。硕大且珍贵的黄牡丹被皇帝垄断，皇帝赐花百官，依品级高低而有所不同，"罗花以赐百官，栾枝卿监以上有之，绢花以赐将校以下"。[①] 戴什么花和戴几朵花，也有明文规定，"宰臣枢密使合赐大花十八朵，栾枝花十朵，枢密使同签书枢密使合赐大花十四朵，栾枝花十朵；敷文阁学士赐大花十二朵、栾枝花六朵；知官系正任承宣观察使赐大花十朵、栾枝花八朵……"[②]此种场合的簪花方式是将花簪在幞头上，即所谓"簪戴"。《武林旧事》中对这种幞头簪花的场面有生动的记载："上服幞头，红上盖，玉束带，不簪花。教坊乐作，前三盏用盘盏，后二盏屈卮。御筵毕，百官侍卫吏卒等并赐簪花从驾，缕翠滴金，各竞华丽，望之如锦绣。"姜白石也在诗中描述过这种场面，"万数簪花满御街，圣人先自景灵回。不知后面花多少，但见红云冉冉来"。

---

① 脱脱：《宋史》，北京：中华书局 2004 年版。
② 脱脱：《宋史》，北京：中华书局 2004 年版。

如果到了节庆之时，不按照相应的要求簪花则会喜提"官方的惩罚"大礼包一份。小时候敢砸缸的司马光，长大了也是真的刚。他虽然不公开反对朝廷这种赐花簪花的仪式，但还是认为簪花"殊失丈夫之礼貌"，他用百般无奈之下只簪一朵，来对抗这种朝廷礼仪的铺张浪费。《古今事文类聚》载："温公曰：'吾性不喜华奢，二十忝科名，闻喜宴独不簪花。'同年曰：'君赐，不可违也。'乃簪一花。"其实也能理解，皇帝们簪的花，一般都是一到两寸的大牡丹，这种真花价格极为高昂，数十千钱才能买到一朵，未免过于奢华。而赐给群臣的虽然不一定是牡丹，但即便是赏赐其他真花，也是一笔极大的开销，所以司马光的反对看上去也不无道理。但是皇帝赐的花你不戴就是不给面子，会有麻烦的。

成为文人社交方式

有皇帝带货引流，跟风的人自然越来越多，于是这类由宫廷兴起的崇文尚雅的活动不仅范围越来越大，而且影响越来越广，以至于成为有宋以来一代知识分子共同的习俗和风尚。而宋代文人也颇有些乐在其中的意思。甚至，随着簪花在上层社会越发普遍，一大批有意于仕途的人将簪花看得格外重要。刘一清《钱塘遗事》中曾记载当时南宋人所追求的荣耀，"两觐天颜，一荣也……御宴赐花，都人叹美，三荣也……"。被皇帝赏赐一朵簪花竟然是一种荣耀，簪花自然就在这样的文化环境下愈发普遍。可以说，在以文人为主要群体的宋代，士大夫们对簪花的使用和喜爱更进一步推进了簪花的流传度。

簪花作为宋代文人社交中必不可少的一环，频繁出现在各种宴会、雅集中。这时候，像花这种美丽自然的事物，用来互相赠送，既增添了美感，又能保持他们得体、优雅的礼仪，何况簪花还被朝廷赋予了那样的等级寓意，渴望功业有成的士大夫阶层，自然乐于接受，于是簪花也就成为他们交往中不可缺少的艺术、社交媒介。每逢文人聚饮，日常相会，多半会吟诗作赋。每次聚会都少不了戴花簪花，一大群文人，老老少少，坐在一起，花枝招展，谈笑风生。宋祁在馆阁校书闲暇时，约上一群馆阁好友，吟诗作赋，他们"簪花照席光，藉草连袍翠"，真是招人眼热。曾巩《会稽绝句三首》云："花开日日插花归，酒盏歌喉处处随。"

宋人宴会簪花最经典的例子当属《齐东野语》中的记载。当时，侍郎王简卿赴南宋左司郎官张镃举行的牡丹宴，文中称："王简卿侍郎尝赴其牡丹会，云：众宾既集，坐一虚堂，寂无所有。俄问左右云：'香已发未？'答云：'已发。'命卷帘，则异香自内出，郁然满坐。"如此看来，宋人在开始上餐前的焚香仪程，也是讲究颇多。"群妓以酒肴丝竹，次第而至。别有名姬十辈皆衣白，凡首饰衣领皆牡丹，首带照殿红一枝，执板奏歌侑觞，歌罢乐作乃退。复垂帘谈论自如，良久，香起，卷帘如前。别十姬，易服与花而出。大抵簪白花则衣紫，紫花则衣鹅黄，黄花则衣红，如是十杯，衣与花凡十易。所讴者皆前辈牡丹名词。"这纷至沓来的歌舞伎，白衣红花，紫衣白花，黄衣紫花，红衣黄花，在花与花之间形成了美妙的色彩对比与耳目一新的变换。同时，宴会间人声鼎沸，场面热闹，"酒竟，歌者、乐者，无虑数百十人，列行送客。烛光香雾，歌吹杂作，客皆恍然如仙游也"。此等场面，烛光香雾，歌欢杂作，众人簪花，可谓是耳目一新，让人陶醉。这等场面就是在今天恐怕也不是一般人经常能够见到的盛世。

在宴饮之时，兴趣所至，宋代文人也会将瓶子里原本用来观赏的鲜花簪在头上，郭应祥《卜算子》小序里就说："客有惠牡丹者，其六深红，其六浅红。贮以铜瓶，置之席间，约五客以赏之，仍呼侑尊者六辈，酒半，人簪其一，恰恰无欠余。因赋。"其词云："谁把洛阳花，剪送河阳县。魏紫姚黄此地无，随分红深浅。小插向铜瓶，一段真堪羡。十二人簪十二枝，面面交相看。"魏紫和姚黄是宋代两种名贵的牡丹名品，产自洛阳，插在瓶中，大家欣赏饮酒，饮至尽兴之时，每位客人将瓶中牡丹簪在头上。毛滂《武陵春》一词序："正月二日，天寒欲雪，孙使君置酒作乐，宾客插花剧饮，明日当立春。"说宾客席上作乐簪花痛饮，仿佛是迎接春天的到来，"城上落梅风料峭，寒馥逼清尊。爽兴天教属使君。雪意压歌云。插帽殷罗金缕细，燕燕早随人。留取笙歌直到明。莲漏已催春"。

特别值得一提的是，当初拒绝簪戴的司马光后来也开始簪花，他曾多次写到自己在朋友家喝酒，因为太过尽兴而醉倒，被人送回家时，歪帽之侧还斜插着当季鲜花，所谓"从车贮酒传呼出，侧弁簪花倒载回"。这句显然就是写朋友之间饮宴的事。沈括的《梦溪笔谈》中还记载了这么一个故事：北宋庆历五年（1045年），韩琦任扬州太守时，官署后花园中一株芍药开花了，奇特的是，此花一枝四岔，每岔都开了一朵，花瓣上下呈红色，一圈金黄蕊围在中间，故名"金缠腰"或"金带围"，传说此花一开，城中就要出宰相，韩琦就邀请了当时同在扬州的王珪、王安石、陈升之饮酒赏花，在这个过程中，他将这朵花剪了下来，每人簪戴一朵，说来更奇，这四人后来都做了宰相，这就是历史上知名的"四相簪花"。

文人士大夫簪花，除了它是社交媒介之外，亦是他们生活趣味的体现，还是人生态度的变相表达。文人生活中看似细小平常的活动，却可以传达无限丰富的意味，"雪后寻梅，霜前访菊，雨际护兰，风外听竹，固野客之闲情，实文人之深趣"。① 邵雍不仅自己喜爱牡丹，还将花赠予妻子。他的"初讶山妻忽惊走，寻常只惯插葵花"，写的是妻子因为平常只习惯插葵花，收到牡丹花后竟高兴得跑起来的可爱场景。朱敦儒《鹧鸪天·西都作》云："我是清都山水郎。天教分付与疏狂。曾批给雨支风券，累上留云借月章。诗万首，酒千觞。几曾着眼看侯王？玉楼金阙慵归去，且插梅花醉洛阳。"对于文人来讲，不管是人生得意之时锦上添花，还是人生失落之时遣兴抒怀，不论顺风还是逆风都要通过"簪花"以及"簪什么花"来表现自己清高傲世的情怀，一句"且插梅花醉洛阳"，将朱敦儒的潇洒气概和疏狂态度表现得一览无余。"插花走马醉千盅"，辛弃疾记忆里的那位簪花少年，一路走来一路美好。

进入寻常百姓生活

不管是朝廷的恩典，还是士人的身份认同，簪花在老百姓眼里，就是好玩、喜庆、和美的象征。强至我们可以留意到宋代老百姓对戴花簪花的喜爱，"洛阳风俗重繁华，荷担樵夫亦戴花"。担着柴担卖柴的老樵夫头上都戴着鲜花，着实令人惊奇。男人爱花，妇女更是爱花。郑毅夫看见一群妇女满头鲜花、得意扬扬的快乐样子，不由得写下一首《江行五绝》："清明村落自相过，小妇簪花分外多。更待山头明月上，相招去踏竹枝歌。"不仅玩乐的妇女头戴花朵，耕田种地的妇女头上也戴花，"挽缆谣歌童，簪花立田妇"。舒岳祥的《自归耕篆畦见村妇有摘茶车水卖鱼汲水行馌寄》咏"前垅摘茶妇，顷筐带露收。艰辛只有课，歌笑似无愁。照水眉谁画，簪花面不羞。人生重容貌，那得不梳头"。簪花这一行为，体现了采茶妇爽朗的性格和热爱生活的态度。

黄庭坚《题刀镊民传后》说陈留市有刀镊工，"无室家，惟一女七岁。日以刀镊所得钱与女醉饱，醉则簪花、吹长笛，肩女而归"。陆游《赠道流》一诗说会稽市街上一个卖药的道人"醉帽簪花舞，渔舟听雨眠"。《鸡肋编》载："市中亦制僧帽，止一圈而无屋，欲簪花其上也"，市场上还有一款专门为僧人设计的帽子，只有一圈，没有帽顶，为的就是能将花簪在上面。宋话本《宋四公大闹禁魂张》："宋四公且入酒店里去，买些酒消愁解闷则个。酒保唱了喏，排下酒来，一杯两

---

① 陈继儒：《小窗幽记》，南京：江苏凤凰文艺出版社，2020 年版。

盏，酒至三杯。宋四公正闷里吃酒，只见外面一个妇女入酒店来：油头粉面，白齿朱唇。锦帕齐眉，罗裙掩地。鬓边斜插些花朵，脸上微堆着笑容。虽不比闺里佳人，也当得垆头少妇。那个妇女入着酒店，与宋四公道个万福，拍手唱一支曲儿。宋四公仔细看时，有些个面熟，道这妇女是酒店擦桌儿的，请小娘子坐则个。"可以说，宋代将簪花的风气推到了极致。

宋代鲜花已然成为平民的日常消费品。时人心目中有所谓"九福"的观念："京师钱福、眼福、病福、屏帷福，吴越口福、洛阳花福、蜀川药福、秦陇鞍马福、燕赵衣裳福。"[1]可见花在当时作为重要的生活资料与老百姓的衣食住行并重。每日清晨，卖花者骑着骏马、提着竹篮，发出清脆悠扬的叫卖声。到了鲜花盛开的时节，花市更显热闹，买者纷然，一派繁荣景象。止禅师《昭君怨·卖花人》云："担子挑春虽小。白白红红都好。卖过巷东家。巷西家。帘外一声声叫。帘里鸦鬟入报。问道买梅花。买桃花。"更有甚者，"抵暮游花市，以筠笼卖花，虽贫者亦戴花饮酒相乐，故王平甫诗曰：'风喧翠幕春沽酒，露湿筠笼夜卖花。'"[2]南宋临安的四百多个行业，其中之一为"面花儿行"，就是专门生产和制作簪花的行业。

在宋朝，与日常簪花相比，节日簪花更显隆重。立春时，人们将鲜花或像生花，制成春幡佩戴在头上。陈棣《立春日有感》咏"剪彩漫添怀抱恶，簪花空映鬓毛秋"。石榴花是宋人端午的最爱。《水浒传》就有几个好汉这般装束，吴用在"五月初头"去游说三阮入伙打劫生辰纲，见到阮小五"斜戴着一顶破头巾，鬓边插朵石榴花，披着一领旧布衫，露出胸前刺着的青郁郁一个豹子来"。结合阮小五的绰号短命二郎，和他贫穷渔民、草莽英雄的身份，强横愤世、心存叛逆的性格，以及那青色豹子的纹身，还有筹划强盗勾当的背景，这朵红艳艳的石榴花实在反差触目，给一场江湖风暴添上诡丽而闲情的风味。节日里簪花历史最久、影响最大的，当属重阳节簪菊。梅尧臣在《次韵和永叔饮余家咏枯菊》诗中，描述了与友人宴饮赏菊、簪菊欢聚的场景，"今年重阳公欲来，旋种中庭已开菊。黄金碎翦千万层，小树婆娑嘉趣足。鬓头插蕊惜光辉，酒面浮英爱芬馥。旋种旋摘趁时候，相笑相寻不拘束"。到了上元节，人们就簪梅花。以不同的花配不同的节日，宋人的审美达到了一个时尚的前沿。

① 陶谷：《清异录》，北京：中华书局1991年版。
② 邵伯温：《河南邵氏闻见前录》，北京：中华书局1985年版。

北宋 苏汉臣《货郎图》

　　簪花亦是民间婚嫁礼仪中重要环节之一，被宋人一次次推向极致，也被宋代男子演绎出另一番浪漫情调。宋朝新婚迎娶新娘时，必不可少的装饰就是簪花，并且是越多越好，"世俗新婚盛戴花胜，拥蔽其首"。其实说起来，如今新郎官戴大红花去迎亲的习俗，可能就是来源于北宋的簪花之礼。《东京梦华录·娶妇》载："众客就筵三盃之后，婿具公裳，花胜簇面。"无须多言，一切尽在人面繁花相映间。小霸王周通的簪花，是与娶亲相关的。在《水浒传》第四回《小霸王醉入销金帐，花和尚大闹桃花村》中，他本想迎娶一个美娇娘，结果来了一个鲁智深。我们看当时小霸王周通的装扮，"头戴撮尖干红凹面巾，鬓边插一枝罗帛象生花"。

罪囚不例外，屠夫不例外，老臣不例外，非采花科属的"大盗"同样不例外。在《水浒传》中，西门庆就是头上戴着一朵花，然后出现在了潘金莲的身边。它还描写了众多英雄好汉簪花的情景，如金枪将徐宁"鬓边都插翠叶金花"，石秀从大名府翠云楼跳下去救卢俊义时，头上戴的花还在颤动。病关索杨雄"鬓边爱插芙蓉花"，他在蓟州做两院押狱，兼充市曹行刑刽子手。宋代赦免或处死犯人时，为了向犯人宣示"天恩""天意"，狱卒的确是要簪花的，当然也包括执刑刽子手。"罪人皆绯缝黄布衫，狱吏皆簪花鲜洁，闻鼓声，疏枷放去，各山呼谢恩讫。"风流倜傥的浪子燕青和以上所有人的簪花都有所不同，书中形容他"腰间斜插名人扇，鬓间常簪四季花"。为什么唯独燕青是四季花？"这燕青，长相出众，唇红齿白，一身花绣，灿烂夺目，一旦站出，引得是众生颠倒；聪明伶俐，眼睛一动，口角一转，更是倾倒众生。"燕青懂生活、有情趣，只有这样的人才会在鬓间换上应四时之景的鲜花。

"簪花"在民间礼服中亦称"礼花"，邓剡的《八声甘州·寿胡存齐》中就曾写过"笑钗符、恰正带宜男。还将寿花簪"。宋朝民间在过寿的时候，不管是过寿的寿星，还是家属，抑或是祝寿的人都会簪一朵花。男子在庆寿场合簪花，这时候的簪花就具有表演的性质，起到戏彩娱亲的作用，何梦桂《和何逢原寿母六诗·其二》云："庭下阿儿寿慈母，簪花拜舞笑牵衣。"

在宋朝，人人都爱看花、赏花、戴花，雅致中带着寻常烟火气，世俗里又多了点情趣。宋人依心而动，活得诗意优雅，簪花体现了他们对花花世界的热爱与眷恋。宋朝男子簪花，除了极力追求时尚，还有什么？那就是美。在宋朝这个以文艺著称的时代，人们对美的追求不分阶层、贫富、男女，只是出自一种对美本能的向往，可以说，男子簪花既展现出北宋开明、包容的社会环境，又折射出了人们审美的归属和精神的认同。"凡物皆有可观。苟有可观，皆有可乐，非必怪奇伟丽者也。"苏轼真的总结得很到位。

参考资料：

贾玺增：《四季花与节令物》，北京：清华大学出版社 2016 年版，第 61-79 页。

望门投刺——宋代门前的礼仪

　　现在的人拜年时经常遭遇来自七大姑、八大姨的"灵魂之问"，有些人为了避免尴尬，干脆通过短信、电话等形式"云拜年"，那么，如何"云拜年"才能既完美避开各路亲戚的"灵魂之问"，又收获满满的仪式感呢？经验告诉我们，遇事不决之时，不妨翻翻历史。据说，宋朝的宅男宅女通过互送俗称"飞帖"的签名贺卡就实现了"云拜年"。这或许再次证明，"懒"与"宅"是人类发明创造的动力之一。而互赠贺卡，倒还真是一种传统的送祝福方式。

　　南宋张世南家藏有数张北宋时的新年贺卡，其中一张来自秦观的《贺正旦》帖，可能是现存最古老的名人"贺年片"，即"拜年帖"。这张贺卡上面，只写了短短17个字："观，敬贺子允学士尊兄，正旦，高邮秦观手状。"大意就是"子允学士：祝您新年快乐！秦观敬上"。

　　在宋代，"贺年卡"盛行，周密《癸辛杂识》载："节序交贺之礼，不能亲至者，每以束刺签名于上，使一仆通投之，俗以为常。"那时的佣仆成了达官贵人相互贺岁的交通工具。每当新年来临，人们就让仆人或子弟代为跑腿，给被祝贺人递送"贺年名帖"。这种风气在宋朝颇为流行，那时士大夫拜年，人到不到无所谓，手刺必须递到对方寓所，应酬遍及者一天要递几百张手刺，自己忙不过来，还要雇人代办，挨家挨户逐一分送，俗称"飞片"，雅称"沿门进谒"。这种"拜年帖"主要在文人雅士、官府僚吏乃至朝堂君臣中使用，是社会上层、名流人士春节期间交往的专用品。

　　催生"拜年帖"广泛使用的直接原因，除了显示身份、联络感情之外，还因为当时的人们越来越懒，疏于往来走动和面对面交流。当时的汴梁为大宋首都，文人云集，官员众多，是上层人物聚集的地方。需要走动拜年的人实在太多，这就带来几个问题：一是时间不够用，不该拜的拜了，那自然没有问题，但是应该拜的没去拜，那问题就大了；二是见人磕头实在太累，就是作揖也会胳膊酸疼，不磕头不作揖又不够礼貌。怎么办呢？于是程序进一步简化：用专用的帖子拜年。《清波杂志》载："宋元祐年间，新年贺节，往往使用佣仆持名刺代往。"对于那些平时往来较少的亲戚、关系一般的朋友、应酬不多的同僚或者生意伙伴，写张"拜年帖"派人送去，也算是在过节时尽到了礼仪，如此而已。

李嵩《岁朝吉庆》①描绘了宋代新年往来贺岁的情景，画面可分为三个层次，分别表现屋内饮酒、庭院揖客、门外投刺这三种年俗事项。大门上画着武士门神，门前骑马的投刺者已下马，石阶下有人双手递上贺岁的名刺，台阶上有人正欲接过名刺。《癸辛杂识》记录了一个关于贺年名帖的故事，"恰友人沈子公仆送刺至，漫取视之，类皆亲故，于是酬之以酒，阴以己刺尽易之。沈仆不悟，因往遍投之，悉吴刺也。"周密的表舅吴四丈，家里没有仆人，但是在新年的时候又想派人到各处递贺年名帖送新年祝福。怎么办呢？这时，吴四丈的朋友沈子公刚好派仆人到吴家送贺年名帖。吴四丈眉头一皱，计上心来，便请沈家仆人喝酒。等到仆人喝醉了，吴四丈翻了翻仆人携带的一堆贺年名帖：一看，都是自己和沈子公共同的朋友！吴四丈便偷偷把他带的贺年名帖全都换成了自己的。沈家仆人醒酒以后，没有发现被调包，急急忙忙地去各处投递贺年名帖，就这样把吴四丈的祝福全都送了出去。

当然，也不是所有的文人士大夫都喜欢"飞片"，司马光就不喜欢。《清波杂志》载："至正交贺，多不亲往。有一士人令人持马衔，每至一门，撼数声而留刺字以表到。有知其诬者，出视之，仆云：适已脱笼矣。脱笼，为京都虚诈闪赚之谚语。吕荥阳公言：'送门状，习以成风，既劳于作伪，且疏拙露见。'司马温公在台阁时，不送门状。曰：'不诚之事，不可为也。'"

据陆游《老学庵笔记》卷三："士大夫交谒，祖宗时用门状……元丰后又盛行手刺，前不具衔，上云：某谨上谒某官，某月日，结衔姓名。刺或云状，抑或不结衔，止书郡名，然皆手书。苏、黄、晁、张诸公皆然，今犹有藏之者。后又止行门状，或不能一一作门状，则但留语阍人云，某官来见。而苦于阍人匿而不告。绍兴初乃用榜子，直书衔及姓名，至今不废。"这条记录，不仅说到了名刺的演变，更是直接地揭示了陆游曾经亲眼目睹过东坡手书门状的事实。

朱弁《曲洧旧闻》卷三记载了一个欧阳修的故事，说："欧公下士，近世无比。作河北转运使过滑州，访刘羲叟于陋巷中。羲叟时为布衣，未有知者。公任翰林学士，常有空头门状数十纸随身，或见贤士大夫称道人物，必问其所居，书填门状，先往见之。果如所言，则便延誉，未尝以外貌骄人也。"这里值得一提的是，每次去拜会士大夫，都要先递门状。当时士大夫之间的会面都比较郑重，拜会对方之前，要先递门状或名刺。

①　彭韬：《宋代李嵩〈岁朝图〉研究》，《西昌学院学报》，2016年第2期。

清 徐扬《日月合璧五星连珠图》局部"投刺拜年"

门状的大小，也有一定之规。《癸辛杂识·前集》："今时风俗转薄之甚，昔日投门状有大状、小状，大状则全纸，小状则半纸。今时之刺大不盈掌，足见礼之薄矣。"但事实上，大状用得比较少，至于小状，据司马光《书仪》"名纸"条："取纸半幅，左卷令紧实，以线近上横系之，题其阳面，云乡贡进士姓名。"自注："凡名纸，吉仪左卷，题于左掩之端，为阳面。凶仪右卷，题于右掩之端，为阴面。"《新编事文类要启札青钱》也记录了门状的样式："凡门状，用大白纸一幅，前空二寸，真楷小书字，疏密相对。"又说："凡名刺，用纸三四寸阔，左卷如箸大，用红线束腰，须真楷细书。或仓促无纸线，则剪红纸一小条，就于名上束定亦得。"《古今诗话》云："寇莱公写刺，访魏仲先，议论骚雅，相得甚欢。将别，谓莱公曰：'盛刺不复还，留为山家之宝。'"

"门状"通过门人向上递送，需要等待上级"判引"后，才能进见。沈括《梦溪笔谈》载："唐人都堂见宰相……有非一事故见'件状如前'。宰相状后判'引'，方许见。"有的"门状"不仅批阅，还会返还给上状者。在岳珂《宝真斋法书赞》中，记载了做皇太子时的宋神宗封还大臣李受所上门状的情况："惟淳熙翰林学士承旨洪迈之父忠宣公皓，在燕山时尝得神宗为颍王时封还李受门状。受之状曰'右谏议大夫天章阁待制兼侍讲李受起居皇子大王'。而其外封，题曰'台衔回纳'。下云'皇子忠武军节度使检校太尉同中书门下平章事上柱国颍王名谨封'。名乃亲书。其后受之子覆以黄缴进，因藏于显谟阁，故皓得之。其事著于《随笔》。"

"门状"在用于私人拜谒时使用公状的用语以表敬重。叶梦得《石林燕语》载："至于府县官见长吏，诸司僚属见官长，藩镇入朝见宰相及台参，则用公状，前具衔，称'右某谨祗候某官，伏听处分。牒件状如前，谨牒'。"门状的主人还可以根据社交对象的身份地位，选择措辞不

蔡襄尺牍《门屏帖》局部

长沙走马楼出土名刺

同的刺送给对方，以体现尊重。

　　宋朝有一个李清臣，他七岁念书，八岁起头写文章，在河北老家是远近闻名的神童。到了十七八岁，他学有所成，离开书斋，单枪匹马游历河北，随处拜候高人异士，像盛唐诗人那样，一边壮游，一边增广见闻，一边向文坛大腕和当朝大佬推荐自己。《青琐高议》是这么记载的："李清臣，北都人，方束发，则才俊，词句惊人，老儒辈莫不心服。一日薄游定州，时韩公为帅，因往见其大祝。吏报曰：'大祝方寝。'遂求笔，为诗一绝书于刺，授其吏曰：'大祝觉则投之。'诗云：'公子乘闲卧彩厨，白衣老吏慢寒儒。不知梦见周公否，曾说当年吐哺无？'"李清臣对韩琦慕名已久，很想拜见，到了他栖身的地方，李清臣递上手刺。果不其然，韩琦后来接见了李清臣，还把侄女嫁给了他。这个故事里就出现了一张手刺，也即门状在古代的另外一个称呼。

　　门状之为用，本来是基于通姓名的需要，在实际使用过程中，这一功能似乎降为次要，投刺者更希望用自己的名片来联络感情，这也就强化了门状的礼仪功能。

　　门状在宋朝可以当请帖：在自己的门状空白处填补几个字，声明请客的时辰和地点，派家丁送到对方寓所，对方一瞧，就晓得是谁请客以及在何时何地请客了。假设是正式的饭局，单发门状就不行了，必定要写请帖，哪怕被请的客人就住在对门，也要规规矩矩地把请帖送过去，不然会显得不够正式。

　　饭局可以在家进行，也可以在饭馆进行，请客的地点不一样，请帖的名目也不一样。若是在家请客，请帖的外面必定要有封皮，这封皮一般是白色的，半尺来宽、一尺来长，将其糊成信封的外形，然后在封皮正中竖着贴一张红纸条，纸条上要写被请之人的姓名及官衔；信封里的请帖是一张小一些的白纸，内容可长可短，但必须写明请客的缘由、时辰、地点以及接待参加的客套话，落款则是其姓名和官衔。范成大留下过一份很短的请帖，内容如下：

> 欲二十二日午间具饭，款契阔，敢幸不外，他迟面尽。
> ——右谨具呈，中大夫、提举洞霄宫范成朵云子

这份请帖写了请客的缘由、时辰、客套话，可是没写在哪儿请客。为什么没写呢？大概是因为范成大是在家里请客，而被他约请的那位朋友知道他家在哪儿，所以就没必要废话。

北宋汴京各大酒楼为了给顾客提供便利，柜台上平常都放着一大摞雕版印刷的标准请帖，巨细和名目都差不多，拿来填一填就可以了，比本身在家请客时简单得多，既不用糊封皮，也不用贴红纸，更不用绞尽脑汁地撰写文绉绉的客套话。比如说您预备在汴京一家酒楼里款待几位最要好的朋友，只要先去柜台上拿几份请帖，分别填上朋友的姓名及地点，然后再请跑堂的分送出去。您的朋友接到请帖，一眼就能看出您都请了哪些人，他若是接受约请，就填上"知"字，再交给跑堂的带回酒楼，最后汇总之后交还给您。宋朝大酒楼跑堂的平常都有一套班子叫"茶饭量酒博士"，经常替顾客跑腿送请帖。可以把请帖交给他们去送，完了给人家一笔小费就行了。

宋代的科举制度让一些有才能的庶民能靠自己的努力，进入士大夫阶层。他们在官场上相互提携。每次科举考试后，新科及第考生都要四处拜访前科及第和位高权重者，并拜为师，以便将来被提携。要拜访老师，必须先递"门状"。张世南《游宦纪闻》中记载有一门状，是这样写的：

> 医博士程昉
> 右昉　谨祗候参节推状元，
> 伏听裁旨。
> 牒件如前，谨牒。
> 治平四年九月✕日，医博士程昉牒。

这是公元 1067 年医博士程昉等候参拜某状元的一封门状。从书写格式及后世的此类实物推断，这种门帖是用纸折成的折帖。首行"医博士程昉"是写在封面上的，其余内容写入折内。

"门状"制作甚为讲究，有的门状用红绫制成，赤金为字，有的门状就是一幅织锦，其上大红绒字也是织成的。呈递门状时，还要加上底壳。下官见长官，用青色底壳。门生初见座师，则以红绫制底壳。这种"门状"也称"门帖"，因有明显的等级色彩，在称谓上与一般"名帖"也大不相同。一般名帖，只写作："某谨上 谒某官 某月日"，门状则不同了，在称谓上，往往要降低自己的身份，谦称"门下小厮""渺渺小学生"之类，借以抬高对方。明代历史传奇剧《精忠旗》中有个故事：有天，秦桧的奸党何铸、罗汝楫、万俟卨要一起拜谒秦桧，共商与金兵议和之事。他们名帖上的具名，一个写"晚生何铸"，一个写"门下晚学生罗汝楫"，一个写"门下沐恩走犬万俟卨"。何铸见了自叹弗如道："约定一样写'官衔晚生'，为何又加'门下晚学'、'沐恩走犬'字样？这样我又不济了！"

明清时期，为了让门状显得庄重而考究，不使出现压叠形成的皱褶叠痕，在一些比较正式的场合，都需要用上拜匣，显示对主人的尊重。见主人后，仆人不能直接用手持门状，必须打开拜匣，让主人取出。大户人家甚至会制作自用拜匣，这乃是秉承传统文化习俗的富贵人家不可缺少的用物。现在，随着手机的普及和各种社交软件的广泛使用，连贺年卡片都成了颇具怀旧意味的事物，渐渐地封存在我们的记忆中。或许，只要心存情义，一个电话，一条短信，一段视频，仍然可以拜出满满的仪式感。

参考资料：

刘桂秋：《古代的名帖》，《文史知识》1983 年第 12 期，第 58-59 页。

扬之水：《新编终朝采蓝》，北京：人民美术出版社 2017 年版，第 92-115 页。

裙带写新诗

不少人摸不清"送礼"这门高深的学问。为了送出一份"高质量礼物",有人在社交平台学起了"送礼榜单"。打开令人眼花缭乱的榜单,不少人表示:榜单没学会,礼物反倒不会送了。放宽历史的眼界,礼物的选择,苏轼或许可以给我们一些灵感。公元1095年,这已经是他被贬惠州的第二个年头。明天就是端午节,苏轼不由想起了从被贬时候一直陪伴照顾自己的侍妾王朝云。应该怎么感谢人家呢?要不送她一首诗,以作为永久的纪念?有《殢人娇》为证:

> 白发苍颜,正是维摩境界。空方丈、散花何碍。朱唇箸点,更髻鬟生彩。这些个,千生万生只在。
> 好事心肠,著人情态。闲窗下、敛云凝黛。明朝端午,待学纫兰为佩。寻一首好诗,要书裙带。

刚被贬到惠州,苏轼还有些不习惯,不过他很快就适应了这种清静的氛围,虽然头发花白,颜容苍槁,这样的生活却让他达到了佛教中的维摩境界,再看一看身边的朝云,除了容貌,更令人着迷的其实是她善解人意的内在,她工于诗书,自然十分了解苏轼这样的文人心态,委屈逢迎都恰到好处。他开始思考起明朝端午之事,准备"学纫兰为佩",但好像仅仅这样还是不够,苏轼决定发挥自己的特长,写一首好诗,书写在她的裙带上,以作为他们两人永久的纪念。苏轼送王朝云的诗,竟写在"裙带"上,也就是她束裙裳的腰带。

宋神宗在位时,苏轼因"乌台诗案"被贬黄州,何薳《春渚纪闻》载:"先生在黄日,每有燕集,醉墨淋漓,不惜与人。至于营妓供侍,扇书带画,亦时有之。有李琪者小慧,而颇知书札,坡亦每顾之喜,终未尝获公之赐。至公移汝郡,将祖行,酒酣奉觞再拜,取领巾乞书。公顾视久之,令琪磨砚。墨浓,取笔大书云:'东坡五载黄州住,何事无言及李琪?'即掷笔袖手,与客笑谈。坐客相谓:'语似凡易,又不终篇,何也?'至将彻具,琪复拜请。坡大笑曰:'几忘出场。'继书云:'恰似西川杜工部,海棠虽好不留诗。'一座击节,尽醉而散。"苏轼在黄州近五年，期间与黄州的官员、百姓、官场中的歌伎的关系都很融洽。临行前，黄州的地方官员、朋友为其送行，酒席筵上，李琪实在忍不住了，求他在她的领巾上题诗，苏轼看着李琪，乘着酒兴，便吩咐她研墨，拿笔立即写了一首《赠李琪》："东坡五载黄州住，何事无言及李淇。"苏轼继续吃饭，谈笑风生。此时，李琪上前求他把诗写完，苏轼大笑，接着写了两句："恰似西川杜工部，海棠虽好不留诗。"书毕，在座宾客无不击节赞叹，李琪也了却多年心愿。

不得不说，宋代文人玩浪漫都有一手，也怪不得在当时，歌伎们都为能够得到苏轼的一首赠诗而深感幸福。黄庭坚亦是如此，他的《题李龙眠雅集图》云："鲁直每遇家妓，辄书裙带，今乃题卷，犹故态也。"至于书裙的内容，多为清词丽句。如李之仪所云："清歌尚记书裙带。"李之仪当然也不闲着，他的《写裙带》曰："轻裙碎摺晓风微，弱柳腰肢稳称衣。更剪垂虹平窄地，双凫似恐见人飞。"再看无名氏的《南歌子》："酒伴残妆在，花随秀鬟垂。薄罗小扇写新诗。解下双双罗带、要重题。"女子纷纷解下罗带、领巾等请文人题诗，这不能不说是一种让人意外的现象。所以贺铸《菩萨蛮》说："舞裙金斗熨，绛襦鸳鸯密。翠带一双垂，索人题艳诗。"花中饮酒作乐，在佳人裙带上题诗，是酒醉或是兴浓，只有诗人自己知道，而佳人的罗带，却成了宋代文人诗兴的承载物。

书裙——作为一种表现文人风雅的书写方式而流行开来，是在宋代。宋代优雅女性热衷的时髦之一，就是找机会请名士在自己的裙带、领巾上题写诗词。这基本上是宋代高级别社交场合的一个保留节目，能引发所有人的兴致。文人主动向陌生女子献诗，优雅婉转地赞美她的美貌、仪态以及才巧，其实目的有两个。

《春渚纪闻》"题领巾裙带二绝"条记载，苏轼曾于陶安世家为刘唐年君佐小女裙上作散隶书绝句，"嘉兴李巨山，钱安道尚书甥也。先生尝过安道小酌，其女数岁，以领巾乞诗。公即书绝句云：'临池妙墨出元常，弄玉娇痴笑柳娘。吟雪屡曾惊太傅，断弦何必试中郎。'又于陶安世家见为刘唐年君佐小女裙带上作散隶书绝句云：'任从酒满翻香缕，不愿书来系彩笺。半接西湖横绿草，双垂南浦拂红莲。'每句皆用一事，尤可珍宝也"。苏轼之所以用散隶书裙，乃是因为文人的活动如果打上"古已有之"的标记，无形之中就会增添几分幽韵。所谓"古"，是指《宋书·羊欣传》记载的一个雅事："欣时年十二，时王献之为吴兴太守，甚知爱之。献之尝夏月入县，欣著新绢裙昼寝，献之书裙数幅而去。欣本工书，因此弥善。"羊不疑起初任乌程县令时，羊欣正好十二岁，当时王献之任吴兴太守，很赏识他。王献之曾在夏天来到乌程县官署，羊欣正穿着新绢裙午睡，王献之在他的裙子上写了几幅字就离去了。羊欣原本善于书法，由此书法就更有长进了。

此外，书裙活动亦是文人展露才情、驱驰风月的绝佳方式。它往往发生在筵间灯后、酒浓花艳之际，带有浓厚的艳情色彩。赵长卿《临江仙》咏"忆昔去年花下饮，团栾争看酴醾。酒浓花艳两相宜。醉中尝记得，裙带写新诗"。吴文英《澡兰香》(淮安重午)曾回忆少年情事："往事少年依约，为当时曾写榴裙。"李廌甚至因为书裙而得到一桩美满婚姻，《墨庄漫录》载："李廌方叔，尝饮襄阳沈氏家，醉中题侍儿小莹裙带云：'旋剪香罗列地垂，娇红嫩绿写珠玑。花前欲作重重结，系定春光不放归。'后小莹归郭汲使君家，更名艳琼，尚存也。他日访之，乃襄阳士族家，遂嫁之。"

钱彦远《钱氏私志》载："岐公在翰苑时，中秋有月，上问当直学士是谁，左右以姓名对。命小殿对，设二位召来，赐酒。公至，殿侧侍班。俄顷，女童、小乐引步辇至，宣学士就坐。公奏：故事无君臣对坐之礼，上云：'天下无事，月色清美，与其醉声色，何如与学士论文？若要正席，则外廷赐宴。正欲略去苛礼，放怀饮酒。'公固请，不已，再拜就坐。上引谢庄赋、李白诗，美其才，又出御制诗示公。公叹仰圣学高妙，每起谢，必敕内侍挟掖，不令下拜。夜下三鼓，上悦甚，令左右宫嫔，各取领巾、裙带，或团扇、手帕求诗。内侍举牙床，以金相水晶砚、珊瑚笔格、玉管笔，皆上所用者，于公前。来者应之，略不停缀，都不蹈袭前人，尽出一时新意，仍称其所长。如美貌者，必及其容色，人人得其欢心，悉以进呈。上云：'岂可虚辱？须与学士润笔。'遂各取头上珠花一朵，装公幞头，簪不尽者，置公服袖中。宫人旋取针线，缝联袖口。宴罢，月将西沉，上命辍金莲烛，令内侍扶掖归院。翌日，问学士夜来醉否？奏云：'虽有酒，不醉。到玉堂，不解带便上床，取幞头在面前，抱两公服袖坐睡，恐失花也。'都下盛传天子请客。"

王珪，北宋时的宰相，出身于书香门第。他因为才能出众，得到朝廷重视，历仕仁宗、英宗、神宗、哲宗四朝。王珪的才华到底如何呢？有一年中秋之夜，时为翰林学士的王珪被宋神宗单独召入禁中"赐酒"，"令左右宫嫔各取领巾、裙带或团扇、手帕求诗"，王珪看皇上如此看重自己，不禁诗意大发。他提笔成文，不假思索，根据每个宫嫔不同的特点，笔走潜龙，一篇篇佳作呼之即出。这就是《宫词》系列，足有百余首。选择其中几首，如下：

其四：碧桃花下试枰棋，误算筹先一著低。轮却钿钗双翡翠，可胜重劝玉东西。

其六：侍輦归来步玉阶，试穿金缕凤头鞋。阶前摘得宜男草，笑插黄金十二钗。

其十：燕子初来语更新，一声声报内家春。遥闻春苑樱桃熟，先进金盘奉紫宸。

其三十一：红湿春罗染御袍，透帘三丈日华高。金针玉尺裁缝处，一对盘龙落剪刀。

其四十九：翠钿帖靥轻如笑，玉凤雕钗袅欲飞。拂晓贺春皇帝阁，彩衣金胜近龙衣。

王珪的诗因为喜用金玉珠宝等名物，写出的作品雕龙画凤、精美绝伦，所以被人称作"至宝丹"。嫔妃们拿着王珪题好诗句的扇子和手绢给宋神宗看。宋神宗更加高兴，"遂各取头上珠花一朵，装公幞头，簪不尽者，置公服袖中"。不一会儿，王珪那宽大的袍袖里，便装满金银首饰。宋神宗又叫来手巧的宫女，帮着王珪把袖子缝上，以免东西掉出来。干过这事的还有钱惟演，《词林典故》记载，钱惟演于中秋之夜与仁宗对饮，"夜漏下三鼓，上悦，甚令左右宫嫔各取领巾裙带，或团扇手帕求诗，应之略不停辍"。

再稀缺的礼物，想方设法总能寻得。而精神上的互通和陪伴，在当下却不可复制。归根结底，礼物是人与人之间寻找意义出口、情感联结的通道。男女之间千万不要被"送礼榜单"迷乱了双眼，不要让一波波红包耽误了时间，充满温情的联系才会让情味愈发醇厚。浪漫这种东西，其实真的不在于你有没有"恋爱细菌"，当你足够喜欢一个人，自然就会思考要怎样让她开心这种问题了。

参考资料：
孟晖：《美人图》，北京：中信出版社 2021 年版，第 293-301 页。

"快递小哥，我寄胭脂泪"

在现代，当女孩和男朋友吵架的时候，送一份能够传达你的爱的礼物一定能挽回他的心。但是，要送什么样的礼物是需要一点技巧。虽然我们总是说礼物本就是一种心意的传达，最重要的是对方一看到礼物就能想起你才是最好的礼物。在宋代，那时候的女生跟男朋友吵架之后精心挑选的礼物岂止让男生感动，更使得这个架以后都没法吵下去，有晏几道《思远人》为证：

> 红叶黄花秋意晚，千里念行客。飞云过尽，归鸿无信，何处寄书得。
> 泪弹不尽临窗滴。就砚旋研墨。渐写到别来，此情深处，红笺为无色。

一千年前的一个秋天。一个女孩望断归鸿，天空连云彩都没有了的时候，她还是没有收到恋人的消息。看着天空，她终于忍不住掉下了思念的泪水。哭过之后，她突然想到，要给恋人写封信。于是就在窗边的书桌上开始磨墨。她打开红笺，一开始不知道该写些什么，可是不知不觉话就越说越多，说到了恋人走之后的事情。在这个时候，不知道为什么眼泪又掉了下来，打湿了信纸，好不容易写的信都被泪水浸染了，最后，她还是把信放在密封的细长筒里，寄了出去。

写信真是一件非常美妙的事情。因为一封信可以反复地读，可以清楚地看到笔迹，甚至能够想象到写信的人在写每一个字的时候是什么样子，她的悲伤，她的喜悦，似乎都在一个一个的字中。现代人很少收到信，也极少有机会知道收到泪水打湿了的信是一种怎样的体会。晏几道真切地抓住了这个细节。这个女孩在写到离别之后时，不知不觉就哭了出来，泪水滴在红笺上。相信即使是千言万语，也比不上这样一张被眼泪打湿了的红笺。

提起眼泪，就不得不说薛灵芸的故事。《拾遗记》中说，薛灵芸离别父母登车上路之时，"以玉唾壶承泪，壶则红色。既发常山，及至京师，壶中泪凝如血"。从此之后，人们便以"红泪"称美人泪。贺铸《石州引》云："画楼芳酒，红泪清歌，顿成轻别。已是经年，杳杳音尘多绝。欲知方寸，共有几许清愁？"元好问《满江红》云："绣被留欢香未减，锦书封泪红犹湿。"浪漫可爱的古人总能妙笔

清 张淇《寄泪图》

生花，将眼泪变得具有诗意、韵味。

眼泪怎么会是红色的？又如何能用柔软的手帕收集起来，再寄送出去？战国宋玉在《登徒子好色赋》中夸赞一位绝世美女："著粉则太白，施朱则太赤。"可以说，为整个面庞擦一层白粉，然后向双颊打腮红，是传统女性化妆时的基本程序。但具体到为双颊添涂娇色这一环，则有着不同的选择，自先秦至宋元的漫长时期里，这个主要是靠朱粉来完成，一如《释名》所记："染粉使赤，以著颊上也。"朱粉，即红色的化妆香粉，俗呼胭脂粉。古代美妆用品自然比不上现在，于是女子一落泪便打湿胭脂，落下成"红泪"，也叫"胭脂泪"。这一尴尬现象在浪漫的诗人口中却成了妙语，代表了相思，代表了浓情蜜意。

陈师道《南乡子》云："窗下有人挑锦字，行行。泪湿红绡减旧香。"晏几道《武陵春》云："记得来时倚画桥。红泪满鲛绡。"贺铸《虞美人》云："渭城才唱浥轻尘。无奈两行红泪、湿香巾。"秦观《调笑令》云："妾身愿为梁上燕，朝朝暮暮常相见。莫遣恩迁情变。红绡粉泪知何限，万古空传遗愿。""忆郎郎不至，仰首望飞鸿。"聪明的女子便把浸渍了红色泪痕的手帕直接寄给情人。古代女子那玲珑纤巧的相思情最是动人。

这种传情方式在宋人当中很盛行。曾慥《类说》载："灼灼，锦城官妓也。善舞《柘枝》，能歌《水调》。相府筵中与河东人坐，神通自授，如故相识。自此不复面矣，灼灼以软绡多聚红泪密封寄河东人。"张君房《丽情集》云："灼灼，锦城官妓也，善舞《拓枝》，能歌《水调》，相府筵中与河东人坐，神通自授，如故相识。自此不复面矣。灼灼以软绡多聚红泪，密寄河东人。"灼灼对裴质难以忘情，但两地远隔，无缘相见，她唯有把满布红泪印痕的手帕递送到心上人手中。灼灼的一往情深，在宋时激发了无数人的感动，秦观、毛滂等都曾写诗咏叹她的事迹，秦观有"红绡粉泪知何限，万古空传遗怨"之句，毛滂则吟为"密寄软绡三尺泪"。何籀《宴清都》咏"青丝绊马、红巾寄泪，甚处迷恋"。萧崱《恋绣衾》则咏"书寄与、天涯去，并相思、红泪一包"。

手帕是宋代女子优雅生活中一个极具特色的物事，可以擦汗、拭泪。那脂粉的香气，女子残留的体温，挥舞时的女儿情态，简直令人心神荡漾。吴文英的《探芳信》一词下片中有："灯市又重整。待醉勒游缰，缓穿斜径。暗忆芳盟，绡帕泪犹凝。吴宫十里吹笙路，桃李都羞靓。绣帘人、怕惹飞梅翳镜。"这首词写别后的回忆，手帕不仅仅是离别之时的拭泪，还是别后相思的寄托。取出手帕来回忆当时定下的盟约，帕子上还残存着离别之时的眼泪。同时似乎把当时送别时的场景也记录了下来，许久之后再次回忆，往事依旧历历在目。让人情难自已的是，作为"寄泪"的道具，它也是人们最真挚的爱的信物。

黄庭坚《奉和王世弼寄上七兄先生用其韵》曰："长篇题远筒，封寄泪空潸。"贺铸《吴音子·拥鼻吟》曰："拥鼻微吟，断肠新句。粉碧罗笺，封泪寄与"，又《木兰花》曰："西风燕子会来时，好付小笺封泪帖。"又《绿头鸭》曰："翠钗分、银笺封泪，舞鞋从此生尘。"陆游《有自蜀来者因感旧游作短歌》曰："不成题句写幽情，一幅鲛绡空寄泪。"何籀《宴清都》曰："青丝绊马，红巾寄泪，甚处迷恋。"赵彦端《琴调相思引》曰："燕语似知怀旧主，水生只解送行人。可堪诗墨，和泪渍罗巾。"眼泪和着墨迹一点点地滴在手帕上然后慢慢消失不见，带着自己的满腔思念一同被寄到对方的心里。吕渭老《醉蓬莱》曰："梦笔题诗，帕绫封泪，向凤箫人道。"信笺封住的是诗作，手绢也像信笺一样将眼泪封存，希望可以一同长久地保存。

有时，女子也常以发带、衣带一类私密物件打成同心结，送给意中之人。《二刻拍案惊奇》中的《赵县君乔送黄柑》："中又有小小纸封，裹着青丝发二缕，挽着个同心结儿。"除此之外，女子遇上喜欢的男子，还会在彩笺或手帕上，印上自己的眉印，然后送给他，以示爱意。蔡圭《画眉曲》云："小阁新裁寄远书，书成欲遣更踟蹰。黛痕试与双双印，封入云笺认得无。"给远方的心上人寄信时，把自己的一双眉痕也印在信上，一同寄去。秦观《浣溪沙》云："霜缟同心翠黛连。红绡四角缀金钱。恼人香爇是龙涎。"女子送来了两方手帕，一方是白绢帕，上面印了她的一对眉痕。帕子用名香熏过，鲜明的香气撩拨着人的心，叫人没法平

清 佚名《雍亲王十二美人图》之一

静。宋代女子的眉形变幻莫测、造型各异。就拿唐玄宗令画工作的《十眉图》来说，图上就有"一曰鸳鸯眉，二曰远山眉，三曰五岳眉，四曰三峰眉，五曰垂珠眉，六曰却月眉，七曰分梢眉，八曰涵烟眉，九曰拂云眉，十曰倒晕眉……"在宋代各领风骚的，又何止十眉？如果收集齐了当时流行的眉形，会不会感觉是被"闪电"击中两次？

女子送了心上人"相思千点泪"和眉印后，互动是不是到此就结束了呢？当然不是！《初刻拍案惊奇》卷三十二《乔兑换胡子宣淫，显报施卧师入定》细腻地展示了另外一种充满"荷尔蒙"的传情过程："唐卿思量要大大撩拨他一撩拨，开了箱子取出一条白罗帕子来，将一个胡桃系着，绾上一个同心结，抛到女子面前。女子本等看见了，故意假做不知，呆着脸只自当橹。唐卿恐怕女子真个不觉，被人看见，频频把眼送意，把手指着，要他收取。女子只是大剌剌的在那里，

竟象个不会意的。看看船家收了纤，将要下船，唐卿一发着急了，指手画脚，见他只是不动，没个是处，倒懊悔无及。恨不得伸出一只长手，仍旧取了过来。船家下得舱来，唐卿面挣得通红，冷汗直淋，好生置身无地。只见那女儿不慌不忙，轻轻把脚伸去帕子边，将鞋尖勾将过来，遮在裙底下了。慢慢低身倒去，拾在袖中，腆着脸对着水外，只是笑。"这是多么直白又风雅的感情交流方式，多么含蓄而又明确的表达。

"湖上醉迷西子梦，江头春断倩离魂。旋缄红泪寄行人。"礼物不在于贵重与否，伊甸园里亚当献给夏娃的是苹果，宋代女生送给男生的是"红泪"。美人垂泪，总要经过涂抹过胭脂的脸颊。她的泪水，总有胭脂作陪。它虽然不能吃，不能穿，却有百分百的"含情量"，因此也更浪漫。所以，宋代第一个给男生快递

"红泪"的女生实在是伟大。临时兴起，"银笺封泪"，竟也情定终身。缘分实在妙不可言！

参考资料：

孟晖：《美人图》，北京：中信出版社 2021 年版，第 56-62 页。

宝山辽墓 2 号墓石房南壁壁画 寄锦图

宋朝七夕图鉴

七夕节是中国独有的情人节，少男少女们相互馈赠情人节的礼物，祈愿朝朝暮暮相随。满大街的巧克力和玫瑰花成为当下七夕节的标配，但是，如果南宋的赵师侠穿越到现代，肯定会觉得现在七夕节的内容不免过于单调。要知道，在他那个时代，七夕节的热闹程度可不亚于春节。宋朝人过七夕节，远比现代人的活动多得多，有趣得多。有《鹊桥仙·丁巳七夕》为证：

> 明河风细，鹊桥云淡，秋入庭梧先坠。摩罗荷叶伞儿轻，总排列、双双对对。花瓜应节，蛛丝卜巧，望月穿针楼外。不知谁见女牛忙，谩多少、人间欢会。

赵师侠的词写七夕习俗众多：供瓜果、卜蛛丝、玩月穿针引线、双双对对排列"摩孩罗"娃娃……真可谓目不暇接，令人眼花缭乱。在宋朝，七夕节是女子祈求让自己心灵手巧的节日，女孩们在这一天的重心可不在"有情郎"的身上，而是忙着向天神为自己"乞巧"。当时的人们把这个节日玩出了花样，不仅会去逛夜市，甚至还会在河里面放一些许愿灯。梁克家《三山志》载："彩楼乞巧知多少？直至更阑漏欲终。"这样一番景象的呈现，将宋朝的繁华盛世清晰地勾勒出来。

宋人如何过七夕

在宋代，人们把七夕节叫做乞巧节，人们在夜间乞巧祈福，同时，还要拜祭牵牛织女星。当时的习俗，大多是为女性设置的。当然，这其中也不乏男性，尤其是男孩的参与，例如，宋代就有七夕"乞聪明"的习俗，《岁时广记》载："七夕，京师诸小儿各置笔砚纸墨于牵牛位前，书曰'某乞聪明'。"

宋代将七夕节定位为国家法定节假日，节日娱乐性及商业气息浓厚，而且它是以女性为主体的综合性节日，这天女孩会访闺中密友、切磋女红，因此七夕又有"女儿节"的称谓，是真正属于女孩们的节日，它是女生欢天喜地尽情娱乐的日子。那时候的七夕节根本不是情人节，而是儿童的狂欢节、少女的乞巧节、已婚妇女的求子节、众人的狂欢购物节。

《东京梦华录》写到北宋盛时："七夕前三五日，车马盈市，罗绮满节，旋折未开荷花，都人善假做双头莲，取玩一时，提携而归，路人往往嗟爱。"夏季池塘满荷，折来未开的荷花骨朵——天然的并蒂莲难得，《夷坚志》里有池莲生双头、才子金榜题名的神异故事。宋人喜欢那种祥瑞气氛，自己想法子假装造双头莲花，取个好意头。与如今情人节时满街玫瑰花不同，当时执这样一枝"假"荷花走在路上，路人见了也会感染到愉悦气氛。双莲节作为七夕的别名也就容易理解了。有人摘了荷花骨朵，巧妙做成并蒂的样子，有人买了，拿在手里，边走边玩。路人看见，往往发出喜爱的嗟叹。

到了南宋，热闹依旧。罗烨《醉翁谈录》载："七夕，潘楼前买卖乞巧物。自七月一日，车马嗔咽，至七夕前三日，车马不通行，相次壅遏，不复得出，至夜方散。"从七月初开始，乞巧市上就人潮涌动了，到了七夕的前三天，乞巧市上简直摩肩接踵，只要进去就转不出来，只能到夜里才能跟着人流一起散去。这热闹的阵势根本不输今天的双十一！临安人在七夕"数日前，以红鸡、果食、时新果品互相馈送"，到七夕夜华灯初上时分，女孩可以肆无忌惮地穿着自己喜欢的衣服到处游逛，并且女子的衣物冠饰多少会带有节日元素，"宫姬市娃，冠花衣领皆以乞巧时物为饰焉"。[①]

宋朝七夕的活动，多种多样且极富情趣。有的地区有吃"巧巧饭"的乞巧风俗，找七个要好的姑娘集粮集菜包饺子。把一枚铜钱、一根针和一个红枣分别包到三个水饺里，乞巧活动以后，大家兴高采烈地聚在一起吃饺子。据说吃到钱的有财，吃到针的手巧，吃到枣的早婚生子。在七夕节简化为"情人节"的当代，恐怕无论怎样过都稍显乏味。那就不妨看看史上最爱过节的宋朝人，是如何把七夕过成狂欢节的！

乞巧

"七夕嘉年华"的压轴大戏是女孩们的"乞巧"仪式。刘宰《七夕》云："天孙今夕渡银潢，女伴纷纷乞巧忙。"家家七夕，家家此夜，家家小妇，家家乞巧。《东

---

① 周密：《武林旧事》，杭州：浙江人民出版社1981年版。

纽约大都会博物馆所藏《乞巧图》

京梦华录》载："七日晚，贵家多结彩楼于庭，谓之'乞巧楼'。铺陈磨喝乐、花瓜、酒炙、笔砚、针线，或儿童裁诗，女郎呈巧，谓之'乞巧'。"同时还有"诸女致针线箱筍于织女位前，书曰：'某乞巧。'"南宋临安的七夕节热闹不减。《梦粱录》载："富贵之家，于高楼危榭，安排筵会，以赏节序，又于广庭中设香案及酒果，遂令女郎望月，瞻斗列拜，次乞巧于女、牛。"宋人把桌子摆放在庭院当中，摆列之物有鲜花、瓜果、杯酒、菜肴、面点等。七月七日晚饭时分，"倾城儿童女子，不论贫富，皆着新衣"。富贵人家，就在高楼亭台上安排筵席，男女老少，在一起欢度节日。同时在开阔的庭院中，摆放香案，案上罗列酒菜点心。

　　纽约大都会博物馆所藏《乞巧图》可能是该题材现存最早的一幅。① 它描绘了七夕时节女子聚会欢宴的场景。一处内宅花园，以游廊串联划分为数个庭院，院中皆布置有殿宇楼阁，垂柳、桂树、芭蕉则分列成行点缀在庭院间。跨过溪流上的小桥进入花园，两名身穿蓝衣的侍女正在采摘池塘里的荷花，以作为宴会装饰。画面右上角则绘有庭院的后门，一名仕女正在侍女的协同下将园门栓紧。乞巧欢宴的主要场所在画面中部的方阁和矩形殿阁之间，一座露天平台将两座楼阁衔接起来，形成一处适宜登高赏月的宽敞场所。右侧高桌上放着青铜香炉，左边两个矮案上则排放着香烛和乞巧用的水碗，大部分仕女都在仰头穿针乞巧。右侧方阁内摆放着香炉和将在宴会上演奏的乐器，都用布包裹起来，尚未打开，阁内两位仕女向楼下摇手召唤，似在指导侍女采摘莲花。中部平台上设有一桌两案：左侧楼阁室内也摆有桌案碗碟，有女子在调音奏乐。仕女们已相携登上高台，大家马上就要围坐在桌案边开始乞巧的游戏，宴会即将开始了。

　　郭应祥《鹊桥仙·甲子七夕》云："罗花列果，拈针弄线，等是纷纷儿戏。"乞巧所"乞"的，正是"女红"这种能力，其目的是为了能抬高自己在良人方面的选择权，用现在的话说，就是提高自身魅力。穿针乞巧是活动的重头戏，也最富情趣。最常见的是对月穿针，女孩们先要向织女星虔诚跪拜，乞求织女保佑自己心灵手巧。然后，她们把事先准备好的五彩丝线和七根银针拿出来，对月穿针，谁先把七根针穿完，就预示着将来她能成为巧手女。针分双孔、五孔、七孔、九孔多种，谁先穿进谁算得"巧"。"步月如有意，情来不自禁。向光抽一缕，举袖弄双针。"②所穿之针多为七子针，这是种特制的扁形七孔针，即针末有七个针孔。

① 贾珺：《银汉星飞照池苑——古代园林中的七夕节》，腾讯微信公众号：大家。

② 余冠英：《汉魏六朝诗选》，北京：人民文学出版社 1978 年版。

女孩子心灵手巧，视力又好，穿针不会有什么困难，但是如果当晚有风，线头随风摆动，穿起来就不那么容易了。"向月穿针易，临风整线难。不知谁得巧，明旦试相看。"①指的就是当风穿针的有趣情景。

清 吴友如《海上百艳图》之"针穿七孔"

喜蛛应巧也是一种乞巧方式，七月七夕"以小蜘蛛安合子内，次日看之，若网圆正谓之得巧"。《乾淳岁时记》载："以小蜘蛛贮合内，以候结网之疏密为得巧之多久。"头一天在小盒内放上一只蜘蛛，七夕早晨检验蜘蛛吐丝织网情况。吐丝多、网织得圆为好，说明"得巧了"。

种生求子

在七夕前几天，宋人先在小木板上敷一层土，播下粟米的种子，让它生出绿油油的嫩苗，再摆一些小茅屋、花木在上面，做成田舍人家小村落的模样，称为"壳板"，或将绿豆、小豆、小麦等浸于瓷碗中，等它长出敷寸的芽，再以红、蓝丝绳扎成一束，称为"种生"，又叫"五生盆"或"生花盆"。南方各地也称为"泡巧"，将长出的豆芽称为巧芽，甚至以巧芽取代针，抛在水面乞巧。还用蜡塑造出各种形象，如牛郎、织女故事中的人物，或秃鹰、鸳鸯等动物之形，放在水上

---

① 马茂元：《唐诗选》，上海：上海古籍出版社2017年版。

浮游，称之为"水上浮"。又有蜡制的婴儿玩偶，让妇女买回家浮于水土，以为宜子之祥，称为"化生"。蜡热易融，遇冷定型，密度比水小，在没有塑胶小黄鸭的时代，用蜡来做浮水的玩具也是一种巧思。

晒书晒衣

宋代的七夕有"曝书""曝衣"的说法。《宋会要》中记载，宋朝以七月七日为"晒书节"，三省六部以下，各由皇帝赐钱开筵举宴，为晒书会。说白了就是读书人会在七夕节前后阳光当头的日子把书拿出来暴晒一下，为的是防止虫吃鼠咬。"晒书画，曝衣裘，悬凉各色锦绣绮罗，免蛀。"蔡持正《七夕》云："骊山宫中看乞巧，太液池边收曝衣。"方士繇《七夕》云："流连儿女意，香满曝衣楼。"

供奉"磨喝乐"

磨喝乐（梵语译音，天龙八部之大蟒神，或译磨合罗）是宋代民间七夕节的儿童玩物，即小泥偶，其形象多为穿荷叶半臂衣裙，手持荷叶。每年七月七日，在汴京的"潘楼街东宋门外瓦子、州西梁门外瓦子、北门外、南朱雀门外街及马行街内，皆卖磨喝乐，乃小塑土偶耳"。宋话本《碾玉观音》中提到了用玉制成的磨喝乐："郡王着人去府库里寻出一块羊脂美玉来，即时叫将门下碾玉待诏道：'这块玉堪做甚么？'内中一个道：'好做一副劝杯。'郡王道：'可惜！恁般一块玉，如何将来只做得一副劝杯。'又一个道：'这块玉上尖下圆，好做一个摩侯罗儿。'郡王道：'摩侯罗儿只是七月七日乞巧使得，寻常间又无用处。'"宋无名氏的一首失调名咏七夕词，描写当时扑卖磨喝乐的情景，煞是尖新："天上佳期。九衢灯月交辉。摩睺孩儿，斗巧争奇。戴短檐珠子帽，披小缕金衣。嗔眉笑眼，百般地、敛手相宜。转晴底、工夫不少，引得人爱后如痴。快输钱，须要扑，不问归迟。归来猛醒，争如我、活底孩儿。"

磨喝乐的大小、姿态不一，最大的高

宋代白玉执莲童子（古称"磨喝乐"）

至三尺，与真的小孩不相上下。宋朝的寻常市民、富室乃至皇家之中，都有"磨喝乐"的忠实粉丝，"禁中及贵家与士庶为时物追陪"。每到七夕，大街小巷的孩子们都手执新荷叶，模仿"磨喝乐"的造型。

磨喝乐制作精良，身材、手足、面目、毛发栩栩如生。吴中名匠袁遇昌还会制造仿生机械款，"其衣襞脑囟，按之蠕动"。① 最奢华精巧的磨喝乐还要属宫廷，《武林旧事》载："七夕前，宫廷修内司例进摩睺罗十桌，每桌三十枚，大者至高三尺，或用象牙雕镂，或用龙涎佛手香制造，悉用镂金珠翠。衣帽、金钱、钗镯、佩环、珍珠、头须及手中所执戏具，皆七宝为之，各护以五色镂金纱厨。制阃贵臣及京府等处，至有铸金为贡者。宫姬市娃，冠花衣领皆以乞巧时物为饰焉。"②如此奢华，价格当然不菲，陆游《老学庵笔记》记载，一对磨喝乐的造价往往高达数千钱。不过，这并不影响它风靡天下。据说人们之所以喜欢磨喝乐，是想要祈求生一个这样可爱的孩子。

宋代有两类磨喝乐，都塑得很好看，元代有以磨喝乐贯穿始终的杂剧《张孔目智勘魔合罗》，剧中男主有一段描摹歌颂磨喝乐的《滚绣球》曲："我与你曲弯弯画翠眉，宽绰绰穿绛衣，明晃晃凤冠霞帔，妆严得你这样何为？你若是到七月七，那期间乞巧的，将你做一家儿燕喜；你可便显神通，百事依随……"画两条弯弯的眉，穿一件宽宽的衣，甚至头顶明亮晶莹的凤冠霞帔，真是高级又漂亮。《西湖老人繁胜录》载："御街扑卖摩罗，多着乾红背心，系青纱裙儿；亦有着背儿戴帽儿者。"这是被表现为"成年女性"形象的磨喝乐。郑廷玉《布袋和尚忍字记》中，则有"花朵儿浑家不打紧，有磨合罗般一双男女"的说白。这是另一类型，乃是塑造成俊美活泼的儿童模样。因此，"磨喝乐"后来常被用来赞人美貌可爱。关汉卿《诈妮子调风月》中，有"哥哥外名，燕燕也记得真，唤做磨合罗小舍人"之曲词。磨喝乐不仅负责传巧给女性，同时还照顾儿童，"把愚痴的小孩提，教诲、教诲的心聪慧"。

拜织女

织女最善女红刺绣，织绣的云锦天衣冠盖诸芳。所以七夕晚上，宋朝一般人家都要拜织女乞巧。乞巧的仪式既隆重又浪漫——在庭院摆设香案，供上瓜果和

---

① 王鏊：《姑苏志》，上海：上海书店 1989 年版。

② 周密：《武林旧事》，杭州：浙江人民出版社 1981 年版。

用面粉、糖做成的巧果，手巧的人家还要在瓜果上刻上各种图案，然后焚香跪拜织女。有的地区从初六晚开始至初七晚，一连两晚焚香点烛，对星空跪拜，称为"迎仙"，自三更至五更，连拜七次，隆重而虔诚。祈求自己也跟织女一样有着灵巧的手、织布织得更好。过一会儿，如果在桌上摆的饮食上面看到蜘蛛网的话，就认为天仙答应了她们的愿望。或者她们会在酱缸台上面摆放着井华水（早晨担的第一桶井水），在盘子里装着灰抹平放在那上面，祈求自己有针线活的手艺，第二天如果在灰上有什么痕迹就相信有灵验了。

"拜织女"也有一些变通的做法，女孩们预先和自己的朋友或邻里们约好五六人，多至十来人，联合举办仪式，具体做法是在月光下摆一张桌子，桌子上置茶、酒、水果、五子（桂圆、红枣、榛子、花生、瓜子）等祭品，又有鲜花几朵，束红纸，插瓶子里，花前置一个小香炉。约好参加拜织女的女子们，斋戒一天，沐浴停当，准时到主办的家里来，于案前焚香礼拜后，大家一起围坐在桌前，一面吃花生、瓜子，一边朝着织女星座，默念自己的心事。少女们希望长得漂亮或嫁个如意郎，少妇们希望早生贵子，这些都可以向织女星默祷，玩到半夜始散。

吃巧果

宋代七夕的应节食品，以巧果最为出名。巧果又名"乞巧果子"，款式极多，主要的材料是油面糖蜜。《东京梦华录》中称之为"笑厌儿"或"果食花样"，图样则有捺香、方胜等。宋朝时，市街上已有七夕巧果出售。若购买一斤巧果，其中还会有一对身披战甲如门神的人偶，号称"果食将军"。巧果的做法是：先将白糖放在锅中熔为糖浆，然后和入面粉、芝麻，拌匀后摊在案上擀薄，晾凉后用刀切为长方块，最后折为梭形巧果胚，入油炸至金黄即成。手巧的女子，还会捏塑出各种与七夕传说有关的花样。

乞巧时用的瓜果也可多种变化，或将瓜果雕成奇花异鸟，或在瓜皮表面浮雕图案，称为"花瓜"。《武林旧事》中记载"高宗幸张府节次略"，单子中便有数种雕花蜜饯。花雕花蜜煎一行：雕花梅球儿、红消儿、雕花笋、蜜冬瓜鱼儿、雕花红团花、木瓜大段儿、雕花金橘青梅荷叶儿、雕花姜、蜜笋花儿、雕花橙子、木瓜方花儿。从字里行间、慢而细琐的功夫下能感受到那般甜蜜用心，真让人浮想联翩。

时至今日，像七夕节这些传统节日，尚且留存的往往只剩下一个名头，成为了一个符号。同样身处一片繁荣的大环境，宋人却有极大的精力和能力去体验生活带来的快乐，珍视每一个节日，把节日玩出各种花样。"乞巧节"就是宋朝节日中最具浪漫色彩的节日之一。倘若有机会穿越，相信很多女孩都愿意去宋朝感受一次"对月穿针"的节日氛围和喜悦。

参考资料：

李晓婧：《宋代七夕词与乞巧民俗》，《山西青年》2016 年。

清 任熊《瑶宫秋扇图》

宋代也有"出租车行"？

古人云：读万卷书不如行万里路。只知道在家一味苦读书是不行的，也要走出去看看不同的景色，这样不仅可以调节学习的苦闷，还可以增加阅历。正因如此，旅游成为现代人所热衷的一件事情。得益于交通工具的发展，人们的远行变得非常便捷，去外省也就是几个小时的事情。但是，这对于古人来说是想都不敢想的，在宋代，出行是一件非常不容易的事情。梅尧臣被贬到邠州，从开封到邠州那么远的距离，他靠什么交通工具呢？一双脚吗？那可能郑和下西洋都回来了他还在路上。好在梅尧臣不仅爱旅游，还经常写诗，记述自己的旅途经历，比如《雪》：

> 朔云生晚雨，腊霰集狂风。不数花多出，安知天更工。
> 漫阶夜已积，万物晓初蒙。谁忆新丰酒，乘驴灞水东。

看来，对梅尧臣来说，毛驴可能就是他最好的代步工具，帮他完成从开封到邠州的任务。宋话本《夔关姚卞吊诸葛》："在路上不则一日，上江下江，并是水路，迤逦到川口，李承局道：'此间若从水路搭川船上，路途急切难得到，不若买匹驴儿，拴束一副鞍辔。'姚秀才携鞍上驴背，李承局挑着行李、往剑阁路上来。姚秀才但见一程程青山耸翠，绿水拖蓝，又值暮行，夹路野花，穿林啼鸟，天气不暖不寒，甚是清人诗兴。正是：路上有花并有酒，一程分作两程行。行了数日，前至一关，关前一个舌镇，姚秀才下驴背，与李承局道：'连日行路驱驰，不如早歇，来朝登程。'李承局挑着行李入店，寻间干净房歇定。安排晚饭，骞驴牵入后槽，小二哥就备草料，不在话下。"如果仔细揣摩张择端《清明上河图》中的驴子，它们有的组成运输的队伍，有的驮着沉重的口袋，有的拉着满载的串车……似乎每头驴子的背上都载着汴京的希望。

宋人出行首选——驴车

宋朝的"出租车"以驴为主，不仅跟宋人的经济水平有关，也是宋朝的国运写照。在古装电影中，经常看到大侠鲜衣怒马，在集市中呼啸而过，引得围观群众一阵羡慕。但其实，在宋代更有可能是"鲜衣怒驴"。中国自古能养马的地方就是陕西、甘肃、山西、河北以及西域。中国古代王朝，如果能控制陕甘、晋冀、西域三地任何一处，就能保证一定量的马匹供应。不过，北宋是中原王朝中的一个异类，陕甘有党项人干预，无法长期控制；晋冀在辽人手中，冀南因为一马平川，无法防御，也没法保证马匹供应。所以，宋朝能够骑马的都不是普通人，要么是朝廷大员，要么是商界巨贾。马是骑不了了，百姓出门又不想靠双腿，只能退而求其次选择驴。

在宋代，骑驴出行，就如现在出门打出租车一样普遍。《清明上河图》中驴的数量明显多于马的数量。驴因其"体幺而足驶，虽穷阎隘路，无不容焉。当其捷径疾驱，虽坚车良马或不能逮"。作为骑乘工具，驴确实比牛、马更为实用，速度比牛快，耐力又比马好，价格便宜，便于饲养，各种崎岖不平的道路都可以走，驴的性情也较马温顺些，骑起来更安全。可以说，驴在宋朝人的眼里，是完全可以和马相提并论的乘骑工具，更是生活中不可或缺的帮手。《渑水燕谈录》中记载了一个"卖马换驴"的故事。宋真宗时代，陕州的一名法官刘偁由于坚守清廉，以至于到了退休时没有回乡的盘缠。不得已把做官时的马匹卖掉换作盘缠，买来价格便宜许多的毛驴骑行回老家。

北宋时期，李成创作的一幅《寒林骑驴图》，[①] 画的便是白雪寒冬，长松之下，一文人骑驴行于郊野，前后有童仆相随的景象。在传为李成的《茂林远岫图》中，[②] 画卷中心位置有一位正在渡水的骑驴者。这是一处及膝深的小河，骑驴者带着四位随从，一人牵驴，一人挑着行李护后，另有头戴幞头的两人在前探路，其中一人已经上岸，正用棍子把另一人拽上岸。人物很小，唯一清晰可见的就是骑驴者头上那顶深色宽檐帽锐利的前后帽檐。

刘克庄《菩萨蛮》咏"笑杀灞桥翁，骑驴风雪中"。曹勋《山居杂诗九十首》咏"不忘剡溪棹，且策雪中驴"。黎廷瑞《秦楼月》咏"灞桥更有狂吟客。短鞭破帽貂裘窄。貂裘窄。瘦驴卓耳，一鞍风雪"。秦观《忆秦娥》咏"骑驴老子真奇绝。肩山吟耸清寒冽。清寒冽。只缘不禁，梅花撩拨"。宋代文人中，陆游是最喜欢骑毛驴的，他一人的"骑驴诗"就有几十首，如《遣兴》："前岁峨冠领石渠，即今山

---

① 黄小峰等：《中国中古史研究》（第八卷），上海：中西书局 2021 年版。
② 黄小峰等：《中国中古史研究》（第八卷），上海：中西书局 2021 年版。

市醉骑驴";《即事》:"秃尾驴嘶小市门,侧蓬帆过古城村";《杂兴》:"诗囊负童背,药笈挂驴鞍"。《剑门道中遇微雨》又有那句著名的"此身合是诗人未,细雨骑驴入剑门",说明驴在宋朝是极常见的代步工具。

　　而像王安石这样的拗相公,退休之后,也不能骑马,只能骑上他心爱的小毛驴到处闲逛。他有首小词《菩萨蛮》:"数间茅屋闲临水。窄衫短帽垂杨里。今日是何朝,看余度石桥。梢梢新月偃。午醉醒来晚。何物最关情,黄鹂三两声。"它是王安石第二次罢相闲居金陵时所写,《能改斋漫录》载:"王荆公筑草堂于半山,引八功德水,作小港,其上垒石作桥,为集句填《菩萨蛮》。"半山草堂距离江宁城七里,距离钟山的主峰七里,正

宋 李成《寒林骑驴图》

好处在中间,所以叫半山。那么王安石是如何到达半山的呢?是步行、骑马还是骑驴?《避暑录话》载:"王荆公不耐静坐,非卧即行。晚居钟山谢公墩,自山距城适相半,谓之半山。尝畜一驴,每旦食罢,必一至钟山,纵步山间,倦则叩定林寺而卧,往往至日昃乃归。有不及终往,亦必跨驴半道而还。"看来带着拗相公度过石桥的正是他畜养的小毛驴。

　　陕州处士魏野"不喜巾帻,无贵贱,皆纱帽白衣以见,出则跨白驴",他将同样爱驴的黄庭坚引为同道中人,于是特意赋诗赠别:"谁似甘棠刘法橡,来时乘马去骑驴。"迅速传为美谈。当时的画家李公麟听说此事后非常感动,还特意画

了一幅《荆公骑驴图》想送给他。宋代女子也骑驴，但一般要戴上盖头或是"羃"以遮蔽面容。当时，就连新过门的小媳妇回娘家都喜欢骑驴。如果夫家没有毛驴，就会借邻居家的毛驴来骑。

在宋代，城市的各个地方都出现了租驴店，走累了或者想去哪里，只要租头驴就行，非常方便。如果害怕酒驾还能请代驾，让别人帮你驾驴牵车慢慢走。陆游就时常租赁驴子出行，其《野兴》诗中有一句"闷呼赤脚行沽酒，出遣苍头旋僦驴"。王得臣《麈史》载："京师赁驴，途之人相逢无非驴也。"宋话本《拗相公饮恨半山堂》："江居禀道：'相公陆行，必用脚力。还是拿钧帖到县驿取讨，还是自家用钱雇赁？'荆公道：'我分付在前，不许惊动官府，只自家雇赁便了。'江居道：'若自家雇赁，须要投个主家。'当下僮仆携了包裹，江居引荆公到一个经纪人家来。主人迎接上坐。问道：'客官要往那里去？'荆公道：'要在江宁，欲觅肩舆一乘，或骡或马三匹，即刻便行。'"

汴梁城中租驴业发达，熟人见面都在驴背上打招呼。宋代租驴十分常见，且租赁范围与时间广泛，"历委巷而矜伎，负宵人以奋姿"，连各个偏僻的小巷和深夜都有租驴店的存在。由于驴价也比马价便宜，租驴的收费应该比租马更低廉。所以，宋朝的出租车或者说共享单车，就是驴子。不过这都是短租行，若是租个驴跑长途，还要求异地还驴，那价钱就有点高了，不如自己买一头心爱的小毛驴。

古代道路上设有驿店，除供人酒食，也会准备载人驮物的驴供人骑行，这便是驿驴。驴在宋代也经常用于驿站以及为文人载酒、载药。方回《秀山霜晴晚眺与赵宾旸黄惟月联句》云"店遥旅叱驴，陇隔稚唤犊"，便谈到了驿驴。另外一些文人出行时会在驴鞍或驴肩上悬挂酒瓶为诗人作诗助兴，或者悬挂药囊以备不时之需。如陆游《东村晚归》中有句云："东村寂寂风烟晚，酒挂驴肩又一奇。"《山村经行因施药》亦云："驴肩每带药囊行，村巷欢欣夹道迎。"

宋代其他"出租车行"

如果你想拉风一点，可以多花点钱租马车出行。《东京梦华录》载："寻常出街市干事，稍似路远倦行，逐坊巷桥市，自有假赁鞍马者，不过百钱。"当时都城汴梁，讲究一点的人家出个门会选择租马代步，造型更拽。正所谓"少年看花双鬓绿，走马章台管弦逐"，"追思年少，走马寻芳伴"。韦庄在词中回忆自己在江南一段快乐浪漫的生活时说："如今却忆江南乐，当时年少春衫薄。骑马倚斜桥，满楼红袖招。"立马在横斜水面的桥头，英姿飒爽，风流自赏，引起满楼的"红袖"为之倾倒。

魏泰《东轩笔录》讲述了一个关于租马的故事：宋仁宗时期主管开封府刑狱诉讼的孙姓小官，特别喜欢官场的架子，由于出门没有马，又不想骑驴，因此每次都选择租马。租马之前，赶马人必定会询问客人是单程还是往返，然后再根据行程来敲定租金。有一次孙姓小官出行是负责押运犯人到法场行刑，就是去送犯人砍头，于是又去租马。赶马人问他去哪里，他回答："上法场。"赶马人又照例故意问了一句："那您去了还回来吗？"惹得周围人都哈哈大笑。这当然是个很有趣的段子，但却反映出当时租马市场的走俏。

那么，具体情况是怎样的呢？"京师人多赁马出入。驭者先许其直，必问曰：'一去耶？却来耶？''苟乘以往来，则其价倍于一去也。良孺以贫，不养马，每出，必赁之。'"要租马时，"驭者"会先跟你说好价钱，究竟是单程还是来回，而包来回则收双倍价钱。当时租一匹马需要多少钱？日本高僧释成寻《参天台五台山记》有载："今日借马九匹，与钱一贯五百文了。"算下来，租一匹马一天大约要 160 文，与《东京梦华录》"不过百钱"记录相符。按里程计算，每里路大概三四文钱。这本书里还记载南宋时的临安城内遍布着形形色色的"民车驿"，专门从事这种生意。这种车的租赁方法也非常人性化，不仅可以日租，还可以按时辰租，非常方便。

除了驴马之外，宋人还经常租用牛车。骏马难得，以马拉车总显得奢侈。在宋代，从宫廷命妇到平民百姓都可坐牛车，所谓"雕车南陌碾香尘"，精致细巧的车厢前未必是翩翩骏马，更有可能是行动迟缓的老牛。牛车听起来虽然不够高大上，速度也较马车缓慢，但牛的负重较大，车厢可以造得宽阔些，行车也平稳，坐起来反倒比马车更舒适。马永卿《嫩真子》卷三："（邵康节）先生以春秋天色温凉之时，乘安车驾黄牛，出游于诸公家。"

《东京梦华录》载："命妇王宫士庶，通乘坐车子，如檐子样制，亦可容六人，前后有小勾栏，底下轴贯两挟朱轮，前出长辕，约七八尺，独牛驾之，亦可假赁。"所以，宋代汴京街上来来往往的多是独牛拉的厢车，足可容纳六人。当时汴梁还有一种专供女眷乘坐的牛车，"宅眷坐车子，与平头车大抵相似，但棕作盖，及前后有构栏门，垂帘"。① 陆游《老学庵笔记》记录"成都诸名族妇女，出入

---

① 孟元老：《东京梦华录》，北京：中华书局 2020 年版。

皆乘犊车。惟城北郭氏车最鲜华，为一城之冠，谓之郭家车子。江渎庙西厢有壁划犊车，庙祝指以示予曰：'此郭家车子也。'"可见牛车马车，也可以很豪华，成为身份象征。民庶的牛车，黑色漆底，间以五彩，不许前有仪物。

共享畜力很容易弄丢或是弄混，怎么办？如果有人租毛驴，不还回来，怎么办？现代租车行的办法是登记注册、漆上自己的标志性颜色与 logo、装车牌，宋人早就想到了类似的办法，实行"簿籍制度"，同时"烙印"，相当于漆上了标志性的 logo。这一办法率先从驿传马中开始，不论是官养马，还是私养马，只要供租用的都得注册登记。而在牲畜的身上烙上印记，既可防被盗，还便于找回，就是死了都好辨识。有了特别印记的共享马、共享驴，外人很容易看出来。走丢了，或是租而不还，据为己有，很容易被人举报，官府会依法将其治罪。

至于乘坐用的人力轿又怎样呢？骑驴终究欠庄重，宋代贵族妇女大多会乘轿子出行。"轿子"是宋代才出现的称谓，在当时也叫做檐子。凸起的顶盖，正方的轿厢，虽然并不都围以篾席，但两侧一般都有窗牖，左右各有一根抬轿的长竿。宋代以后的轿子似乎一直是这种外貌与形制。宋徽宗曾下诏书，"民庶之家不得乘轿"，"阎之辈，不得与贵者并丽"。违者以违御笔论。凡官员、亲王、大臣乘轿，轿体许"朱漆及五彩装绘"，前有喝道，后有随行人等。抬者视品级有4~8人。不过，宋朝经济繁荣，享乐之风愈炽，对于乘轿的禁令也渐渐放松。宋话本《朱元吴江救朱蛇》："沙草滩头，摆列着紫衫银带约二十余人，两乘紫藤兜轿。李元问曰：'此公吏何府第之使也？'朱秀才曰：'此家尊之所使也，请上轿，咫尺便是。'李元惊惑之甚，不得已上轿，左右呵喝入松林。"《清明上河图》画面中最繁华的街面，就有两轿一骑，三主十三仆。前面的轿子有女仆随行，引路的小厮正指点着轿子过街，似乎要到对面富丽堂皇的孙羊正店下轿。后面小轿的窗帷打开了，一女子露出半身向外窥望。骑马者头戴长翘乌纱帽，身着圆领白袍，手持便面，是一中年士大夫模样。

北宋后期，汴京出现了专门出租轿子的店铺，依路途远近，价格从几十到几百文不等。熙宁五年（1072 年），明州城里已有专门用于出租的轿子。据这年访问汴京的日僧释成寻说，"诸僧列送，取手乘轿子后还了，申时还着宿所，使者与钱百文，轿子担二人各五十文"。① 不仅如此，释成寻从天台山国清寺到新昌县城，也"以六百七十文钱雇二人，乘轿，余人徒行"，把赁轿费也记得清清楚

---

① 释成寻：《参天台五台山记》，武汉：崇文书局 2022 年版。

楚。南宋迁都临安，都城地面较为湿滑，不便骑马，于是朝廷正式将乘轿合法化，允许官员乘轿上朝，再加上由于兽力资源，尤其是马匹数量少了，乘轿之风便渐渐盛行。由于轿子便于出行而引领时尚，轿子租赁业随即在大中城市出现，并且很快从城市向乡镇，从短途向长途延伸拓展。《武林旧事》开列十二种可供租赁物中，就有花轿与普通轿子。这种新行业尤其受到歌馆艺妓的欢迎，而使赁轿之肆大获其利。客人前往歌馆游冶"或欲更招他妓，则虽对街，亦呼肩舆而至，谓之过街轿"。①

两宋之际，还出现了封闭的"暖轿"以及通风的"凉轿"，无论风吹雨打，都可施施然端坐其中，顾盼自如。凉轿，也叫凉舆，显然是区别暖轿，专备夏天使用的。《夷坚志》载：薛弼知福州，"尝乘凉舆出"，被城门外榕树上的白鹭粪弄脏了衣服，以为不吉利。看来凉轿不仅轿厢四面敞开，内外通风，连轿顶恐怕也不是全密封的，否则鸟粪就不会落到他的衣上。官宦人家的小姐外出踏春，乘坐的就是没有门帘和窗帘的轿子，透过窗框，热闹的市井气息扑面而来。随着轿子的普及，渐渐地实施了一些改进措施，开始加了蓬盖并把轿身周围封闭起来，也就成了后来轿子的模样。

与凉轿相对应的是暖轿。暖轿的轿厢四周围以帏幔，显然因保暖性较好而得名。暖轿由于轿厢被布幔遮得严严实实，轿内乘客便不能眺望窗外的景色，也是一大遗憾。杨万里有一首诗刻画上巳日乘暖轿踏青的心情："暖轿行春底见春，遮拦春色不教亲。急呼青伞小凉轿，又被春光著莫人。"乘着暖轿去踏青，竟然是这样去见春天：严实的帷幔挡住了春色不让人亲近。急忙叫来了撑着青伞盖的小凉轿，却又被满目春光烦恼煞人。杨万里在体贴入微写出游春情怀的同时，也交代清楚了暖轿、凉轿的不同构造与功能。这时候人若坐在轿子里由别人抬着走，既不费力，又不用担心风吹雨淋，想想那画面，真的是惬意至极！

《东京梦华录》载："都城人出郊……轿子即以杨柳杂花装簇顶上，四垂遮映。"你看，就连出去踏青赏花坐的轿子，宋人也要用杨柳枝、野花装饰一番。宋话本《花灯轿莲女成佛记》里，莲女的父亲张待诏，开着一家专门制作罗帛花朵的铺子。莲女成亲那天，"这张待诏有一般做花的相识，都来与女儿添房，大家做些异样罗帛花朵，插在轿上左右前后：'也见得我花里行肆！'不在话下。到当日，李押录使人将轿子来。众相识把异样花朵，插得轿子满红。因此，至今流传

---

① 周密：《武林旧事》，杭州：浙江人民出版社 1981 年版。

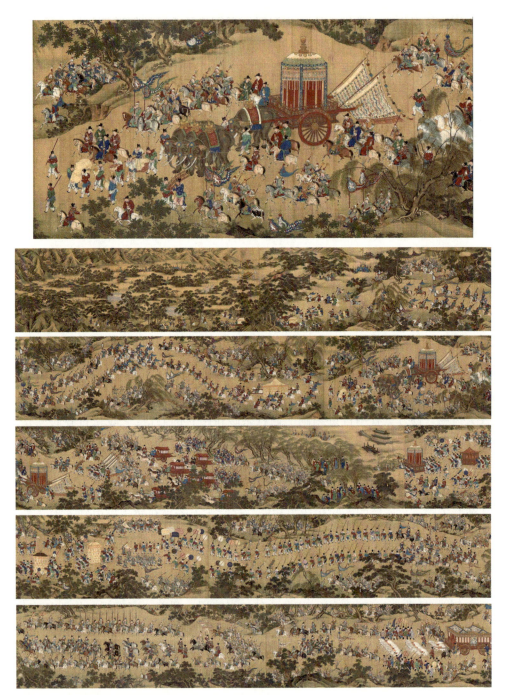

明　佚名《出警入跸图》

'花灯轿儿'。今人家做亲皆因此起"。浪漫花俏的宋人，就是这样随兴所至，把花插在轿子上，乃至任何一个可能的地方。这种装饰着花枝的花轿，可见于包括踏青、迎亲等在内的一切良辰佳日。

山轿，也称山舆。乘这种山轿，乘客的感觉与山路平险以及轿夫水平大有关系。据范成大《吴船录》，他游峨眉山，"以健卒挟山轿强登"，为确保安全，"以山丁三十三拽大绳行前挽之"。前一段山路还不陡峭，他有诗云"身如鱼跃上长竿，路似镜中相对看"，心情十分畅快。但走了一段，就情绪大坏，赋诗竟说"悬崖破栈不可玩，舆丁挟我如腾狙"。腾狙就是跳踉不已的猿猴，他也一下子从欢快的鱼变为烦躁的猴。杨万里也有诗叙述乘山轿的惊心动魄，"绝壁临江千尺余，上头一径过肩舆。舟人仰看胆俱破，为问行人知得无？"

在宋朝，无论是骑马、乘犊车、坐轿还是骑驴出行，其实都反映了宋人的生活态度，交通文化的发展也象征着宋朝经济的强大发展，从这些出行的交通方式当中我们不难看出宋人还是非常开放洒脱的。即便经历了不少磨难，宋人还是凭借着自己的辛勤劳动，依靠着一匹匹马、牛、驴改变了自己的出行方式，打开了通往更远处的道路，让宋朝的文化得到了更好的发展，百姓的生活也变得更加丰富多彩。"出租行"只是宋朝商业文明高度发达的一个缩影，衣、食、住、行等方方面面，宋朝都可以完胜其他朝代，堪称最宜居朝代。

宋 马远《晓雪山行图》

花笺小字， 宋时雅趣

　　当今社会，我们都是通过电话或者网络表达自己的情感。电话与网络多了一份便捷，却也少了一份优雅。在诉说思念的时候，现代人往往就是简单的一句"我想你"，可古人却能将它诠释得缠绵悱恻、刻骨铭心。除开眺望远方，宋代女子常常写书信，但是很多时候，当她提笔写信时，她可能都不知道对方是生是死，是在哪里。于是，所有的思念就像断线的风筝。有晏殊《蝶恋花》为证：

　　　　槛菊愁烟兰泣露，罗幕轻寒，燕子双飞去。明月不谙离恨苦，斜光到晓穿朱户。
　　　　昨夜西风凋碧树，独上高楼，望尽天涯路。欲寄彩笺兼尺素。山长水阔知何处。

　　见字如面，在通信不发达的年代，手写字体的温度，一笔一画之中，甚至墨迹和信纸，都能让收到信件的人从中体味写信者的内心世界和情感，其中承载的信息之丰富细腻，通过微信交流的人们是很难体会到的。词中的这个女子喜欢用"彩笺"给自己的意中人写信。什么是彩笺？其实就是信纸，又叫"花笺"。一个女子被困在庭院里。她的情人是什么时候走的呢？不得而知。能知道的是，季节已经到了秋天。听见外面的风声，她惦记着他的冷暖。她想给他寄信，却不知道，他现在走到了哪里？这是这首词千百年来最打动人心的地方。总有无能为力的事，总有斩不断的思念和忧患，汇成一行行娟秀的词句写在花笺上。花笺，一纸风雅，纸笔之间是心中诗意、字里情义。

关于花笺的一切

　　花笺作为手迹的承载者，本身便具有独特的地位。古代文化普及率不高，能自己写信的只是少数人，可以说是古代的知识精英。文人的日常用品，大多比较精致考究。在实用性之外，多会讲究赏玩性，增添文化内涵。把单纯的边框界栏变出新颖别致的装饰花样，印上图案式的底纹，甚至把笺纸染色，这种经过装饰美化的笺纸就是"花笺"。一般尺幅较小、制作精美。面对质地、纹理、色彩和排布各不相同、各有精妙的空白花笺，一种赏心悦目之感也会不自觉地升腾。更有慕古贤雅意，自制信笺以寄赠好友者，笺纸尺牍因此成为高人雅士之间友情与品位的见证。

花笺的一个重要用途是写信，公私书信往来。赵令畤《蝶恋花》咏"别后相思心目乱。不谓芳音，忽寄南来雁。却写花笺和泪卷。细书方寸教伊看"。古典诗词中提到的"笺"字，大多是信函之意。比如，五代顾夐的《荷叶杯》中有这样一句词："红笺写寄表情深，吟摩吟，吟摩吟。"李清照的《浣溪沙》如是说："一面风情深有韵，半笺娇恨寄幽怀。"又《一剪梅》："云中谁寄锦书来？雁字回时，月满西楼。"曹勋《临江仙》云："忽传彩笔小笺红。满怀秋思，倾倒为芙蓉。"诸如此类的"笺"，皆为书信函件。

花笺又可用于古人写诗唱和，用以题咏写诗，名为"诗笺"。梁武帝时期徐陵在编撰以爱情为主题的诗歌集《玉台新咏》序中写道："三台妙迹，龙伸蠖屈之书；五色花笺，河北胶东之纸。"可见在南朝的金陵，以五色花笺书写诗赋文章是南迁顶级大户人家时尚人士的雅玩。晚唐五代的黄滔在《秋色赋》中追忆了古代四大美男之首西晋才子"潘岳乃惊素发，感流年，抽彩笔，叠花笺"。潘安才学颜值风度冠绝古今，但是仍以彩笔花笺为其文墨增色，才能将胸中感受表达完整。

李白为杨贵妃写的"云想衣裳花想容，春风拂槛露华浓"是写在金、银片或粉屑装饰的笺纸上，叫金花笺。"相思本是无凭语，莫向花笺费泪行。"薛涛饱读诗书，且动手能力强，她亲自研发创制了"薛涛笺"，为世世代代的痴男怨女顶礼膜拜，成为唐代以后情书的最佳载体。她自己有《送友人》云："水国蒹葭夜有霜，月寒山色共苍苍。谁言千里自今夕，离梦杳如关塞长。"这首诗和"谁寄彩笺兼尺素，山长水阔知何处"跨越时空共鸣，为寸心尺素、万里牵念做了最好的诠释。

云蓝笺，是唐代的一种加工麻纸，是用浅蓝色染液在纸面上流动，形成深浅不同韵致的蓝色云状图案。据苏易简《文房四宝》载，唐代段成式在九江按照自己的创意造了一种纸，名为云蓝纸，用以赠给温庭筠。唐代官员、文学家韦陟常年用五彩笺纸为信笺，他用草书署名的字体如祥云，被称为"五云体"，也称"五朵云"。可以想象，在散发着淡淡香气、晕染着或浓或淡的彩色纸笺上，签上如云的文字，该是多么赏心悦目。南唐后主李煜开君臣宴会搞团建时，先命妃嫔折叠彩笺纸，用以宴会上写作五言诗。

苏轼、黄庭坚等人，经常向朋友或索纸，或谢人赠笺，讲究诗笺已然成为宋朝文人时尚。舒亶在《菩萨蛮》里说："赋就缕金笺，黄昏醉上船。"写雅妙的书法与曼妙的诗文，是花笺最美的归宿。郑毅夫《送程公辟给事出守会稽兼集贤殿修撰》曰："一时冠盖倾离席，半醉珠玑落彩笺。""珠玑"比喻精妙的诗词。作为宋仁宗皇祐年间的忠孝状元，郑毅夫酿得一手好酒。美酒醇厚绵甜，香味协调，饮上一杯美酒，酒香在口舌间肆意弥漫，更能激发出文人墨客的浪漫情怀。贺铸《夜游宫》曰："心事偷相属。赋春恨、彩笺双幅。"花仲胤《南乡子》曰："接得彩笺词一首，堪惊。"侯寘《满江红》曰："谩彩笺、牙管倚西窗，题红叶。"又《苏武慢》曰："红袖持觞，彩笺挥翰，适意酒豪诗俊。"赵师侠《满江红》曰："向小窗、时把彩笺看，翻新曲。"史达祖《忆瑶姬·骑省之悼也》云："弄杏笺初会，歌里殷勤。"

《夷坚志》卷十二记叶少蕴左丞初登第，调润州丹徒尉。在西津务亭遇寻访而来的十余辈真州妓时："叶慰谢，命之坐。同官谋取酒与饮，则又起言：'不度鄙贱，辄草具肴酝自随，敢以一杯为公寿。愿得公妙语持归，夸示淮人，为无穷光荣，志愿足矣。'"歌伎具精洁之食，"迭起歌"。其魁捧花笺以请，叶命笔立成，"不加点窜"，成传世之《贺新郎》词：睡起流莺语。掩青苔、房栊向晚，乱红无数。吹尽残花无人见，惟有垂杨自舞。渐暖霭、初回轻暑。宝扇重寻明月影，暗尘侵、尚有乘鸾女。惊旧恨、遽如许。江南梦断横江渚。浪粘天、葡萄涨绿，半空烟雨。无恨楼前沧波意，谁采蘋花寄与。但怅望、兰舟容与。万里云帆何时到，送孤鸿、目断千山阻。谁为我、唱金缕。

在笔端幽艳的"千古伤心人"晏几道的爱情里，彩笺从不曾缺席。读他的词，就像是在欣赏一首首动人的情书。情到深处时他说："书得凤笺无限事，犹道春心难寄"；思念到泪水潸然的时候他说："泪弹不尽当窗滴，就砚旋研墨。渐写到别来，此情深处，红笺为无字"；等待信笺心情焦灼的时候他说："雁书不到，蝶梦无凭，终倚高楼""鱼笺锦字，多时音信断"；追忆往昔的恋情，感伤人生的虚幻的时候他说："却似桃源路失，落花空记前踪。彩笺书尽浣溪红。"

唐传奇《步非烟》提供了情诗与花笺相得益彰的好例证。赵象在见到步飞烟之后，惊得魂儿都飞了，不思茶饭，发狂心荡，于是将小诗写在一叶"薛涛笺"上，托看门老妇转送，表达自己"一窥倾城貌"之下的慕恋心情。步飞烟也爱慕赵象的大好才华，借着"金凤笺"上的回诗流露出一腔幽恨，这让赵象大受鼓舞，再次以"玉叶纸"挥写诗句，发出婉转而又大胆的告白："珍重佳人赠好音，彩笺芳翰两情深。薄于蝉翼难供恨，密似蝇头未写心。疑是落花迷碧洞，只思轻雨洒幽襟。百回消息千回梦，裁作长谣寄绿琴。"赵象的这首诗很有意思，赞扬剡纸薄于蝉翼，其实是欲抑先扬，无论多么美丽精致的纸，无论写多少字，也不能表达深深的情意。面对陌生少年的热情，飞烟又一次回复小诗吐露心迹，这一次，"暗题蝉锦思难穷"的句子便是写在"碧苔笺"，亦即碧色的信笺之上。

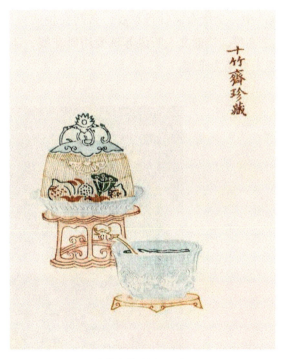

《十竹斋笺谱》卷一 清供

一段精巧的小说情节，本意在于表达年轻爱情的清新无敌，却无意展示出唐人笺纸的极端精美。四次以诗传情，所用的笺纸绝不重复，而且各具美质。薛涛笺色如桃花，纹样精美，尺寸小巧；金凤笺，是一种描金花笺，在纸或绢上，用金银粉绘出各色花样，如龙凤、花鸟、折枝花卉等。剡溪玉叶纸，是剡溪生产的如同玉叶一样的纸。越中多古藤，当地人以藤造纸，其纸薄、韧、白、滑，故美称为玉叶纸，又名剡藤。唐代李肇《国史补》曰："纸之妙者，则越之剡藤、苔笺。"据说苔笺是在造纸流程中添加水苔制成，苔色绿，故纸名碧苔笺。

宋代花笺名纸

五代欧阳炯在《花间集》序文中有"递叶叶之花笺，文抽丽锦"的句子。古人对言语的表达，向来是含蓄婉转并充满美好的。是高雅也好，是不入俗流也好，书写笺纸，必定要精致绝伦，上饰各种独特纹样，如此，才肯下笔。宋代最爱花笺的是苏轼，《久留帖》中，① 土黄色花卉纹样依稀可辨；《屏事帖》中，几何图案排列有序；《获见帖》中，全纸布满牡丹草纹，其间穿梭两只凤鸟，奢华却不醒目，足可见砑花笺之高雅。当时文人听说苏轼爱用砑花笺，还出现了一批"善学苏者"，也以在此笺上着墨为雅趣。

中国台北"故宫博物院"藏苏轼《久留帖》局部所示花卉纹

一般而言，除了染色，花笺更多的是通过木板雕刻、水色印刷的方式，在笺纸上印上花纹，内容除了山水、花鸟、人物之外，博古图样、金石拓片乃至书

① 澎湃新闻：《文房诸友：故宫苏轼特展中的隐秘伏线》。

影、砚谱都有。花卉图案有按季节使用的，春天用笺有桃花笺、兰笺、杏笺、牡丹笺，夏笺有芙蓉笺，以及莲蓬、枇杷、石榴等花果笺，秋天有菊花、红叶、桂、桐叶、芦雁笺，冬天有梅花笺等，不一而足。宋代，城市经济繁荣，手工业发达。造纸质量的提高及活字印刷术的出现，更推进了文化昌明。就笺纸而论，宋代花笺着实品种繁多。

澄心堂纸

澄心堂纸，可谓中国古代书画用纸的巅峰之作。"南唐有澄心堂纸，细薄光润，为一时之甲。"蔡襄在《文房四说》中说："纸，澄心堂有存者，殊绝品也"，其价值可见一斑。"澄心堂纸"始于南唐，由李煜研制。澄心堂是南唐宫殿中一座便殿，原名叫"诚心堂"，是历代皇帝的书房。据记载，为了造出顶级的纸，李煜不惜重金选调国内高手，云集京城，研制各种造纸配方。为此，他不惜将澄心堂让出来，作为贮纸之所。经过几年的研发，澄心堂纸的制作工艺日臻完善，中国历史上最传奇的"澄心堂纸"问世了，一时间惊艳了世人。

宋 蔡襄《澄心堂纸帖》

南唐澄心堂纸的原料为楮皮，制作过程中运用了涂布、研光等加工技术，是一种白色、厚实、坚硬的加工纸，世称"薄如竹纸、韧如皮纸、色如霜雪、寿如松柏"、"肤卵如膜，坚洁如玉，细薄光润，冠绝一时"。从这些评价可以看出，这种纸的最大特点是薄、滑、白、韧。

澄心堂纸是北宋文人心中的一个梦，梅尧臣赞此纸"滑如春冰密如茧""触月敲冰滑有余"。它之所以能在宋代盛名远扬，以至于"百金不许买一枚"，与两位大文学家的推崇是分不开的。据说欧阳修曾从刘敞处得到十轴澄心堂纸，作诗称"君家虽有澄心纸，有敢下笔知谁哉"。这纸好到连大文豪都不敢下笔，不过欧阳修也还大方，他又转送了两轴"澄心堂纸"给自己颇为赏识的梅尧臣。梅尧臣更是受宠若惊，他在给欧阳修的诗文中说："江南李氏有国日，百金不许市一枚。澄心堂中唯此物，静几铺写无尘埃。……幅狭不堪作诏命，聊备粗使供鸾台。鸾台天官或好事，持归秘惜何嫌猜。君今转遗重增愧，无君笔札无君才。心烦收拾乏匮椟，日畏撏裂防婴孩。不忍挥毫徒有思，依依还起子山哀。"意思说当年李煜还活着的时候，这纸就百金难求，现在价值更贵重了，你却送我两张。我没有你那么有才，根本不舍得在这么昂贵的纸上写诗作画。不得不放在柜子里藏起来小心看护，每天还得防着家里小孩给我弄坏了。每次打算用的时候，拿起笔却又舍不得，只好看着远处的风景惆怅。

《曲洧旧闻》载："宋子京修唐书，尝一日，逢大雪，添帟幕，燃椽烛一，秉烛二，左右炽炭两巨炉，诸姬环侍。方磨墨濡毫，以澄心堂纸草某人传，未成，顾诸姬曰：'汝辈俱曾在人家，曾见主人如此否？可谓清矣。'皆曰：'实无有也。'其间一人来自宗子家，子京曰：'汝太尉遇此天气，亦复何如？'对曰：'只是拥炉命歌舞，间以杂剧，饮满大醉而已，如何比得内翰？'子京点头，曰：'也自不恶。'乃搁笔掩卷起，索酒饮之，几达晨。明日，对宾客自言其事。后每燕集，屡举以为笑。"宋祁雪夜修史，环境布置得颇有情调，所用文具"澄心堂纸"也极精良。宋祁着意将自己的清趣与人对比一番，得到肯定的答复后似乎还不满意，刻意"搁笔掩卷起，索酒饮之，几达晨"。从第二天宋祁与宾客"自言此事"，之后每次聚会就要以此为谈资来看，宋祁对此事是颇为得意的。

硬黄纸

《洞天清录集》载："硬黄纸，唐人用以写经，染以黄檗，取其避蠹。"黄檗即中药黄柏，用以染纸可防虫蛀，同时可以使纸张呈现黄色。还有一种说法，唐人遇到魏晋人书法墨迹，为保存下来采用"硬黄法"进行勾摹，即取纸在热熨斗上，以黄蜡涂匀，待纸性变硬变透明，再影写。纸面上涂上黄蜡，可以降低纸张的吸水性，防止过分晕染，同时可以提高纸张的透明度，可以为双钩摹写者提供方便，即所谓的"响拓"。唐代王方庆摹写的《万岁通天帖》即为"响拓"。

　　硬黄纸发展到宋代出现了著名的金粟山藏经纸。宋太祖赵匡胤提倡佛教，全国印经之风盛行，为适应这种需要，当时歙州专门生产一种具有浓淡斑纹的经纸"硬黄纸"，又名蜡黄经纸，或称金粟笺。从原料上看，宋代金粟笺多为楮皮和桑皮两种原料混合制成。从工艺上看，宋代金粟笺是唐代硬黄纸的延续，在原纸基础上进行了涂蜡、砑光等处理，成纸质量极佳。米芾不少作品用的纸就是金粟笺纸。

《十竹斋笺谱》卷四　补稿　兰玉

染色笺

　　染色笺比较著名的是"浣花笺"，相传为薛涛设计，是一种长宽适度的花笺。原用作写诗，后亦为信纸，甚至官方国札也用。薛涛爱作短诗，便裁纸为笺，以适应四言绝句的篇幅。她喜红色，就采集芙蓉花、鸡冠花等红色花瓣为染料，涂于纸上，压平阴干。她追求浪漫，便将小花瓣撒在红笺上，多了些花样。《天工开物》载："以芙蓉等为料煮糜，入芙蓉花末汁，或当时薛涛所指，遂留名至今。

其美在色，不在质料也。"李商隐《送崔珏往西川》云："浣花笺纸桃花色，好好题诗咏玉钩。"可见薛涛笺为当时诗人所乐道。这种桃红色小笺是一种很独特的深桃红色，艳而不俗，既鲜明艳丽又凝重大方，颜色虽深，但不挡笔，备受赞赏，遂成标准。

苏易简《文房四谱》载："元和之初，薛涛尚斯色，而好制小诗，惜其幅大，不欲长，乃命匠人狭小为之。蜀中才子既以为便，后裁诸笺亦如是，特名曰薛涛焉。"《文房四谱》记载了蜀地十色笺的制法："蜀人造十色笺，凡十幅为一榻。每幅之尾，必以竹夹夹，和十色水逐榻以染。当染之际，弃置椎埋，堆盈左右，不胜其委顿。逮干，则光彩相宣，不可名也。然逐幅于方版之上研之，则隐起花木麟鸾，千状万态。又以细布，先以面浆胶令劲挺，隐出其文者，谓之鱼子笺，又谓之罗笺。今剡溪亦有焉。亦有作败面糊，和以五色，以纸曳过令露濡，流离可爱，谓之流沙笺。亦有煮皂荚子膏，并巴豆油傅于水面，能点墨或丹青于上，以姜擩之则散，以狸须拂头垢引之则聚。然后画之为人物，研之为云霞，及鸷鸟翎羽之状，繁缛可爱。以纸布其上而受采焉，必须虚窗幽室，明槃净水，澄神虑而制之，则臻其妙也。近有江表僧于内庭造而进上，御毫一洒，光彩焕发。"

宋代谢景初在益州所制的"谢公十色笺"应是受薛涛笺启发而制成，"十样蛮笺"，即十种色彩的书信纸。色彩艳丽，雅致有趣，有深红、粉红、杏红、明黄、深青、浅青、深绿、浅绿、铜绿、浅云十种，与薛涛笺齐名。范成大也颇爱这种红笺，但因它是用胭脂染色，虽然靡丽，却难以持久，尤其经过梅雨季节的湿热，便"色败萎黄"，使他引为恨事。

鱼子笺

唐代刘恂《岭表录异》载："广管罗州，多栈香树……皮堪作纸，名为香皮。纸灰白色，有纹如鱼子笺。"北宋朱长文《墨池编》中记载："又以绢布，先以面浆胶令劲，隐出其文者，谓之鱼子笺，又谓之鱼卵笺"，或者就是用这浆硬的绢布作为研板。陆龟蒙、皮日休都有谢人赠鱼笺诗，形容它"捣成霜粒细鳞鳞""指下冰蚕子欲飞"，大约是白纸经研压而形成鱼子纹。和凝《何满子》云："写得鱼笺无限，其如花锁春晖。"范成大《浣溪沙·元夕后三日王文明席上》云："鱼子笺中词婉转，龙香拨上语玲珑，明朝车马莫西东。"

赵令畤《蝶恋花》云："庭院黄昏春雨霁，一缕深心，百种成牵系。青翼蓦然来报喜，鱼笺微谕相容意。待月西厢人不寐，帘影摇光，朱户犹慵闭。花动拂墙红萼坠，分明疑是情人至。"赵令時将唐传奇《莺莺传》原文进行修改，切割为十篇故事，并把十二首《蝶恋花》穿插其中，以唱词总结故事。这首《蝶恋花》便是十二首中的第四首，所讲的故事情节是：红娘持崔莺莺所托鱼笺给张生，鱼笺上书："待月西厢下，迎风户半开，拂墙花影动，疑是玉人来。"张生仔细揣摩其中幽会之意，喜不自禁！

砑花笺

水纹纸，又名"砑花纸"，迎光能显出帘纹以外的发亮的线纹或图案。晏几道在一阕《鹧鸪天》里提到这种笺纸，"题破香笺小砑红"。砑花之法，是先在木版上雕出阴线图案，覆以薄而韧的彩色笺纸，然后以木棍或石蜡在纸背磨砑，使纸上产生凸出花纹。砑纸版用沉香木，取其坚硬，不易变形。《清异录》载："姚顗子侄善造五色笺，光紧精华。砑纸板乃沉香，刻山水、林木、折枝、花果、狮凤、虫鱼、寿星、八仙、钟鼎文，幅幅不同，文缕奇细，号砑光小本。"姚顗是五代时长安人，历事后梁、后唐、后晋三朝。

苏轼的《致至孝廷平郭君尺牍》[1]书于满饰龟甲纹的粉笺上，六角形龟甲纹中皆有一只小乌龟，有时乌龟还被简化成小花。他的《屏事帖》也写于纹饰相当清楚的罗纹花草砑花笺上，纹饰意趣明显，为相当高级的罗纹砑花笺。沈辽《行书动止帖》[2]用水纹砑花笺，纸面洁白无瑕，字迹犹如浮于流水之中，更显飘逸。苏轼《书蒲永画后》言："古今画水，多作平远细皱，其善者不过能为波头起伏。使人至以手扪之，谓有洼隆，以为至妙矣！然其品格，特与印板水纸争工拙于毫厘间耳。"所谓"印板水纸"，应是沈辽此帖所用水纹砑花笺。我们印象中崇简的宋人，骨子里为了风雅也能如此繁复。

如果把宋徽宗的《池塘秋晚图》[3]局部放大，全卷用纸张为砑花粉笺，表面皆有涂布，笺纸花押处，可见若隐若现的卷草纹饰，还细细涂上云母状发光物质，随着角度不同也有着缤纷色彩，最后印压出织品的横斜纹路，典雅华贵，代表宋代制作工艺最高等级的加工纸。这幅画以荷鹭为主体，将各种动、植物分段安排在画面上，古雅可爱，以写意笔法描绘写实造型，符合徽宗的粗笔风格。

---

① 澎湃新闻：《文房诸友：故宫苏轼特展中的隐秘伏线》。
② 澎湃新闻：《文房诸友：故宫苏轼特展中的隐秘伏线》。
③ 澎湃新闻：《文房诸友：故宫苏轼特展中的隐秘伏线》。

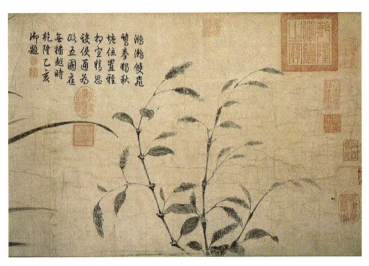

宋 赵佶《池塘秋晚图》

碧云春树笺

宋代王操《句》云："彩笺分卷碧云薄，蜡烛对烧红泪干。"王珪《宫词》写道："清晓自倾花上露，冷侵宫殿玉蟾蜍。擘开五色销金纸，碧琐窗前学草书。"宫女将花露盛载在玉蟾蜍形状的水盂里，是用来磨墨吗？她在五色的金笺上学草书。

春膏笺

楼钥《卢甥申之自吴门寄颜乐间画笺》云："年来吴门笺，色泽胜西蜀。春膏最宜书，叶叶莹栗玉。贤甥更好奇，惠我小画幅。开缄粲殿红，展玩光溢目。巧随研光花，傅色湿丹绿。桃杏春共妍，兰桂秋始肃。赵昌工折枝，露华清可掬。妙手真似之，藏去不忍触。苟非欧虞辈，谁敢当简牍。又闻乐间君，古篆颇绝俗。并求数纸书，寄我慰幽独。"此诗反映了宋时吴门所出的春膏笺已经胜过蜀地所产。

春膏笺是吴越间所产的特制的竹纸，陈槱《负暄野录》载："吴取越竹，以梅天淋水，令眼稍干，反复捶之，使浮茸去尽，筋骨莹澈，是谓春膏，其色如蜡。若以佳墨作字，其光可鉴，故其笺近出，而遂与蜀产抗衡。"笺上，还有吴门画家颜乐间所画春天的桃杏、秋天的兰桂等花，丹绿各色，好比赵昌著名的写生折枝花那么生动，如带露鲜花一般可以掬起来。原本只能把它珍藏着，若不是欧阳询、虞世南那样的大书法家，谁敢把它当成写信用的普通笺纸。

如今，几乎很少有人用彩笺写信了，只需按动键盘，打出各种规范的字体发给对方，再发送几个表情，就完成了联系。对方看不到你那独一无二的字体，感受不到字里行间透出的真情和温度，更没有美的感受。宋代文人却将对美好人情的向往、对于笔墨文章的眷恋投射在花笺上——这种"华贵"，恐怕贵的更是那份纯粹诚挚的心意。在那个风雅的年代，一封情书可以唤回一段渐行渐远的爱情。文辞的清雅与书法的庄静交相辉映，让人看到一个逝去的时代，或是一种正在消逝的文化氤氲。

参考资料：
孟晖：《美人图》，北京：中信出版社 2016 年版，第 305-309 页。

苏轼《久留帖》局部

要结婚了吧！　不如借鉴下宋人的婚礼

　　如果你是来宾，一年参加十场婚礼，有八场婚礼的讲话都大同小异，这样的婚礼你会感兴趣吗？如果你参加的婚礼，去掉了那些所谓的仪式道具，让流程更加简化，却让新人和来宾觉得越来越"无感"，你还会心向往之吗？实际上，现代人结婚的程序在逐步的娱乐化，就像是一个娱乐节目，刚出来时大家都会觉得新鲜好看，看多了就会觉得毫无惊喜。但是，宋朝人却不一样，对于他们来说，不管是婚前还是婚后，都需要仪式感。有欧阳修《南歌子》为证：

　　　凤髻金泥带，龙纹玉掌梳。走来窗下笑相扶，爱道画眉深浅入时无？
　　　弄笔偎人久，描花试手初。等闲妨了绣功夫，笑问鸳鸯两字怎生书？

　　这首词是"写"给新嫁娘——刘家娘子的，对于闺房中夫妻情笃的温柔的反映很是细致，读来让人心动。她清早起床后精心梳妆，手拿着一把"龙纹玉掌梳"，整理着各种头饰扎起头发。人都说新嫁娘是最美丽的，精心梳妆的新嫁娘

持笏板追求 莫高窟 45 窟南壁 唐代

更是如此。刘家娘子和新婚丈夫——李十一郎看来亲密无间，她离开了梳妆台，依偎在他的怀中，笑着问他，我这打扮的模样到底合不合适？两人相依相偎，浓情蜜意不必多言。也正是因为两个人耳鬓厮磨耽搁的时间太长了，以至于耽误了她刺绣的时间。但是两个人都沉浸在这甜蜜的幸福当中，即便是时间耽搁也毫不气恼，只是换了一种表达方式来继续两人的温存。问题来了，李十一郎和刘家娘子的婚礼是怎样的呢？

那些年藏于《东京梦华录》中的一场婚礼

东京汴梁城的富户李氏家中的长子十一郎（李氏宗族中排行十一）到了议亲的年纪，于是李氏夫妇俩张罗着要找城中的媒人来给儿子说亲。《宋刑统·户婚律》说："为婚之法，必有行媒。"所以媒妁之言在宋朝婚姻中不仅是礼制的需要，也是法律的规定。即便两家人本来都认识，是亲戚或朋友，但正式的嫁娶程序仍需要通过媒人。

汴梁城里的媒人分两等，上等媒人戴盖头，身穿紫色背子，专门为官宦人家、宫廷里的显贵人家以及与皇家沾亲带故的那些有地位的人说亲，中等媒人戴冠子，或者只用一块黄布包着髻，身穿背子，或者系一件裙子，手拿一把青凉伞，大多是给普通百姓做媒。在汴梁做媒，一定是两位媒人同行，也许是男方和女方各自的媒人，可能要双方各自的媒人先商量比对一下才行。

现在做媒，大部分人的选择是媒人约出男女双方，一起喝茶吃饭之类，之后基本甩手不管。在汴梁城里，媒人的工作可要繁琐很多。男女双方一开始是不见面的，全由两位媒人"传语"，双方家庭"序三代名讳"，"议亲人有服亲田产官职之类"，都是要由媒人弄清楚的。宋话本《花灯轿莲女成佛记》："李押录见妈妈说，只得将就应允了，便请两个官媒来，商议道：'你两个与我去做花的张待诏家议亲。'二人道：'领钧旨！'便去。走到隔壁张待诏家，与他相见了，便道：'我两个是喜虫儿，特来讨茶吃，贺喜事。'张待诏：'多蒙顾管，且请坐，吃茶罢！'便问：'谁家小官人？'二人道：'隔壁李押录小官人。'张待诏道：'只是家寒，小女难以攀陪。'二人道：'不妨。'张待诏道：'只凭二位。'二人道：'他不谦你家。你若成得这亲事，他养你家一世，不用忧柴忧米了。'夫妻二人见说甚喜，就应允了。两个媒婆别了出门，回报李押录。押录见回复肯了，大喜。"

李氏家中虽有不少房产田地，是一方富户，但还算不上显贵人家，这上等媒人自然找不了，于是经过两个中等媒人的说合，最终定下了合适的人选，就是家住城西的大商人刘氏的女儿，两家都是商户，收入水平也差不多，的确适合结亲。既然定了人选，且不管男方家还是女方家里都很满意，这议婚一事也就此提上议事日程。首先男女双方各写一份草帖子，由媒人代为传递，两家本就满意，因此这就是都同意了。所谓"以草帖子通于男家，男家以草帖问卜，或祷忏，得吉无克，方回草帖"。所谓的"得吉无克"，就是男女当事人属相生辰相符不相克。这李刘两家长辈同意议婚之后，就要再写一份细帖子，帖子上写明家中上下三代人的名字，这李家十一郎和刘家娘子各自的地契田产、郎君有无官职等，方便两家进一步了解。这一了解才发现两家祖上还曾有来往，真是缘分啊！

根据《翰墨全书》收录的宋朝婚书定帖，我们可以一窥端倪：

> 婚书男家定帖：亲家某人，许以第几院小娘与某男议亲，言念躅豆笾之荐，聿修宗事之严，躬井臼之劳，尚赖素风之旧。既令龟而叶吉，将奠雁以告虔。敬致微诚，愿闻嘉命。伏惟台慈，特赐鉴察。
>
> 婚书女家定帖：亲家某人，以第几令郎与某女缔亲，言念立冰既兆，适谐凤吉之占；种玉未成，先拜鱼笺之宠，虽若太简，不替初心。自愧家贫，莫办帐幄之具；敢祈终惠，少加筐篚之资。谅惟台慈，特赐鉴察。

下完帖子，这李家便要准备一担许口酒，用花络罩着酒瓶，再装饰大花八朵以及彩色罗绢或银白色的花胜八个，担子上也要缠系花红，这叫做"缴担红"，给女方家中送过去。刘家的人收到李氏送的"缴担红"之后，用淡水两瓶、活鱼三五条、筷子一双，统统放进男方家送来的原酒瓶中，这一步骤称作"回鱼箸"。然后就可以商议什么时候下小定、什么时候下大定，以及李家的女性长辈是不是需要亲自相看一下媳妇等。李家夫人亲自前往刘家看了这位即将成为儿媳的小娘子，"男家亲人或婆往女家看中"，表示对此婚事非常满意，并将自己带来的钗子插在了刘家娘子的冠子上，"以钗子插冠中"，这便是"插钗子"。在宋话本《西山一窟鬼》中描述了这样一幅画面：秀才吴洪在酒店，把"三寸舌尖舔破窗眼儿，张一张，喝声彩"，"当日插了钗"，不久便完婚。如果长辈没有看中，就需要留一两块彩缎来给女方压惊，"留一两端彩段，与之压惊"，这说明亲事不成了。双方家长都没有意见，那就可以下定了，《梦粱录》载："且论聘礼，富贵之家当备三金送之，则金钏、金镯、金帔坠者是也。若铺席宅舍，或无金器，以银镀代之。"金钏、金鋌、金帔坠是大宋婚嫁的"三大件"。

下定之后，两家之间就不再直接交流，而是靠媒人来传话。之后若是遇着一年当中的节日，李家需要准备节礼以及羊肉和酒水之类送往女家，这礼物的多少往往依据男方家中的经济状况来决定，不需要太费周折，礼数周全即可。刘家收到礼物后，也要回赠一些家庭制作的手工、食物或是其他礼物，接着就可以下财礼了，然后两家商议定下成婚的日子，最后是过大礼，李家提前送来催妆的冠帔和花粉等物，刘家收到后回送一套公服以及花幞头之类，都是成婚所用的衣物。"催妆，为亲迎时，婿至女家，以诗词催请新人妆饰上车也。此俗来自南北朝，至唐时盛行民间。唐人催妆以诗，谓之催妆诗。宋人喜填词，催妆，亦有以诗代词。"

婚礼前一日，刘家的女眷会带人到李家给新房挂帐子，铺设床上用品，这就是"铺房"。司马光《书仪》中曰，"前期一日，女氏使人张陈其婿之室"。下注云："俗谓之'铺房'。古虽无之，然今世俗所用，不可废也。床榻荐席椅桌之类，婿家当具之；毡褥帐幔衾绸之类，女家当具之。所张陈者，但毡褥帐幔帷幕之类应用之物，其衣服袜履等不用者，皆锁之箧笥。"《枫窗小牍》载："若今禁中大婚百子帐，则以锦绣织成百子儿嬉戏状。""百子帐"，就是在帐子上刺绣百子嬉戏的图画。为了取吉利之意，必须请一位有福气的人来铺房。一般人家都是请一位夫妇双全子孙昌盛或家境富裕的"好命婆"或"富贵婆"替他们铺床，谓之"安床"。这位"好命婆"在"安床"时，还要喃喃呢呢地祷告，希望新夫妇琴瑟和谐，百年好合，早生贵子，长命富贵。李家也会设酒宴招待前来铺房的女眷，并且要发给大家喜钱讨个好彩头，这就算完成了婚礼前的准备工作了。

李家迎娶新妇的那天，一支热闹的迎亲队伍从李家门口出发，前往城西刘家迎接新妇，一路奏乐来到女方家门前。刘家夫妇安排奴仆招待迎亲队伍，送上彩缎，迎亲的人便开始奏乐催妆请新妇上轿。宋话本《快嘴李翠莲记》中写道："看我房中巧妆画。铺两鬓，黑似鸦，调和脂粉把脸搽。点朱唇，将眉画，一对金环坠耳下。金银珠翠插满头，宝石禁步身边挂。"男方娶人的和女方送人的(大客)，来去人数都要凑成双数。但男方娶人的来单数，加上新娶的娘子成双数，这叫"成双成对，长命百岁"。待新妇上了轿子以后，轿夫们却不肯动身，嚷嚷着要喜钱，这叫做"起担子"，这时候就要送上早就准备好的喜钱，让轿夫们起轿。

《快嘴李翠莲记》中对这个婚俗有非常细致的描写。新妇上轿前要拜家堂祖宗："员外道：我儿，家堂并祖宗面前，可去拜一拜，作别一声。翠莲见说，拿了一炷，走到家堂面前，一遍拜一边道：家堂，一家之主；祖宗，满门先贤。今朝我嫁，未敢自专。四时八节，不断香烟。告知神圣，万望垂怜！男婚女嫁，理之自然。有吉有庆，夫妇双全。无灾无难，永保百年。如鱼似水，胜蜜糖甜。五男二女，七子团圆。二个女婿，答礼通贤；五房媳妇，孝顺无边。孙男孙女，代代相传。金珠无数，米麦成仓。蚕桑茂胜，牛马捱眉。鸡鹅鸭鸟，满荡鱼鲜。丈夫惧怕，公婆爱怜。妯娌和气，伯叔忻然。奴仆敬重，小姑有缘。不上三年之内，死得一家干净，家财都是我掌管，那时翠莲快活几年！……翠莲祝罢，只听得门前鼓乐喧天，笙歌聒耳，娶亲车马，来到门首。"接着，念起了拦门诗，当然，都是些吉利话，如："仙娥缥缈下人寰，咫尺荣归洞府间。今日门阑多喜色，话箱利市不许悭。"大意是你娶的媳妇这么漂亮，马上就要进入你的家门，这喜气让我沾沾，我管你多要几个红包，你可不要吝啬。

《快嘴李翠莲记》刻画了迎亲队伍讨红包的场景：翠莲祝罢，只听得门前鼓乐喧天，笙歌聒耳，娶亲车马来到门首。张宅先生念诗曰："高卷珠帘挂玉钩，香车宝马到门头。花红利市多多赏，富贵荣华过百秋。"李员外便叫妈妈将钞来，赏赐先生和媒妈妈，并车马一干人。只见妈妈拿出钞来，翠莲接过手，便道："等我分！""爹不惯，娘不惯，哥哥、嫂嫂也不惯。众人都来面前站，合多合少等我散。抬轿的合五贯，先生、媒人两贯半。收好些，休嚷乱，掉下了时休埋怨！这里多得一贯文，与你这媒人婆买个烧饼，到家哄你呆老汉。"迎亲队伍来到家门口，男方的傧相先念拦门诗。花红利市就是红包，傧相、媒婆、抬轿的，人人有份。谁来发给他们呢？新娘一方。李翠莲是北宋首都开封府人氏，性情泼辣，嘴皮子利索，一把从父母手里接过钱，亲自派发：轿夫发五贯，傧相两贯半，媒婆本来跟傧相同等待遇，李翠莲多给她一贯。

迎亲队伍回到李家，跟随的人和李家的亲友会乱哄哄的向新人讨要喜钱或花红，称为"拦门"。《梦粱录》载："迎至男家门首，时辰将正，乐官、妓女及茶酒等人互念诗词，拦门求利市。"宋话本《花灯轿莲女成佛记》中写道，新人到夫家门前，"时辰到了，司公念拦门诗赋：喜气盈门，欢声透户，珠帘绣幕低。拦门接次，只好念新诗。红光射银台画烛，氤氲香喷金猊。料此会，前生姻眷，今日会佳期。……"此为拦门，即在迎亲队伍回到男家门口时举行，其仪式为不让新娘下轿进门。新郎见状，赶忙请人代念《答拦门诗》："从来君子不怀金，此意追寻意转深。欲望诸亲聊阔略，毋烦介绍久劳心。"

给了拦门喜钱，新娘就要下轿了，宋人对新娘下轿方位很重视，一般是按落轿时辰来算方位，如寅卯辰向西，巳午未向北，申酉戌向东，亥子丑向南，也有选"喜神"位的。这时一位阴阳先生手拿盛着谷子、黄豆、铜钱及果物的斗，新娘过门，新郎撒豆谷。据说成婚当天，门口会有三煞拦阻新娘。哪三煞？乌鸡、青羊、青牛，三种动物变成的神煞。鸡吃五谷，牛羊吃草，汉唐人娶亲，撒的是谷物和草料。谷物尚可，草料就太寒酸了，所以宋人改撒豆谷、糖果和铜钱，就像现在婚礼上撒喜糖一样。《快嘴李翠莲记》中写道：翠莲下轿，本宅众亲簇拥新人到了堂前，朝当日喜神的方向站定，且请拜香案，拜诸亲。合家大小俱见毕，先生念诗赋，新郎在前，新娘在后，先生捧着五谷随进房中。新人坐床，先生拿起五谷念道：

> 撒帐东，帘幕深围烛影红。佳气郁葱长不散，画堂日日是春风。
> 撒帐西，锦带流苏四角垂。揭开便见嫦娥面，输却仙郎捉带枝。
> 撒帐南，好合情怀乐且耽。凉月好风庭户爽，双双绣带佩宜男。
> 撒帐北，津津一点眉间色。芙蓉帐暖度春宵，月娥苦邀蟾宫客。
> 撒帐上，交颈鸳鸯成两两。从今好梦叶维熊，行见蠙珠来入掌。
> 撒帐中，一双月里玉芙蓉。恍若今宵遇神女，红云簇拥下巫峰。
> 撒帐下，见说黄金光照社。今宵吉梦便相随，来岁生男定声价。
> 撒帐前，沉沉非雾亦非烟。香里金虬相隐映，文箫今遇彩鸾仙。
> 撒帐后，夫妇和谐长保守。从来夫唱妇相随，莫作河东狮子吼。

所歌之辞，是描述洞房之内的风光，闺帏的燕婉，而意旨更是预祝夫妇和谐共处，早生贵子。

然后，抓起斗中的物品向门前抛撒，小孩子们争先抢拾，此乃"撒谷豆"仪式，用来镇住青羊等杀神。李家仆人在地上铺上毡席，新妇下轿，走在毡席上，脚不能踩到土地上。有一个人捧着一面镜子在新妇前倒退着走，引领新妇从马鞍、草垫及秤上跨过，进入新房。之所以需要照镜前行，是因为宋人认为游荡在人间的邪祟污秽喜欢凑热闹，会混进人群进入家宅，以镜照之，可令其显现原形，所以迎新妇入门时照镜前行可震慑邪祟，使它们不敢靠近。

新妇进了门，此时屋内会临时设有一顶帐子，让新妇在帐子中暂坐，这是"坐虚帐"，然后进入新房坐在床上，这叫做"坐富贵"。有些人家嫁娶不用"坐虚帐"，而是让新妇直接入新房就座。《快嘴李翠莲记》中写道："先生念诗赋，请新人入房，坐床撒帐：'新人挪步过高堂，神女仙郎入洞房。花红利市多多赏，五方撒帐盛阴阳。'张郎在前，翠莲在后，先生捧着五谷，随进房中。新人坐床。"新妇的家眷送新妇过门之后，每人快饮三杯酒就告辞，这叫"走送"。

外间的宾客们已经入席，这时就该请新郎向长辈行礼了。在中堂设一木榻，榻上放一把椅子，称作"高坐"，新郎先请媒人过来，再请家中的女性长辈，各斟一杯请她们饮了；再请丈母娘刘家夫人过来，敬上一杯，这就算是给长辈见礼了。

新房的门额横楣挂有一条下边撕成流苏一样的花布，媒人引导新郎走进新房之后，贺喜的客人们就争先撕扯花布，各自扯上一两缕才离去，这叫做"利市缴门红"，为的是沾沾新人的喜气。新房门楣挂彩锻，令人有焕然一新、喜气洋洋之感。新郎在床前请新妇出来，两家亲人各拿出一块彩缎，绾成一个同心结，这叫做"牵巾"。新妇把巾搭在手上，新郎把巾搭在笏板上然后倒退着出门，新妇与他面对面走出新房，一同到李氏的家庙参拜。拜完家庙，又轮到新妇倒退而出，众人搀扶直到走回新房，准备下一个仪式。欧阳修《归田录》还提到一个非常好玩的风俗，"当婚之夕，以两椅相背，置一马鞍，反令婿坐其上，饮以三爵，女家遣人三请而后下，乃成婚礼，谓之上高座"。婚宴上的新郎座位很特别，是两张背靠背的椅子，上面搭一张马鞍，让新郎跨坐在马鞍上喝三杯酒，完了还要经过女方宾客的三次邀请，新郎才可以下来。马鞍平搭在椅背上，寓意"平安"；新郎高高地跨在椅背上，寓意"高升"。事实上，寓意并不重要，重要的是好玩、热闹，大伙捉弄一下新郎，让婚宴气氛更加活跃喜庆。

在新房内，新人各分先后对拜，然后新妇面向左边坐在床上，新郎面向右边而坐，妇女们端出金钱彩果来进行"撒帐"，边撒边念些祝贺的话。接着，男在左女在右，各自取过来一缕头发，两家人拿出缎带、钗子、木梳、头须之类的，给他们"合髻"，把头发扎在一起。合髻即通常所讲的结发，"杜甫新婚别云'结发为君妇'。而后世初婚嫁者，以男女之发合梳为髻，谓之结发"。它是将男女新人的头发各剪下少许，与二家各自出的疋段、钗子、木梳头、须之类放在一起，合梳起来，故合髻又称为结发。其用意是合二性为一体，白头偕老。

然后取来两个用彩带连在一起的酒杯，让新人互饮一盏酒，喝"交杯酒"。宋话本《错认尸》："周氏将酒筛下，两个吃一个交杯酒，两人合吃五六杯。"再把杯子连同花冠子一起扔到床下，屋内众人见杯子一仰一扣，连忙道喜，这就算完成了婚礼当天最后一项礼节了。王得臣《麈史》载："古者婚礼合卺，今也以双杯

持笏拜堂 莫高窟第 12 窟南壁 晚唐

彩丝连足，夫妇传饮，谓之交杯。"《东京梦华录》载："用两盏以彩线连之，互饮一盏，谓交杯。"婚家欣喜，贺者热烈。"歌喉佳宴设，鸳帐炉香对爇。合卺杯深，少年相睹欢情切。罗带盘金缕，好把同心结。终取山河，誓为夫妇欢悦。"（无名氏《少年游》）"倾合卺，醉淋漓。同心结了倍相宜。从今把做嫦娥看，好伴仙郎结桂枝。"（无名氏《鹧鸪天》）这些句子所写的，正是婚礼中交杯的仪节，正是同心结所象征的永结同心、交杯酒中体现的情感交融。明小说笔记中，记述了一只"合卺杯"："都下有高邮守杨君家藏合卺玉杯一器。此杯形制奇怪，以两杯对峙，中通一道，使酒相过，两杯之间，承以威凤，凤立于樽兽之上，高不过三寸许耳。其玉温润而多古色，至碾琢之工，无毫发遗憾，盖汉器之奇绝者也。余生平所见宝玩，此杯当为第一。"①由此也可见出当时对合卺礼节之重视。

在南宋民间婚俗里，还有一个重要环节，就是所谓的"闹洞房"。"是夜，众宾集房中，歌诗赞烛，曰闹房。"福建石澳地区，男方请六名美少年前往迎亲，称之为"替新郎"，女方则请数名女伴，叫做"新阿姨"。新婚之夜，替新郎与新阿姨们聚齐欢饮，"谐谑嘲笑，罔有顾忌"。

第二天五更时，新妇需要进行"拜堂"，李家的中堂上已经摆好了镜台、镜

---

① 胡应麟：《甲乙剩言》，北京：中华书局 1991 年版。

子等物，只等新妇行拜礼了。拜过中堂，接着拜谢家中各位尊长和亲戚，并各自送上一份"赏贺"，一般是一块花布或是女红，长辈们也会"答贺"，回赠另一块布。见过了夫家的亲属长辈，新妇刘娘子就要同夫君一起回娘家答礼，也叫"拜门"，礼品的准备和当初女方家所送礼品一样就可以了。《梦粱录》中也记述有此俗："其两新人于三日或七日九日往女家行拜门礼，女亲家设筵款待新婿，名曰会郎，亦以上贺礼物与其婿。礼毕，女家备鼓吹迎送婿回宅第。"所记大致与《东京梦华录》相同。明代西周生《醒世姻缘传》在第四十九回中写道："四月十三日，姜宅来铺床，那衣饰器皿，床帐鲜明，不必絮聒。晚间，俗忌铺过的新床不要空着，量了一布袋绿豆压在床上。十五日娶了姜小姐过门，晁梁听着晁夫人指教，拜天地，吃交巡酒，拜床公床母，坐帐牵红，一一都依俗礼。拜门回来，姜家三顿送饭。"

刘家夫妇见过女婿之后，还会设宴请一众亲友吃酒，并且准备鼓乐班子待酒席之后送女儿女婿归家。第三天，刘家专程派人到李家"暖女"，也就是娘家人到婿家送礼，按照惯例需送由彩缎、油蜜、蒸饼组成的"蜜和油蒸饼"，讨个好意头。赵德麟也在《侯鲭录》中说："世之嫁女，三日送食，俗谓之暖女。"《金瓶梅词语》第九十一会："到次日，吴月娘送茶完饭。杨姑娘已死，孟大妗子、二妗子、孟大姨都送茶到县中。衙内这边下回书，请众亲戚女眷做三日，扎彩山，吃筵席。都是三院乐人妓女，动鼓乐扮演戏文。吴月娘那日亦满头珠翠，身穿大红通袖袍儿，百花裙，系蒙金带，坐大轿来衙中，做三日赴席。"可见三日完饭之举还挺隆重。

第七天要接女儿回娘家，并且给女儿送来一些彩缎、头饰等礼物"洗头"，成婚满一个月之后还需举行一次大庆贺，叫做"满月"，如此，婚礼才算正式完成。

和现在完全不同的是，汴梁城里的婚礼，新郎新娘是完全的主角，新郎接回新娘后，要"于中堂升一榻，上置椅子，谓之高坐"，新郎坐在"高坐"上，媒人先来敬他一杯酒，然后是"姨氏或妗氏"敬他一杯酒，最后是丈母娘敬他一杯酒，然后才下来。和现在一对新人敬长辈的做法是完全相反的。

纷繁复杂的仪式贯穿了李十一郎和刘家娘子的整个婚礼。种种讲究之下，都是对婚姻的隆重祝福。宋人对婚姻始终都抱有一份美好的祝愿，真挚而浪漫，希望两个人能够相扶一生白头偕老。"弄笔偎人久，描花试手初"，两个人温柔相待的生活情趣，就是如胶似漆最贴切的表达。不知道当我们看到这繁琐的婚礼过程，会不会理解那份一直以来坚守的传统——为每一段甜美的爱情步入婚姻的殿堂而感到由衷的快乐。现代社会的纷扰，似乎使得我们渐渐丧失这份坚守。但宋婚的这份真挚美好，始终值得我们学习。正如李十一郎和刘家娘子所求：有吉有庆，夫妇双全，无灾无难，永保百年。

揖礼拜堂 榆林窟第 20 窟南壁 五代

五、玩

春风里来看花局

宋人爱花，赏花成为上至高门大户、下至田夫野老的重要日常活动，宋人花期不赏花就总觉得缺了点什么。每逢花开时节，城内城外男女老幼纷纷结伴而行出门赏花。洛阳牡丹花王姚黄开花时，欧阳修《洛阳牡丹记》载："都人士女必须倾志往观。乡人扶老携幼，不远千里。"重阳节更是赏菊热潮，《东京梦华录》载："九日重阳，都下赏菊有四种：其黄白色蕊若莲房曰'万龄菊'，粉红色曰'桃花菊'，白而檀心曰'木香菊'，黄色而圆者曰'金铃菊'，纯白而大者曰'喜容菊'，无处无之。酒家皆以菊花缚成洞户……"更好玩的是，在百花盛开之际，宋人有小清新的"看花局"，陆游就曾写过一首诗《赏花至湖上》来描述江南看花局之盛：

> 吾国名花天下稀，园林尽日敞朱扉。蝶穿密叶常相失，蜂恋繁香不记归。
>
> 欲过每愁风荡漾，半开却要雨霏微。良辰乐事真当勉，莫遣匆匆一片飞。

何谓"园林尽日敞朱扉"呢？在宋朝，不少士大夫都有自己的后花园，园内雇佣专门的园丁，培植鲜花绿植，每逢园中鲜花盛开的时节，士大夫们都会把私家园林开放给老百姓，欢迎大家一同前来品鉴鲜花，受邀人包括但不限于达官贵人、民间百姓、吟游诗人、游者商人以及隔壁老王等。王用宾甚至为此填了一首词《西子妆·司法院红牡丹，去春以四截句和予听。今连赴会议，又盛开，适成看花局矣。因填此词》。释仲殊《花品序》云："每岁禁烟前后，置酒馔以待来宾，赏花者不问亲疏，谓之'看花局'。"《邵氏闻见录》中记载，北宋时的洛阳，春日赏花实为连续不断的民众狂欢派对，"岁正月梅已花，二月桃李杂花盛开，三月牡丹开。于花盛处作园圃，四方伎艺举集，都人士女载酒争出，择园亭胜地，上下池台间引满歌呼，不复问其主人"。宋人表示，我也不想天天出去玩呀，可是一月有梅花，二月有桃花，三月有牡丹。得亏不同花的花期不同，不然宋人高低得整出个赏花节。

皇家园林定时开

宋代的皇家园林最精雅的是宋徽宗政和年间所营的艮岳，"东望艮岳，松竹苍然。南视琳宫，云烟绚烂。其北则清江长桥，宛若物外。都人百万，邀乐楼下，欢声四起……"①艮岳位于汴梁城东北部，三面均以人工叠造的大假山围合，中央辟两个方形水池，另有曲折的河流和小池蜿蜒其间，山上堆叠来自江南和其他地区的奇石。《水浒传》中是这么描述艮岳园的："寿山南坡叠石作瀑，山阴置木柜，绝顶凿深池，车驾临幸之际令人开闸放水，飞瀑如练，泻注到雁池之中，这里被称作紫石屏，又名瀑布屏。循寿山西行，密竹成林，其内是四方贡献的各种珍竹，往往本同而干异，又杂以青竹，故称作斑竹麓。其间有小道透迄穿行。"此外，大内后苑、延福宫、金明池、玉津园等也各有佳致。

每年三月上旬，这些皇家园林都向广大市民开放。"岁自元宵后，都人即办上池。遨游之盛，唯恐负于春色。当二月末，宜秋门揭黄榜云：三月一日，三省同奉圣旨，开金明池，许士庶游行，御史台不得弹奏。"②于是"三月天池上，都人祛服多。水明摇碧玉，岸响集灵鼍。画舸龙延尾，长桥霓饮波。苑光花粲粲，女齿笑达达。行扶相朋接，游肩与贱摩"。③

宣和年间，金明池甚至在夜间也对外开放："宣和……乙巳之春，开金明池，有旨令从官于清明日恣意游宴。是夜，不见过门。贵人竞携妓女，朱轮宝马，骈阗西城之外。"④皇帝与群臣在金明池水心殿大开筵席，水面上有龙舟比赛和彩船表演，东岸可以钓鱼，宫廷还在几座园林的空地上搭置临时帐幕，有各种演艺、杂要以及饮食、古玩、百货，热闹之极。

琼林苑亦称西御园、金凤园、西青城，兴建于宋太祖乾德二年（964年），是著名的皇家园林之一。正如《东京梦华录》所描述的："大门牙道皆古松怪柏。两傍有石榴园、樱桃园之类，各有亭榭，多是酒家所占。苑之东南隅，政和间，创筑华觜冈，高数十丈，上有横观层楼，金碧相射，下有锦石缠道，宝砌池塘，柳锁虹桥，花萦凤舸，其花皆素馨、末（茉）莉、山丹、瑞香、含笑、射香等，闽、

---

① 周煇：《清波杂志》（外八种），上海：上海古籍出版社2008年版。
② 周煇：《清波杂志》（外八种），上海：上海古籍出版社2008年版。
③ 朱东润：《梅尧臣诗选》，北京：人民文学出版社2020年版。
④ 曾慥：《高斋漫录》，北京：中华书局1985年版。

广、二浙所进南花，有月池、梅亭、牡丹之类，诸亭不可悉数。"琼林苑在每年三月初一定期向百姓开放，《宋史》中对此有相关记载："咸平中，有司将设春宴，金明池习水戏，开琼林苑，纵都人游赏。"园内主要娱乐活动有宴射、百戏、关扑（带有赌博性质的买卖形式）等。开园期间表演百戏，准许买卖，盛况空前。《东京梦华录》中有"驾登宝津楼诸军呈百戏"的记载，其中详细介绍了百戏的乐曲歌舞和骑术表演两种表演形式。但是百戏表演一般是为皇帝准备的开园表演，在开园期间，百姓也有自己的娱乐活动，除酒家、占场表演的伎艺人，其余空闲地方全为扑卖商贩所占。他们在搭扎起的华贵彩幕中铺设珍玉奇玩、彩帛器皿。

宋话本《金明池吴清逢爱爱》就记述了开封府市民吴清与朋友赵应之、赵茂之相约金明池的情景：

> 吴小员外出来迎接，分宾而坐。献茶毕，问道："幸蒙恩降，不知有何使令？"二人道："即今清明时候，金明池上士女喧阗，游人如蚁。欲同足下一游，尊意如何？"小员外大喜道："蒙二兄不弃寒贱，当得奉陪。"小员外便教童儿挑了酒樽食罍，备三匹马，与两个同去。迤逦早到金明池。陶谷学士有首诗道：万座星歌醉后醒，绕池罗幕翠烟生。云藏宫殿九重碧，日照乾坤五色明。波面画桥天上落，岸边游客鉴中行。驾来将幸龙舟宴，花外风传万岁声。
>
> 三人绕池游玩，但见：桃红似锦，柳绿如烟。花间粉蝶双双，枝上黄鹂两两。踏青士女纷纷至，赏玩游人队队来。三人就空处饮了一回酒。吴小员外道："今日天气甚佳，只可惜少个情酒的人儿。"二赵道："酒已足矣，不如闲步消遣，观看士女游人，强似呆坐。"三人挽手同行，刚动脚不多步，忽闻得一阵香风，绝似回兰香，又带些脂粉气。吴小员外迎这阵香风上去，忽见一簇妇女，如百花斗彩，万卉争妍。内中一位小娘子，刚刚十五六岁模样，身穿杏黄衫子。

官府园林随便玩

在宋代，不仅皇家园林面对公众定期开放，官府园林也不例外。每年官府都会出面，在郡圃中举办一些游园活动。在这些活动中，地方上的乡绅和文士是官

宋 张择端《金明池争标图》(局部)

府邀请的主角。一般是在春暖花开的三月三日,在郡圃中"置酒高会于其下,纵民游观、宴嬉,以为岁事",同时举办一些射礼活动和歌舞表演。南宋时期的《嘉泰吴兴志》便记载了市民游赏郡圃的场景:"郡有苑囿,所以为郡侯燕衍,邦人游嬉之地也……方春百卉敷腴,居人士女竞出游赏,亦四方风土所同也。故郡必有苑囿,以与民同乐。"

福州州西园建于北宋开宝九年(976 年),平时专供官绅游览宴赏,唯每年二月开园,纵全城士民游观。其官民同乐、市民嬉游的盛况,市长蔡襄、赵汝愚等都有诗咏。蔡襄《开州园》专写市民游园的情景,"风物朝来好,园林雨后清……观民聊自适,不用管弦迎"。初春二月,朝日晴明,雨后清新,鱼游蝶戏,皆追随春光丽日。游人的行迹笑声皆隐于繁花软草之中,市民的观赏纯为自娱自乐,并无太守行游之排场,也没有背景音乐,仅人与花做伴就很好。曾巩作《西园》诗云:"节候近清明,游人已踏青。插花穿戏户,沽酒过旗亭……"二月快清明的时候,不少游客出门踏青,人们插花作戏,沽酒买醉,只求快乐,结果乐得连回家都忘了，等到想起回家时却见严关挡路、大门上锁。由此呼吁人们游玩也要注意时间，以免被迫留在园里通宵喂蚊子。

四川成都园林也极盛，各家园林遍布城内外，可谓是三步一园林，前脚刚出这家，后脚就踏进了那家，堪称园林之都。官园称"府西园"，因为它在成都府衙之西，与福州的"州西园"得名同，民众刚在府衙打完官司，转身就可以去西边的官园转一圈。吴师孟《重修西楼记》称："每春月花时，大帅置酒，高会于其下。五日纵民游观，宴嬉西园，以为岁事。"每年春天花开时，西园向普通市民开放五天。庄绰《鸡肋编》载，北宋时，"成都自上元至四月十八日，游赏几无虚辰。使宅后圃名西园，春时纵人行乐。初开园日，酒坊两户各求优人之善者，较艺于府会……自旦至暮，惟杂戏一色"。由此可见，开园时还会有演出，官民戴着墨镜坐在一块儿手臂贴着手臂、手牵手一起看杂戏。田况《成都遨乐诗二十一首·开西园》描述了三月三成都西园内的游乐活动，"临流飞凿落，倚树立秋千。槛外游人满，林间饮帐鲜。众音方杂沓，余景列流连。座客无辞醉，芳菲又一年"。

陆游有诗，题目很长——《故蜀别苑，在成都西南十五六里，梅至多，有两大树夭矫若龙，相传谓之梅龙。予初至蜀，尝为作诗，自此岁常访之。今复赋一首，丁酉十一月也》，其《梅花绝句》自注说："成都合江园，盖故蜀别苑，梅最盛。自初开，监官日报府。报至开五分，则府主来宴游，人亦竞集。"与陆游同时代的曾敏行，其《独醒杂志》记载："李布梦祥言：成都合江园，乃孟蜀故苑，在成都西南十五六里外，芳华楼前后植梅极多。故事，腊月赏宴其中，管界巡检营其侧，花时日以报府，至开及五分，府坐领监司来燕，游人亦竞集。有两大树夭娇若龙，相传谓之梅龙。"

宋代之所以在官府园林内屡次组织大型游园等狂欢活动，其目的也是想让民众释放情绪，达到缓解社会矛盾、稳定社会的目的。皇祐二年，江南部分地方发生饥荒，很多杭州市民内心不安，担任市长的范仲淹"乃纵民竞渡，太守日出宴于湖上，自春至夏，居民空巷出游"，[①] 并且大建寺庙楼阁，为一些底层民众提供就业机会，这一举措对安抚民心、稳定统治起到了极大的作用。范仲淹此举，在经济史上也大大有名，成为现代经济学研究的对象。

---

① 沈括：《梦溪笔谈》，北京：中华书局 2015 年版。

私家园林敞开看

宋代营造私家园林渐为风尚，一些实力雄厚、财资颇丰的达官显贵和富贾巨商，往往耗费巨资营造园林。苏州沧浪亭由其首位主人——北宋苏舜钦购地所建，他的好友欧阳修在《沧浪亭》一诗中对苏舜钦营造宅邸的花费坦言，"清风明月本无价，可惜只卖四万钱"。北宋初年，李侯在其寓所"开一园，构一亭，竹树花卉少而且备，游赏宴息近而不劳。其始也，患土地之不广，则倍价以市之"，① 营造所费多达四百万贯。尽管这些私家园林多由个人出资兴建，但建成后大多面向民众开放游览，吴兴（今浙江湖州）的丁氏园，"春时纵郡人游乐"。苏州的南园，早期为"吴越广陵王之旧囿也。老木皆合抱，流水奇石参错其间"，后来，宋徽宗将南园赐予蔡京，"每春，纵士女游观"。

私人花园对普通市民开放暗含了统治者的治国之策。宋代名相韩琦在《相州新修园池记》中提到自己修建园池乃是施政策略，其目的并不为自己享乐，而是为了让州中男女老幼在游园时感念朝廷恩泽。"南北二园，皆植名花杂果、松栢杨柳所宜之木，几数千株。既成，而遇寒食节，州之士女无老幼，皆摩肩蹑武，来游吾园。或遇乐而留，或择胜而饮，叹赏歌呼，至徘徊忘归。而知天子圣仁，致时之康。太守能宣布上恩，使我属有此一时之乐，则吾名园之意，为不诬矣。"看着相州市民"摩肩蹑武"前来游园，韩琦很是欣喜。市民的休闲娱乐活动成了教化手段。

从农历正月开始，一直到三月，各家园林的大门向大众敞开，这是宋代社会心照不宣的规定，园林主人大多也乐意对外开放。宋人邵雍有一首《洛下园池》诗，就透露出洛阳名园对外开放的信息："洛下园池不闭门，洞天休用别寻春。纵游只却输闲客，遍入何尝问主人。"怪不得范仲淹晚年时，子孙希望他在洛阳修座园林作为养老之所，老范却坚决不同意："西都士大夫园林相望，为主人者莫得常游，而谁独障吾游者？"他的意思是说，洛阳的私家园林多的是，我想游就游，何必另造园林？宋话本《宿香亭张浩遇莺莺》："浩性喜厚自奉养，所居连檐重阁，洞户相通，华丽雄壮，与王侯之家相等。浩犹以为隘窄，又于所居之北，创置一一园。中有：风亭月栅，杏坞桃溪，云楼上倚晴空，水阁下临清砌。横塘

---

① 王禹偁：《王禹偁诗选》，北京：人民文学出版社 1996 年版。

曲岸，露愎月虹桥；朱槛雕栏，叠生云怪石。烂漫奇花艳蕊，深沉竹洞花房。飞异域佳禽，植上林珍果，绿荷密锁寻芳路，翠柳低笼斗草常浩暇日多与亲朋宴息其间。西都风俗，每至春时，园圃无大小，皆修荷花木，洒扫亭轩，纵游人玩赏，以此递相夸逞，士庶为常。"

王观《扬州芍药谱》中记载："今则有朱氏之园，最为冠绝，南北二圃所种几于五六万株……朱氏当其花之盛开，饰亭宇以待来游者，逾月不绝。"这位朱姓芍药爱好者应该算是顶级玩家了，自己搜集了五六万株不同品种的芍药花。这是个私家园林，竟然有如此规模。花开之时，他也招待各方游客，若是收门票的话，这个规模也叫人羡慕了。类似的风气不限于洛阳和扬州，而是遍及大江南北。仅陆游笔下成都有名的私家园林就有：张园、范园、施家园、中园、房园等。他不仅走遍成都所有的园林，赏遍成都所有的名花，还写下了《花时游遍诸家园》《城南寻梅得绝句四首》等佳作，甚至在《蝶恋花》中都讴歌过这些园林："雨过园林，花气浮芳润。"

当然，开园期内，不是所有的私家园林主人都开心。龚熙正《续释常谈》一书中"陪酒陪歌"条道是：释仲殊《花品序》：每岁禁烟前后，置酒馔以待来宾，赏花者不问亲疏，谓之"看花局"。故俚语云："弹琴种花，陪酒陪歌。"意思是，喜欢花卉与园林，下场无非是让自己变成众人的陪客，垫上酒席，还要陪着别人开心。不过私家园林主人若是社恐，尽可采取隐身状态，慷慨地把园子让给公众，无需出面与游客周旋应酬，甚至还可以混在赏花人群里，假装自己只是个游客。

事实上，私家园林面向公众开放之举颇受民众欢迎，但这种开放并非都是无偿的。不少私家园林会向游客售卖门票，持票才能入园参观。一般进入私家园林，需要给看门人一点"茶汤钱"。高官魏仁浦的宅园在池中小岛上秘密培育出牡丹名品"魏紫"，需"税十数钱，乃得登舟渡池至花所，魏氏日收十数缗"。宋末元初的徐大焯在《烬余录》中记载了苏州官宦朱勔营造泳水园后，面向游客收取门票之事，"朱勔家本虎丘，用事后构屋盘门内，名泳水园。中有双节堂、御容殿、御赐阁、迷香楼、九曲桥、十八曲水、八宝亭。又毁阊门内北仓为养植园，栽种盆花，每一花事必供设数千本。游人给司阍钱二十文，任入游观，妇稚不费分文"。泳水园内不仅有亭台楼阁，还有花卉展陈，吸引了不少游人驻足观赏。园门口不仅有称为"司阍"的专人进行收费，而且还明确了收费标准，即每张门票 20 文，妇女和儿童则分文不收。

　　马永卿在《元城先生语录》中也记载了司马光的"独乐园"收取门票之事，"老先生于国子监之侧得营地，创'独乐园'，自饬不得与众同也。以当时君子自比伊周孔孟，公乃行种竹浇花等事。自比唐晋间人，以救其敝也。独乐园子吕直者，性愚鲠，故公以直名之，有草屋两间，在园门侧。然独乐园在洛中诸园，最为简素，人以公之故，春时必游。洛中例，看园子所得茶汤钱，闭园日与主人平分之。一日，园子吕直得钱十千省，来纳。公问其故，以众例对，曰：此自汝钱，可持去。再三欲留，公怒，遂持去。回顾曰：只端明不爱钱者。后十许日，公见园中新创一井亭，问之，乃前日不受十千所创也，公颇多之"。独乐园风景绝佳，加之司马光无人企及的名望，使得此园名声大噪，参观游览者络绎不绝。园内由一名叫吕直的差役负责看护，因游人如织，仅一天所收取的茶汤钱就高达十千。

顶杆娱乐 莫高窟壁画 唐代

在社牛那里，则完全是另一种景象。他们会在园内备好佳肴美酒，随时等待前来赏花的贵人名士，只要逮到这样的人，就请到客厅里，小酌一番，以扩充自己的交际网，达到结识 1000 个名士的人生成就。宋徽宗时期的官员朱勔就在苏州修建私家园林亭馆，邀人共赏，"圃之中又有水阁，作九曲路入之，春时纵妇女游赏，有迷其路者。朱设酒食招邀，或遗以簪琪之属"。① 有一位"蒋苑使"在这方面更是作出了榜样，《武林旧事》和《梦粱录》都记载了他的故事，所载各有详略：

> 蒋苑使有小圃，不满二亩，而花木匼匝，亭榭奇巧。春时悉以所有书画、玩器、冠花、器弄之物，罗列满前，戏效关扑。有珠翠冠，仅大如钱者；闹竿花篮之类。悉皆缕丝金玉为之，极其精妙。且立标竿射垛，及秋千、梭门、斗鸡、蹴鞠诸戏事，以娱游客。衣冠士女，至者招邀杯酒。往往过禁烟乃已。盖效禁苑具体而微者也。(《武林旧事》)
>
> 内侍蒋苑使住宅侧筑一圃，亭台花木，最为富盛，每岁春月，放人游玩，堂宇内顿放买卖关扑，并体内庭规式，如龙船、闹竿、花篮、花工，用七宝珠翠，奇巧装结，花朵冠梳，并皆时样。官窑碗碟，列古玩具，铺列堂右，仿如关扑，歌叫之声，清婉可听，汤茶巧细，车儿排设进呈之器，桃村杏馆酒肆，装成乡落之景。数亩之地，观者如市。(《梦粱录》)

蒋苑使家只有一所不满二亩的小园，但每年春天，他都复制金明池等禁苑的热闹，把自家小园变成迪斯尼乐园：罗列"书画、玩器、冠花、器弄之物"，让游客玩"关扑"游戏；树立标杆和射垛、秋千、球门，组织射箭、踢球、打秋千等各种竞技活动。更有甚者，"桃村杏馆酒肆，装成乡落之景"，各路小商小贩随着人流进入园中做买卖，硬生生把私家花园变成了集市。

"春来日日探花开，紫陌看花始此回。欲赋妍华无健笔，拟酬芳景怕深杯。但知抖擞红尘去，莫问髭鬓白发催。更老风情转应少，且邀佳客试徘徊。"② 花绝非最紧要、须臾不可离的物质资料，然而宋人的生活实践却将其转换为一种日常

---

① 龚明之：《中吴纪闻》，上海：上海古籍出版社 1986 年版。
② 曾巩：《曾巩集》，北京：中华书局 2004 年版。

用品中不可或缺的事物。赏花这事，看起来千年前的宋人比今人要"上头"。"都城士大夫有园圃者，每岁花时必纵人游观"，于是春暖花开之时，"红妆按乐于宝榭层楼，白面行歌近画桥流水，举目则秋千巧笑，触处则蹴踘踈狂"。精心弄出一所好园林，然后把园子让与公众分享。什么叫"格局"，这就是吧。

参考资料：

贾玺增：《四季花与节令物》，北京：清华大学出版社 2016 年版，第 58 页。

邱仲麟：《明清江浙文人的看花局与访花活动》，《山东文学》2005 年第 2 期。

五代周文矩《仕女图》

花朝节，最浪漫的节日

很多人可能不知道中国曾经有一个专门为百花过生日的日子，很有可能不知道在中国历史上有一个朝代把这个日子过成了最浪漫的节日。没错，正是宋朝。宋人和现代人正相反，他们待自然亲厚，花开赏花，雨来听雨，相信万物有灵，关心草木，珍惜每一个当下。而且，宋人还真的给百花过生日！有朱继芳《次韵野水花朝之集》为证：

> 睡起名园百舌娇，一年春事说今朝。秋千庭院红三径，舴艋池塘绿半腰。
>
> 苔色染青吟屐蜡，花风吹暖弊裘貂。主人自欠西湖债，管领风光是客邀。

这首词描绘的是南宋临安花朝节的盛况，人们络绎不绝赶赴西湖看花，路上都是人。有院子的人家早已经竖起了秋千架，掩映在浓浓的花海里，西湖园林中，也一定会有很多秋千，供游人尤其是女性在上面翻飞。再来看湖中，小小的游船，到处穿梭。这个时候，很多人还穿着冬天的夹袄和貂裘。但是在游历的过程中，明显觉得热，只能敞开或者脱下。这么美好的春游，一定要谢谢主人的邀请。这时节的西湖，人山人海。好天丽日，要的就是这热闹。为花确定生日，并为此举办节庆活动，这得是在爱花爱到何等彻底的环境下才能产生的风俗。

"莺花世界春方半，灯火楼台月正圆"

花朝节，在宋代每年作为一个重要的节日盛大地举行，是当时世上最浪漫的节日。它和中国绝大多数的传统节日不同，单纯地起源于人们对花的热爱，起源于中国古代历法中一个特殊的时间点——阴历二月十五日。《风土记》云："浙江风俗，言春序正中，百花竞放，乃游赏之时。花朝月夕，世所常言。"从节期讲，二月十五这个时间点，一如田汝成《西湖游览志余》记载，是有来由的，"二月十五日为花朝节。盖花朝月夕，世俗恒言"。二八两月为春秋之中，故以二月半为花朝，八月半为月夕也。确定"花朝"为"二月半"的根据在于这个日子居于"春之中"。春天三个月，旧称孟春、仲春、季春，而二月居中为仲春。十五日于二月里又居中，是一月之半，所以二月十五日正是春行过半的时间点。

花朝节在宋代成为民间大节。刘公子虞美人《寿女人·二月十一》云："搀先四日花朝节，红紫争罗列。"一位女子是在二月十一过生日，这位刘公子，就用花朝节作为坐标，进行祝福。你的生日比花朝节还提前四天，简直是天上的玉女下凡，为了你的到来，百花红紫罗列，来迎接你。你的天命实在太美好。无名氏《满江红·寿溪园二月十三》云："屈指花朝才两夜，祥烟瑞气腾芳郁。问辽空、何物堕人间，长庚宿。"这也是写给朋友祝寿的诗，以花朝节为坐标，这位提前两天过生日，看来是花朝节前后生的，都是神仙转世，不是花神就是天上的星星。也足以见得宋人对花朝节这个节日日期的喜爱。

宋朝的花朝节是一个普通阶层广泛参与的节日，这天也被称为百花生日，或者花神节。刘公子《虞美人》咏"搀先四日花朝节。红紫争罗列。传言玉女降生朝。箕宿光联娄宿、灿云霄。娟衣红袖齐歌舞。称颂椒觞举。君仙列侍宴瑶池。王母麻姑同寿、更无期"。传言天上有一神仙叫玉女，和天神东王公喜欢投壶，天上投壶，就变作闪电，而仲春之春分时节，恰恰雷雨增多，时有电闪雷鸣，这催花之雷电自然功劳是玉女的，所以封她为百花花神。二月十五日就附会为她的生日，一时天地间万紫千红，百花朝圣。这首词应该是想象的作品，写的是春分前后花朝节，万紫千红如同盛装的仙女祝贺玉女的生日。愿玉女和王母麻姑一样永恒，令大地年年春天。

花朝节成了有特殊憧憬和感受的美好日子，宋代文人把它一一记录了下来。陈杰《富州花朝用诸老韵》咏"乡饮干戈诟，花朝雨雪中。明当移棹去，啼鸟绿匆匆"。刘克庄《四叠》咏"典刑堪受百花朝，风致宜为万世标"。钱时《二月望游齐山呈仓使》咏"春到花朝花未多，小梅才作玉婆娑"。黎伯元《花朝》咏"紫禁青春入，曾看辇路花……供馔晨挑菜，分泉午试茶"。刘辰翁《摘红英·赋花朝月晴》咏"花朝月，朦胧别。朦胧也胜檐声咽"。黎伯元《花朝》咏"今日是花朝，愁随春半销。山容留雨润，柳色借烟娇"。胡仲弓《与社友定花朝之约》咏"花朝曾有约，来此定诗盟……且尽吟樽乐，徂徕不用赓"。可以说，到了宋朝，文化繁荣，花朝节成为各阶层流行的全民风俗节日，各种活动将这一天的热闹和美，推向高潮。

　　花朝节在江浙一带规模尤其盛大。《梦粱录》载："仲春十五日为花朝节。浙间风俗，以为春序正中，百花争放之时，最堪游赏。都人皆往钱塘门外玉壶、古柳林、杨府云洞、钱湖门外庆乐小湖等园，嘉会门外包家山、王保生、张太尉等园，玩赏奇花异木。最是包家山桃开，浑如锦障，极为可爱。此日帅守县宰率僚佐出郊，召父老赐酒食，劝以农桑，告谕勤劬，奉行虔恪。天庆观递年设老君诞会，燃万盏华灯，供圣修斋，为民祈福。士庶拈香瞻仰，往来无数。崇新门外长明寺及诸教院僧尼，建佛涅槃胜会，罗列幡幢，种种香花异果供养，桂名贤书画，设珍异玩具，庄严道场，观者纷集，竟日不绝。"这段文献记载的是宋代浙江杭州过花朝节的情形。时当花朝节日，人们纷纷前去郊外游玩，观赏奇花异木。这一天，杭州还有道教纪念老子生日的庆祝活动，有佛教的涅槃法会。所以宋代的花朝节，真是一个官与民、圣与俗皆参与其中的大盛会。

　　踏春游赏是花朝节最原始最基本的风俗，值花朝之日，士庶之家，置备酒肴，合家饮宴。或宴于郊野花圃之中，或宴于家园栽花之处，称为花朝宴。古时相传牡丹为百花之王，故争相观赏牡丹尤为宋代花朝胜事。文人雅士纷纷聚会出游，观花饮酒，赋诗唱和。欧阳修《洛阳牡丹记》曰："花开时，士庶竞为遨游，往往于古寺废宅有池台处，为市井张幄帘，笙歌之声相闻……至花落乃罢。"戴复古《花朝侄孙子固家小集》咏"今朝当社日，明日是花朝。佳节唯宣饮，东池适见招。绿深杨柳重，红秀海棠娇。自笑鬓边雪，多年不肯消"。可以想见花朝节，尤其是城市园林的热闹。男女出游赏园林山水，有条件的还会在某处楼台设筵席。王镃《涌金门》咏"涌金门外看花朝，步去船归不见遥。一派笙歌来水上，鹭鸶飞过第三桥"。南宋临安的涌金门是历代杭州城到西湖游览的一条必经之路。花朝节的杭州人山人海，到处是走路的人，水中有各种的船只。可以行走，也可以坐船，而画舫上笙歌一片，西湖水域辽阔，如此热闹，却看见鹭鸶飞过，这是繁荣的西湖盛景，人和自然和谐相处。

　　周密《花朝溪上有感昔游》云："枕上鸣鸠唤晓晴，绿杨门巷卖花声。探芳走马人虽老，岁岁东风二月情。"千年前的一个早晨，远离了大都市的热闹，周密却被啾啾鸟声唤醒，看到窗外一片晴光，外面有声音传来，原来是有人吆喝卖花。想一想，都觉得美好，她们是在此时柳条青青的杨柳树下卖花。花朝节，那是全民簪花的好日子，所以花农们早已经准备好了各样鲜花，有从树上采摘下来的桃花、杏花、海棠，还有各种可以供给瓶插的花枝，以及小花木。这些花是供给不出门的闺中女子的，她们身在庭院，可能有各种羁绊和约束，不能出门。但是对于男性来讲，今天不出门，上对不住天地自然，中间对不住良辰美景，最后对不起自己。于是周密毫不犹豫上马出郊，去赶赴桃花园林，海棠花正开得热闹，然后他还谦虚地说，我老了，但是不能辜负年年东风二月情。很多传统的节日，都是变着法的让你走出家门，亲近自然，这是老祖宗的智慧吧。

花朝节除踏春游赏、野外赏花之外，还有两个重要的活动：一个是扑蝶会，一个是赏红，《诚斋诗话》载："东京二月十二日花朝，为扑蝶会。"二月草长，百花盛开，正是赏春的大好时光。蝶随花舞，人以扇扑蝶，正是赏花乐事。《红楼梦》第二十七回就写了一段"宝钗扑蝶"的故事：宝钗刚要寻别的姊妹去，忽见前面一双玉色蝴蝶，大如团扇，一上一下迎风翩跹，十分有趣。宝钗就想扑了来玩耍，遂向袖中取出扇子来，向草地上来扑。只见那一双蝴蝶忽起忽落，来来往往，穿花度柳，将欲过河去了。倒引得宝钗蹑手蹑脚的，一直跟到池中滴翠亭上，香汗淋漓，娇喘细细。

赏红是花朝节另一项好玩的活动，这天早晨女孩子们结伴出阁游春，将红纸或红绢、红布悬系花枝，名之为"赏红"，又称"百花挂红"或"挂红"。传说武则天当上女皇，在严冬因睹梅花盛开，突发奇想，写成一首催花诗："明朝游上苑，火速报春知；花须连夜发，莫待晓风吹！"命令所有花卉都要非时开放。各花果然承旨，次日游上林苑时，万紫千红，满园春色。武则天大喜，遂令宫人给这些花木挂上五色彩缯，有的还悬上金牌以示奖励。《红楼梦》第二十七回，曹雪芹用移花接木的手法，把江南花朝节的风俗装点在大观园中芒种节日这一天："那些女孩子们，或用花瓣柳枝编成轿马的，或用绫锦纱罗叠成干旄旌幢的，都用彩线系了。每一棵树头，每一枝花上，都系了这些物事。满园绣带飘飘，花枝招展，更兼这些人打扮的桃羞杏让，燕妒莺惭，一时也道不尽。"由此亦可窥得花朝盛事一斑。

"赏红"本意是以纸或绢护花。自古爱花之人，定有护花之心。《博异志》载："唐天宝中，崔玄微于春夜遇美人绿衣杨氏、白衣李氏、绛衣陶氏、绯衣小女石醋醋和封家十八姨，把酒共饮，十八姨翻污醋醋裙，不欢而散。明夜再聚，醋醋言住苑中，多被恶风所挠，求崔每年元旦于苑东立幡除难。崔照行，是日大风折树飞沙，而苑中繁花无恙。崔始悟诸女皆花精，而封十八姨乃风神。"崔玄微为保护园中诸花，即"作一朱幡，上图日月五星之文，于苑东立之"，帮助群花抵抗住了风神封十八姨的摧折。当夜，众花精各用衣袖兜了些花瓣劝他当场和水吞服，崔玄微因此活了一百岁，且年年此日悬彩护花，最终登仙。这事传开后，人们争相效仿，便成了一种到处流传的习俗。

但是，花朝节最美最热闹的不在白天而是晚上。张炎《风入松》云："向人圆月转分明。箫鼓又逢迎。风吹不老蛾儿闹，绕玉梅、犹恋香心。报道依然放夜，何妨款曲行春。锦灯重见丽繁星。水影动梨云。今朝准拟花朝醉，奈今宵、别是光阴。帘底听人笑语，莫教迟了春青。"花朝节的月亮照着美人歌舞，那美人头上的装饰在夜晚的风中颤动。"唤起园丁葺小园，喜逢社友访林泉。莺花世界春方半，灯火楼台月正圆。闲不待偷皆乐地，趣随所得到吟边。丁宁莫划庭前翠，留与游人伴醉眠。"花朝节是游访园林、会见亲朋故友的好日子。易士达应该是有园林产业的园主，所谓社友，是诗社的朋友。这首《花朝燃灯》充满了明丽热闹的春之气息。朋友在花朝节过来拜访易士达和他的园林，他高兴地叫园丁赶紧

明 唐寅《春游文几山》

拾掇道路花木，并在花木上挂起灯笼。看来花朝节不能缺的项目不但有赏花，还有看月亮。为了便于看月，他特地在园林楼台道路上备好灯火，以作为游玩照明。

宋代文人过花朝节是颇为讲究的，起码是在当天早上，或者头天夜晚，就开始在园林里的花木上挂上灯笼或者彩旗之类，迎接朋友的到来。这天来的客人都是锦绣春衣，头上插着鲜花彩带，一派喜气洋洋。这样的集会可以从白天延伸到晚上。春色正好，鸟语花香，到了晚上，人们也不回去，今夜是最美春月，那么

除了园林中有无数的灯笼照着花海，在高楼上也是灯火通明，笙歌鼎沸，人们站在楼上喝酒赏月，俯瞰栏杆下的花海。叙旧的叙旧，吟诗的吟诗，女眷们有说不完的家常话，男士们有挥洒不够的豪情美酒。此时春气温暖，再加上酒力，有些客人就直接躺在草地上，放松自己。这还只是一个私家园林的小小盛况，可以想见整个街道、更大的园林和酒楼该是何等盛况。这真是一年之中最美的花好月圆之时！

花朝节，不仅承载着宋人对百花的敏锐观察与充沛情感，更反映出他们对于自然、对于生活本真的关心和热爱。宋人的花朝节，是初春的第一次大型出游与社交生活，娱神娱人，人神共娱。"你未看此花时，此花与汝心同归于寂。你来看此花时，则此花颜色一时明白起来。便知此花不在你的心外。"在阳明心学中，观花开花谢，告诉我们的是真心着眼，体察世间之美。花朝节，不仅仅是对春日良辰的赞颂，更是领悟它所透露的对于美的珍惜、对生命的敏锐体察。心中有花朝，便会诗意盎然，繁花簇簇。

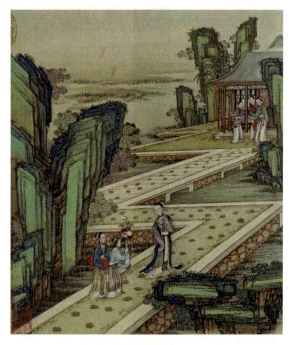

清 冷枚《十宫词图》之一

雅集——宋朝朋友圈的打开方式

读了许多诗词后，可能很多人会发现文人都是爱炫技的。他们不但发明了回文诗、叠字诗、数字诗、顶针诗、谐音诗等，还喜欢刻意地避讳所咏之物，创作了一首首写雪不带雪字、写月不带月字、写花不带花字的作品。比如苏轼，1074年自请出京的他身居密州，此时他还没经历"乌台诗案"，所以还是一副潇洒文人的气质。杨元素写了一首咏梅词给他，在一日大醉后苏轼便回了首《南乡子·梅花词和杨元素》，全词不用一个梅字却成了咏梅名篇：

> 寒雀满疏篱，争抱寒柯看玉蕤。忽见客来花下坐，惊飞，踏散芳英落酒卮。
> 痛饮又能诗。坐客无毡醉不知。花谢酒阑春到也，离离，一点微酸已着枝。

这首词的特别之处在于苏轼将梅花的高洁与文人雅士的潇洒之气完美融合，写得句句绝美。更奇的是，他通篇没有正面写梅花，全部都是通过侧面描写来烘托，看似东拉西扯，读到最后一句才知道他的高明。寒冬里，萧疏的篱笆上却站满了麻雀，这是为何？它们是为了看树上玉一般的花儿。冬天里百花凋谢，只有这梅花凌寒独放，对麻雀来说自然是件新奇事。喝着酒的客人们也被梅花吸引了，来到树下惊飞了麻雀，点点梅花被震落到酒杯中。赏梅本就是雅事，花入酒更是大雅。文人们大醉后纷纷坐在雪地里吟诗赏梅，连雪融化了都不知道。苏轼和他的朋友为了赏梅在雪地里席地而坐，这大概就是"冬日宴"的妙处。

宋代文人的别样聚会

要说玩，还是苏轼会折腾。他是一个闲不住的"轰趴"爱好者，一到放假，苏轼就精力充沛地喊朋友一起去"开派对"。美其名曰文人雅集。何谓雅集？雅，中正，美好，合乎规范。集，会合，相汇聚。宋代文人士大夫的文化生活十分丰富，除传统的琴棋书画外，还有品茶、古玩鉴赏、赏花、听曲等，他们时常聚集在一起，吟诗作画，宴饮酬唱，是为"雅集"。"或十日一会，或月一寻盟。"园林的清幽宁静，使之成为雅集的最佳场所。被誉为"千古第一盛会"的"西园雅集"正是如此。

宋神宗年间的驸马王诜，既是文人书画鉴藏家，又身为皇亲国戚，所以自然免不了与文人士大夫交往切磋。他家的宅园（西园）是当时汴京主要的雅集中心之一，其私第之东筑"宝绘堂"，专藏古今书法名画，风流蕴藉，大有王谢家风。苏辙对此曾有详细描述，"侯家玉食绣罗裳，弹丝吹竹喧洞房。哀歌妙舞奉清觞，白日一饱万事忘。……朱门甲第临康庄，生长介胄羞膏粱。四方宾客坐华堂，何用为乐非笙簧。锦囊犀轴堆象床，竿叉连幅翻云光。手披横素风习扬，长林巨石插雕梁。清江白浪吹粉墙，异花没骨朝露香。……喷振风雨驰平岗，前数顾陆后吴王"。反映出此堂之富丽、典藏之富赡，高朋满座、品鉴论画之热烈。

元丰初年，王诜邀请苏轼、苏辙、黄庭坚、米芾、蔡襄、秦观等十六人，集会于西园，他们或"乌帽黄道服捉笔而书"，或"仙桃巾紫裘而坐观"，或"幅巾青衣据方几而凝伫"，或"捉椅而视"，或"下有大石案，陈设古器瑶琴，芭蕉围绕，坐于石盘旁，道帽紫衣，右手倚石，左手执卷而观书"，或"团巾茧衣，手秉蕉篷而熟视"，或"幅巾野褐，据横卷画渊明归去来"，或"披巾青服，抚肩而立"，或"跪而捉石观画"，或"道巾素衣，按膝而俯视"，或"坐于盘根古桧下，幅巾青衣袖手侧听"，或"琴尾冠紫道服摘阮"，或"唐巾深衣，昂首而题石"，或"幅巾袖手而仰观"，或"袈裟坐蒲团说无生论"，或"幅巾褐衣而谛听"。这就是著名的西园雅集。李公麟以白描写实的方式，在《西园雅集图》中描绘了当时的盛景，"水石潺湲，风竹相吞，炉烟方袅，草木自馨。人间清旷之乐，不过如此"。[1] 可以说，西园雅集把魏晋名士对于"自然"的向往，转换成一种生活现实，并传播着宋人躬身实践和付诸想象的种种生活情趣。

"曝书"

所谓"曝书"，顾名思义，就是将书籍搬出来晾晒。司马光是一位大藏书家，在自家园林"独乐园"中修建了一间"读书堂"，藏书一万余卷。这么多的藏书都保存得非常好，如同新书，原因就是司马光懂得曝书，"司马温公独乐园之读书

---

① 沃兴华：《米芾书法研究》（修订本），上海：上海古籍出版社 2019 年版。

堂，文史万余卷，而公晨夕所常阅者，虽累数十年，皆新若手未触者。尝谓其子公休曰：'贾竖藏货贝，儒家惟此耳，然当知宝惜！吾每岁以上伏及重阳间，视天气晴明日，即设几案于当日所，侧群书其上，以曝其脑。所以年月虽深，终不损动。'"①

宋人的曝书习俗出现了一个历史性的变迁：从技术性的曝书发展出制度性的"曝书会"。会，即文人学士的聚会。曝书会，就是由曝书活动引发的文人雅集。《蓬山志》对北宋曝书情况进行了简述："秘省所藏书画，岁一曝之，自五月一日始，至八月罢。是月，召尚书、侍郎、学士、待制、御史中丞、开封尹、殿中监、大司成两省官暨馆职，宴于阁下，陈图书古器纵阅之，题名于榜而去。凡酒醴膳羞之事，有司共之，仍赐钱百缗，以佐其费。"原来，宋朝的皇家图书馆（秘书省）在曝书期间，晾晒的藏书都对词臣学士开放，他们可以到曝书之所，观摩皇家藏书及其他珍贵藏品，一饱眼福。皇室还准备了茶水果品款待观书的词臣学士，为他们摆酒设宴。可以说，这样的曝书会，出于防霉防蛀之需的"曝书"已不是活动的重点，让词臣学士有机会一览皇家藏书的"会"才是其意义之所在。南宋曝书会主要集中在高宗、孝宗、宁宗时期举办。自淳熙年间开始成为皇家的一项固定制度，时间定于每年七月初七。《南宋馆阁续录》载："（淳熙）六年九月（1179年），诏自来年以后，曝书会并用七月七日。"赵升《朝野类要》卷一曰："每岁七月七日秘书省作曝书会，系临安府排办。"

《南宋馆阁录》对当时曝书盛会的记载较为详细："秘阁下设方桌，列御书图画。东壁第一行古器，第二、第三行图画，第四行名贤墨迹，西壁亦如之；东南壁设祖宗御书，西南壁亦如之。御屏后设古器琴砚。道山尚堂并后轩、著庭皆设图画。开经史子集库、续搜访库，分吏人守视。早食五品，午会茶果，晚食七品。分送书籍《太平广记》《春秋左氏传》各一部；《秘阁》《石渠碑》二本，不至者亦送。"也就是说，曝书会展出的不仅仅是藏书，还有古器、琴、砚、图画等皇家名贵藏品，所有的展品都分门别类，陈列有序；同时开放皇家藏书库，允许参加曝书会的人入内观览。皇家还免费提供早点、午点与晚餐，以示对国家优秀学者的优抚。所有与会之人都可获赠朝廷刊印的《太平广记》《春秋左氏传》各一部；有资格与会但因故未能参加的官员，也可以获赠《秘阁》《石渠碑》二本。

苏轼有诗写道："三馆曝书防蠹毁，得见《来禽》与《青李》。"说的是他在曝书

---

① 费衮：《梁溪漫志》，上海：上海古籍出版社1985年版。

南宋 佚名《博古图》

会上读到王羲之《青李来禽帖》时的惊喜之情，归家之后还回味无穷，"归来妙意独追求，坐想蓬山二十秋"。

梅尧臣的长诗《二十四日江邻几邀观三馆书画录其所见》也是讲述他皇祐五年（1053年）参加曝书会，得见"世间难有古画笔"的难忘情景："五月秘府始曝书，一日江君来约予。世间难有古画笔，可往共观临石渠。我时跨马冒热去，开厨发匣鸣钥鱼。羲献墨迹十一卷，水玉作轴光疏疏。最奇小楷乐毅论，永和题尾付官奴。又看四本绝品画，戴嵩吴牛望青芜。李成寒林树半枯，黄荃工妙白兔图。不知名姓貌人物，二公对弈旁观俱。黄金错镂为投壶，粉障复画一病夫。后有女子执巾裾，床前红毯平围炉。床上二姝展氍毹，绕床屏风山有无。画中

见画三重铺，此幅巧甚意思殊。孰真孰假丹青模，世事若此还可吁。"这次曝书会上展示有王羲之、王献之墨迹十一卷，其中最为惊艳的当属小楷《乐毅论》。此卷为王羲之名作，而群臣在曝书会中得以观览此帖，不可谓不幸运。除羲献父子法书外，梅尧臣还提及了四件画作：戴嵩的《斗牛图》、李成的《寒林平野图》、黄筌的《白兔图》和佚名《重屏会棋图》。这场让群臣得以纵观图籍、一饱眼福的曝书会，多么令人神往。

"茶会"

茶会是宋代文人聚会的一种高雅方式，而其间的品茗赋诗成为一种有情、有性灵的文人佳事，处处显示文人茶会中品茗者的情趣、气度与风神。宋代文人茶

会的形式丰富，但是参与的人数没有严格的规定，它既可以是两位文人的对啜，也可以是三位及以上文人的聚饮。

杜耒有一首诗《寒夜》，写的是寒夜煮茶待客的情景。"寒夜客来茶当酒，竹炉汤沸火初红。寻常一样窗前月，才有梅花便不同。"没有繁复的点茶技艺，也没有高超的"拉花"技术，只是一个燃烧正旺的竹炉，一杯清茶，窗户还是窗户，月亮也是平时的模样，却因为窗外的梅花和远道而来的朋友升华了这场茶事。王安石的《同熊伯通自定林过悟真二首》其一曰："与客东来欲试茶，倦投松石坐欹斜。暗香一阵连风起，知有蔷薇涧底花。"描绘了他与友人斜坐在山间的石头上，闻着从山涧里飘逸而来的花香，观赏耸立的青松，聆听风吹松树发出的声音。在这样幽远的环境下，他们品茗，清谈人生，且陶醉于其中。

三人或三人以上的会饮在北宋亦十分常见，文人士大夫们也经常用茶诗描绘这种茶会与茶宴。释德洪《夏日陪杨邦基彭思禹访德庄烹茶分韵得嘉字》云："炎炎三伏过中伏，秋光先到幽人家。闭门积雨醉封径，寒塘白藕晴开花。吾济酷爱真乐妙，笑谈相对兴无涯。山童解烹蟹眼汤，先生自试鹰爪芽。清香玉乳沃诗脾，抒纸落笔惊龙蛇。源长浩与春涨激，力健清将秋气嘉。须臾沓幅乱书几，环观朗诵交惊夸。一声渔笛意不尽，夕阳归去还西斜。"金色的阳光透过德庄的幽林，变得像秋光一样柔和；苔醉满径，一片碧绿，寒塘中的白藕花在阳光下尽情绽放，在这种幽雅高洁的德庄里，主客们高谈阔论，兴趣盎然。山童在一旁煎水，到了水沸腾成蟹眼，他们放下话题，走过来自己烹茶；品茶后，他们诗兴大发，各自写诗酬兴，相互唱和，评诗论画；在品茗过程中，他们加深了友谊，沟通了思想，展示了才华。渔舟归晚，夕阳西斜，而他们意犹未尽，不忍离散。看来会饮的妙处在于——品茗者只有志同道合、素心同调，他们才能品出情绪，品出兴致，否则便会失去雅韵，流于俗事。

也有一些文人士大夫们怀揣着上佳的茗茶，邀请宾友们一起品茗，简仲孺便是如此。他邀请友人德符一起来烹茶，德符欣然赴约，诗人邹浩也被邀请参加了这次茶会。有感于此，邹浩作诗《简仲孺》以记之，其云："晓来城府春意融怡，博陵先生还自西。天时人事已如此，不应璧月空云霓。"春意盎然，主人归乡，盛情邀约，天时人事皆已具备，品茗时主客和谐融洽、兴致盎然当在情理之中，要不然邹浩亦不会以诗歌咏唱此次茶会。

刘挚的《同孙推官迪李郎中钧督役河上叙怀三首》其二："平湖胜势抱南城，花气濛濛馥近坰。黄变柳条归老绿，红残桃叶换尖青。春乘病后成多感，事向闲中见未形。日日携茶唤宾友，吴泉烹尽惠山瓶。"刘挚不仅是一位非常喜好品茗的文士，而且是一位十分好客的品茗者。与两位友人品茗的过程中，刘挚选择的品茗地点视野相当开阔，湖光山色，水绕南城，花香四处飘逸，柳条与桃叶焕发出第二次青春，这些自然景色美不胜收。但如此春景又令人善感，这也是刘挚携友人一起品茗的原因之一，即与他们叙说自己内心的感怀。同时也与友人共同品味闲适，共同领略自然之美景。

明 陈洪绶《松溪品茗图》

有时，文人会拿出珍贵的茗茶，与数十位文人聚饮品茗。黄庭坚的《博士王扬休碾密云龙同事十三人饮之戏作》云："矞云苍璧小盘龙，贡包新样出元丰。王郎坦腹饭床东，大官分物来妇翁。棘围深锁武成宫，谈天进士雕虚空。鸣鸠欲雨唤雌雄，南岭北岭宫徵同。午窗欲眠视蒙蒙，喜君开包碾春风，注汤焙香出笼。非君灌顶甘露椀，几为谈天乾舌本。"这首诗歌描写了黄庭坚与同僚们一起品饮密云龙茶的茶宴场景，体现了这些文士们闲适自得的生活乐趣。

茶与诗同味，文人在茶会上往往乘着茶兴吟咏诗歌，诗歌唱和由此便成为宋代文人茶会的题中应有之义。元祐五年(1090年)禅僧参寥在钱塘构筑精舍，命名智果院，旧址的石间流渗着一股泉水，参寥凿开石头，细加整理，挖掘出涓涓而流的清泉。是年，他邀请了苏轼等十六人参与自己举办的会饮，取用智果院的清泉煎煮刚刚采撷来的新茶。在茶香的触发下，这些文人们纷纷赋诗，苏轼《参寥上人初得智果院，会者十六人，分韵赋诗，轼得心字》便在此时所作。

元祐七年(1094 年)，身在扬州的苏轼携带着毛渐赠送给他的茗茶，在端午节那天邀请了一些好友在石塔寺集会品茗，写下了《到官病倦，未尝会客，毛正仲惠茶，乃以端午小集石塔，戏作一诗为谢》，其中"禅窗丽午景，蜀井出冰雪。坐客皆可人，鼎器手自洁。金钗候汤眼，鱼蟹亦应诀。遂令色香味，一日备三绝。报君不虚授，知我非轻啜"，可见苏轼对品茗的环境、茶器以及水的选择都非常讲究，将饮茶视为一门休闲的艺术。参与这次茶会的晁补之对苏轼这首诗有回应，即《次韵苏翰林五日扬州石塔寺烹茶》，"中和似此茗，受水不易节。轻尘散罗曲，乱乳发瓯雪。佳辰杂兰艾，共吊楚累洁。老谦三昧手，心得非口诀"。

宋代文人喜欢将品茗观画结合以资雅趣。文同是北宋著名的画家，尤善画竹。他《送通判喻郎中》中的"惟于试茶并看画，以此过从不知几"便描述了品茗赏画的妙处。苏轼《龟山辩才师》云："尝茶看画亦不恶，问法求诗了无碍。"他认为，品茗与观画并不相碍，反而相得。赏画让品茗更有雅趣，使它更富有艺术的气息，而茶的静也让诗人能够静心赏鉴丹青。

文人经常在茶会上进行斗茶活动。因斗茶要按质论价，所以文人斗茶之时经常以战斗的姿态争斗一番。王庭珪曾以诗歌《刘端行自建溪归，数来斗茶，大小数十战；予惧其坚壁不出，为作斗茶诗一首，且挑之使战也》向茶友刘端行下战书，逼友人与他斗茶。晁冲之《陆元钧寄日注茶》咏"争新斗试夸击拂，风俗移人可深痛"，祖无择《斋中即书南事》咏"京信因求药，宾欢为斗茶"等，可见当时的文人对斗茶的兴趣之浓。范仲淹有诗云："胜若登仙不可攀，输同降将无穷耻。"如果你穿越回宋朝，跟一个文人说他诗写得不怎么样，他可能还好声好气地跟你探讨文学。要是你说一句：我认为我的斗茶技艺要比你好。那对不起，他可能要拉你斗上个三天三夜。

弈棋

弈棋是宋代文人雅集上的一种闲暇消遣活动。在宋代，围棋除了单人的与双人的之外，还有四人的玩法，它是为了让更多的人能一同对弈。据《忘忧清乐集》："成都府四仙子图、第一着中和、第二着佽、第三着珏、第四着仲甫。"此为四人联棋的棋图，为孙佽、王珏、刘仲甫、杨中和四人。在一些比较正式的宴会上，弈棋往往被用来充当助兴之物。欧阳修的《醉翁亭记》中就有过这样的描述："宴酣之乐，非丝非竹，射者中，弈者胜，觥筹交错，起坐而喧哗者，众宾欢也。"

山西洪洞县水神庙壁画局部 对弈图　　　　　宋 刘松年《十八学士图》"弈棋"

　　与友人出游时，友人带着棋具到一些景点游山玩水，也会经常对弈，胡寅《与范信仲及严陵同官纳凉万松亭》曰："千岩窈窕万松豪，把酒观棋得终日。"胡寅与范信仲等人，在休假时一同出游至城北万松亭，胡寅饮酒观看众人弈棋，充分体现了宋代文人的生活方式和审美趣味。

援琴

　　在两宋隐逸、崇道、尚雅的风气影响下，雅集进一步向着不断雅化的方向发展。琴与茶，成为雅集中新的主导元素。援琴也是文人雅集中常见的活动，宋代文人将品茗援琴视为一种雅致之举，旨在追求琴茶同韵。"茶映盏毫新乳上，琴横荐石细泉鸣。"茶会具有了声情之美，使人忘却尘俗。这正是文人士大夫们喜好品茗援琴的原因。

琴在宋代迎来了复兴后的高潮，"能得清淡平和之性，方能悟得琴中之趣"，弹琴被认为与撰写诗文一样可以抒发性灵。白居易有诗《船夜援琴》，可作为雅集中操琴之风的写照："鸟栖鱼不动，夜月照江深。身外都无事，舟中只有琴。七弦为益友，两耳是知音。心静即声淡，其间无古今。"琴声冲和悠远，沉穆散淡，正切"雅"之正义。试想三两知己，焚香静气，以音乐疏瀹五脏，澡雪精神，当是何等风雅的光景。

欧阳修在任西京(洛阳)留守推官时，常与洛阳的文人名士频繁地游园唱酬，徘徊于古寺名泉之间，时以诗酒琴书自乐，并在当时形成了以欧阳修、梅尧臣为中心的文人俱乐部。如天圣九年(1031年)夏，欧阳修曾经在"林泉清可佳"的普明寺后园，组织一次文人避暑雅集。普明院系白居易故园，在这个昔日"白家履道宅"，深受白氏风仪陶冶的梅、欧等人，弹琴煮茶，"拂琴惊水鸟""浮瓯烹露芽"，真可谓"文之以觞咏弦歌，饰之以山水风月，此而不适，何往而适哉!"①他还常与朱长文之父朱公绰、书法家蔡襄等一起，弹琴、弈棋、饮酒。他在《于役志》中，记载了当时操琴雅

宋 赵佶《听琴图》

---

①　姜夔：《姜白石词编年笺校》，上海：上海古籍出版社 2020 年版。

集、品茶赋诗的场景："过君谟家，遂召穆之、公期、道滋、景纯夜饮。庚子，夜饮君贶家……登祥源东园之亭。公期烹茶道滋鼓琴，余与君贶奕。……君谟作诗，道滋击方响，穆之弹琴……移舟溶溶亭，处士谢去华援琴，待凉以入客舟。"

"唱酬"以"词言情"

"斗诗"是古代文人交往、交友的礼俗。宋朝是一个"词的王朝"，因此，这一时期的"斗诗"以"斗词大会"为主，也即"唱酬"，又称"唱和""酬唱"，要求"共题同作"。唐朝诗坛运用成熟的"唱酬"规则给宋人填词带来了新的刺激和兴趣，个个乐在其中。宋朝文人饮酒必填词，填词只需酒。按照晏殊的说法，这叫"一曲新词酒一杯"。在文人雅集上，同辈、朋友间的斗词是家常便饭。

张镃与姜夔斗词咏蟋蟀，留下两首千古绝唱。《齐东野语》记载张镃家中："园池声妓服玩之丽甲天下……姬侍无虑百数十人，列行送客，烛光香雾，歌吹杂作，客皆恍然如游仙也。"杨万里曾经认为他是一个花花公子，没想到在陆游处见到张镃后，杨万里与张镃相见恨晚结为好友。张镃能诗擅词，同时又善于画竹石古木，是一位多才多艺的贵公子，平时交游的都是当时名士。"丙辰岁，与张功父会饮张达可之堂。闻屋壁间蟋蟀有声，功父约予同赋，以授歌者。功父先成，辞甚美。予裴回茉莉花间，仰见秋月，顿起幽思，寻亦得此。蟋蟀，中都呼为促织，善斗。"[1]姜夔与张镃去张达可那里饮酒聚会时，听到了蟋蟀的鸣叫声，于是以蟋蟀为题各自填词一阕，留下一段佳话。

> 月洗高梧，露溥幽草，宝钗楼外秋深。土花沿翠，萤火坠墙阴。静听寒声断续，微韵转、凄咽悲沉。争求侣，殷勤劝织，促破晓机心。
>
> 儿时，曾记得，呼灯灌穴，敛步随音。任满身花影，犹自追寻。携向华堂戏斗，亭台小、笼巧妆金。今休说，从渠床下，凉夜伴孤吟。（张镃《满庭芳·促织儿》）

张镃写儿时的回忆，仿佛阴霾心情中一缕清新的阳光，这是姜夔词中见不到的光明。而姜夔的词借蟋蟀之悲鸣，发人间之幽恨，通篇写了一个"苦"字，很明显是另一种风格：

---

① 曾巩：《曾巩集》，北京：中华书局2004年版。

庾郎先自吟愁赋，凄凄更闻私语。露湿铜铺，苔侵石井，都是曾听伊处。哀音似诉。正思妇无眠，起寻机杼。曲曲屏山，夜凉独自甚情绪？

西窗又吹暗雨。为谁频断续，相和砧杵？候馆迎秋，离宫吊月，别有伤心无数。幽诗漫与。笑篱落呼灯，世间儿女。写入琴丝，一声声更苦。（姜夔《齐天乐·蟋蟀》）

"焚香以娱客"

宋朝以降，焚香越发成为士人生活中的风雅要事，陆游就喜爱焚香，他曾写诗道："官身常欠读书债，禄米不供沽酒资。剩喜今朝寂无事，焚香闲看玉溪诗。"酒钱都凑不足了，焚香读书却是不可或缺的雅事，足见宋人对香道的重视程度。深谙香道的黄庭坚还自言："天资喜文事，如我有香癖。"可见香在文人心目中的重要性。如果抽掉了焚香，宋朝文人一定会认为他们的生活将失去数不尽的清趣。宋人在雅集的时候，都会烧一炉合香，氤氲一室。李宗孔《宋稗类钞》曰："今日燕集，往往焚香以娱客。"宋徽宗《文会图》画的就是文人雅集、宴会的图景，图中绘有一块大石桌，上面放了一只黑漆古琴，以及一个青铜香炉。

"焚香引幽步，酌茗开静筵。"烹茶之时怎能没有焚香？在刘松年的《撵茶图》中可以看到，仆人在烹茶，全套茶具已经搬出来，主人则与宾客坐在书案边题字作画，书案上一只古香古色的青铜香炉正飘着缕缕轻烟。这情景，恰如陆游《初寒在告有感》中所形容："扫地烧香兴未阑，一年佳处是初寒。银毫地绿茶膏嫩，玉斗丝红墨沜宽。俗事不教来眼境，闲愁那许上眉端。数糯留得西窗日，更取丹经展卷看。"李嵩《焚香拨阮图》[①]画面由前景向右延展之树木圈围出一文士坐于床榻上，手持拂尘，倾听女子拨阮演奏，树叶颤抖窸缩的表现仿佛再现了音乐回响之感。四周仕女或焚香或挥扇或簪花，配合桌上的古琴与古玩，呈现出一派文人生活的风雅。士人燕居时焚香，可以调精神、发幽思；而雅集时焚香，则更为现场添上了一重嗅觉的浪漫。

"十一日，赐两府、两制宴于中书，喜雪也。"宋朝风流、雅致的朝代个性绝对是自上而下的。纵观宋代，文人雅士迭出，文人雅集之所以能够把文人凝结在

---

① 姜夔：《姜白石词编年笺校》，上海：上海古籍出版社 2020 年版。

一起，便是因为一种文化的力量，文人在其中所追寻的，正是一种文化上的认同感。宋朝，对于它的前辈唐朝感觉一般，却十分崇尚魏晋文化。它的确是中国历史上在人文精神、教养、思想方面有突出表现的朝代之一。当然，无论宋代文人雅集中的活动如何花样迭出，其追求风雅的内核却始终未曾改变。"雅"之精神，发散表里；人生趣味，也便俱在雅集、雅事之中。

参考资料：

熊海英：《北宋文人集会与诗歌》，北京：中华书局 2008 年版，第 22-48 页。

宋 三彩听琴图枕

斗草这些事儿

只要没有心仪的对象，很多人想来一场艳遇，来一场说走就走的旅行。那么，在哪些场合，我们最有可能有艳遇呢？宋代的晏几道很早就发现一个搭讪的好去处，在那种场合，人的细胞是开放式的向外扩张、延伸，那颗想有艳遇的心，在那一刻，犹如排山倒海般的泛滥。有《临江仙》为证：

> 斗草阶前初见，穿针楼上曾逢。罗裙香露玉钗风。靓妆眉沁绿，羞脸粉生红。
>
> 流水便随春远，行云终与谁同。酒醒长恨锦屏空。相寻梦里路，飞雨落花中。

这首词是晏几道思念自己曾经的白月光而作。有一天他遇见一女子同别的姑娘阶前斗草，她伶俐灵气的样子一下子吸引了他，晏几道一见钟情。那么，"斗草"究竟有什么魅力，能够激发出女子的青春活力，让晏几道一见钟情呢？以前的农村孩子都有过这样的记忆，放了学，背了扒箕子，拎一把镰刀，去野地里拔猪菜，春夏之交的原野上长满了各种野花野草，边采野菜、割青草，边报草名花名，这种拙朴而又带些自然文艺气息的"竞技游戏"就是斗草。而这在宋代是一项人人皆知、人人皆爱的娱乐活动。

"弄尘复斗草，尽日乐嬉嬉"

在风和日丽的日子，人们结伴到郊外采集药草。在采药的过程中，自然而然地就相互比对，"斗草"也就产生了。高承《事物纪原》载："竞采百药，谓百草以蠲除毒气，故世有斗草之戏。"这种风俗在宋代很流行。《梦粱录》亦载："二月朔谓之中和节……禁中宫女以百草斗戏。"

宋代文人经常提到斗草游戏，陈允平《朝中措》咏"斗草踏青天气，买花载酒心情"，在春天的大好时光中走出家门去踏青去斗草，真可谓人生一大美事。晏殊《破阵子·春景》咏"燕子来时新社，梨花落后清明。池上碧苔三四点，叶底黄鹂一两声。日长飞絮轻。巧笑东邻女伴，采桑径里逢迎。疑怪昨宵春梦好，原是今朝斗草赢。笑从双脸生"。将宋人斗草的情趣活龙活现地勾画出来。这个"东邻女伴"因为什么高兴呢？原来是梦里与人斗草大获全胜。柳永在《木兰花慢》里，先是描绘春天的旖旎风光和人们清明郊游盛况，下阕开头便道："盈盈，斗草青青。人艳冶，递逢迎。"那些俏丽的女子在芳草茵茵的野地，斗草取乐，笑语盈盈。足以可见斗草在当时的流行。

柳永《木兰花慢·清明》咏"春困厌厌，抛掷斗草工夫，冷落踏青心绪，终日扃朱户"。说的是清明节的斗草。范成大《春日田园杂兴》咏"社下烧钱鼓似雷，日斜扶得醉翁归。青枝满地花狼藉，知是儿孙斗草来"。说的是春社日的斗草。吴文英的《祝英台近·春日客龟溪游废园》里，记述女子斗草更为详细，"采幽香，巡古苑，竹冷翠微路。斗草溪根，沙印小莲步。自怜两鬓清霜，一年寒食，又身在、云山深处"。李清照想必也做过这种游戏，不然怎会在一首《浣溪沙》里写得如此生动，"淡荡春光寒食天，玉炉沉水袅残烟。梦回山枕隐花钿，海燕未来人斗草。江梅已过柳生绵，黄昏疏雨湿秋千"。可见，清明时节斗草、荡秋千，是宋代女子游戏的标配。

宋人斗草有文斗与武斗之分。武斗一般比较的是草的多寡、韧性、长短等，也有双方以草茎相拉拽，断者为负。闽南等地古时习惯用斗草来替代拈阄、抽签。草的长短不一，由一主持人掌握手中，先声明抽中长（或短）草为胜或负，或该奖该罚。在比韧性方面，一向被人认为娇弱纤小的草却如"疾风劲草"不可小视。这斗草若是成年人玩儿，就跟斗蛐蛐斗地主一样，便要成赌，以物品或金钱作赌注。而斗草中的武斗成分最方便赌。其玩法大抵如下：比赛双方先各自采摘具有一定韧性的草（多为车前草），然后相互交叉成"十"字状并各自用劲拉扯，以不断者为胜。这是以人的拉力、巧劲和草的受拉力的强弱来决定输赢的"武斗"，多见于儿童之间。范成大《春日田园杂兴》中道尽儿童斗草酣兴不知疲倦，其上瘾程度不亚于我们小时候玩弹珠、拍卡片。或用花草勾拉斗，谁的花草被拉断，谁就输。

金廷标的《群婴斗草图》①画的是十个小童斗草的场面。这当中，最为吸睛的

---

① 庆和：《群婴斗草闹端午——清金廷标〈群婴斗草图〉赏析》，《老年教育（书画艺术）》，2017 年第 5 期。

是画正中的四个小童斗草。四人当中，三人或蹲或坐，一人站着。站者在坐者身旁，手指小竹篮。指什么呢？原来坐者正从竹篮子里拿出"秘密武器"。为何拿"武器"，原来四人斗草斗得很激烈，地面上放着各种花草，正面穿深蓝衣的小童双手举着，窥见坐着的小童拿的"武器"，像是服输投降之举。左边穿淡蓝衣服的小童一手支地，另一手指着竹篮，眼睛也直视竹篮。此组斗草，四人双眼都直视小竹篮，身体、手、眼睛配合得很好，体现了小童斗草的激烈场面与瞬间。《群婴斗草图》描画的是武斗，画中左前，两位小童正在"武斗"。他们让草互勾，正在互拉……画中还有四个小童正在备战。正中最后面那位穿红衣服的小童，斗完花草后，

清 金廷标《群婴斗草图》

正在石缝里找草。正中前面穿红衣服的小童，斗完花草后，正在地上拔草，准备再战。右边的小童与左边的小童，都是寻找花草归来，准备接着战斗。整个画面，小童斗草个个有特色，小童的幼稚、顽皮，斗草时的神态如此生动传神。此情此景，不由使人想起欧阳修"共斗今朝胜，盈襟百草香"和范成大"青枝满地花狼藉，知是儿孙斗草来"的诗句。

文斗一般为青少年与妇女，是把花草集中放在一起，一人报出自己的草名，他人各以手中之草对答，颇似灯谜中的"遥对格"，如"虎耳草"对"鸡冠花"。倘若一人报出的草名，他人对答不上，此人即斗胜，反之如果一人答对所有报出的草名，而别人不能再续报新草名，此人也算是赢。这种别开生面的奇巧绝对后来还演变成为酒令的一种"斗草令"。斗草也是大家闺秀和她们的丫鬟们一起玩的游戏，由一人报自己手中的花草名，其他人也以花草的名字来做对子。如果有人

报的花草名令其他人都对不上，就算赢了，其娱乐效果有些类似于现在的成语接龙，因此，玩这种游戏没点植物知识和文学修养是不行的。

陈洪绶的《斗草图》画的也是斗草的场面，画中有五位仕女围坐在石头旁边，其中一人手持一花草，口里像是在说什么，其他人的花草都在宽袖里。她们的这种斗法，与《群婴斗草图》的斗法不同。她们都坐着，只举手中花草，动口比斗，这是一种文雅的文斗。《镜花缘》里有这种文斗的描写，第77回《斗百草全除旧套，对群花别出心裁》整个回目，浓墨重彩描写斗草的有趣情景。这次斗草有25位姑娘参赛，竞斗十分激烈，如："长寿"对"半夏"；"金盏草"对"玉簪花"；"续断别名接骨"对"狗脊别名扶筋"；"蝴蝶花"对"蜜蜂草"；"木贼草"对"水仙花"；"慈姑花"对"炉妇草"；"苍耳子"对"白头翁"等，这些绝妙的巧对令人增闻广智。

第76回就写得更有意思了：紫芝一面思忖，已进了百药圃。只见陈淑媛、窦耕烟等八人都在那采花折草，倒像斗草光景，连忙上前止住道："诸位姐姐且慢折草，都请台上坐了，有话奉告。"众人都停了手，齐到平台归坐。陈淑媛道："妹子刚才斗草，屡次大负，正要另出奇兵，不想姐姐走来忽然止住，有何见教？"紫芝道："这斗草之戏，虽是我们闺阁的一件韵事，但今日姐妹如许之多，必须脱了旧套，另出新奇斗法，才觉有趣。"窦耕烟道："能脱旧套，那敢情妙了。何不就请？"紫芝道："若依妹子斗法，不在草之多寡，并且也不折草。况此地药圃都是数千里外移来的，甚至还有外国之种，若一齐乱折，亦甚可惜。莫若大家随便说一花草名或果木名，依着字面对去倒觉生动。"毕金贞道："不知怎样时法？请姐姐说个样子。"紫芝道："古人有一对名对对得最好：'风吹不响铃儿草，雨打无声鼓子花。'假如耕烟姐说了'铃儿草'，有人对了'鼓子

明　陈洪绶《斗草图》

花'，字面合式，并无牵强。接着再说一个，或写出亦可。如此对去，比旧日斗草岂不好玩？"郏芳道："虽觉好玩，但眼前俗名字面易对的甚少，即如当归一名'文无'，芍药一名'将离'。"诸如此类。这种斗法才真正称得上文雅。

清人俞敦培所撰的《酒令丛抄》中还有斗草的酒令。如花名暗令："令官宣令曰：'二月桃花放，九月菊花开。一般根在土，各自报时来。'坐客各报花名，须有时辰者方免饮。如李花是子时，柳花是卯时之类。不合格者皆饮，此为暗令。"所谓花名有时辰，即花名中含有地支。李花的"李"字中含有"子"字，为地支的第一位。柳花的"柳"字中含有"卯"字，为地支的第四位。所以为合格。此外，中国古代文人墨客、王公宦臣们都喜欢种花养卉，竞比奇异，这也是一种斗法。元代白朴《墙头马上》第一折就写道："奉命前往洛阳，不问权豪势要之家，选拣奇花异卉，和买花栽子，趁时栽接。"

风靡宋代的斗草之戏，在快节奏、高压力的今天，这种拙朴的游戏已经很难觅到踪迹，我们只能在古诗古画里慢慢品味其妙趣。"水中芹叶土中花，拾得还将避众家。总待别人般数尽，袖中拈出郁金芽。"随着社会的发展，人与自然关系的疏远，我们也再难体验到诗里那种寻草、斗草过程中的乐趣以及取得胜利的喜悦。仔细想想过去的斗草之戏，这个游戏要玩起来非常考验参与者的文学素养与临场反应。这大概也是它失传的主因吧？!

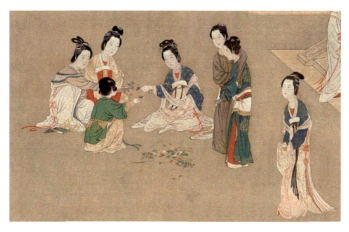

明　仇英《汉宫春晓图》局部

谁说坐船无聊？ 那是因为你没上对船！

如果穿越到宋朝进行一次长途旅行，漫长的旅途是非常难熬的一件事情。当时可以选择的交通工具，一般来说有驴车或者马车。这样出行的话，还可以时不时停下来欣赏一下沿途的美景。但是一提到坐船旅行，很多人可能会说，在船上，除了睡觉、看风景之外无事可做，长时间下来，会感到非常无聊。可如果你有幸与米芾同乘一条船，他一定会证明你的想法是错误的！有黄庭坚《戏赠米元章》为证：

> 万里风帆水著天，麝煤鼠尾过年年。沧江静夜虹贯月，定是米家书画船。

米芾字元章，以能书知名，喜藏书画。"杜牧之诗：'广文遗韵留樗散，鸡犬图书共一船。自说江湖不归去，阻风中酒过年年。'……此借用，言船中有宝气。崇宁间，元章为江淮发运，揭碑于行舸之上，曰'米家书画船'云。"①米芾在北宋崇宁年间出任江淮六路发运使，常经水路乘船往来江浙湖北等地，他将名画法帖随身置于船上，还在船头高悬"米家书画船"的匾额。又"来往乘船，高揭匾额曰'宝晋斋舫'"，就是米芾为他的船取的名字。书画船上的夜灯能贯穿月亮光辉，可想而知，"米家书画船"上何等热闹。张炎《木兰花慢·书邓牧心》咏"山川，自今自古，怕依然，认得米家船"。又《江城子·为满春泽赋横空楼》咏"老树无根云懵懂，凭寄语、米家船"。

以书画舫行江湖间

书画船是宋代文人的交通工具、社交场所。米芾个性高调，常常招摇过市，不过他对书画真是用情至深，他的《虹县旧题二首》其一云："快霁一天清洲气，

---

① 潘伯鹰：《黄庭坚诗选》，北京：人民文学出版社 2020 年版。

健帆千里碧榆风。满舡书画同明月，十日随花窈窕中。"戴复古《沁园春》云："访衡山之顶，雪鸿渺渺；湘江之上，梅竹娟娟。寄语波神，传言鸥鹭，稳护渠侬书画船。"仇远《岁晏迁居》云："官闲空绾文章印，水浅难移书画船。"文人士大夫都把旅行之舟改造成了艺术之舟，将自己心爱的书画古玩携至舟中，以排遣旅途寂寞，并与途中相逢的同好酬答共赏，风雅惬意的"书画船之路"由此诞生。

宋代做官的人，时常坐船去上任，或者到处去旅游。宋话本《李元吴江救龙蛇》："李元见朱秀才坚意叩请，乃随秀才出垂虹亭。至长桥尽处，柳阴之中，泊一画舫，上有数人，容貌魁梧，衣装鲜丽。邀元下船，见船内五彩装画，裀褥铺设，皆极富贵。元早惊异。朱秀才教开船，从者荡桨，舟去如飞，两边搅起浪花，如雪飞舞。"

在宋代，船是非常舒服的一种交通工具。船上也如现今出行一样，要备些出行物品。"可布十余席，中设小榻，独往可以备燕息。后辟行厨，可以供茗饮。"①干粮、炊具、起居用具不必说。书画、文房、钟鼎彝器也得摆上，停泊时，同道士贤来雅集才有赏玩之物。钓竿、蓑衣也得带上，满足一下"渔隐之乐"，做一回渔翁也不错。如是冬天，"绿蚁新醅酒，红泥小火炉。晚来天欲雪，能饮一杯无"的风流更不可缺，所以酒是必备的，所谓"四时甘味置两头，右手持酒杯，左手持蟹螯，拍浮酒船中，便足了一生矣"。② 豪奢的，还得带上歌舞伎乐和一众从仆，歌舞升平。"虚中无樯楫，所载惟佳酿。绣段围华堂，妖姬发清唱。坐乘欢来时，落日翻红浪。试问醉乡游，何如江海上。"③那时候的船，只要没有风浪，是很舒服的。既可以赏景，又没有客人打扰，当然可以专心写字、画画、作诗。

米芾喜欢在船上写字画画，他在船上创作的作品很多，有些作品直接写有"舟中烛下""依旧满船行"。作品题跋中还有"舟对紫金，避暑手装""宝晋斋舫手装"，他喜欢在船上装裱手卷。米芾还有一件《吴江舟中诗卷》，有"吴江舟中作"，是在船上写的。隔绝了陆地上的凡俗杂累，或观摩自己珍藏的书画作品，或将近日来饱游卧看的山水付诸纸上。这当然是一个十分有趣的小型文人团建项目。

自"米家书画船"称号一出，即令文人心仪。行驶于烟波清流之间，书画船

① 陆蓓容：《书画船边》，北京：中华书局 2021 年版。
② 房玄龄：《晋书》，北京：中华书局 2015 年版。
③ 陆蓓容：《书画船边》，北京：中华书局 2021 年版。

清 袁江《米家书画船图》（局部）

便是临时的书斋，尽管舟中不必过分讲究，但琴棋书画、文房四宝、茶具必当布置，舷窗一开，便是舟移景换的天然画卷。无论是漫长的差事行旅，抑或是官场失意的江湖流离，扁舟一叶，一路诗文书画的陪伴、山水欸乃的美景，自有一种生命的潇洒与风雅。苏轼的《赤壁赋》，当然是因为赤壁之游才写的，"泛舟游于赤壁之下"，"相与枕藉乎舟中，不知东方之既白"，所以在船上这些文人的活动很多。李氏《潇湘卧游图》画的也是船上所见的景致。卧游，是很舒服的一件事情，因为在船上可以躺着或坐着看山水。五代的杨凝式有诗"舟行岸移"，苏东坡也有诗"船上看山如走马"，人坐在船里不动，只看到对岸的风景在移动，很舒服。这就是真正的"卧游"。

可以说，书画船是宋代文人的一个独特的空间。它的形制与普通的船并无二致，唯一不同的就是它满载诗书，歌舞盈艑……它承载着社交、娱乐、交通的功能，非普通船所能比拟。毛滂《题贵溪翠颜亭二首其二》云："船中自带红泥灶，亭上亲煎白乳泉。唯有溪山知此意，水风吹面晚萧然。"潇洒风流，溢于言表。袁江《米家书画船》里船的形制与"书画船"的形制是相近的。在画中，一船三人在广袤的水丛中穿梭，船上竹棚中有一个文人正伏案创作，旁边还堆着一些字画。竹棚左侧有一个童子正对着茶炉扇火，烧水用来烹茶。而船尾正有一个身穿蓑衣，头戴蓑笠帽，手拿竹竿的老翁，在凝神钓鱼，似乎在为晚餐做准备。三人各司其职，俨然一幅与自然和谐相处的画面，让人心驰神往。佚名《扁舟傲睨图》①描绘古代文人浮家泛宅、畅游江湖的理想生活。图中天高云淡、江天开阔，石青、石绿之山点缀以红叶、朱楼，配色鲜明；松荫下一高士在舟中凭几把盏，古琴、书画并置，书籍、文玩皆备。

《兰亭集序》作为王羲之名垂千古的书法名篇，其原作已失佚，而作为下真迹一等的"定武本"（唐太宗命书法家欧阳询根据原迹摹写的碑版）就在书画船上发生了脍炙人口的"赵子固落水兰亭卷"故事。据周密《齐东野语》记载，宗室子弟赵子固得到一定武旧拓

元 佚名《扁舟傲睨图》

本，"喜甚，乘舟夜泛而归，至霅之升山，风作舟覆，幸值支港，行李衣衾，皆漉溺无余。子固方被湿衣立浅水中，手持《禊帖》，示人曰：'《兰亭》在此，余不足介意也。'"乘坐船只翻覆，一众行囊都没湿，赵子固狼狈落入水中，且站在水里欣喜道："《兰亭》在此，其他的无所谓！"

赵孟坚的"癫狂"当然不止于此，《齐东野语》又载："诸王孙赵孟坚字子固，号彝斋，居嘉禾之广陈。修雅博识，善笔札，工诗文，酷嗜法书。多藏三代以来金石名迹，遇其会意时，虽倾囊易之不靳也。又善作梅竹，往往得逃禅、石室之

---

① 扬之水：《两宋茶事》，北京：人民美术出版社 2015 年版。

妙，于山水为尤奇，时人珍之。襟度潇爽，有六朝诸贤风气，时比之米南宫，而子固亦自以为不歉也。东西薄游，必挟所有以自随。一舟横陈，仅留一席为偃息之地，随意左右取之，抚摩吟讽，至忘寝食。所至，识不识望之，而知为米家书画船也。"赵孟坚能书善画又雅有收藏，带着藏品到处游览。船上堆得了无空隙，只留一席之地，聊供起卧。周围的人一看就知道这是米家书画船。一次他到访西湖，薄暮停舟，觉得眼前风光恰如古人名画，就高兴得大喊大叫。"庚申岁，客辇下，会菖蒲节，余偕一时好事者邀子固，各携所藏，买舟湖上，相与评赏。饮酣，子固脱帽，以酒（缺）发，箕踞歌《离骚》，旁若无人。薄暮，入西泠，掠孤山，舣棹茂树间。指林麓最幽处瞠目绝叫曰：'此真洪谷子、董北苑得意笔也。'邻舟数十，皆惊骇绝叹，以为真谪仙人。"可见赵子固也有米芾的遗风，他坐的也是书画船，船上带了很多书画作品。旅行的时候带着名画，实在是风雅得很。

书画船游到明代，比宋代的更讲究、更奢侈。董其昌的船，他常常自谓"画舫"。董其昌的好友们也热衷书画船的制造和使用。高濂的描述非常细致，他说："……形如划船，长可二丈有余，头阔四尺，内容宾主六人，僮仆四人。中仓四柱结顶，幔以篷簟，更用布幕走檐罩之。两旁朱栏，栏内以布绢作帐，用蔽东西日色，无日则悬钩高卷。中置桌凳。后仓以蓝布作一长幔，两边走檐，前缚中仓柱头，后缚船尾钉两圈处，以蔽僮仆风日，更着茶炉，烟起恍若图画中一孤航也，舟惟底平，用二画桨，更佳。"[1]陈继儒介绍说，书画船上要"朱栏碧幄，明棂短帆。舟中杂置图史鼎彝，酒浆荤脯"。[2]袁中道则要在船上"裹一年粮，载书画数笥"。这说明明代文人的书画船上，不光有精美的装饰和大米等生活必需品，还有茶、酒、肉干之类的消费品，而且还要摆设书画、图书和鼎彝等古董，这便脸上有光彩，可以出门远游。

晚明第一"讲究人"文震亨在《长物志》中对书画船有一段评语："舟之习于水也，弘舸连轴，巨槛接舻，既非素士所能办；蜻蜓蚱蜢，不堪起居。要使轩窗阑槛，俨若精舍，室陈厦缛，靡不咸宜，用之祖远饯近，以畅离情；用之登山临水，以宣幽思；用之访雪载月，以写高韵，或芳辰缀赏，或艳女采莲，或子夜清声，或中流歌舞，皆人生适意之一端也。"他认为"弘舸连轴，巨槛接舻"不是"素士"置办得起的，蜻蛉、蚱蜢等流行的小船"不堪起居"，楼船、方舟等又"皆

---

① 高濂：《遵生八笺》，杭州：浙江古籍出版社 2017 年版。

② 余祖坤：《清言雅语——明清清言小品》，武汉：崇文书局 2017 年版。

宋 赵构《蓬窗睡起图》

俗"，正确的方向是雅致"俨若精舍"，实用能"登山临水""访雪载月"，大小也要容得下歌伎戏班；小船则要"以蓝布作一长幔，两边走檐，前以二竹为柱，后缚船尾钉两圈处，一童子刺之"，以此"执竿把钓，弄月吟风"，才是雅士的派头。

　　船，这一常见的物事在文人们的精心营造下，拥有了更加动人的美感和丰富的内涵。"画船携得砚如规，曾向春红伴画眉。珍重朝来远山色，小鸾休咏《白头》词。""书画船"驶过的这一段段烟波水路，承载了宋人往事中最为风雅的一笔。在一艘书画船上，有"纵一苇之所如，临万顷之茫然"的观览山水之自在，也有"乘不系之舟，聚不请之客"的社交宴乐，更有书画家静观自照、潜心创作的安乐。这是现在的交通工具没有办法替代的。在中国的往昔，文人士大夫确确实实流行过以书画舫行江湖间。

参考资料：

傅申：《书画船——中国文人的"流动画室"》，《美术大观》2020 年第 3 期，第 48-56 页。

陆蓓容：《书画船边》，北京：中华书局 2021 年版，第 121-136 页。

给猫"下聘礼"？

有一种说法"不是人在饲养猫，而是猫在陪伴人"，想必戳中了很多爱猫人士的泪点。其实不只是现代，在古代，爱猫之人也比比皆是，尤其以宋朝人最有代表性。在北宋汴京和南宋临安的市集中有专卖猫粮的店。由此可见，猫的地位不简单。所以，在宋朝，养猫有讲究，不能买，得聘！因为拿钱买猫这事太俗气了！黄庭坚就将他聘猫的过程记录在《乞猫》一诗中：

> 秋来鼠辈欺猫死，窥瓮翻盘搅夜眠。闻道狸奴将数子，买鱼穿柳聘衔蝉。

入秋的时候，我养的老猫死了，老鼠们那个得意啊，在我家肆无忌惮地翻箱倒柜，吃我的粮啃我的书，还吵得我夜里睡不好。听说朋友家的猫要生了，我赶紧去买了新鲜的鱼，顺手攀折柳条穿于鳃口，捎回喂猫。希望猫仔降临时能聘回家中，这样，我的书籍就能免遭鼠患了。"衔蝉"不是名字，而是宋人对猫的雅称。两宋时期，商品经济较之前更为发达，城市的繁荣也体现在了宠物饲养方面。猫就是宋朝人非常喜爱的宠物之一。古人养猫有着独特的风雅和仪式感，要说对猫的喜爱，现代人和宋人相比可能是小巫见大巫。

文人雅士"追猫"成风

宋代时期，猫逐渐成为陪伴人们的"宠物"。上至达官显贵，下到贩夫走卒，文人骚客，三六九等，皆爱养猫。《梦粱录》中记载了都城临安人家饲养宠物猫的情景，"猫，都人畜之，捕鼠。有长毛，白黄色者称曰'狮猫'，不能捕鼠，以为美观，多府第贵官诸司人畜之，特见贵爱"。《相猫经》中称"猫之有毛色，犹人之有荣华"。由黑、白、黄三色组成的花猫，叫"玳瑁斑"，深得时下大多数人的喜爱。

《东京梦华录》记述北宋都城汴京风土，《武林旧事》追忆南宋都城临安风情，它们都记录下了宋代宠物猫经济的繁荣，"相国寺每月五次开放万姓交易。大三门上皆是飞禽猫犬之类。珍禽奇兽。无所不有。""养猫则供猫食并小鱼、猫窝、猫鱼、卖猫儿、改猫犬。"就连当朝的皇帝也是十足的"猫奴"——宋徽宗素来喜爱将珍禽和花鸟入画，模样可人的猫儿又岂能放过。而且，他画猫有个固定的选题，喜欢将"猫与蝶"相组合，缘于猫谐音"耄"，蝶谐音"耋"，寓意"耄耋"长寿，仙寿恒昌。

宋代以猫为主要描绘对象的画作很多，还出现了许多专门画猫的画家和作品，比如易元吉的《猴猫图》、毛益的《蜀葵戏猫》、靳青的《双猫图》、许迪的《葵花狮猫图》以及无名氏的《狸奴》《富贵花狸图》《狸奴婴戏图》《宋人戏猫图》和《游猫图》。这些画作为我们还原了宋代宠物猫的生活细节，它们或悠闲地休息，或嬉戏跳跃，或和主人一起玩耍，煞是可爱。在易元吉的《猴猫图》中，右边的猴子被拴在木桩上，抱着一只小猫，不知道在看什么。左边那只小猫神色惊恐，显然是生气了，毛都炸开了，画得很细致形象。《宋人戏猫图》画了八只猫，而且配有牡丹、竹子、桃树、湖石、桌椅等，都是富丽堂皇的装饰。

李迪是善画猫的名家之一，"河阳人，宣和茞职画院，授成忠郎，绍兴间复职画院副使，赐金带，历事孝光朝，工画花鸟竹石，颇有生意，山水小景不迨"。① 花鸟竹石、鹰鹊犬猫，耕牛山鸡，在他的笔下都栩栩如生，如《猎犬图》《枫鹰雉鸡图》和《狸奴蜻蜓图》等，在两宋画院中以山水、人物画为主之外，他是尤为钟爱以动物入画的奇才。动物的灵性与生趣，经他敏锐捕捉，刻画入神，就像能从画中与人嬉戏、对话一般。

李迪所绘《狸奴小影图》，② 画中这猫儿：头圆、耳小、尾短、毛长、目光炯炯，按照《相猫经》中的形容，它符合一只良种猫的特征，周身毛发金黄均匀，胸前绒毛微微卷曲，看上去虽尚年幼，但也应是只活泼好动的机灵鬼。此刻它双目圆瞪，正聚精会神地注视着不名之物。它碧褐色的眼睛，圆溜溜，满是机警；须毛一根根竖起，犹如一只柔软的刺猬；右前足微弯，好似箭在弦上，随时准备腾空而起。让人忍不住想象它也许正忙于捕猎，又或是在和主人游戏，静候下一秒的蓄势待发。《秋葵山石图》③中，一只"玳瑁斑"正与一只小黑犬隔空对峙。"玳瑁斑"弓着背作出恐吓的表情，小黑犬则一脸得意、挑逗的神态，上演了千年前的猫狗大战。

① 夏文彦：《图绘宝鉴》，太原：山西教育出版社 2017 年版。
② 林子琪：《南宋李迪花鸟画研究》，杭州：中国美术学院 2020 年硕士学位论文。
③ 林子琪：《南宋李迪花鸟画研究》，杭州：中国美术学院 2020 年硕士学位论文。

宋 李迪《狸奴小影图》

宋 李迪《秋葵山石图》

　　宋人对猫的态度非常友好和公平。《夷坚志》讲过一个故事，说从政郎陈朴之母"畜一猫甚大，极爱之，常置于旁，猫娇呼，则取鱼肉和饭以饲"。这只猫并不可爱，反而体型偏大，但是老人家喜欢它，常常将猫放在身边，有时候它一叫，老人家立即乐颠颠地准备鱼肉和饭，猫儿被伺候得很舒服。南宋诗人胡仲弓为猫咪专门写了一首《睡猫》，大体描述自家养了一只懒猫的经历：家中的粮食遭到鼠害，可他家养的猫事不关己，天天呼呼大睡，导致这样的原因很简单，因为家中人对猫太过宠溺了，经常鱼肉和好饭伺候着。但是即使它这样懒，家人仍像养儿子一样照顾它，"无奈家人犹爱护，买鱼和饭养如儿"。

　　如果在宋代，要评选一位最多产的写猫博主，恐怕非陆游莫属。很多人赞叹他"山重水复疑无路，柳暗花明又一村"的哲思，赞叹他"夜阑卧听风吹雨，铁马冰河入梦来"的豪情，赞叹他"山盟虽在，锦书难托"的痴情，赞叹他"云散后，月斜时，潮落舟横醉不知"的潇洒。晚年的陆游，却搬到山村，与猫为伴，开始了岁月静好的生活。《赠猫》其一云："盐裹聘狸奴，常看戏座隅。时时醉薄荷，夜夜占氍毹。鼠穴功方列，鱼餐赏岂无。仍当立名字，唤作小於菟。"陆游抱回了这只猫之后，便开始担心不能给它更好的生活。《赠猫》其二云："裹盐迎得小狸奴，尽护山房万卷书。惭愧家贫策勋薄，寒无毡坐食无鱼。"过不了多长时间，陆游又弄回来一只猫，起名叫"雪儿"。《得猫於近村以雪儿名之戏为作诗》云："似虎能缘木，如驹不伏辕。但知空鼠穴，无意为鱼餐。薄荷时时醉，氍毹夜夜温。前生旧童子，伴我老山村。"接着，陆游在养猫的路上越走越远了，又弄回来一只叫做粉鼻的猫。《赠粉鼻诗》云："连夕狸奴磔鼠频，怒髯嗺血护残囷。问渠何似朱门李，日饱鱼殌睡锦茵。"

有一天，陆游发现自己的藏书都被老鼠咬坏了，这下他可真生气了！决定写一首诗谴责这些偷懒的猫咪。《二感》云："狸奴睡被中，鼠横若不闻。残我架上书，祸乃及斯文。乾鹊下屋檐，鸣噪不待晨。但为得食计，何曾问行人。惰得暖而安，饥得饱而驯，汝计则善矣，我忧难具陈。"因为住得太舒适了，所以你们都变懒了，只能饿着你们，你们才会去抓老鼠。唉，这个计策虽然很好，但是我却不忍心用啊！毕竟，在孤单的时光里，还可以撸猫啊！《十一月四日风雨大作》其一云："风卷江湖雨暗村，四山声作海涛翻。溪柴火软蛮毡暖，我与狸奴不出门。"

养猫还得下聘

两宋之际，国人对猫的喜爱程度达到了一个顶峰。在宋朝养猫，没有买卖之说，而是"聘猫"。"聘"这个词，浓缩了宋人对猫咪的感情！说到"聘"这个字，让人联想到古代人"聘妻"，两者都用一个"聘"字。看来在宋人的观念中，猫就像是自己的家人，而不是一个捕鼠的工具，或者说为了讨人欢心的小宠物。"聘猫"也称为"纳猫"，什么意思呢？人们会挑选猫的颜值，以纯黄色的最好，其次是纯白的，退而求其次是纯黑的。颜值高的猫被人宠着养着，天生就是富贵命，尤其是"狮猫"品种非常名贵。《咸淳临安志》中记载："都人畜猫，长毛白色者，名狮猫，盖不捕鼠，猫徒以观美。"这种舶来的波斯猫非常贵重，不吃老鼠，只能以"炙猪肝与食，令毛酡润"。

选好了猫之后，接下来就要"聘猫"了，宋代有一系列的完备流程。首先，想要彻底得到这只猫，得挑选一个黄道吉日，在《象吉备要通书》《居家必备》和《玉匣记》等书中都有相关记载：纳猫日，宜甲子、乙丑、丙午、丙辰、壬午、壬子、庚子，天月德、生炁，日忌飞廉、受死、惊走、归忌等日。所以大家如果发现猫不听话，很可能就是因为当时抱猫回家时没有翻老黄历。

然后，给猫写上一份"纳猫契"："一只猫儿是黑斑，本在西方诸佛前。三藏带归家长养，护持经卷在民间。行契其人是某甲，卖与邻居某人看。三面断价钱若干，随契已交还。买主愿如石崇豪富，寿比彭祖年高，仓米自此巡无怠，鼠贼从兹捕。不害头牲并六畜，不得偷盗食诸般。日夜在家看守物，莫走东畔与西边。如有故逃走外去，堂前引过受笞鞭。某年某月某日，行契人某押。东王公证见南不去，西王母证知北不游。"①其中蕴含了宋人对于猫儿和买卖双方最美好朴实的祝愿，最终还要在纳猫契的两边写上，"东王公证，见南不去，西王母证，见北不游"，祈请东华帝君和西王母来作为契约的见证人，祝愿猫儿不会走失。这种纳猫契，有种神秘的法术味道。宋人认为文字有一定的效力，所以以契约多用特殊的写法寄予特殊的效果。而猫猫们的纳猫契上，独一无二的螺旋状文字排列，和任何动物都不同。如此独特的存在，也是宋人对猫特殊宠爱的一种表达方式吧。

"纳猫契"

其实宋人买牲口也是要签订契约的，只不过，人们给猫的是聘书，搞得像婚书一样，大意是主人和猫缔结契约，请神仙见证。"纳猫契"上面记载了纳猫的日期、纳猫人的要求等。聘书也是很讲究的，上面要写上猫咪的外貌和性格特征，以及主人对猫咪的期望：要好好捉老鼠，不要到处乱跑，不要偷吃东西等，比如"北不游，南不去"，也就是希望自家猫主子不要到处乱跑。还有的"日夜在家看守物，莫走东边与西边。如有故违走外去，堂前引过受笞鞭。年　月　日，行契人"。就是说：猫儿啊，你得好好看家，别东跑西窜的，如果违规跑外面去了，得在大堂上挨鞭子。

接着，给猫咪找一份聘礼，这样前期准备工作就结束了。"聘礼"越丰厚，越能说明你对猫咪的喜爱之情。毕竟下定的这些"聘礼"，都是迎接猫咪回家的礼物！聘礼分为两种，如果小猫是家养的，就要给主人家一些盐，或者茶叶、方糖；如果小猫是野生的，就要给猫妈妈一些小鱼等。因为盐和小鱼在古代属于比较贵重的食物，以盐或鱼当聘礼，一方面可以体现领养人对小动物的重视；另一方面猫主人也可以获得一些实惠。每个地方风俗不同，给的聘礼也不同。不过给盐的人相对多一点，这里面也有讲究，

① 李妍颖：《纳猫民俗研究：基于范热内普"过渡礼仪"理论》，《乐山师范学院学报》，2022 年第 2 期。

第一，盐在古代是官府控制的紧缺物品。第二，"盐"的读音是"缘"，用盐作为聘礼，寓意两家结缘，内涵意思比较好。对于有灵性的东西，宋人都是说请不能说买。另外，你看猫像不像江南水乡温婉的女子？送聘礼把猫娶回家，符合当时的场景。

在把猫纳回家的时候也很有讲究，《崇正辟谬通书》云："用斗或桶，盛以布袋，至家讨著一棍，和猫盛桶中携回。路遇沟缺，须填石以过，使不过家，从吉方归。取猫拜堂灶及犬毕，将箸横插于土堆上，令不在家撒屎，仍使上床睡，便不走往。"必须把它们装在斗或者桶里面，外边裹上布袋，再找主人家去要一副筷子放入其中。带猫猫回家的路上如果碰到沟沟壑壑，要把它填平再走过去，寓意"平平安安、完完整整"，在把猫带回家后的三个时辰内，要带着它拜灶神、拜家中的成员，然后把之前要来的那双筷子插到土中，作为以后小猫的"专用厕所"。古人的这套"纳猫法"，或许是他们早已发现猫有领地意识，于是将一根带有猫妈妈气味的筷子插进土堆，制成了原始的"猫砂盆"。

猫咪好奇心强，上蹿下跳到处玩儿，为了防止小猫咪走丢，古人还总结了一套"防丢猫大法"。譬如"初乞小猫归，与猪肝一二片，携猫出门外，用细竹枝鞭之，放回家再与肝二片"。[1] 就是让小猫长长记性，老实在家就有猪肝吃，出门就要挨打，如此多训练几次，猫就不敢到处乱跑了。还有个法子更有趣，"失猫者禳灶神，乃以绳缏围捆于灶囱，数日猫反"。猫喜欢睡在温暖的灶膛旁，所以祈求灶神大显神威把猫吸引回来。还有一种流传很久的"剪刀大法"，在灶台上放一碗清水，碗上平放一把剪刀，剪刀开口指向家门或窗户方向，然后叫唤猫咪的名字，猫就会回家。

给猫"下聘礼"，这个过程严谨又有趣，可是一步都不能缺少。虽然有点繁文琐节，但可见宋人把"聘猫"视为一件神圣的事情。宋朝很重视仪式礼节，"最是阳春好时节，花下狸奴卧弄儿"。只有珍视每一个弱小生命的人，才能酝酿出一整个和谐、互敬互爱的社会。憨态可掬的小动物们，也用它们的温情陪伴，默默回馈了宋人，毕竟，人和宠物的相处时日，也许比很多人与人之间的缘分，还要漫长、久远得多。作为帝王将相、达官显宦、文人墨客、市井俗人的第一宠物，猫丰富了无数宋人的精神世界。

---

① 徐春甫：《古今医统大全》，北京：科学出版社1998年版。

作词"侑欢"

　　现代社会盛行追求刺激，寻欢作乐，很多人往往被大量具备及时满足特点的休闲方式填塞，甚至做出很多出格的事来。以至于提到"找乐子"，说到与"闲适文化"相关的词语，年轻人更多是嗤之以鼻，并觉得不屑一顾。其实，现代的很多娱乐是没有太多内涵的。虽然它们能够让我们在短时间内过得快乐，打发无聊的时间，但并不能让我们内心充实。而古代的志士贤人则追求生活的优雅与内心的自由，所谓"莫道闲中一事无，闲中事业有功夫"。"寻欢作乐"，在古代其实是非常有技术含量的，张先在《天仙子·观舞》中就记录了他的观察：十岁手如芽子笋。固爱弄妆偷傅粉。金蕉并为舞时空，红脸嫩。轻衣褪。春重日浓花觉困。斜雁轧弦随步趁。小凤累珠光绕鬓。密教持履恐仙飞，催拍紧。惊鸿奔。风袂飘摇无定准。

　　在这首词里，张先对酒会宴席上歌女的容颜、舞姿与歌喉的描写堪称经典，为人们展现了一个歌舞曼妙、歌喉婉转的歌伎形象：她宛如仙子般美丽动人，身姿曼妙、舞姿婀娜灵动，能唱出悦耳的歌曲，娴熟地演奏乐器；她用舞姿和歌声为筵席助兴，来宾沉浸在她优美的舞姿与歌声中。看来古人高级宴会的乐趣，尽在歌伎将文人填好的词付之管弦以劝酒。这是宋代休闲文化中一朵别有风姿的奇葩，是劝酒行为的文明化和艺术化。跟我们现在的"感情深，一口闷"这种劝酒顺口溜相比真是高明多了。实际上，在宋人的心目中，面对良辰美景，在各种雅俗共赏之场合，有一种非词不足以尽兴的习俗。

"日有文酒之乐"

　　大多数宋人，尤其是在具有一定文化修养的文人看来，听词既是筵席上娱乐的方式，更是一种艺术欣赏，宋代的文人雅士在酒宴等各种场合上作词"侑欢"蔚然成风。晏殊就很喜欢"坐堂上置酒，从容出姬侍奏管弦、按歌舞，以相娱乐"。《避暑录话》载："晏元宪公虽早富贵，而奉养极约，惟喜宾客，未尝一日不燕饮。而盘馔皆不预办，客至，旋营之。顷有苏丞相子容，尝在公幕府，见每有嘉客必留，但人设一空案、一杯。既命酒，果实蔬茹渐至，亦必以歌乐相佐，谈笑杂出。数行之后，案上已灿然矣。稍阑，即罢遣歌乐曰：'汝曹呈艺已遍，吾当呈艺。'乃具笔札，相与赋诗，率以为常。前辈风流，未之有比。"词，"其发而声诗，能使人甘听忘倦，如饮醇酒"。可以说，作词"侑欢"，是宋代文人士大夫"寻欢作乐"的正确打开方式。

"自制词以侑觞"

宋代文人但凡举行宴会，均流行以歌舞佐酒，除了精妙绝伦的舞蹈之外，欣赏优美动听的歌喉更是宴会娱乐的主要内容，这种场合唱的就是词。作词成为一种侑酒的技艺。而以作词唱词侑觞佐欢，则成为宴席活动中的主要内容。胡铨《经筵玉音问答》记录了宋代宫中酒宴唱词的诸多有趣情节，"隆兴元年（1163年）癸未岁，五月三日晚，侍上于后殿之内阁，……上御玉荷杯，予用金鸭杯。初盏，上自取酒，令潘妃唱《贺新郎》，旨令兰香执上所饮玉荷杯，上注酒顾余曰：'《贺新郎》者，朕自贺得卿也，酌以玉杯者，示朕饮食与卿同器也，此酒当满饮。'予乃拜谢，上自以手扶，谓予曰：'朕与卿，老君臣，一家人也，切不必事虚礼。'《贺新郎》有所谓'相见了、又重午'句，旨谓予曰：'不数日矣。'又有所谓'荆江旧俗今如故'之说，上亲手拍予背曰：'卿流落海岛二十余年，得不为屈原之葬鱼腹者，实祖宗天地留卿以辅朕也。'……次盏，予执樽立于上前曰：'臣岭海残生，误蒙知遇，……前杯已误天手赐之酒矣，但礼有施报……不避万死，辄奉玉卮，一则以上陛下万岁之寿，二则以谢陛下赐酌百世之恩，三则以见小臣犬马之报。'乃执尊再拜酌酒。上再三令免拜，亦且微揖。潘妃执玉荷杯，唱《万年欢》，此词乃仁宗亲制。上饮讫，自执尊坐，谓予曰：'礼有施报，乃卿所言。'予再三辞避，蒙旨再三劝勉，上乃亲唱一曲，名《喜迁莺》，以酌酒。且谓余曰：'梅霖初歇，惜乎无雨。'予乃恭谢，饮讫，各就坐。上谓余曰：'朕昨苦嗽，声音稍涩。朕每在宫，不妄作此，只是侍太上宴间，被旨令唱，今夕与卿相会，朕意甚欢，故作此乐，卿幸勿嫌。'予答曰：'方今太上退闲，陛下御宇，正当勉志恢复，然此乐亦当有时。'……次盏，蒙旨潘妃取玉龙盏至，又令兰香取明州虾鲊至，特旨令妃劝予酒，予再辞不获。上旨谓妃曰：'胡侍读能饮，可满酌。'歌《聚明良》一曲。上抚掌大笑曰：'此词甚佳，正惬朕意。'……"

《经筵玉音问答》记载的这次宫中小型酒宴，一共唱了四首词，宋孝宗令潘妃唱南宋甄龙友《贺新郎》、宋孝宗唱北宋黄裳《喜迁莺》，潘妃唱宋仁宗亲制《万年欢》和无名氏《聚明良》。也就是说，宴饮一场，把盏数轮，时称第一盏、第二盏、第三盏，至于若干。每一盏之间都必要有送酒歌，歌词要与筵席主题、气氛，还有宾主的身份乃至性情、爱好相合，才是最好。《三朝北盟会编》记孔彦舟事：“孔彦舟在鄂州授靳黄州镇抚使，中秋日，彦舟作筵会，东边坐统制将官，西边坐州县官。早筵十二盏，每盏出四美人，秾纤长短大抵一般，又一般装束，执板讴词，凡四十八人。晚筵十二盏，每盏出四女童，如早筵，亦四十八人。器皿尽用黄金。”

新词一旦完成，歌伎执红牙板歌吟一番是让每位词客最乐意欣赏的事件。黄庭坚就是如此。他的《木兰花令》是一首为人劝酒的词。该词词序说：“庾元镇四十兄，庭坚四十年翰墨故人。庭坚假守当涂。元镇穷，不出入州县。席上作乐府长句劝酒。”那么，充当“劝酒”的人又是谁呢？黄庭坚在词中是这样写的：“樽前见在不饶人，欧舞梅歌君更酹。”原来，替他向庾元镇劝酒的是“欧”和“梅”。而这“欧”和“梅”又是何许人呢？黄庭坚在词末又自注说：“欧、梅，当涂二妓也。”原来，这两位劝酒者是当涂地方上的两位歌伎。

与此成对应的是，就是当时，贺铸也路过此地。《词苑丛谈》载：“方回词有《雁后归》云：‘巧剪合欢罗胜子，钗头春意翩翩。艳歌浅拜笑嫣然：愿郎宜此酒，行乐驻华年。未是文园多病客，幽襟凄断堪怜。旧游梦挂碧云边。人归落雁后，思发在花前。’山谷守当涂，方回过焉，人日席上作也。”这首词正是为黄庭坚劝酒而作的。“艳歌浅笑拜嫣然：愿郎宜此酒，行乐驻华年。”体态婀娜、仪态万方的歌伎捧着一杯酒，唱着让人迷醉的艳歌，对着席上的客人嫣然巧笑，浅浅一拜唱道：“愿您喝了这杯酒，年年快乐长久。”这是当日席上的情景，也是当时流行于整个社会的人们的生活方式。艳姝丽女舞于尊前，唱着流行的新声小调，款款地为客人、主人敬酒。而宾主双方“满坐迷魂酒半醺”。歌伎歌舞佐酒与文人填词听歌在北宋已成“人人歆艳”的风俗习尚。

除黄庭坚、贺铸之外，其他文人也有热衷于此的。仲并的《好事近》词序说：“宴客七首，时留平口，俾侍儿歌以侑觞。”毛滂的《剔银灯》词序也说：“同公素赋，侑歌者以七急拍、七拜劝酒。”刘过《酒楼》云：“夜上青楼去，如迷洞府深。妓歌千调曲，客杂五方音。藕白玲珑玉，柑黄磊落金。酣歌恣萧散，无复越中吟。”所谓“妓歌千调曲”，正是宋代饮酒习俗之要。以歌送酒，实在是宋代文人士大夫宴席之常。戴复古《洞仙歌》云：“一笑且开怀，小阁团栾，旋簇着、几般蔬果。把三杯两盏记时光，问有甚曲儿，好唱一个？”文人写这些词的根本目的，在于酒席上播诸美人皓齿及其所擅长的管弦声，最终是用来侑觞劝酒的。所谓"芰荷香里劝金觥，小词流入管弦声"。

最为风流的是杨湜在《古今词话》中所记载的："苏子瞻倅杭日，府僚湖中高会，群妓毕集，惟秀兰不来，营将督之再三乃来。子瞻问其故，答曰：'沐浴倦卧，忽有叩门声，急起询之，乃营将催督也。整妆趋命，不觉稍迟。'时府僚有属意于兰者，见其不来，恚恨不已，云必有私事。秀兰含泪力辨，而子瞻亦从旁冷语，阴为之解，府僚终不释然也。适榴花开盛，秀兰以一枝藉手献座中，府僚愈怒，责其不恭。秀兰进退无据，但低首垂泪而已。子瞻乃作一曲，名《贺新凉》，令秀兰歌以侑觞，声容绝妙，府僚大悦，剧饮而罢。其词云：'乳燕飞华屋，悄无人，桐阴转午，晚凉新浴。手弄生绡白团扇，扇手一时似玉。渐困倚孤眠清熟。门外谁来推绣户，枉教人梦断瑶台曲。又却是，风敲竹。石榴半吐红巾蹙。待浮花浪蕊都尽，伴君幽独。浓艳一枝细看取，芳心千重似束。又恐被西风惊绿。若待得君来向此，花前对酒不忍触。共粉泪，两簌簌。'"苏轼在杭州任职时，有一次，同僚好友们在西湖之畔举行宴会，当时风气是要歌妓陪席，宴会开始时，各位歌妓都至，只有一位叫秀兰的绝色佳人，因为沐浴困倦小睡了一会，所以迟到了。结果有一位府僚大为生气，责问于她，秀兰就手折一枝石榴花请罪，谁知府僚更怒，苏轼见状，便写下了这首《贺新郎》为之解围。

"一曲新词酒一杯"，用作送酒的"新词"多是出于士大夫之手，歌唱则有清乐、小唱、"歌舞演唱"之类。灌园耐得翁《都城纪胜》载："清乐比马后乐，加方响、笙、笛，用小提鼓，其声亦轻细也。"又"唱叫小唱，谓执板唱慢曲、曲破，大率重起轻杀，故曰浅斟低唱"。是清乐伴奏多，小唱则省便，即歌伎执拍板唱慢词，起处音高，收时柔曼，以取余音袅袅之效。小唱的伴奏相对简单，只需箫、笛、筚篥等简单乐器，甚至只用一副拍板即可进行。它在宋代成为一种普遍的表演形式，其标志在于"独唱"，由歌妓一人演唱。"清乐"是小唱之外的一种演出形式，由歌妓数人以至数十人合唱，场面比较宏大。歌舞演唱则是载歌载舞的表演形式。南宋词人史浩有一套《渔父舞》，由演员扮演渔父，载歌载舞。四位演员分作两行上场，为首的渔父先念词"贸城中有蓬莱岛"等句，之后两人念诗，念毕齐唱《渔家傲》，并戴上斗笠，伴随不同的词句表演相应的舞蹈动作。全套表演一共唱八阕词，随着内容的切换，四人组成的舞队分别表演戴笠子、披蓑衣、划楫、摇橹、钓鱼、得鱼、放鱼、饮酒等不同动作。念诗、唱词、舞蹈三者相互配合，在表演中生动地展现渔父的日常生活。

　　有的歌伎主要是唱主人的词作，有的则歌唱客人之词，还有的喜欢唱一些当时流行的名家之作。龚明之《中吴纪闻》载："吴感，字应之，以文章知名。天圣二年，省试第一，又中天圣九年书判拔萃科，仕至殿中丞。居小市桥，有侍姬曰红梅，因以名其阁。尝作《折红梅》词。其词传播人口。春日郡宴，必使倡人歌之。"岳珂在《桯史》中记载了自己年少时当面点评辛弃疾词的一段故事："稼轩以词名，每燕必命侍妓歌其所作。特好歌《贺新郎》一词，自诵其警句曰：'我见青山多妩媚，料青山见我应如是。'又曰：'不恨古人吾不见，恨古人不见吾狂耳。'每至此，辄拊髀自笑，顾问坐客何如，皆叹誉如出一口。既而又作一永遇乐，序北府事，首章曰：'千古江山，英雄无觅孙仲谋处。'又曰：'寻常巷陌，人道寄奴曾住。'其寓感概者，则曰：'不堪回首，佛狸祠下，一片神鸦社鼓。凭谁问：廉颇老矣，尚能饭否？'特置酒召数客，使妓迭歌，益自击节。"辛弃疾对自己的这两首词非常得意，甚至每次听到歌伎演唱到其中警句，总是开心地拍着自己的大腿。

　　歌伎歌唱主人之词以侑觞，自然容易得到主人的欢心，但从另一个角度来看，主人宴客，目的也是使客人满意。因此，有的歌伎就选择客人的词来歌唱，以投主客双方之好。王明清《玉照新志》载："李汉老邴少年日，作汉宫春词，脍炙人口，所谓'问玉堂何似？茅舍疏篱'者是也。政和间，自书省丁忧归山东，服终造朝，举国无与立谈者。方怅怅无计，时王黼为首相，忽遣人招至东阁，开宴延之上坐。出其家姬数十人，皆绝色也。汉老惘然莫晓。酒半，群唱是词以侑觞，汉老私窃自欣，除目可无虑矣。喜甚，大醉而归。"李汉老作为首相邀请来的客人，由首相的家妓为其唱词侑觞。于是，这些家妓就唱李汉老少年时的佳作，这自然令其得意万分。

"以新词送茶"

　　宋代的文人士大夫聚宴，一般都是酒茶俱备，宴饮的程序是酒后品茶。因此，宋代招待客人讲究"客来进茶，客去进汤"，客人来了，上茶，就由歌伎唱一首与茶有关的词，这叫做茶词；客人要走了，奉上汤，歌伎往往又要唱一首汤词。词不仅用来侑酒，还用来送茶助兴。《岁华纪丽谱》载："二日，出东郊，早宴移忠寺(旧名碑楼院)，晚宴大慈寺。清献公记云：'宴罢，妓以新词送茶，自宋公祁始。盖临邛周之纯善为歌词，尝作《茶词》，授妓首度之以奉公，后因之。'"由于茶词是送客的，故而茶词中多有茗事景象的描写。而宋代文人士大夫宴饮时，一般都有歌伎烹茶、送茶。《诚斋诗话》载："东坡谈笑善谑。过润州，太守高会以飨之。饮散，诸妓歌鲁直《茶》词云：'惟有一杯春草，解留连佳客。'坡正色曰：'却留我吃草。'诸妓立东坡后，凭胡床者，大笑绝倒，胡床遂折，东坡堕地。宾客一笑而散。"

在宋代，与宴罢送茶这一风气适应的是，文人们纷纷写作"茶词"。宴后烹茶唱茶词是为了延续醉后余欢。黄庭坚《看花回》（茶词）云："夜永兰堂醮饮，半倚颓玉。烂熳坠钿堕履，是醉时风景，花暗烛残，欢意未阑，舞燕歌珠成断续。催茗饮、旋煮寒泉，露井瓶窦响飞瀑。"酒歇而欢意未阑，于是再烹清茗、唱茶词以振余欢。再如《惜余欢》（茶词）云："歌阑旋烧绛蜡。况漏转铜壶，烟断香鸭。犹整醉中花，借纤手重插。相将扶上、金鞍骤霭，碾春焙、愿少延欢洽。未须归去，重寻艳歌，更留时霎。"也是以碾点春茶，再唱艳歌，来少延欢洽。由于茶词是在酒阑宴散时所歌，故而其中还含有留客和送客的意思。

再来看毛滂的《摊声浣溪沙》词，他在词序中写道："天雨新晴，孙使君宴客双石堂，遣官奴试小龙茶。"孙使君，时为衢州守。双石堂就是由他所建，堂址在州治厅左。显然，这是一次由官员在官府举行的宴会。会上，孙使君"遣官奴试小龙茶"，毛滂将此情景创作成一首词："日照门前千万峰，晴飙先扫冻云空。谁作素涛翻玉手，小团龙。定国精明过少壮，次公烦碎本雍容。听讼阴中苔自绿，舞衣红。"小团龙，又作"小团"，茶之品莫贵于此。看来，一般都是歌伎在文人士大夫的酒宴之后，及时出来唱词送茶，延客助兴。此词下阕虽是对孙使君的褒美，却也寄托了词人"听讼"的感想，并委婉透露出民政静简的社会安定气象。在当时，多数茶词除消遣娱乐功能外，还有为茶之新品进行广告宣传的功能。如"密云龙""龙焙"等，经词人题咏，其品名更为高贵，以至腾响朝野，缙绅竞相购求，更刺激起品茗饮茶习尚之大兴。

程班《西江月·茶词》和《鹧鸪天·汤词》写于同时。其《茶词》云："岁贡来从玉垒，天恩拜赐金奋。春风一朵紫云鲜。明月轻浮盏面。想见清都绛胭，雍容多少神仙。归来满袖玉炉烟。愿侍年年天宴。"《汤词》云："饮罢天厨碧玉筋。仙韵九奏少停章。何人采得扶桑椹，捣就蓝桥碧绀霜。凡骨变，骤清凉。何须仙露与琼浆。君恩珍重浑如许，祝取天皇似玉皇。"这两首词均属"御制"。看来宋代酒后饮茶，茶后喝汤，朝廷赐宴亦如是。黄庭坚《定风波·客有两新鬟善歌者，请作送汤曲，因戏前二物》云："歌舞阑珊退晚妆。主人情重更留汤。冠帽斜敧辞醉去，邀定，玉人纤手自磨香。又得尊前聊笑语。如许。短歌宜舞小红裳。宝马催归朱户闭。人睡。夜来应恨月侵床。"在宋朝的宴席上，客"欲去则设汤"。他的《好事近·汤词》又云："歌罢酒阑时，潇洒座中风色。主礼到君须尽，奈宾朋南北。暂时分散总寻常，难堪久离拆。不似建溪春草，解留连佳客。"送汤几乎成了宋人酒筵散后的一种礼仪程式，文人以词咏之，更平添无尽风调情韵。

"清讴娱客"

作为主人在迎接和招待来宾时，都会尽量运用各种方式营造轻松愉快的氛围，从而使客人尽情地享受作客的乐趣。显然，这也是与人们的生活情趣密切相关。在宋代，从君臣到一般的士大夫，他们用以遣兴的手段之一便是唱词、作词。《词苑丛谈》载："淳熙十年(1183)八月十八日，孝宗与太上皇往浙江亭观潮。太上皇喜见颜色，曰：'钱塘形胜，东南所无。'上起奏曰：'钱塘江潮，亦天下所无有也。'太上宣谕侍宴官，令各赋《酹江月》一曲，至晚进呈，太上以吴琚为第一。"君臣在一年一度的观潮节时，边观潮边赋词。

胡铨《经筵玉音问答》载："隆兴元年五月三日晚，侍上于后殿之内阁，命予坐于侧，旨唤内侍厨司满头花办酒，初盏上自取酒，令潘妃唱《贺新郎》。旨令兰香执上所饮玉荷杯，上注酒顾予曰：'此酒当满饮。'食两味八宝羹。次盏潘妃执玉荷杯，唱《万年欢》，食两味鼎煮羊羔，胡椒醋子鱼。次盏蒙旨潘妃取玉龙盏至，又令兰香取明州虾脯至，特旨令妃劝予酒，歌《聚明良》一曲，上大笑曰：'此词甚佳，正惬朕意。'又谓予曰：'此妃甚贤，虽待之以恩，然不至如他妇人，即唱劝酒事可见矣。'上谓予曰：'卿可酌一杯，以回妃酒。'予曰：'内外事殊，臣恐明日朝臣议臣之非。'上乃拱手答曰：'此朕之误言也。'又自取酒亲酌赐予，食两味胡椒醋羊头，真珠粉及炕羊炮饭，食毕上乃移步至明远亭，又索酒再酌满饮，顷闻天竺钟声，池畔柳中鸦噪矣。"君臣相聚时，以作词、唱词为娱乐手段。

《武林旧事》亦载："太上倚阑闲看，适有双燕掠水飞过，得旨令曾觌赋之，遂进《阮郎归》云：'柳阴庭院占风光，呢喃春昼长。碧波新涨小池塘，双双蹴水忙。萍散漫，絮飞扬，轻盈体态狂。为怜流水落花香，衔将归画梁。'即登舟，知张抡进《柳梢青》云：'柳色初浓，余寒似水，纤雨如尘，一阵东风，纹微皱，碧沼鳞鳞。仙娥花月精神，奏凤，鸾弦斗新，万岁声中，九霞杯内，长醉芳春。'曾觌和进云：'桃靥红匀，梨腮粉薄，鸳径无尘，凤凌虚，龙池澄碧，芳意鳞鳞。清时酒圣花神，看内苑，风光又新，一部仙韶，九重鸾仗，天上长春。'各有宣赐。"

文人的生活中更是如此。陈世修《阳春集》"序"中记其外祖、南唐相国冯延巳的作词背景时说："公以金陵盛时，内外无事。朋僚亲旧，或当宴集，多运藻思，为乐府新词。俾歌者倚丝竹而歌之，所以娱宾遣兴也。"冯延巳之所以"为乐府新词"，就是为了在与朋友聚会时达到"娱宾遣兴"的目的。周密《瑞鹤仙》序也记述了一个"主客皆赏音""为之尽醉"的故事："寄闲结吟台出花柳半空间，远迎双塔，下瞰六桥，标之曰，湖山绘幅，霞翁领客落成之。初筵，翁俾余赋词，主宾皆赏音。酒方行，寄闲出家姬侑尊，所歌则余所赋也。调闲婉而辞甚习，若素能之者。坐客惊托敏妙，为之尽醉。越日过之，则已大书刻之危栋间矣。"

宋代文人喜欢郊游，而且，他们郊游时往往喜欢与朋友结伴而行。于是，作为郊游活动的主持者，就要千方百计使同行者高兴而来，满意而去。此时此刻，他自然不会忘记以词来为游玩的客人助兴。《醉翁谈录》载："一日，王上舍勉仲，邀崔术游春出郊，特呼角妓张赛赛侑樽。酒已数行，崔木酣醉。王上舍谓赛赛曰：'崔上舍，今之望人也；尔乃京城之角妓也，以望人而遇角妓，可谓一时之佳遇。适今之时，正属仲春，日暖风和，花红柳绿，景物如此，岂可无一词以歌咏乎？尔可请崔上舍赋一词，于席前歌之，庶不负今日之景也。'赛赛曰：'既承台命，愿有所请也。'乃敛任缓步，至崔木之前，媚其颜色，和其声气，谓崔木曰：'妾闻阳和不择地而生物，此天之时也。文章如万斛泉源，不择地而出，此人之才也。方今风和日暖，景色妍媚，文人才士，当此之时，岂可无佳词以咏一时之乐哉？主人适遣妾来，求金玉以咏佳景，令妾执板一唱，以助清欢。若蒙不鄙妾之鄙陋，即赐一挥而就，使妾不受重罚，当图厚报。'崔木曰：'但恐小子不才，辞不远意。'妓曰：'主人之意已坚，不必以他辞为拒也。'崔木于是索纸笔，更不停思，成词。词（略）。词毕，赛赛执檀板，向筵前歌之。赛赛声音嘹亮，腔调不失。王上舍大喜，引巨觥满泛，以尽宾主之欢，所以赏劳赛赛者甚厚。"这里，王勉仲邀请崔木一同外出游春，并让名歌伎来为崔木劝酒。酒过数巡之后，作为主人的王勉仲还觉得不够尽兴，于是又命随行的歌伎请求崔木赋词，并将此当场歌唱，以不辜负那"日暖风和""花红柳绿"的良辰美景。

《邵氏闻见录》亦载："谢希深、欧阳永叔官洛阳时，同游嵩山。自颍阳归，暮抵龙门香山。雪作，登石楼望城，各有所怀。忽于烟霭中有策马渡伊水来者，既至，乃钱相遣厨传歌伎至。吏传公言曰：山行良劳，当少留龙门赏雪，府事简，无遽归也。钱相遇诸公之厚类此。后钱相谪汉东，诸公送别至彭婆镇，钱相置酒作长短句，俾妓歌之，甚悲，钱相泣下，诸公皆泣下。"下属游山玩水，累了渴了走不动了，不仅派了大厨，还派了文艺女青年来慰问。这种郊游方式在宋代实是一种普遍的风尚。这正是欧阳炯在《花间集序》中所描述的："则有倚筵公子、绣幌佳人，递叶叶之花笺；文抽丽锦，举纤纤之玉指，拍按香檀。不无清绝之辞，用助娇娆之态。"还有比这更酷的事吗？

礼仪交际

宋代的很多文人，其身份是"亦官亦文"，在他们的官宦生涯中，尤其是在一些特殊的礼节、仪式之中，如当某一位官员赴任、离任，或是到各地巡视时，当地的官府大多要举行规模不等的迎送礼节。"郡守新到，营妓皆出境而迎。既出，犹得以鳞鸿往返，脯不为异。"[①]苏轼在杭州任通判时，为迎接从苏州来的新太守杨元素，就曾派一位歌伎前往迎接，这在后代几乎是不可想象的。歌伎在这些场合的欢迎方式也是以歌词为主。其词《菩萨蛮·杭妓往苏迓新守》云："玉童西迓浮丘伯。洞天冷落秋萧瑟。不用许飞琼。瑶台空月明。清香凝夜宴。借与韦郎看。莫便向姑苏。扁舟下五湖。"于是，那些"亦官亦文"的词人便作词相赠，或恭喜，或慰藉。

《能改斋词话》载："侍读刘原父守维扬，宋景文赴寿春，道出治下，原父为具以待宋。又为《踏莎行》词以侑欢云：'蜡炬高高，龙烟细细，玉楼十二门初闭。疏帘不卷水晶寒，小屏半掩琉璃翠。桃叶新声，榴花美味，南山宾客东山妓。利名不肯放人间，忙中偷取功夫醉。'宋即席为《浪淘沙近》，以别原父云：'少年不管，流光如箭，因循不觉韶光换。至如今，始惜月满花满酒满。扁舟欲解垂杨岸，尚同欢宴。日斜歌阕将分散。倚兰桡，望水远天远人远。'"宋祁即将赴寿春任职，路经维扬，维扬太守刘原父便设宴招待，并作词"侑欢"。宋祁出于礼貌，也即席作词相赠。

苏轼和辛弃疾也经常以词作为交际的手段。熙宁四年（1071年）至熙宁七年（1074年），苏轼任杭州通判。在这三年里，杭州三易太守。在后两位太守离任时，苏轼都曾写词相赠。其中，送陈襄的有《菩萨蛮》（西湖席上代诸妓送陈述古），送杨绘的有《定风波》等。与苏轼相似，辛弃疾的不少词也是在其仕宦生涯中为某种礼节的需要而作。如《西河》（西江水），就是在一位名叫钱佃的官员从江西转运副使移守婺州时写的。该词词序说"钱仲耕自江西漕移守婺州"。与此

---

① 田汝成：《西湖游览志馀》，上海：上海古籍出版社1998年版。

相对应的是，当他自己调任外地时，也常常以词送给那些曾经朝夕相处的同僚。那首千古绝唱《摸鱼儿》(更能消几番风雨)，最初也是出于礼仪交际的需要而写的。该词词序说："淳熙己亥，自湖北漕移湖南，同官王正之置酒小山亭，为赋。"

南宋文人张孝祥与歌伎也有过这样的合作。《词林纪事》载："张于湖知京口，王宣子代之，多景楼落成，于湖为大书楼匾，公库送银二百两为润笔，于湖却之，但需红罗百匹。于是大宴合乐，酒酣，于湖赋词，命妓合唱甚欢，遂以红罗百匹犒之。"张孝祥将离镇江知府，适逢镇江多景楼落成，张孝祥为楼书大匾。新任知府王宣子令公库以二百两白银作为润笔之资，张孝祥不肯接受，表示愿得红罗百匹，后即将红罗分赠歌伎。

北宋时的汴京"花阵酒地，香山药海；别有幽坊小巷，燕馆歌楼，举之万数"。[①] 汴京如此，南宋临安与之相比也毫不逊色，很多酒肆都建有厅院廊阁，花竹掩映，垂帘下幕，客人可以随意让歌伎演唱，不仅喝酒时听歌，连品茶这样风雅的时候也往往要唱词相伴。可以毫不夸张地说，在瓦舍勾栏、秦楼楚馆中普遍呈现的，是一个琳琅满目、充满世俗情趣的伎乐世界。"第一荆州白玉泉，兰舟载与酒中仙。却须捉住鲸鱼尾，恐怕醉来骑上天。"由此可见宋人的"寻欢作乐"是多么有趣。

参考资料：

李克：《宋代歌妓与宋词的传播》，东北师范大学 2006 年硕士学位论文。

王新荷：《两宋词歌唱比较研究》，西北师范大学 2015 年硕士学位论文。

王伟勇：《两宋词中有关歌妓之感官书写》，《南开诗学》(第 1 辑)，北京：社会科学文献出版社 2018 年版。

潘碧华：《论唐宋词的女性书写》，北京大学 2004 年博士学位论文。

---

① 孟元老：《东京梦华录》，北京：中华书局 2020 年版。

团扇——一种游走在宋朝的艺术

生活在现代社会的我们，在酷热的天气里，可以躲在家里吹吹空调，吃着冰激凌。也可以在清凉的夜晚，约上三五好友，在路边的烧烤摊喝上一桶扎啤。无论外面如何炎热，我们都有办法让自己置身于"清凉世界"之中。那么，千年前梁山好汉们所生活的宋朝，人们是怎样避暑的呢？最为便捷的就是扇扇子！古人纳凉的方式极其多，但是可以随身带走又兼具颜值，非扇子莫属了。《水浒传》第六回鲁智深初遇林冲，见他"手中执一把折叠纸西川扇子，生的豹头环眼，燕领虎须"，用扇子扇风可以给人清凉之感。苏轼也喜欢扇扇子，但是很可能和林冲拿的不是同一种扇子。有《贺新郎》为证：

> 乳燕飞华屋，悄无人、桐阴转午，晚凉新浴。手弄生绡白团扇，扇手一时似玉。渐困倚、孤眠清熟，帘外谁来推绣户？枉教人梦断瑶台曲，又却是，风敲竹。
>
> 石榴半吐红巾蹙，待浮花浪蕊都尽，伴君幽独。秾艳一枝细看取，芳心千重似束。又恐被、秋风惊绿，若待得君来向此，花前对酒不忍触，共粉泪，两簌簌。

静谧的夏日午后，如花似玉的美人沐浴后趁凉入睡，白皙的素手和白色团扇似为一体，女子被风吹竹声惊醒。苏轼描绘的美人虽也是柔美的女子形象，却并无一身脂粉香气，只有高洁的气息，让人心生敬重与爱慕。团扇，亦称"宫扇""纨扇"，形似圆月，能够避暑、招凉。两宋之际，团扇成为优雅女性的标配。钱选《招凉仕女图》描画了两位身形瘦削的女子各手执一纨扇，显示出"犹抱琵琶半遮面"的含蓄之美。在那个时代，人们关注女子的一言一行是否优雅，小小的行为是否体现出女子言谈举止中的气质，团扇在其中的作用不容小视。

团扇——摇曳出来的风月

团扇，因其本身所具有的小巧、轻柔与飘逸，成为中国古代女性十分喜爱的物品。宋代女子的手中无论春夏秋冬都会握有一把团扇，宋词里的每一把扇，都藏着词人娓娓道来的万种风情。周密《谒金门》咏"稚柳拖烟娇软。花影暗藏深院。初试轻衫并画扇。牡丹红未展"。初夏时节，风和日丽，刚刚绽出新枝条的柳树，早已蒙上一层薄薄水汽，显得朦朦胧胧。青砖绿瓦掩映在似锦繁花之中，几个少女换上了花花绿绿的夹衣，兴高采烈地挥舞着自己做的漂亮画扇，在五彩缤纷的牡丹花丛中捕捉上下翻飞的蝴蝶。如此美景，叫人怎舍轻易离去？王沂孙《琐窗寒》咏"自别后，多应黛痕不展。扑蝶花阴，怕看题诗团扇"。女子同心上人分别以后，每天茶不思，饭不香，愁眉不展，时刻思念远方的情人。因为怕看见团扇上心上人题的诗句，连平时最喜欢玩的花间戏蝶的游戏都不敢去玩了。这时小小的团扇，成了心上人的化身。

张萱《捣练图》中少女所持画扇呈现了"寒汀鸳鸯"小景，究其实，团扇在宋代的日常礼仪中，有着特殊的功用，具有遮挡面目的功能。古代女子不能在公共场合露面，出门时会带一把团扇遮脸。温庭绮在《江南曲》里写过这样的景致："扇薄露红铅。"薄薄的罗扇虽然遮掩了面目，但隐约间露出脸上的红妆，引起人对扇后容貌的无限遐想。吕渭老《豆叶黄》云："轻罗团扇掩微羞，酒满玻璃花满头。"团扇的遮掩功能妙处在于，它并非要遮得密不透风，不让人窥见。古时扇面多以丝织品为主，而由桑蚕丝薄薄织成的、半透明的真丝绡，就是扇面常用的材料。团扇似掩非掩、似露非露之间的魅力，借由真丝绡，得到了最大的展现。

团扇还有一个好玩的功能，即"便面"。什么叫"便面"？如果在街上遇见不想打招呼的熟人，就用扇子挡住自己的脸，就叫"便面"。《清明上河图》最能够显示北宋时期的风土人情，图中就有"便面"的场景。在《清明上河图》临近卷尾的说书处旁有一个穷酸文人带着书童上街，遇到一个骑马的官人，这位官人带着一个护卫和马夫，像是得势者。官人正想侧身和穷酸文人打招呼，无奈文人以扇遮面。在北宋，"便面"还有一个原因，就是回避党争对手。当时李公麟和苏轼两人因为党争的原因，关系变得十分微妙。李公麟在汴京遇到苏家的人，就用扇子遮面不打招呼。其实，不光是李公麟，北宋其他的文人当时也经常这样，这是当时流行的自保之举。

对于宋代女性来说，她们的手中空无一物时，一把团扇也能显示出她们的优雅与高贵的气质，女子常常执扇扑蝶扑萤为戏。手执团扇甚至成为宋代女子的固有形象出现在很多绘画作品中，她们往往香衣豆蔻，姿色纤丽，清淑高贵，嗔怒含情，凡此种种，不一而足。在传为刘松年所作的《仕女图》中，画家生动地描绘了一少女手持小扇追萤的情形，传递出"银烛秋光冷画屏，轻罗小扇扑流萤"的美妙画面。陈清波的《瑶台步月图》也有对侍女持扇的刻画，这些精致、小巧的团扇，将画中女性的矜持与典雅表现了出来。"青春今夜正芳新，红叶开时一朵花。分明宝树从人看，何劳玉扇更来遮。"一把团扇，被宋人赋予了无限的情思。

一柄绢纱团扇，亦是歌伎进行歌舞表演时必不可少的道具。歌扇舞衣，总是成对出现在古人的记录里。"江清歌扇底，野旷舞衣前"，杜甫描述过这样的场景，在碧波荡漾的湖面上，轻歌画舫里烛光摇曳，歌女们在天地旷野里表演。开始表演前，她们已经学会了用团扇遮面，来增加神秘感。"舞衣云曳影，歌扇月开轮。"歌女舞动的裙摆，随着云影摇曳，一把绢丝扇遮挡着歌伎的脸庞，却有歌声隐隐约约从扇后传来。而在表演过程中，扇子不时地开掩，能够使肢体语言变得非常丰富，增强舞台效果。表演结束时，再以扇掩面，结束了优美的舞姿，留下的是声音的余味。

在宋代，欢聚宴饮之时，每一轮饮酒都讲究由歌舞侑酒，于是，歌伎会一手捧着酒杯，一手持扇挡在面前，细唱劝酒之调："轻罗团扇掩微羞，酒满玻璃花满头。"所谓风韵，正在这种朦胧与细微的表露之间。可以说，轻罗小扇在她们手中，不仅可以舞出千百花样，而且可以遮出千娇百媚。柳永《少年游》云："娇多爱把齐纨扇，和笑掩朱唇。心性温柔，品流详雅。"他所描写的，就是一位歌女用团扇掩面遮羞时的娇羞可爱，轻罗小扇的点缀，使得这些轻歌曼舞的女子，产生了一种宛转含蓄的美，举手投足之间流露出无限风情。

值得一提的是，团扇出现于宋代的婚礼中。耐得翁《都城纪胜》载，举办婚礼，"先三日，男家送催妆花髻、销金盖头、五男二女花扇"。女子出嫁拿团扇是宋朝的一种婚嫁习俗，叫做"却扇"。却扇礼还有许多隐藏设定：一为辟邪；二为遮羞；三为刁难。若想抱得美人归，新郎需当场作诗夸奖新娘，新娘满意之后才会放下团扇，露出娇容。却扇就表明从此成为夫妻了。唐代李商隐就曾这样描述过却扇礼，他的《代董秀才却扇》云："莫将画扇出帷来，遮掩春山滞上才。若道团团似明月，此中须放桂花开。"试想一下这样的场景，轻扇掩红妆，躲在扇后的新娘，等待着，期盼着，畅想着。在却扇诗中，新娘把团扇一点点移开，缓缓地露出含情眉目芙蓉面，实在觉得特别美好。

刘镇《柳梢青·七夕》云："干鹊收声，湿萤度影，庭院深香。步月移阴，梳云约翠，人在回廊。醺醺宿酒残妆。待付与、温柔醉乡。却扇藏娇，牵衣索笑，

唐 张萱《捣练图》中少女所持画扇呈现的"寒汀鸳鸯"小景

今夜差凉。"一位高梳云髻、横插翠簪的新妇正在曲曲折折的长廊之上举目凝望天河双星。此刻新郎如何呢？他正带着昨晚喜宴上的醉意，脱去外衣，等待着新妇乞巧归来，共度良宵，进入那令人心醉的温柔之乡。大约这对新人花烛大喜之日正在七夕，新妇过门经过繁文缛节之后，还得去乞巧，完毕后方始归入洞房。因此惹得新郎不禁情切切，意绵绵。待得新妇刚入洞房，即为她除去婚礼中用以遮面的扇子，然后扯衣调笑，一时闺阁之中有甚画眉者也。牵衣索笑，把洞房中这对新人相互宽衣解带、嬉戏打闹的和谐气氛渲染到极点。天上有离别一年终得相聚的双星赴会，人间有相思数载终成眷属的美满姻缘，这个夜晚实在是妙不可言。

在宋代，团扇在戏曲表演中成为人们常用的道具，在《眼药酸》中，主要讲述了一个人扮演眼科医生的故事，而这个人手中就经常拿着一把带有"浑"字字样的破团扇，而这把破团扇，恰恰能够展现出人物的某种特征，起到了塑造人物形象的作用。故宫博物院珍藏有一幅绢画《杂剧卖眼药图》，所画内容为左方一人扮作眼科医生，头戴高帽，身着宽袍大袖，衣帽上均画有眼睛图案，右方一人右肩负杖，腰间插有一"浑"字的破团扇，其人当为副末色。

可以说，在宋代，团扇在女性、日常礼仪、戏曲中使用广泛，甚至渗透在宋代社会生活中的每一个角落，成为宋人生活中不可缺少的一部分。《梦粱录》记载了当时南宋都城有瓦子前徐茂之家扇子铺、炭河桥下青篦扇子铺、周家折揲扇铺、陈家画团扇铺；夜市中还有细画绢扇、细色纸扇、漏尘扇柄、异色影花扇出售。看来在宋代除了有售卖扇子，图绘纹样、书画的扇子店，还有专门画团扇的"陈家画团扇铺"。

宋代团扇的绘画题材

团扇文化的兴盛推动了宋代扇面绘画的发展，并且成为书画创作的一种新形式。这与宋代宫廷对扇面形制的倡导不无关系，宋太宗当政时期，诏令画院画家题绘扇面供其欣赏，《画继》载："政和间，每御画扇，则六宫诸邸竞皆临仿一样，或至数百本，其间贵近，往往有求御宝者。"一时天下名家纷纷经营画扇。宋代画家们所绘写的题材包罗万象，从大自然壮阔的山川到细小的野草闲花、蜻蜓甲虫，无不被捉入画幅，而运以精心，出以妙笔，遂蔚然成为大观。陆游对此番光景感慨道："吴中近事君知否，团扇家家画放翁。"

扇面书法更是风雅无边，其中，苏轼写在扇子上的秦观名句"郴江幸自绕郴山，为谁流下潇湘去"流传千古。黄庭坚还写过《戏答王观复酴醾菊》诗二首，其中一首曰："谁将陶令黄金菊，幻作酴醾白玉花。小草真成有风味，东园添我老生涯。"将荼蘼花与菊花相提并论，荼蘼花在他心目中的地位，与菊花在陶渊明心中的地位一样，给他的老年生活增添了无穷乐趣。宋高宗对这首诗颇为欣赏，将它写在团扇上，以反映自己退位之后悠闲的生活状态。

花鸟画题材

花鸟画是团扇绘画的第一大主题，花鸟扇面描绘四时花卉及各类鸟兽鱼虫。由于受到团扇形状和尺寸的限制，整个画面的内容并不多。画家们在题材的选取上十分喜欢植物或者动物，以此来表达自己丰富的内心世界。大体可以分为三类：一类是对于植物的刻画；二是以动物为主的刻画；三是以清供为主的刻画，比如盆景、插画、工艺品、古玩、文具等。写生和写实性是宋代绘画一个非常显著的特点。同时，团扇的色彩丰富典雅，线条极其细腻。

《夏卉骈芳图》描绘群芳争艳，馥郁的花香似从画面中扑鼻而来。宋佚名《红蓼水禽图》①描绘了一幅水鸟在水边的红蓼上压得红蓼枝弯进入水中的景象。水鸟仿佛刚刚落上枝头，注视着水中自在的游虾，而游虾却对危险浑然不知，整幅

---

① 张艳辉：《浅析宋代团扇绘画中的经营位置》，《世界家苑》，2020 年第 1 期。

画面静中有动，动中有静，生动自然，趣味盎然。全图用笔工细，红蓼花的叶子很小，却也勾勒得十分仔细，叶子翻转，稀稀疏疏，并用紫红和白粉晕染，设色艳丽，水鸟的羽毛也层次分明，显示出了高度的写实性，水中的虾等用写意的手法表现，其素雅的感觉与红蓼水禽形成鲜明的对比。黄筌的《苹婆山鸟图》①是一幅颇富情趣的扇面：仲秋林中，红艳艳的苹果坠压枝头，甘醇、香甜的果实吸引着过往的飞禽。一只小黄头驻足枝杈间，翘尾昂首，引颈鸣啭，展现了一幅生动而优美的画面。

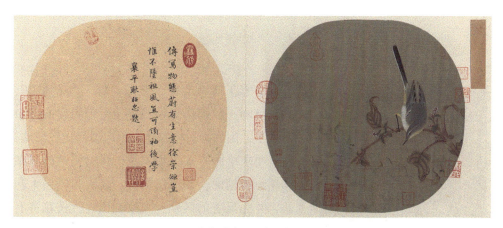

南宋 佚名《红蓼水禽图》

　　《枇杷山鸟图页》②是宋徽宗赵佶的作品。图中枇杷果实累累、枝叶繁盛，山雀与蝴蝶隔树枝对望，神情生动，随着它们的目光，我们也细致地观察着眼前的画与周围的环境，而在这小小的纨扇上更体现了动植物的生命力。尤值得注意的是，于此类花鸟画中，亦能发现日后山水画流向"马一角""夏半边"的雏形。③ 如徐熙《豆花蜻蜓图》：一束豆花从扇面左下角伸出，上驻一只蜻蜓；黄居寀《晚荷郭索图》：荷叶、莲蓬、水草以及螃蟹，亦主要占据左下部画面。徐崇矩《红蓼水禽图》：花枝、小鸟只占画面的右半边；刘寀《群鱼戏藻图》：将鱼、藻偏置于画面下半部等。

①　鲍博：《小议宋代的团扇小品画》，沈阳：沈阳师范大学 2008 年硕士学位论文。
②　鲍博：《小议宋代的团扇小品画》，沈阳：沈阳师范大学 2008 年硕士学位论文。
③　鲍博：《小议宋代的团扇小品画》，沈阳：沈阳师范大学 2008 年硕士学位论文。

宋 赵佶《枇杷山鸟图页》

宋 易元吉《三猿得鹭图》

南宋花鸟画改变了北宋一味写实的画风，尤其院画一般都作折枝花卉，南宋团扇的体量变大了，因为画折枝的样式、构图都比较简略，这就要求绘画方式更加工致，强调用笔的纤细和用色的精丽，其他在题材、画法和风格上与北宋并无显著的区别。大致来说，折枝花卉有两种画法，一种是接近于赵昌没骨式的画法，不用墨笔勾勒直接傅色，墨色笔迹极淡；另一种在画法上近似于"勾勒填彩，旨趣浓艳"，偏向于工细。传为李安忠的《晴春蝶戏图》绘有大小不同的蜂蝶16只，蜂蝶姿态动势各不相同，都处于飞翔的态势中，具有非常强烈的院画特色。

宋代团扇绘画在花鸟画的大领域内，出现了大量以表现走兽为主的作品。易元吉善画猿，他的作品《三猿得鹭图》，[1] 画面描绘了两只黑色猿和一只白猿蹲立在一株枯树上，枯树的枝杈上藏着白鹭的巢穴，巢穴中有两只白鹭幼崽，

---

[1] 鲍博：《小议宋代的团扇小品画》，沈阳：沈阳师范大学2008年硕士学位论文。

另在中间的黑猿怀中还抱有一只白鹭幼崽，黑猿似将白鹭当成了自己的幼崽，左边的黑猿将手臂上抬指着天空，顺着方向看过去，画面的右上方飞翔有一成年白鹭，它一边飞一边朝着怀抱幼崽的黑猿方向鸣叫，似在威胁黑猿保护幼鹭。顺着白鹭鸣叫的朝向看去，巢穴中的白鹭幼崽也在朝向成年白鹭鸣叫形成呼应。这种画既呈现了天地万物造化之奇秀，又涵盖了万般美好的精神寓意，是体现宋画文人情趣的典型例证。

人物画题材

宋朝以前，人物画基本是为宗教或宫廷服务，绘画的题材多是道释画或具劝诫功能的人物画。但是自宋朝开始人物画就有了新风貌，出现了风俗性的人物画。比如刘松年《瑶台献寿图》、夏圭《临流抚琴图》、陈居中《胡骑春猎图》和胡直天《朝阳图》等。南宋人物画画家大多来自北方，因此多借鉴历史故事来寄寓自己怀念故国的情感，人物画就成为首选。传为李迪的《苏武牧羊图》描绘了汉代名臣苏武的形象，他头戴汗巾，手持节杖，身形消瘦，面容忧愁，身后绘有两只羊，景色萧瑟荒凉。作者通过苏武的形象来表现出自己怀念故土的家国情怀，是南宋时期典型的历史人物画。

除此之外，南宋的人物风俗画如雨后春笋般蓬勃发展，所描绘的多是民间风俗，富有情趣，主要包括民间生活和劳动场景，比如盘车、醉归、春牧、踏歌、行旅等，都属于风俗画题材。并用着尺幅不大的画面勾勒出细腻的人物与故事，画家则以李公麟、苏汉臣、梁楷等为代表。名人肖像、仕女形象、渔户、田家、婴戏、高士、货郎等也都是描绘对象。苏汉臣曾在扇面上画《妆靓仕女图》，画中有雕栏、盆栽，既肃穆又情趣，正在上妆的仕女神态安静，清丽之感扑面而来。

宋 李迪《苏武牧羊图》

虽然"院体"风格是当时的审美主流，但也有一些创新的风格出现，例如梁楷的"减笔"人物画，其用笔非常简练，墨色的变化十分多样，对于物体的刻画

宋 佚名《踏歌图》

并不拘泥于中锋还是侧锋，造型上只求意到，不求具体的形似，这种独特的创作方式也促进了风俗画的发展，对于人物的刻画也更具艺术性、观赏性。李嵩《市担婴戏图》①描绘了一个小贩满载着货物进入村庄。他一放下货物，一群小孩子和妇女就围了过来。图中左侧是一名妇女，怀里的婴儿正在吮吸着喝奶，这个妇女的旁边有几个活泼的孩子，其中一个孩子一边指着货物一边去使劲地拉着另一个孩子，走在最后的是一个咬着手指的孩子，他用一只手拿着挂了一个鸟笼的树枝。图片的最右侧是一个正在整理货物的小贩，他一边整理货物一边不放心地往回看了看爬在架子上的孩子。整个图像以"一"字水平展开，这很容易将观众的视线从图画中移开，但画家通过小贩回头动作的巧妙设计，将观众的视线移向左侧，然而最左边有一棵柳树，纤长的柳树又将人们的视线转移到了右侧，如此循环形成了一个巧妙的回流之势，使人们的视线不由自主地留在画面上。

在《浴婴图》中，② 三位母亲为四个婴儿洗澡。正中的一位母亲蹲在地上，给坐在大铜盆里的婴孩洗澡。她一只手往孩子头上浇水洗头，一只手捏住孩子的鼻子，以免孩子呛水。小孩儿则是面露哭容，被大人按在盆中，极不耐烦，双手挥

---

① 张艳辉：《浅析宋代团扇绘画中的经营位置》，《世界家苑》，2020 年第 1 期。
② 鲍博：《小议宋代的团扇小品画》，沈阳：沈阳师范大学 2008 年硕士学位论文。

舞。旁边还有一个幼童双手支撑着盆边，等待洗浴。左边有一位母亲坐在一旁观看，好像在哄着伏在自己身下的孩子，可能这个孩子也不愿意洗澡，正在耍赖呢。右边有一位母亲正在为孩子脱衣服，准备沐浴，孩子抹着鼻子，颇不情愿。母亲的安详呵护，孩子的顽皮天真，充盈着浓郁的人情味道和生活气息，这是多么恬静而亲切的场景。

山水画题材

两宋时期山水画的一个显著特点就是写实性，以山石、流水、树木和亭台楼阁为主要刻画对象。北宋时期山水画的构图多为"重峦叠嶂"的"远映"空间布局。郭熙将之称为"上留天之位，下留地之位，中间立意定景"的构图模式，这种模式简称为"全景式"，通常适用于刻画宫殿、寺庙、庭院等。如果说北宋的全景式构图庄重肃穆，而南宋则更擅长对于边角之景的刻画，其显著特点就是以小见大、以少喻多。由于团扇尺寸过小，大多数创作并不能将完整的山川形象融入其中。对于此时的画者来说，团扇的形制如同一个取景器，他们要将创作的焦点更加凝聚在画面的核心内容上来。从现存的《五云楼阁图》《山居对弈图》和《柳溪钓艇图》等作品来看，南宋画家日益关注如何能够在一个边角的空间中将事物的美感表现出来。

所谓边角就是"不取全景，只取局部，一峰突起，或悬崖倒挂"。[1] 山水画中的边角构图样式是由马远、夏圭所创，称为"马一角、夏半边"和"一河两岸"。这种构图方式一般将山水天树等景物放置于一边，而另一边一般留出大面的白，形成一种虚实变化，给人一种延伸的感觉。南宋画家们经常采用这种创新的构图手法来表达对自然的热爱和尊重，从而将他们的感情置于山水之间。李嵩《溪山水阁图》[2]描绘了森林、悬崖峭壁、危石、空山和白云。溪水前面有开放的亭台，虽然亭台只是用粗线条勾勒出轮廓，但造型非常精确、结构清晰。近处的景色有板桥，非常狂野。亭子里的人物从栏杆向外眺望。在湖光山色的背景下，画面优美、清晰，略显空寂。山石被斧头劈开，树木微微拖曳着树枝，非常具有马远的风格。

---

[1]　张艳辉：《浅析宋代团扇绘画中的经营位置》，《世界家苑》，2020 年第 1 期。
[2]　鲍博：《小议宋代的团扇小品画》，沈阳：沈阳师范大学 2008 年硕士学位论文。

宋 李嵩《溪山水阁图》　　　　　　　　宋 夏圭《遥岑烟霭图》

　　夏圭的《遥岑烟霭图》①全画大体分为两个部分，画面内容下部为杂树、溪水和亭子等景物，上部主要表现远山，右上为远处的天，留作空白，给人一定的想象空间，使人有一种山外有山的感觉，是典型的边角式小景构图。他的《风雨行舟图》，②画面中画一江、一岸，岸上山石突出，山石上生长着三棵树，树叶有向右飘动之势，山石绘画比较简单，多以墨色渲染。画家在画中留出大量空白表现江水及天空，江上有一小舟，船帆也随风向右飘动，远山也仅画出上半部，下半部与江水相连，表现出山水氤氲的感觉。赵令穰所作《橙黄橘绿图》，画面利用对角线构图形成一种平衡感，左上角和右下角密布橘树丛林，中部是开阔的水流，大片空白营造其中。这种"近岸广水、旷阔遥山"的构图，将小景山水所追求的空间美学趣味展露无遗。

　　"轻轻制舞衣，小小裁歌扇。三月柳浓时，又向金亭见。"宋代女子在团扇的陪衬下，一颦一笑间展现出无尽的风韵和姿色。而那团扇，则作为一种美学基因，被深刻植入中国的文化传统中，至今不灭。今天我们见到这些杰作，仍会对那个时代心怀激动、胸怀敬意、屏息惊叹。透过小小一方扇面画，我们可以想象那个审美风格宁静而沉滤的时代，文人高悬书画于厅堂，内造园林于庭院，假山堆岩壑，流水润花木。人们抚琴焚香，烹茶观画，饮酒听雨，好不风雅快活。

参考资料：

宋静：《宋代花鸟团扇绘画艺术研究》，山西师范大学 2015 年硕士学位论文。

宁璐璐：《关于南宋山水团扇的艺术探究》，《艺术研究》2019 年第 6 期，第 34-35 页。

李子晗等：《关于宋代团扇画题材的艺术探究》，《西部皮革》2021 年第 20 期，第 118-119 页。

周璐璐：《团扇的起源意象及其在宋词中的发展》，《鸡西大学学报》2010 年第 2 期，第 120-121 页。

五代黄筌《苹婆山鸟图》

即将无限意，　寓此一炷烟

当你感冒、肚子不舒服或是头痛的时候，有没有挣扎过到底要不要出门上班呢？对于一般人来说，如果有限期要完成的工作或是已经积累了许多任务，可能会选择带病去上班。但是在宋朝，苏轼如果生病了，他既不会选择去上班，也不会跳舞驱邪，他只会焚香独酌，有《十月十四日以病在告，独酌》为证：

> 翠柏不知秋，空庭失摇落。幽人得嘉荫，露坐方独酌。
> 月华稍澄穆，雾气尤清薄。小儿亦何知，相语翁正乐。
> 铜炉烧柏子，石鼎煮山药。一杯赏月露，万象纷酬酢。
> 此生独何幸，风缆欣初泊。逝逃颜跖网，行赴松乔约。
> 莫嫌风有待，漫欲戏寥廓。泠然心境空，仿佛来笙鹤。

想象那样一个清秋的庭院，月华沐地，翠柏投荫，小铜香炉里不断升起柏子的香气，架在泥炉上的石锅内煮着山药，苏轼杯酒在手，对月独酌。在养病时焚香静心，是这首诗所呈现的场景之一。在诗中，苏轼很有逸兴地描述了他人生中一个闲适放旷的夜晚，却惹得后人不免感喟于宋代士大夫的生活方式，感喟于他们的生活态度。苏轼并非不能以更奢华的形式度过这个夜晚。他的香炉里，完全可以焚炷当时流行的名贵香品。但通过焚炷柏子香，苏轼已然获得精神上的享受，也求得身心的安康。正所谓"香之为用，大矣哉！"

人人都爱焚香

在宋代，香文化融入日常生活。上自皇室权贵、文化精英，下到地方士绅、市井小民，都流行用香为药、和香为食，更在日常诸事中与香为友、礼香崇道。

叶绍翁《四朝闻见录》载北宋末年，宫中以龙涎、沉香、龙脑入烛之奢华，"其宣、政盛时，宫中以河阳花蜡烛无香为恨，遂加龙涎、沉脑屑灌蜡烛，陈列两行，数百枝，焰明而香滃，钧天之所无也。建炎、绍兴久不进此"。王公贵族有样学样，也把香料添加在蜡烛里制成"香烛"。《醉翁谈录》载："其蓬仙亦以德隆聪悟俊少，甚相知敬。及其芳筵一启，水陆备陈。及暮，高烧银烛，长焰荧煌，座间忽闻香气四袭，良久盈室不散，不知其香之所自来。因诘蓬仙，乃曰：'香气发自烛中，此烛乃燕王府分赐，闻自外国所贡，御赐诸王府，因以相遗，妾故珍藏，今遇新郎君，故以佳瑞为献。'彻夜清芬。蓬仙欢洽，举觞起舞以劝德隆。及宴彻烛尽，而香气不散。明日出游，所至无不为吴德隆身之余香。"

宫烛中加香料的做法和贡茶入香情形近似。宋代皇室专用的福建北苑贡茶，特色之一便是茶中加香，如蔡襄所云："茶有真香，而入贡者微以龙脑合膏，欲助其香。"丁谓《煎茶》一诗中也提到过麝香入茶"轻微缘入麝，猛沸却如蝉。罗细烹还好，铛新味更全"。贵族女性的车里悬挂香球，成为一时的风尚，陆游在《老学庵笔记》中特别记下了当时的这种风尚："京师承平时，宗室戚里岁时入禁中，妇女上犊车，皆用二小鬟持香毬在旁，而袖中又自持两小香球。车驰过，香烟如云，数里不绝，尘土皆香。"这句话虽短，却将宋朝"焚香之风"描写得淋漓尽致，一车驶过，携卷漫天尘土，却尽是熏兰香，恐怕也是宋朝独有的风情。

宫廷如此，文人士大夫也毫不逊色。熏香是宋代文人的"四般闲事"之首。一年四季，无论喜怒哀乐，文人无时无刻不焚香。读书时有焚香。陈必复《山中冬至》咏"读易烧香自闭门，懒于世故苦纷纷"。陈与义《焚香》咏"明窗延静书，默坐消尘缘；即将无限意，寓此一炷烟"。宋代一些文人在进行创作时，必有焚香相伴，否则无法刺激写作灵感，比如写出过《墨池记》的曾巩，就为自己专门建了一座书斋，取名为"凝香斋"。每次写文，必先焚香，如此才能文思泉涌，后来为了表达对这座书斋与焚香的喜爱，曾巩还专门题了一句诗："沉烟细细临黄卷，凝在香烟最上头。"陆游，作诗前，也要先焚香，曾有诗云："独坐闲无事，烧香赋小诗。"

宴会雅集有焚香。"以香会友"是宋代绘画作品中较为常见的场景。不少画作当中，写词赏画、讲经说法的文人雅士身旁，总少不了几尊古朴雅致的香炉。文人香事，在草木掩映之中愈加葱茂。李公麟《西园雅集图》描绘了苏轼、苏辙等名士的一次雅集，图卷中苏轼正在作画，画案上放了一个精致的白瓷香炉。点茶与焚香同为宋朝士大夫的雅道，烹茶之时怎能没有焚香？"煮茗烧香了岁时，静中光景笑中嬉。"这情景，恰如陆游《初寒在告有感》诗所形容："扫地烧香兴未阑，一年佳处是初寒。银毫地绿茶膏嫩，玉斗丝红墨浑宽。俗事不教来眼境，闲愁那许上眉端。数橺留得西窗日，更取丹经展卷看。"在宋朝的宴会上，比如春宴、乡会、文武官考试及第后的"同年宴"，以及祝寿等宴会上也都有专门的焚香仪式，这是当时不可或缺的待客之道。

享客亦焚香。在宋朝，焚香也可用来营造氛围，假如人们见面交际，或商家接待客人，也要焚香，以此增添谈话时的愉悦感，使人们能迅速从紧张的气氛中放松下来，如《归田录》中所载："今人燕集，往往焚香以娱客，不惟相悦然亦有谓也。"聚会时焚香以增添气氛，能使人们迅速放松，可见熏香除了是私人性质的雅趣，也兼具群体社交的广泛作用。南宋曾几《东轩小室即事》之五："有客过丈室，呼儿具炉熏。清谈以微馥，妙处渠应闻。"谈到尽兴，不觉"沉水已成烬，博山尚停云"。等到客人告辞，自己仍陶醉在香味的余韵当中，"斯须客辞去，趺坐对余芬"。蔡京喜"无火之香"，常先在一侧房间焚香，香浓之后再卷起帘幕，便有香云飘涌而来。用此法招待访客，香雾蒙蒙满座，来访的宾客衣冠都沾上芳馥的气息，数日不散。

宋代文人还喜好"燕居焚香"。《槐荫消夏图》中，一位文人姿势洒脱地仰卧于藤床之上，身旁书案上依次摆放着香炉、蜡扦、手卷等文房用具。《雪阁临江图》中，窗间挽幔卷帘，窗幔挽起处微露香几和几上香炉，主人凭窗听雪，童子捧来兰叶披拂的一个花盆。周紫芝《北湖暮春十首》咏"长安市里人如海，静寄庵中日似年。梦断午窗花影转，小炉犹有睡时烟"。午梦里，也少不得香烟一缕。胡仔《春寒》诗写道："小院春寒闭寂寥，杏花枝上雨潇潇。午窗归梦无人唤，银叶龙涎香渐消。"试想一下，日夕时分，重帘低下，焚香一炉，观细烟聚散，是何等自在的享受。贵族女子清晨起床梳洗打扮好后，先要在闺房中焚上一炉香。梁清标《春闺》云："奁镜初开，流苏乍暖，启窗犹寒。引螺黛、巧画双眉，宝鸭频添，香篆袅袅轻烟。"描写早春时节，一位芳龄女子晨起对镜画眉妆扮，并在宝鸭香炉中添加香篆，香烟袅袅中，芳年无限美好。

宋代文人之所以热衷香事，按照颜博文在《香史》中的说法："不徒为熏洁也，五脏惟脾喜香，以养鼻通神，观而去尤疾焉。"熏香不只有洁净体味的作用，还能让五脏六腑感到舒适，养鼻通神，长时间使用，更可祛除一些疾病。文人们都将焚香看作一种身份认同，表现出同属文人的文化趣味与高雅格调。对待焚香，并非标榜自身的与众不同，相反却是把焚香当成一种非常普遍的日常习惯，对待焚香的态度也极为认真。陆游曾在诗作《义方训》中直言："空庭一炷，上达神明。"他认为在书斋中焚一炷香，可与上苍进行对话。

宋代香文化繁盛，社会各阶层普遍尚香。"香药铺"是宋时常见的一种药铺，孟元老在《东京梦华录》卷二"宣德楼前省府宫宇"一节中记述："御廊西即鹿家包子，余皆羹店、分茶、酒店、香药铺、居民"，卷三"相国寺内万姓交易"中亦载："殿后资圣门前，皆书籍玩好图画，及诸路散任官员土物香药之类。"《清明上河图》中有一家"香药铺"，位于"赵太丞家"东面不远的十字路口处。铺门前高高地竖着一面招牌，上书"刘家上色沉檀楝（栋）香"。从门前车水马龙、人群熙熙攘攘的情形来看，此店是一家规模较大的药铺，以大宗批发为主，兼营零售，生意十分兴隆。在汴梁，士农工商，各行各业，着装各有规矩，而香铺里的香人则需要戴顶帽、穿披背。宋代甚至出现了许多与香有关的职业，包括专门出售

南宋 李嵩《听阮图》

香印的人。吴自牧《梦粱录》载："且如供香印盘者，各管定铺席人家，每日印香而去，遇月支请香钱而已。""香人"已经成为一个专门的行当且有自己的行头——他们包下固定的店铺，每天制作香篆模子，按月收取香钱。

宋代的酒楼里甚至还有专门进行"焚香服务"的香婆，去酒楼吃饭时，只要招呼一声，就有香婆为你捧上准备好的小香炉，炉里放香灰、香炭、香饼、香丸等。点上香炉，你就能在缕缕馨香中尽情享受美食了。《武林旧事》卷六就有记载：南宋杭州酒楼"有老姬以小炉焫香为供者，谓之香婆"。这既说明这种生活方式已经足够成熟了，又说明宋人对生活中的点滴细节之美的在意，到了现代人难以想象的程度。香，在当时已经紧密恰当地融入了所有人的生活，真可谓"百姓日用而不知"。

关于焚香的一切

宋代香料种类丰富，单香材就有沉香、檀香、龙脑香、安息香、零陵香、甘松香、乳香、藿香、苏合香等名目。宋人用香对香材极为讲究，常说的"沉檀龙麝"，指的是四大名香：沉香、檀香、龙涎香、麝香。关于龙涎香有一则趣闻，传说当年宋徽宗"于奉宸中得龙涎香二⋯⋯香则多分赐大臣、近侍⋯⋯每以一豆大爇之，辄作异花气，芬郁满座，[①] 终日略不歇。于是太上大奇之，命籍被赐者，随数多寡，复收取以归中禁"。宋徽宗不知龙涎香为何物，就把它赏赐给了身边的大臣与近侍，结果试香之后发现它"芬郁满座，终日略不歇"，于是他不顾皇帝面子，当即派人去找之前的大臣近侍，把赏赐出去的龙涎香悉数讨回。依据产地、品级等客观因素，香材价格大相径庭。但总的来说，在宋朝的社会活动中，文人士大夫追逐名贵香品成风，为求一香而不惜散尽千金者，比比皆是，也为坊间百姓所津津乐道。

将不同单香材按照"合香方"调和在一起，称作"合香"，合香的形式也有很多，比如香饼、香丸、香篆、末香等。《香谱》中对合香有解释，"合香之法贵于使众香咸为一体。麝滋而散，挠之使匀。沉实而腴，碎之使和。檀坚而燥，揉之使腻。比其性，一等其物而高下，如医者则药，使气味各不相掩"。香方其实就是具体制作合香的配料表，它的构成主要有三类香料，一种是占有主体韵调的香料，比如沉香、檀香等；另一种大多如丁香、藿香等，能起到辅助主体的作用；还有一种是能让香体产生余韵，比如茉莉花、蜂蜜等。香方并非简单的随意堆砌，以《制婴香方帖》为例，黄庭坚反复涂改的具体数量，再到"别研""研匀"的不同手段，香方借鉴来的，是中医体系中"君臣佐使"的理论，要使香味悠远长扬、余韵不尽，而不是简单地让鼻子愉悦。

焚香并不是我们想象中点燃就行了，这样是烧香，既不环保也不风雅。讲究精致生活的宋代，熏香之法极尽巧思。香事活动逐渐形成了一套程式，成为上流社会重要的社交活动，称之为香席。《陈氏香谱》载："焚香，必于深房曲室，矮桌置炉，与人膝平，火上设置银叶或云母制如盘形，以之衬香，香不及火自然舒曼，无烟燥气。"古人追求焚香的境界，是尽量减少烟气，让香味低回而悠长，香

---

① 蔡绦：《铁围山丛谈》，北京：中国书店 2018 年版。

炉中的炭火要尽量燃得慢，火势微而久久不灭。为此，人们发明出一种隔火熏香的方式，大概分为以下四个步骤：

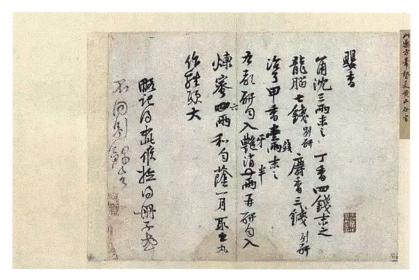

北宋 黄庭坚《制婴香方帖》

第一步：烧炭，将木炭点燃进行燃烧，待木炭烧到通红而又没有明火也不冒烟的时候，木炭就算是烧好了。

第二步：置办香灰，将香灰放到香炉里，使香灰均匀松散，并在香灰中心挖出一个较深的孔洞。

第三步：入木炭，将已经烧好的木炭放入香灰的孔洞里，放入的深浅视情况而定，如果木炭比较旺，则放得深一些，如果不是很旺，则放得浅一些。

第四步：熏香，木炭放入以后，在孔洞的上方放置割隔片如云母片、银箔、金属片等，这个时候熏香就开始了，如果有烟气可以将香灰调整一下，直到没有烟冒出即可。

《遵生八笺》里讲到焚香七要中的隔火砂片时指出："烧香取味，不在取烟，香烟若烈，则香味漫然，顷刻而灭。取味则味幽，香馥可久不散，须用隔火。有以银钱明瓦片为之者，俱俗，不佳，且热甚，不能隔火。惟用玉片为美，亦不及京师烧破砂锅底，用以磨片，厚半分，隔火烧香，妙绝。烧透炭墼，入炉，以炉拨开，仅埋其半，不可便以灰拥炭火。香焚成火，方以箸埋炭墼，四面攒拥，上盖以灰，厚五分，以火之大小消息，灰上加片，片上加香，则香味隐隐而发，然须以箸四围直搣数十眼，以通火气周转，炭方不灭。香味烈，则火大矣，又须取起砂片，加灰再焚。其香尽，余块用瓦盒收起，可投入火盆中，熏焙衣被。"这种方式让火气处于最佳的状态之下，能够让烟气不大，但香味又能持续散发，且味道浓厚。这四步做完就可以进行品香了。

高丽青釉鸳鸯纽三足带盖熏炉

宋龙泉窑三足炉子

　　宋代还有一种十分有趣的焚香方法名为"打香篆"，《香谱》是这么记载的："镂木以为之，以范香尘为篆文，然于饮席或佛像前，往往有至二三尺径者。"《陈氏香谱》中提到百刻篆图的制作："百刻香，若以常香则无准。今用野苏、松球二味相和令匀，贮于新陶器内，旋用。野苏即茬叶也，中秋前采曝干为末，每科十两。松球即枯松花也，秋末拣其自坠者曝干，刬去心为末，每用八两。"这种香之所以能计时就在于制香者将一昼夜划分为一百个刻度，这就是百刻香的由来。其香长二百四十分，每个时辰大约燃烧二尺，共计二百四十寸，点燃之后可顺序燃尽。香篆的使用，解决了线香出现前大多数香品不能持续燃烧的问题。

　　受精致清雅的生活风尚的影响，从整体上看，宋代的香炉无论是材质的选择还是造型，都更具文人气。香炉有大小、材质、式样之分，体量巨大者通常安置在正殿、庙堂。正如杨万里诗云："双金狮子四金龙，喷出香云饶殿中。"小型香炉式样多仿古青铜器和各类祥禽瑞兽，既可以捧握于手，也可以置于内室外堂，包括鼎、鬲、豆、杯、狻猊、麒麟、香龟、香鸭、香毬等不同式样，或是堑刻上莲蓬等装饰纹样，材质包揽金、银、玉、铜铁和陶瓷，形制不拘一格。《陈氏香谱》载："香炉不拘银、铜、铁、锡、石，各取其使用，其形或作狻猊、獬豸、凫鸭之类，计其人之当作，头贵穿窿，可泄火气，置窍不用，大都使香气回，薄则能耐久。"宋代文人尤其喜欢选择造型各异的瓷质香炉，以衬托其个人的审美素养。宋人雅好博古，金石之学大盛。吕大临在《考古图记》中说："非敢以器为玩焉，观其器，诵其言，形容仿佛，以追三代遗风，如见其人也。"人们模仿夏、商、周三代青铜器物原型，制作了大量仿古青铜器型的瓷质香炉，主要包括鼎式、鬲式、簋式、奁式四大造型。这些仿古香炉的尺寸都比较小，高约10厘米，是宋代文人日常生活中较为常用的器形。

马远的《竹涧焚香图》①描绘了一个人静坐于溪畔的巨石上，神气宁谧，旁置香炉，香烟袅袅。画中所绘香炉近似鱼耳炉，鱼耳炉是仿古式小型香炉之一，其造型仿自商周青铜礼器铜簋。铜簋本是材质厚重之物，传承其线条简洁的风格并将材质改为瓷以后，鱼耳炉呈现出优雅的气质。刘松年的《秋窗读易图》②中描绘了一文人靠窗而坐，窗前书桌上的摆放，除笔墨纸砚之外，旁置鼎式炉。鼎式炉古朴典雅，为书房燃香常见之器。四川彭山虞公著夫妇合葬墓西室安葬的是虞公著妻留氏，西室东壁后龛雕刻两位头梳双髻、身穿圆领长袍的女侍，一位手捧仿古铜鼎式样香炉，一位手捧香盒，两人相向而立。

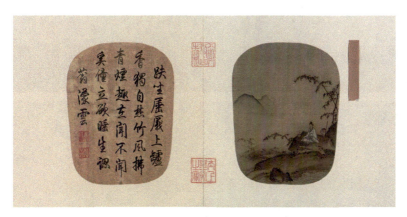

宋 马远《竹涧焚香图》

①　张婷：《燕居焚香：宋代文人与香炉造物》，《山西档案》，2015年第1期。
②　张婷：《燕居焚香：宋代文人与香炉造物》，《山西档案》，2015年第1期。

　　马远《春游赋诗图》①描绘苏轼与友人雅集的场景。图中一位头戴东坡巾的持杖文人正要过桥，过桥之后，一群人围绕着桌案观看一位文人挥毫创作，画卷后段则有数个文人在园林中游赏，卷末则是童仆备茶的场景。石桌上摆放一个香炉，似属鬲式炉。鬲式炉是南宋龙泉窑所产代表器形之一，造型虽仿古铜鬲，但亦有其自身特点，如肩部凸起棱线一周，与三足上的凸棱交汇，俗称"出筋"。南宋时期所产的鬲式炉釉质细腻，釉色如玉，有"琢瓷坐鼎碧于水"的美誉。正因其色泽雅致低调、造型古朴，同士大夫文人所追求的"隐逸"精神相呼应，才使其备受青睐。

宋 马远《春游赋诗图》

---

①　张婷：《燕居焚香：宋代文人与香炉造物》，《山西档案》，2015 年第 1 期。

宋朝士大夫的"小资情调"

宋代上层社会的风流人士，普遍时兴研制私家配方的香品，如北宋徽宗、南宋高宗，在宫中专门设立香坊，就是为了安排制香匠人，按照自己的旨意，研究新的私香。王公大臣、文人士大夫，也都以研发新颖独特的香品为乐事，若是自家创出的某种香型及其制作方法流传天下，那是极为得意的风流佳话。雅集之时，忽然拿出一款私家秘制的佳香，当场于香炉中焚爇起来，奉献上无形却直入肺腑的体验，这是宋代文人聚会时经常上演的节目，也是能让大家感到快乐尽兴的节目，可是比今天拿出什么珍藏几十年的红酒还有面子的事儿。

黄庭坚是制香高手，他的作品中记载的香方有汉言香诀、意合香、意可香、深静香、荀令十里香、小宗香等。其中，意合香、意可香、深静香、小宗香最为知名，又因与黄庭坚有关，被称为"黄太史四香"。《陈氏香谱》记载了一则有关黄庭坚的故事。"余与洪上座同宿潭之碧湘门外舟中，衡岳花光仲仁寄墨梅二枝，扣船而至，聚观于灯下。余曰：'只欠香耳。'洪笑发谷董囊，取一炷焚之，如嫩寒清晓行孤山篱落间。"黄庭坚赞叹不止，追问此款香的来历。惠洪道出了此款正是大宋名臣韩琦创制的"韩魏公浓梅香"。黄庭坚闻言特意为这种香品易名为"返魂梅"。张邦基《墨庄漫录》中评价返魂梅"香韵不凡，与诸香异，似道家婴香，而清烈过之"。周紫芝自己调制过此香，其《汉宫春》词前小序中有焚爇返魂梅的感受："恍然如身在孤山，雪后园林，水边篱落，使人神奇俱清。"

苏轼调制的"雪中春信"据说是古代最美的香之一，能于雪天闻到梅花开。这款香的诞生，有一段故事。相传当年苏轼为合出早春梅花初绽时的香气，整整用了7年，一直不满意。直到宋哲宗元五年正月初七的一场突至春雪，苏轼取出御赐的羊脂玉碗，吩咐爱妾和侍女取梅花的花心之雪放于其中，再将炮制好的种种香料按顺序配好，终于配好"雪中春信"："沉檀为末各半钱，丁皮梅肉减其半，拣丁五粒木一字，半两朴硝柏麝拌，此香韵胜殊冠绝，银叶烧之火宜缓。此香气味幽凉，闻之使人心静。然于冷香中嗅得花开之味，故名'雪中春信'。"[1]夜深人静，明月当轩，轻点一支"雪中春信"，那氤氲的香气，好似万梅同绽，千树飘香。

杨万里有一首《烧香诗》，讲述一次焚香的亲历："诗人自炷古龙涎，但令有

---

① 周嘉胄：《香乘》，北京：中国书店2014年版。

香不见烟。素馨欲开茉莉拆，低处龙麝和沉檀。""古龙涎"是各类高档人工合成香料的一个通称。它不仅用料奢侈，而且这些香料在香气层次上十分丰富——素馨花构成前调，中调是茉莉花香，尾调则以天然沉香、檀香为主打，但混合有少量龙脑、麝香。这是当时最独特也是最流行的方式——花蒸沉香，即把沉香、降真香等树脂香料与各种香花放在一起，密封在甄中，放入蒸锅，上火蒸。《陈氏香谱》载："凡是生香，蒸过为佳。四时，遇花之香者，皆次次蒸之。如梅花、瑞香、酴、密友、栀子、末利（茉莉）、木犀（桂花）及橙、橘花之类，皆可蒸。他日之，则群花之香毕备。"素馨花恰恰是用以蒸香的主力，茉莉花也被列为蒸香的花品之一。因此，就有了杨万里的那一次具体的体验。

宋代温州普遍种植柑橘且品种多样，其中有一种叫朱栾的，花香尤其幽雅。南宋温州知州韩彦直《橘录》有载："朱栾……味酸恶不可食。其大有至尺三四寸围者，摘之置几案间，久则其臭如兰。"果子不好吃，但胜在花香如兰，"乡人拾其英蒸香"。温州人蒸馏柑花的流程，被张世南记在《游宦纪闻》："永嘉之柑，为天下冠。有一种名'朱栾'，花比柑橘，其香绝胜。以笺香或降真香作片，锡为小甄，实花一重，香骨一重，常使花多于香。窍甄之傍，以泄汗液，以器贮之。毕，则彻甄去花，以液渍香，明日再蒸。凡三四易，花暴干，置磁器中密封，其香最佳。"以朱栾花提取的香水，香气如兰，深得文人士大夫喜爱。

除了名贵香料之外，宋代文人还擅长就地取材，在熟悉的日常生活环境中寻找价廉、方便但风味不减的天然香料，用之取代原料昂贵、工艺复杂的名贵香品。《陈氏香谱》中就记载了一种用便宜材料取代贵重原料的办法："或以旧竹辟，依上煮制，代降；采橘叶捣烂，代诸花，熏之。其香清，若春时晓行山径，所谓草木真天香，殆此之谓。"把旧竹笺片代替降真香，作为"香骨"；再找些橘树叶捣烂，一样可以起到香花的作用。把这两样原料按照"花蒸香"的方法炮制一番，旧竹笺片就能变成可供焚的香料，而且效果还特别好，香气清新，有"草木真天香"之妙，让人一闻到，就感到如同身处在春天早晨的山道上。

与之相近似，当时还有一种"小四和"香，它是相对于名贵的"四和香"而得名。"四和香"的四味配料为沉、檀、脑、麝，均是最珍贵的进口香料，周密《齐东野语》载："只笙一部，已是二十余人。自十月旦至二月终，日给焙笙炭五十斤，用锦熏笼藉笙于上，复以四和香熏。盖笙簧必用高丽铜为之，以绿蜡，簧暖则字正而声清越，故必用焙而后可。"用四和香熏笙，浪漫、简单又高级。陆天游诗云："妾思冷如簧，时时望君暖。""小四和"的配料也是四味，却是"香橙皮、荔枝壳""梨滓、甘蔗滓"，将它们"等分，为末"，一起碾成碎末，混在一起，就做成了可焚的香品。荔枝壳因其浓烈的辛香，常被"合香家"使用。《陈氏香谱》荔枝香条目中记载："取其壳合香，甚清馥。"用荔枝壳与麝香配在一起和香，可以创作出一款气息独特的香品。《陈氏香谱》中有一方"洪驹父荔枝香"："荔枝壳不拘数量，一个麝香，用酒一起浸泡两宿，封盖在饭上蒸，放入臼中干燥后捣为细末，每十两重加入一字量的真麝香，用炼蜜调和作香丸，熏爇如平常之法。"此香为黄庭坚的外甥洪刍(字驹父)所创。《陈氏香谱》还记载了另一方以荔枝命名的香——荔枝香："沉香、檀香、白豆仁、西香附子、肉桂、金颜香，各一钱。马牙硝、龙脑、麝香，各半钱，白芨、新荔枝皮各二钱。右先将金颜香于乳钵内细研，次入牙硝，入脑麝别研、诸香为末、入金颜研匀滴水和剂脱花爇。"把新鲜的荔枝壳拿来熏，香气似花香气，其中还夹杂着令人愉快的奶油香。

在宋人那里，要论"天香"浑然天成而幽芬迷人，非桂花(木犀)莫比。《陈氏香谱》中记有三四种"木犀香"方，都是仅仅以桂花作为原料，不掺用沉、檀诸香，加工方法也很简单，"日未出时，露采岩桂花含蕊开及三四分者，不拘多少，炼蜜冷拌，和以温润为度，紧入有油瓷罐中，以蜡纸密封罐口，掘地坑深三尺许，窨一月或二十日，用银叶衬烧之，花大开即无香"。在林洪《山家清供》"广寒糕"条中，还记载了一种更简单的制桂花香法："又以采花略蒸、曝干作香者，吟边酒里，以古鼎燃之，尤有清意。"把新鲜的桂花稍微蒸一下，再晒干，就可做炉熏之用，读书饮酒时，熏焚此香，尤其有一种清雅的气氛。"古鼎余葩晕酒香"，在宋代文人看来，饮酒雅会时以"蒸木犀"来佐兴，足以让醉意都染上三分幽香。

宋代文人还常常以自然花材制作的熏香当作礼物送人。杨万里就曾收到好友定水禅寺璘老送的木犀香，并作诗《双峰定水璘老送木犀香》五首，描写木犀香制作和熏焚感受。张邦基《墨庄漫录》"木犀条"记载有僧人制作木犀香的方法："山僧以花半开香正浓时，就枝头采撷取之，以女贞树子俗呼冬青者，捣裂其汁，微用拌其花，入有釉磁瓶中，以厚纸幂之。至无花时于密室中取至盘中，其香裹裹中人如秋开时。"用桂花与冬青子两味香料。璘老制作的木犀香非常精致，杨万里以万杵、九蒸等语形容，可知其制程之繁复。其二："万杵黄金屑，九烝碧梧骨。"制作如此讲究的木犀香，焚烧也格外讲究。以桂花为主制作的香要用隔火熏香法才能彰显桂花甜润清新的香气，其三："山童不解事，著火太酷烈。要输不尽香，急唤薄银叶。"他的书童不善用香之事，将木犀香直接放置于炭火之上，过于酷烈的火势对香气损害相当大，杨万里赶忙招呼书童去取隔火的银叶。

　　与桂花几乎可以并肩的另一种天然香料，就是柏树子。释斯植《夏夕雨中》云："满林钟磬夜偏长，古鼎闲焚柏子香。石榻未成芳草梦，西风吹雨过池塘。"晁说之《新合柏子香，因诵皮日休坐久重焚柏子香，辄以其香赠张簿》云："柏子香清谁喜闻，五言句法更清芬。病仍春困在难久，遣向吟窗起暮云。"郑刚中《焚香》云："五月黄梅烂，书润幽斋湿。柏子探枯花，松脂得明粒。覆火纸灰深，古鼎孤烟立。翛然便假寐，万虑无相及。"柏子气味清香，其安神清心的功效，可以稳定病人的情绪。《陈氏香谱》记载了采制"柏子香"的具体方法："柏子实不计多少，带青色、未开破者。右以沸汤焯过，酒浸，蜜（密）封七日，取出、阴干，烧之。"把新摘的柏子用沸水焯一下，然后浸在酒中，密封七天，再取出，放在阴凉处慢慢晾干，显然，这是一种便捷而又节俭的制香之道。有了它，宋代士大夫们的清雅生活中又多添了一丝独特的风味。

　　如果抽掉了焚香，宋代文人一定会认为他们的生活将失去数不尽的情趣。宋朝，整个社会都在各种香气中微妙运转。文人视焚香为日常生活中不可或缺的一部分。焚香于他们而言，追求的不是豪奢，而是一种生活情趣，他们把原本实实在在的日常生活，过得诗意悠闲，可以说平常处处是风雅。在宋画中，窗前、林间、湖畔，伴着一盏小炉，几缕青烟，三五文人，是如此自然妥帖的存在。这真不是后世眼中的附庸风雅，而是他们践行"诗意地栖居在大地上"再熟悉不过的方式。阵阵香风间，是宋人对于生命意义的理解和尊重，也为如今忙碌的人们提供了一种具有审美意味的生活方式。

参考资料：

扬之水：《香识》，南宁：广西师大出版社 2011 年版，第 53-117 页。

孟晖：《花间十六声》，北京：生活·读书·新知三联书店 2014 年版，第 170-191 页。

孟晖：《画堂香事》，南京：南京大学出版社 2012 年版。

刘静敏：《宋代〈香谱〉之研究》，中国台北：文史哲出版社 2007 年版，第 26-39 页。

赵琳琳：《从宋画看宋代香具与香事活动》，青岛：青岛科技大学 2020 年硕士学位论文。

止于仁——宋仁宗的"风雅"

　　宋朝是中国的"黄金时代"，在许多方面，宋朝在中国都是最令人激动的时代，它统辖着一个前所未见的发展、创新和文化繁盛期。宋朝是一个充满自信和创造力的时代，在宋仁宗时期达到全盛。作为当时的第一号人物，宋仁宗在位四十二年，天下安乐，唯仁治而已。当宋仁宗的讣文送到北方的敌国辽国时，"燕境之人远近皆哭，辽帝耶律洪基啯道：'四十二年不识兵革矣。'"①宋仁宗不仅得到百姓的爱戴，也得到了敌人的尊重。《宋史》曰："'为人君，止于仁。'帝诚无愧焉。"

　　宋仁宗在位的四十二年里，天下太平，国家富庶，民不知兵，士不畏罪，使"华夏民族之文化，历数千载之演进，造极于赵宋之世"。如果说一个朝代便是一个君主性格的延展，那么我们回看仁宗时期，却发现在这太平盛世下，藏着他善良、克制的一生。宋仁宗天性仁孝宽裕，从小便懂得"持谦秉礼"。《文献通考》记载，宋仁宗年幼时，每次有宾客拜见，他便会放下太子的身段，亲自出门迎接、送行。执政后的宋仁宗，依旧对所有人都以礼相待，他的仁慈宽厚，让众大臣心生温暖。所有文臣武将都相信，有这样一位贤明君主，未来势必会迎来繁荣盛世。

　　世人皆说，皇帝手握生杀大权，是天下共主。可身为一国之君，自己的抉择影响着万千生灵，牵一发而动全身，有时候连爱恨自由都未必能自主。宋仁宗在位42年，从未踏出过京城一步，他害怕自己出城，会给百姓带来麻烦，也害怕自己的行为，会给大宋国带来不必要的伤害。对他而言，克制是最大的美德。因为克制里不仅有对自己的约束，还有对他人的善良。

　　施德操《北窗炙輠录》中记载有这样一则故事："又一夜，在宫中闻丝竹歌笑之声，问曰：'此何处作乐?'宫人曰：'此民间酒楼作乐处。'宫人因曰：'官家且听，外间如此快活，都不似我宫中如此冷冷落落也。'仁宗曰：'汝知否? 因我如此冷落，故得渠如此快活。我若为渠，渠便冷落矣。'呜呼，此真千古盛德之君

---

① 邵博：《邵氏闻见后录》，上海：上海书店1990年版。

也!"他不忍因为自己的热闹打扰到百姓快活,于是宫中只能冷冷清清,任由民间宴乐之声传入宫中。这是他的善良,也是他的智慧;是他的本分,也是他的用心。这份"仁",这份克制,让所有人看到了宋仁宗身上的光辉之处。

朱弁《曲洧旧闻》载:"仁宗一日朝退至寝殿,不脱御袍,去幞头,曰:'头痒甚矣。'急唤梳头者来。及内人至,方理发次,见御怀有文字,问曰:'官家是何文字?'帝曰:'乃台谏章疏也。'问:'言何事?'曰:'淫霖久,恐阴盛之罚。嫔御太多,宜少裁减。'掌梳头者曰:'两府两制,家内各有歌舞,官职稍如意,往往增置不已。官家根底滕有一二人,则言阴盛须减去。只教渠辈取快活。'帝不语。久之,又问曰:'所言必行乎?'曰:'台谏之言,岂敢不行。'又曰:'若果行,请以奴奴为首。'盖恃帝宠也。帝起,遂呼老内侍及夫人掌宫籍者,携籍过后苑,有旨戒阍者,虽皇后不得过此门来。良久降指挥:自某人以下三十人尽放出宫。时迫进膳,慈圣亟遣,不敢少稽。既而奏到,帝方就食,慈圣不敢发问。食罢进茶,慈圣云:'掌梳头者,是官家所爱,奈何作第一名遣之?'帝曰:'此人劝我拒谏,岂宜置左右。'"

某日,宋仁宗回到寝殿,"掌梳头者"见他怀里还有奏折,就问上面是什么事。赵祯告诉他,那是大臣们上言"淫霖久,恐阴盛之罚。嫔御太多,宜少裁减",又问,一定要裁撤后宫?"台谏之言,岂敢不行",宋仁宗说道。要是这样的话,那就先把我裁了吧,"掌梳头者"仗着自己受宠,便叨唠了一句,果然便被裁了。"此人劝我拒谏,岂宜置左右!"朝堂之上,宋仁宗为了监督百官和约束自己,设立了台谏制度,"台谏者,天子耳目之臣"。只要有所矛盾,台谏官便可以直言以对,纠弹过错,这也赋予了他们直面皇帝的权力。宋朝李纲曾在《上渊圣皇帝实言封事》中讲道:"立乎殿陛之间与天子争是非者,台谏也。"宋仁宗性格仁厚,台谏官每一个都

宋仁宗坐像轴

充分发挥自己所长，比如包拯。他经常上章，屡屡犯颜直谏。宋仁宗呢？他会认真听包拯絮絮叨叨，最后还采纳包拯的建议，也没有怪罪他什么。为了天下太平，他忍得了臣下的无礼，听得进逆耳的忠言。所以，"掌梳头者""放出宫"顺理成章。

《曲洧旧闻》又载："范讽知开封府，有富民自陈为子娶妇，已三日，禁内有指挥，令入见，今半月无消息。讽即乞对，具以民言闻，且曰：'陛下不迩声色，朝野共知，岂宜有此；况民妇已成礼而强取之，何以示天下？'仁宗曰：'皇后曾言，近有进一女姿色颇佳，朕犹未见也。'讽曰：'果如此，愿即付臣，无为近习所欺，而谤怨归陛下。臣乞于榻前交割此女，归府面授诉者。不然，陛下之谤，难户晓也。'仁宗乃降旨取其女与讽。"有富民到开封府告状，控告皇室强抢民女。当时的开封知府叫做范讽，他马上入宫面圣，向宋仁宗要人。在范讽看来，大臣帮助国君治理天下，如果把养家糊口作为当官的主要目的，没有致君行道的意识，那么谁来帮助国君实现天下的大治呢？因此，作为大臣，事其君，当使其君如尧舜。朱弁也解释说："盖遇好时节，人人争做好事，不以为难也。"这个"好时节"，当指遇上了宋仁宗这么一位懂得克制的君主。

魏泰《东轩笔录》收录了一则轶事。仁宗"春日步苑内，屡回顾，皆莫测圣意。及还宫，顾嫔御曰：'渴甚，可速进熟水。'嫔御曰：'官家何不外面取水，而致久渴耶？'仁宗曰：'吾屡顾，不见镣子（掌管茶水的宫人），苟问之，即有抵罪者，故忍渴而归。'"为满足一己私欲而肆意妄为的皇帝很多，但像宋仁宗这样体谅他人，甚至"委屈"自己的君王，却实属罕见。为免旁人受累，宋仁宗宁可忍受饥渴，确实难得。他着实是为了他人、百姓、苍生而活。

当然，和中国历史上几乎所有的皇帝一样，宋仁宗也喜欢千方百计吃中药补肾养生，希望自己拥有健康的身体，长生不老，且日夜思之。宋仁宗的养生需求，催生了一场各地官民借祥瑞向朝廷进献养生医书和药方的浪潮。《渔隐丛话》记录的一则轶事颇有意思：庆历三年，帝与张妃，同自汴京入嵩山，宿颍阳行在。帝梦至嵩山中采黄精，忽有一人在谷中，其为人也，丰上而杀下，欣欣然方迎风轩轻而舞。因问帝曰："子好长生乎？而乃勤苦艰险如是耶！"帝曰："实好长生，而不遇良方，故采服此物，冀有微益也。"其人曰："吾姓郑，字复祥。乃太清太和府仙人也，时来采药，当以成授汝，汝既与吾偶遇，是汝命当应长生也。吾当入嵩山中合红丹赠君，自有人同汝来往。口中念念有词：强争龙虎是狂人，不保元和虚叩齿。"即失所在。及觉，具言于张妃。张妃初愕然，谓帝曰：

"如吾所梦矣!"明日至崇福宫,有郑提举毅夫迎帝,乃进献金丹。曰:"欲治病补虚,驻年返白,断谷益气,上补仙宫者,当用金丹,此元君太一所服,深根固蒂之方也。然此道至大,非君王不能为。"顾张妃谓曰:"梦有征也。"张妃抚掌大笑。帝谓公曰:"如所梦矣。"毅夫惊问之,对曰:"昨梦一人从东来,赐吾红丹一服焉。今则验矣。"毅夫因问仙人之状貌,张妃曰:"姓郑氏。"后十日,帝语毅夫曰:"服卿丹十日,精神衰而复旺,信为深根固蒂之奇药也。卿可因任自然之理势,为朕常为之。"毅夫再拜稽首,帝亦答拜。帝问何所欲,曰:"臣有金丹未有定名,幸陛下赐之。"帝曰:"吾梦一仙人自称郑复祥,谓吾曰:强争龙虎是狂人,不保元和虚叩齿。卿之金丹宜名此。"毅夫再拜而受命焉。

清 佚名《清明上河图》局部

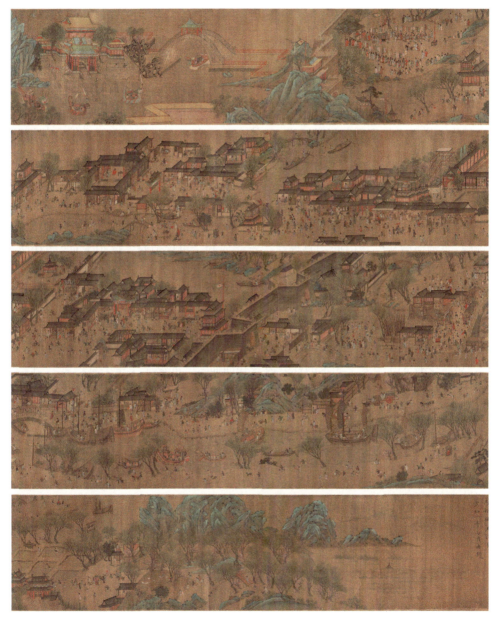

清 佚名《清明上河图》局部

　　庆历年间，宋仁宗和张贵妃一起从汴京进入嵩山地区，夜里歇宿于颍阳行在。宋仁宗晚上梦见自己在嵩山的山谷中遇到一个自称"郑复祥"的太清太和府仙人，他正在采药，见到宋仁宗后，跟他打招呼，并说要送他红丹，会有专人送过来。然后口中念念有词：强争龙虎是狂人，不保元和虚叩齿。说完就不见了。宋仁宗醒后，把梦中情形告诉了张贵妃，结果张贵妃大吃一惊，原来她也做了个梦。整件事从头到尾，两个梦都一样！这就是两个人的梦境互通吧。第二天，他们来到嵩山上的道观，果然崇福宫的提举郑毅夫迎了出来，向宋仁宗进献金丹，和梦里一样。宋仁宗看着张贵妃说："梦应验了啊！"张贵妃拍着手大笑，就把梦中遇到的事情跟郑毅夫说了一遍，他也感到吃惊。十天后，在一次赏花钓鱼宴上，宋仁宗跟郑毅夫说服用金丹后"精神复旺"。郑毅夫趁机请求宋仁宗给金丹赐名，宋仁宗略微一想，就以在嵩山梦到的仙人为名赐名为"郑复祥保元丹"。于是，在仙人"郑复祥"的指导下，宋仁宗开始长期服用这个方子。他在服用药物后，"神通气达"，达到"浑身燥热，百窍通和，丹田温暖，痿阳立兴"的功效。宋仁宗高兴之余，对郑毅夫大加赏赐，将此方收入宫中成为皇室秘方。

　　宋仁宗一生，温厚善良，克己复礼。正是这么一个"平平无常"的帝王，却缔造出了"天水一朝"的繁荣盛世。那个风华绝伦的时代，历经千年依旧让人向往；那些北宋风貌，文化古蕴，时至当下仍旧令人着迷。张择端的《清明上河图》里至少有 810 个人，北宋的社会风貌扑面而来，充满了生生不息之意。"仁义礼智信"皆在市井生活中，百姓也学士人饮茶、游艺，雅俗共赏有了更深的含义。这也许就是儒家"仁"视角下北宋老百姓对美好生活的向往吧，虽然生活奔波劳碌，但一线城市里机会总是有的。这怕是宋朝最大的风雅。

后　　记

　　这本书纯粹是一个偶然，一个意外事件，它滥觞于一年前我在抖音做的一个关于中国古代文化的账号"孙老莲"，账号的更新时断时续，但是我对中国古典文学，对中国优秀传统文化的热爱始终不曾断绝。当然，要说更早的因缘，当是很多年前第一次读到《世说新语》时的那种震撼，"王子猷居山阴。夜大雪，眠觉，开室，命酌酒。四望皎然，因起彷徨，咏左思《招隐》诗。忽忆戴安道；时戴在剡，即便夜乘小船就之。经宿方至，造门不前而返。人问其故，王曰：吾本乘兴而行，兴尽而返，何必见戴？""性之所至，率性而为。"王徽之的这种"因感而发"，我想并非矫揉造作，而是表达了一种深刻的性情之美。正如《中庸》开宗明义："天命之谓性，率性之谓道……"

　　我常常缅怀两晋六朝的文化风流，它是中国文化的一个高峰。宋代士大夫和我持有一样的看法，而且，他们做得更加极致。宋朝是文治的时代，"八荒争凑，万国咸通"，市民文化兴起，生活气息浓厚。宋代士大夫业余生活丰富，生活品位高：抚琴弈棋，宴饮集会，踏春赏花，带雨种竹，汲泉煮茶，古鼎焚香……他们活得诗意优雅，又热气腾腾；他们带着无限的希望，努力耕耘；他们永远满腔热情，不自怨自艾；他们依心而动，热爱珍惜每一天。宋朝人，千年前已活成我们理想中的样子——把日子过成诗。我甚至一度想发明一台时间机器，回到宋朝。

　　与我一样对宋代生活方式生出无限向往的还有郑新文先生、唐琎先生、温湘婷先生、袁醌先生、尹知己先生、赵天奇先生和莫梅锋先生。本书写作过程中得到了中国工程院王耀南院士的指点和帮助，在此谨向王耀南院士表示感谢！没有他们的支持和帮助，这本书不可能顺利面世。正是他们的鼓励，让我在每日枯燥的"搬砖"之余，凭着与宋人一样，在心灵深处与"魏晋风度"的共鸣而咬牙码完全部篇章。这实在是一个颇有些痛苦的经历，但是，在此过程中，我亦"温故而知新"，对于魏晋风度、宋代士大夫生活美学的内在魅力有了更深刻的体认，它实际上是将中国传统文化中"道优于器"的高深哲学理念，演绎成一种具体的人生实践过程。从这个意义上，它可以滋养我们的人生态度和生活方式。也许这正是我和我的朋友们心向往之的吧。过着"宋瓷一样精致的生活"，这事想想就激动！

参考书目

孟元老：《东京梦华录》，北京：中华书局 2020 年版。

吴自牧：《梦粱录》，杭州：浙江人民出版社 1984 年版。

周密：《武林旧事》，北京：中华书局 2020 年版。

张世南：《游宦纪闻》，北京：中华书局 1981 年版。

朱弁：《曲洧旧闻》，北京：中华书局 2002 年版。

封演：《封氏闻见记》，北京：学苑出版社 2001 年版。

陈元靓：《岁时广记》，上海：上海古籍出版社 1993 年版。

陶谷：《清异录》，北京：中华书局 1991 年版。

范成大：《桂海虞衡志》，北京：中华书局 2002 年版。

吴曾：《能改斋漫录》，郑州：大象出版社 2012 年版。

王得臣：《麈史》，上海：上海古籍出版社 2001 年版。

王辟之：《渑水燕谈录》，上海：上海古籍出版社 2001 年版。

周密：《癸辛杂识》，上海：上海古籍出版社 2001 年版。

洪迈：《夷坚志》，北京：中华书局 1981 年版。

陆游：《老学庵笔记》，上海：上海古籍出版社 2001 年版。

洪刍：《香谱》，上海：上海古籍出版社 1989 年版。

陈敬：《陈氏香谱》，上海：上海古籍出版社 1989 年版。

周嘉胄：《香乘》，上海：上海古籍出版社 1989 年版。

张邦基：《墨庄漫录》，北京：中华书局 2002 年版。

葛洪：《肘后备急方》，北京：人民卫生出版社 1963 年版。

林洪：《山家清供》，北京：中华书局 2013 年版。

孙思邈：《千金翼方》，北京：人民卫生出版社 1998 年版。

文震亨：《长物志》，南京：江苏科学出版社 1984 年版。

孟晖：《花间十六声》，北京：生活·读书·新知三联书店 2006 年版。

扬之水：《宋代花瓶》，北京：人民美术出版社 2015 年版。

李懿：《宋代节令诗研究》，北京：中国社会科学出版社 2020 年版。

张竞：《餐桌上的中国史》，北京：中信出版集团 2022 年版。

王利华：《中古华北饮食文化的变迁》，北京：中国社会科学出版社 2000 年版。

佚名：《渔隐丛话》，北京：人民文学出版社 1984 年版。

扬之水：《新编终朝采蓝》，北京：生活·读书·新知三联书店 2017 年版。

徐鲤等：《宋宴》，北京：新星出版社 2018 年版。

黄永川：《中国插花史研究》，杭州：西泠印社出版社 2012 年版。

孙发成：《宋代瓷枕》，厦门：厦门大学出版社 2015 年版。

扬之水：《唐宋家具寻微》，北京：人民美术出版社 2015 年版。

巫鸿：《物绘同源：中国古代的屏与画》，上海：上海书画出版社 2021 年版。

邵晓峰：《中国宋代家具》，南京：东南大学出版社 2010 年版。

孟晖：《美人图》，北京：中信出版集团 2021 年版。

陆蓓容：《书画船边》，北京：中华书局 2021 年版。

扬之水：《香识》，桂林：广西师范大学出版社 2011 年版。

孟晖：《画堂香事》，南京大学出版社 2014 年版。

刘静敏：《宋代〈香谱〉之研究》，中国台北：文史哲出版社 2007 年版。

兰陵笑笑生：《金瓶梅》，济南：齐鲁书社 1991 年版。

李汝珍：《镜花缘》，成都：巴蜀书社 2017 年版。

曹雪芹：《红楼梦》，北京：人民文学出版社 2008 年版。

朱瑞熙：《辽宋西夏金社会生活史》，北京：中国社会科学出版社 1998 年版。

欧阳修：《洛阳牡丹记外十三种》，上海：上海书店出版社 2017 年版。

蔡絛：《铁围山丛谈》，北京：中华书局 1983 年版。

杨海明：《唐宋词史》，天津：天津古籍出版社 1998 年版。

陈东原：《中国妇女生活史》，北京：商务印书馆 1998 年版。

吴钩：《风雅宋：看得见的大宋文明》，桂林：广西师范大学出版社 2018 年版。

范纬：《古香遗珍：图说中国古代香文化》，北京：文物出版社 2014 年版。